全国高等教育自学考试指定教材

计算机系统原理

（2023 年版）

（含：计算机系统原理自学考试大纲）

全国高等教育自学考试指导委员会　组编

袁春风　编著

机 械 工 业 出 版 社

本书是全国高等教育自学考试指导委员会组编的计算机科学与技术、软件工程、网络工程、信息安全4个本科专业自学考试指定教材，包括自学考试大纲和教材的所有内容。

本书介绍与计算机系统相关的核心概念和基础内容，主要包括数据的表示和运算、程序的机器级表示、程序的链接和加载执行、存储器层次结构和虚拟存储器、程序中的I/O操作实现。

本书概念清楚、通俗易懂、实例丰富，提供了大量典型习题供读者练习，除了基本术语解释和简答题以外，大部分习题都在教辅资源中给出了习题参考答案。

本书既可以作为计算机专业本科或大专院校学生计算机系统导论课程的教材，也可以作为有关专业研究生或计算机技术人员的参考书。

本书配有电子课件、习题解答等教辅资源，需要的读者可登录www.cmpedu.com免费注册，审核通过后下载，或扫描关注机械工业出版社计算机分社官方微信订阅号——身边的信息学，回复73852即可获取本书配套资源链接。

图书在版编目（CIP）数据

计算机系统原理：2023年版/全国高等教育自学考试指导委员会组编；袁春风编著 . —北京：机械工业出版社，2023.10（2025.1重印）
全国高等教育自学考试指定教材
ISBN 978-7-111-73852-7

Ⅰ．①计⋯ Ⅱ．①全⋯ ②袁⋯ Ⅲ．①计算机系统–高等教育–自学考试–教材 Ⅳ．①TP303

中国国家版本馆CIP数据核字（2023）第173509号

机械工业出版社（北京市百万庄大街22号 邮政编码100037）
策划编辑：王 斌　　　　　责任编辑：王 斌 秦 菲
责任校对：潘 蕊 张 征　　责任印制：任维东
河北鹏盛贤印刷有限公司印刷
2025年1月第1版第4次印刷
184mm×260mm · 18.75印张 · 460千字
标准书号：ISBN 978-7-111-73852-7
定价：69.00元

电话服务　　　　　　　　　网络服务
客服电话：010-88361066　机 工 官 网：www.cmpbook.com
　　　　　010-88379833　机 工 官 博：weibo.com/cmp1952
　　　　　010-68326294　金 书 网：www.golden-book.com
封底无防伪标均为盗版　机工教育服务网：www.cmpedu.com

组 编 前 言

21 世纪是一个变幻难测的世纪，是一个催人奋进的时代。科学技术飞速发展，知识更替日新月异。希望、困惑、机遇、挑战，随时随地都有可能出现在每一个社会成员的生活之中。抓住机遇，寻求发展，迎接挑战，适应变化的制胜法宝就是学习——依靠自己学习、终生学习。

作为我国高等教育组成部分的自学考试，其职责就是在高等教育这个水平上倡导自学、鼓励自学、帮助自学、推动自学，为每一个自学者铺就成才之路。组织编写供读者学习的教材就是履行这个职责的重要环节。毫无疑问，这种教材应当适合自学，应当有利于学习者掌握和了解新知识、新信息，有利于学习者增强创新意识，培养实践能力，形成自学能力，也有利于学习者学以致用，解决实际工作中所遇到的问题。具有如此特点的书，我们虽然沿用了"教材"这个概念，但它与那种仅供教师讲、学生听，教师不讲、学生不懂，以"教"为中心的教科书相比，已经在内容安排、编写体例、行文风格等方面都大不相同了。希望读者对此有所了解，以便从一开始就树立起依靠自己学习的坚定信念，不断探索适合自己的学习方法，充分利用自己已有的知识基础和实际工作经验，最大限度地发挥自己的潜能，达到学习的目标。

欢迎读者提出意见和建议。

祝每一位读者自学成功。

全国高等教育自学考试指导委员会

2022 年 8 月

目　录

全国高等教育自学考试

计算机系统原理
自学考试大纲

全国高等教育自学考试指导委员会　制定

大 纲 前 言

为了适应社会主义现代化建设事业的需要，鼓励自学成才，我国在 20 世纪 80 年代初建立了高等教育自学考试制度。高等教育自学考试是个人自学、社会助学和国家考试相结合的一种高等教育形式。应考者通过规定的专业课程考试并经思想品德鉴定达到毕业要求的，可获得毕业证书；国家承认学历并按照规定享有与普通高等学校毕业生同等的有关待遇。经过 40 多年的发展，高等教育自学考试为国家培养造就了大批专门人才。

课程自学考试大纲是规范自学者学习范围、要求和考试标准的文件。它是按照专业考试计划的要求，具体指导个人自学、社会助学、国家考试及编写教材的依据。

为更新教育观念，深化教学内容方式、考试制度、质量评价制度改革，更好地提高自学考试人才培养的质量，全国考委各专业委员会按照专业考试计划的要求，组织编写了课程自学考试大纲。

新编写的大纲，在层次上，本科参照一般普通高校本科水平，专科参照一般普通高校专科或高职院校的水平；在内容上，及时反映学科的发展变化以及自然科学和社会科学近年来研究的成果，以更好地指导应考者学习使用。

全国高等教育自学考试指导委员会
2023 年 5 月

Ⅰ．课程性质与课程目标

为了明确计算机系统原理课程的学习内容和考核要求，特制定本考试大纲。本考试大纲是针对计算机科学与技术、软件工程等专业本科层次的计算机系统原理课程进行个人自学、社会助学和考试命题的依据。本考试大纲突出计算机系统相关的基本原理、基本知识和基本应用能力的要求。本课程的自学考试范围以本考试大纲所限定的内容为准。

一、课程性质和特点

计算机系统原理是针对计算机科学与技术、软件工程等专业本科层次设置的一门重要主干课程。本课程从程序员视角出发，基于单处理器计算机系统各抽象层之间的关联关系，以可执行文件的生成和加载、进程的正常执行、存储访问和异常/中断处理、应用程序中 I/O 操作的底层实现机制为主要内容，重点构建高级语言程序和指令集体系结构、编译器、汇编器、链接器、操作系统等位于计算机系统各抽象层之间的系统级关联知识体系。

设置这一课程的目的主要是使学生能从程序员角度认识计算机系统，对程序的生成和执行过程，以及指令的底层硬件执行机制有一定的认识和理解，从而增强学生在程序调试、性能提升、程序移植等方面的能力，并为后续的计算机组成原理、操作系统、编译原理、计算机体系结构等课程的学习打下坚实基础。

二、课程学习目标

本课程的学习目标包括以下几个方面：
1. 深刻理解计算机系统层次结构以及系统各抽象层之间的联系。
2. 掌握各类数值数据和非数值数据的编码及其基本运算方法。
3. 深刻理解指令集体系结构基本内容以及高级语言程序的机器级表示。
4. 理解目标文件结构和多程序模块链接生成可执行文件并加载执行的过程。
5. 理解层次结构存储系统的基本构成及其与程序的访问局部性之间的关系。
6. 理解程序中 I/O 操作的底层实现机制以及程序与 OS 和 I/O 硬件之间的联系。

三、与相关课程的联系与区别

本课程主要从程序员视角来讲解计算机系统，因此主要内容包括以下几个方面：位于计算机系统软硬件交界面的指令系统（即指令集体系结构 ISA）；程序中的数据、运算表达式、各类语句和函数调用等的机器级表示；程序的链接、加载和执行；异常和中断处理；程序的存储访问以及 I/O 操作的底层实现机制。由此可见，本课程内容涵盖了高级语言程序设计、计算机组成原理、汇编语言程序设计、操作系统等课程中的部分内容。

作为一门计算机系统的原理性课程，本课程主要以可执行文件的表示、生成和加载执行为主线介绍计算机系统核心层次之间的关联关系，因此，本课程内容仅涉及计算机系统关联的基本概念、基本知识和基本方法，而不涉及计算机系统核心层的具体实现，例如，计算机系统底层微架构的设计实现属于计算机组成原理课程的主要内容，操作系统内核的设计实现属于操作系统课程主要内容。

四、课程的重点和难点

本课程的重点内容包括计算机系统的层次结构、各类数据的机器级表示、指令集体系结构的基本内容、程序的机器级表示、可执行文件的生成和加载执行、程序的存储访问过程以及程序中的 I/O 操作实现机制。

计算机系统是由多个不同抽象层构成的层次结构复杂系统，本课程内容涵盖从最上层的应用软件到底层功能部件各层，内容多而涉及面广，因而难点内容也较多。相对来说，前三章内容更直观、更容易理解，后三章内容更深入、更复杂，后三章内容与其他课程的关联性也更强一些。

Ⅱ. 考 核 目 标

本大纲在考核目标中，按照识记、领会、简单应用和综合应用四个层次规定其达到的能力层次要求，四个能力层次是递升的关系，后者必须建立在前者的基础上。各能力层次的含义如下。

识记：能够指出是什么。即要求考生能够识别和记忆本课程中有关知识点的主要内容，如定义、表达式、公式、原则、方法、步骤、特征和结论等，并能够根据考核要求做出正确的表述、选择和判断。

领会：能够回答出为什么。即要求考生能够领悟和理解本课程中有关知识点的内涵和外延，熟悉其内容要点和其他相关概念之间的区别和联系，并能够根据考核要求做出正确的解释、说明和论述。

简单应用：要求考生能够运用课程中的有关知识点分析和解决程序的表示、转换和执行过程中涉及的简单问题，如简单计算、绘图和分析、论证等。

综合应用：要求考生能够综合运用课程中的多个知识点分析和解决程序的表示、转换和执行过程中涉及的复杂问题，如计算、简单设计、编程和分析、论证等。

本大纲要求考生学习和掌握的知识点内容都作为考核的内容。各知识点的考核参照上述给出的四个能力层次给出要求。

Ⅲ. 课程内容与考核要求

第一章　计算机系统概述

一、课程内容

第一节　计算机基本工作原理
第二节　程序的开发与运行
第三节　计算机系统的层次结构
第四节　计算机系统性能评价

二、学习目的与要求

概要了解整个计算机系统全貌以及本课程内容在计算机系统中的位置，理解一个程序从编辑、编译转换，到在计算机上执行的概要过程，并掌握如何简单评价计算机系统的性能。

三、考核知识点及考核要求

1. 计算机基本工作原理

识记：中央处理器（CPU）、算术逻辑部件（ALU）、通用寄存器（GPR）、程序计数器（PC）、指令寄存器（IR）、控制器（CU）、主存储器（MM）、总线、主存地址寄存器（MAR）、主存数据寄存器（MDR）、操作码字段、地址码字段、机器指令、汇编指令。

领会：冯·诺依曼结构计算机的工作方式、计算机硬件的基本组成、程序和指令之间的关系、指令的执行。

2. 程序的开发与运行

识记：机器语言、汇编语言、机器级语言、翻译程序、汇编程序、解释程序、编译程序、用户程序（应用程序）、源程序文件、可执行（目标）文件、文本文件、二进制文件、外设、I/O 模块。

领会：汇编语言与机器语言之间的关系、程序开发过程、各种语言处理程序（解释程序、编译程序、汇编程序）的功能、高级语言程序与低级语言程序之间的关系、可执行文件运行过程。

3. 计算机系统的层次结构

识记：语言处理系统、指令集架构、微架构、系统软件、应用软件、最终用户、透明、未定义行为、未确定行为、应用程序二进制接口（ABI）、应用程序编程接口（API）。

领会：硬件和软件之间的相互关系、计算机系统的层次化结构、各类计算机用户在计算机系统中所处位置、本课程在计算机系统中所处位置。

4. 计算机系统性能评价

领会：哪些因素会影响计算机的性能。

简单应用：能对计算机系统的性能指标进行简单计算。

四、本章重点、难点

重点：冯·诺依曼结构计算机的特点、计算机硬件基本组成、程序和指令之间的关系、程序开发过程、计算机系统层次结构。

难点：计算机系统层次结构。

第二章 数据的表示和运算

一、课程内容

第一节 数制和编码

第二节 整数的表示

第三节 实数的表示

第四节 非数值数据的编码表示

第五节 数据的长度单位与排列

第六节 加法器和算术逻辑部件

第七节 定点数乘除运算

第八节 浮点数运算

二、学习目的与要求

掌握计算机内部各种数据的机器级表示，并能将这些知识熟练运用到高级语言和机器级代码的编程和调试工作中；掌握核心运算部件 ALU 以及计算机内部各种基本运算算法和运算部件，能够运用所学知识分析和解释高级语言程序设计和机器级代码中遇到的各种问题和相应的执行结果。

三、考核知识点及考核要求

1. 数制和编码

领会：真值和机器数的含义以及相互关系、定点数的原码、补码、反码和移码 4 种编码方式。

简单应用：各类进位记数制数据之间的转换、真值和机器数（编码）之间的转换。

2. 整数的表示

领会：无符号整数的用途和表示、带符号整数的表示、现代计算机中使用补码表示带符号整数的原因、模运算系统的本质。

简单应用：解释和解决 C 语言程序中整数类型数据的表示和转换问题。

3. 实数的表示

领会：浮点数的表示格式及其与表示精度和表示范围之间的关系、规格化浮点数的概念和浮点数规格化方法、IEEE 754 标准。

简单应用：能在真值与单精度和双精度格式浮点数之间进行转换、解释和解决 C 语言程序中浮点数类型数据的表示和转换问题。

4. 非数值数据的编码表示

领会：逻辑数据、西文字符和汉字字符的常用表示方法，如 ASCII 码、GB2312 字符集。

5. 数据的长度单位与排列

领会：常用数据长度单位的含义，如 bit、B、KB、MB、GB、TB 等。

简单应用：能够利用对大端和小端排列方式以及数据对齐方式的理解，计算 C 语言程序中变量的地址以及所占空间大小等。

6. 加法器和算术逻辑部件

识记：半加器、全加器、加法器、溢出标志 OF、进位标志 CF、符号标志 SF、零标志 ZF。

领会：带标志加法器的结构和功能、补码加减运算器的结构和功能、ALU 的结构和功能。

简单应用：在补码加减运算器中对给定的两个整型变量进行加减运算，并对运算结果和产生的标志信息进行解释说明。

7. 定点数乘除运算

领会：无符号乘运算基本原理、定点原码乘运算基本原理、定点补码乘运算基本原理、无符号除运算基本原理、定点原码除运算基本原理、定点补码除运算基本原理。

简单应用：根据相应乘运算原理对给定的两个整数计算出乘积的机器数及其真值，并能判断结果是否溢出；根据相应除运算原理对给定的两个整数计算出商和余数的机器数及其真值，并能判断结果是否溢出；能将整型变量和整数之间的乘运算转换为移位和加减组合运算方式；对于一个整型变量与 2 的幂相除的情况，能转换为右移运算。

8. 浮点数运算

领会：浮点数加减运算过程、IEEE 754 标准对附加位的添加以及舍入模式等方面的规定、了解浮点数乘法和除法运算的基本思想。

简单应用：对给定的两个浮点数进行加减运算。

四、本章重点、难点

重点：无符号数的表示、带符号整数的补码表示、IEEE 754 浮点数标准、定点数的移位运算、整数的加/减运算、浮点数加/减运算。

难点：IEEE 754 标准浮点数的表示范围、特殊数（NaN、无穷大等）的浮点数表示、定点数乘运算、定点数除运算、浮点数乘/除运算。

由于难点问题并不是重点，所以对于难点问题，主要注重方法和思路，而不应过多地强调细节，也不要求死记硬背递推公式。

第三章　程序的转换及机器级表示

一、课程内容

第一节　程序转换概述

二、学习目的与要求

了解高级语言与汇编语言之间、汇编语言与机器语言之间的关系；掌握指令系统中有关指令格式、操作数类型、寻址方式、操作类型等内容；深刻理解 C 语言程序中各种语句和复杂数据类型的机器级代码表示，并能运用本章知识对 C 语言程序的执行结果进行分析解释。

三、考核知识点及考核要求

1. 程序转换概述

识记：寄存器传送级语言（RTL）、汇编语言程序、机器级程序、反汇编程序。

领会：机器指令和汇编指令之间的关系、机器指令的格式及指令中应包含的基本信息、汇编指令的表示（如 Intel x86 架构中的 AT&T 格式和 Intel 格式）、CISC 和 RISC 的区别以及各自的特点、指令集体系结构所规定的内容、C 语言程序的机器级代码生成过程。

简单应用：能使用 gcc 命令、objdump 命令以及 gdb 调试工具进行程序的预处理、编译、汇编、链接、调试和反汇编处理等。

2. IA-32 指令系统概述

识记：实地址模式、保护模式、单指令多数据（SIMD）技术。

领会：IA-32 指令规定的操作数和 C 程序变量类型之间的关系、IA-32 指令涉及的各类寄存器组和标志寄存器（EFLAGS）的结构和定义、IA-32 中各种寻址方式的含义和有效地址的概念，以及 IA-32 变长指令字格式。

3. IA-32 常用指令类型及其操作

领会：IA-32 中的常用的传送类指令、定点算术运算类指令、按位运算类指令和程序执行流控制类指令等的汇编表示和指令功能。

简单应用：能对照 C 语言源程序或补码加减运算器等电路的功能，对 IA-32 常用指令的执行结果进行分析和解释。

4. C 语言程序的机器级表示

领会：IA-32 过程调用时寄存器使用约定和栈帧结构、按值传参和按地址传参的区别、嵌套调用和递归调用的基本原理、C 语言源程序中函数调用语句以及各类选择语句和循环语句所转换生成的机器级代码对应结构。

简单应用：能够对 C 语言源程序中各种语句和运算表达式对应的机器级代码中常用 IA-32 指令的执行结果进行分析和解释。

综合应用：能够写出 C 语言源程序中各种语句和运算表达式的机器级代码，也能根据机器级代码给出 C 语言程序中对应的语句（逆向工程）。

5. 复杂数据类型的分配和访问

领会：C 语言源程序中各种复杂数据类型（数组、指针、结构体和联合体）的存储分配及其相应操作对应的机器级代码结构、数据对齐存放的原因以及目前流行的几种系统平台的数据对齐规则。

简单应用：能够对 C 语言源程序中各种复杂数据类型（数组、指针、结构体和联合体）处理对应的机器级代码中常用指令的执行结果进行分析和解释，能运用对齐规则分析结构体和联合体类型变量占空间大小。

6. 兼容 IA-32 的 64 位系统

领会：IA-32 和 x86-64 两种 x86 架构的关联和主要差别、x86-64 不采用栈传参而采用寄存器传参的主要原因。

简单应用：能够对 C 语言源程序中各种语句和运算表达式对应的机器级代码中常用 x86-64 指令的执行结果进行分析和解释。

四、本章重点、难点

重点：CISC 和 RISC 的比较、IA-32/x86-64 指令集架构的寻址方式和常用指令类型及其功能、C 语言源程序和机器级代码之间的对应关系。

难点：IA-32/x86-64 机器指令格式、过程调用的机器级表示、结构体和联合体数据的分配和访问。

第四章　可执行文件的生成与加载执行

一、课程内容

第一节　可执行文件生成概述
第二节　目标文件格式
第三节　符号解析与重定位
第四节　可执行文件的加载
第五节　程序的执行和中央处理器

二、学习目的与要求

了解高级语言源程序如何转换为机器级代码的过程；理解 ELF 目标文件格式、符号及符号解析、重定位信息及重定位过程、可执行文件的存储器映像、可执行文件的加载过程等；了解 CPU 的主要功能、CPU 的内部结构、指令的执行过程、数据通路的基本组成、异常和中断的概念、指令流水线的基本概念和流水线 CPU 的基本工作原理。

三、考核知识点及考核要求

1. 可执行文件生成概述

领会：可重定位文件的形成过程、多个可重定位文件组合形成可执行文件的大致过程、可重定位文件和可执行文件的本质区别。

简单应用：使用 objdump 命令对可重定位文件和可执行文件分别进行反汇编，并对两种文件的反汇编结果进行对比分析。

2. 目标文件格式

领会：ELF 目标文件的链接视图和执行视图、ELF 头的作用以及主要描述信息、ELF 目标文件中主要节（.text、.rodata、.data、.bss、.symtab、.strtab）的含义、节头表的作用以及主要描述信息、程序头表的作用以及主要描述信息、可执行文件中的信息与虚拟地址空间之间的映射关系。

简单应用：使用 readelf 命令对 ELF 文件中的 ELF 头、节头表和程序头表中的信息进行分析解释。

3. 符号解析与重定位

领会：目标文件的符号表中所包含的符号类型、ELF 文件中符号表的作用和主要描述信息、未定义符号和 COMMON 符号的含义、全局符号的解析规则、静态库文件的生成过程以及静态链接方式、重定位节及其重定位表项中的重定位信息、PC 相对地址和绝对地址两种重定位方式的基本思想、共享库文件和动态链接的基本概念和特点。

简单应用：能运用符号解析规则分析给定程序的机器级代码中某些指令内操作数的寻址方式，能够对给定程序的机器级代码中某些指令内所含的重定位结果进行分析和解释。

4. 可执行文件的加载

领会：程序和进程之间的关联和区别、Linux 进程描述符中对虚拟地址空间的描述、可执行文件的加载过程、三个关键函数 fork、execve 和 main 的功能以及程序加载过程形成的用户栈栈底信息结构。

5. 程序的执行和中央处理器

识记：指令周期、内部异常、外部中断、异常/中断处理程序、断点、程序状态字、中断使能位、开中断、向量中断方式、中断向量、中断向量表、中断类型号、数据通路、控制器、指令流水线。

领会：指令的执行过程、CPU 的基本功能和基本组成、CPU 的基本工作过程、打断程序正常执行的典型事件、内部异常和外部中断的不同点和相同点、异常和中断的响应过程、指令流水线的基本概念和流水线 CPU 的基本工作原理。

四、本章重点、难点

重点：目标文件中主要的数据结构（重要的节、ELF 头、节头表、程序头表、符号表）、符号解析和重定位的实现原理、可执行文件的加载过程、异常和中断的基本概念、CPU 执行程序的基本过程。

难点：目标文件格式、符号解析和重定位的实现、动态链接、可执行文件加载过程。

第五章　程序的存储访问

一、课程内容

第一节　存储器概述

二、学习目的与要求

　　掌握构成存储器分层体系结构的几类存储器的工作原理和组织形式；深刻理解程序访问局部性的意义，学会利用时间局部性和空间局部性编写高效的程序；了解指令执行过程中访问指令和访问数据的整个过程，以及存储访问过程中硬件和软件的分工和联系，并深刻理解提高各种访问命中率的意义；了解虚拟存储管理的必要性和实现思路，为学习操作系统中的存储管理等内容打下坚实基础。

三、考核知识点及考核要求

1. 存储器概述

　　识记：随机存取存储器、只读存储器、存储元（位元）、存储阵列（存储体、存储矩阵）、编址方式、编址单位、主存控制器、存储器容量、存取时间、程序访问的时间局部性和空间局部性。

　　领会：存储器各种分类方式、主存的基本结构、存储器层次结构及其与程序访问局部性之间的关系。

2. 主存与 CPU 的连接及读/写操作

　　领会：SDRAM 的基本工作方式和读/写过程、突发传输（Burst）的概念、行缓冲器（Row Buffer）的概念、DDR SDRAM、DDR2 SDRAM、DDR3 SDRAM 等芯片技术的基本原理、CPU 和主存之间的连接、内存条插槽和存储器总线的关系、存储器芯片的扩展方式、内存条的组织方式、内存条中 DRAM 芯片内存储单元的编址方式、取数/存数指令的操作过程。

　　简单应用：对于内存条的容量、芯片个数、芯片的数据引脚数和地址引脚数、地址字段的划分等进行简单的计算和分析。

3. 硬盘存储器

　　识记：磁盘道密度、磁盘的未格式化容量和格式化容量、磁盘内部传输速率和外部传输速率、寻道时间、旋转等待时间、逻辑块号。

　　领会：磁盘存储器的结构和基本工作原理、磁道记录格式、磁盘驱动器与主机之间的互连、各类只读存储器的特点、闪速存储器的基本读/写原理、固态硬盘的基本特点。

　　简单应用：对于硬盘存储器的存储容量、存取时间、盘地址、访问过程等进行简单的计算和分析。

4. 高速缓冲存储器（cache）

　　识记：主存块、cache 行、命中率、缺失率、平均访问时间。

　　领会：cache 的基本工作原理、主存块和 cache 行之间的映射关系、替换算法的基本概念、写策略的基本概念。

简单应用：对于 cache 总容量、命中率、平均访问时间、某个主存块所映射的 cache 行号等进行简单计算。

综合应用：综合使用映射关系、替换算法、写策略等相关知识，对 C 语言程序执行过程中的访存过程进行分析，计算出各种情况下的 cache 容量和 cache 命中率等。

5. 虚拟存储器

识记：虚拟地址空间、MMU、虚拟地址、物理地址（主存地址）、段式虚拟存储器、页式虚拟存储器、段页式虚拟存储器。

领会：页表的功能和页表项的内容、页故障异常的发现和处理过程、TLB（快表）的结构和实现、一次存储访问全过程、虚拟地址向物理地址的转换过程、存储器中硬件与软件之间的分工协作方式。

简单应用：根据页表或 TLB 内容进行地址转换。

综合应用：结合 C 语言程序、cache、虚拟存储器等方面的知识，对程序的访存过程进行分析和相应的计算。

6. 实例：Intel Core i7+Linux 存储系统

领会：具体系统中一个完整的存储系统总体框架、四级页表方式下的地址转换过程、多级页表中页目录表和页表之间的关联、操作系统如何与硬件协同实现存储管理。

四、本章重点、难点

重点：程序访问的局部化特性、存储器层次结构的特点及其与程序访问局部性之间的关系、CPU 和主存之间的连接、cache 的基本工作原理、主存块和 cache 行的映射关系、页式虚拟存储器的基本原理。

难点：SDRAM 芯片的读/写过程、突发传输的概念、行缓冲的概念、主存块和 cache 行的映射关系、多级页表方式。

第六章　程序中 I/O 操作的实现

一、课程内容

第一节　I/O 子系统概述
第二节　用户空间 I/O 软件
第三节　内核空间 I/O 软件
第四节　I/O 硬件与软件的接口

二、学习目的与要求

了解输入/输出系统涉及的软硬件概念和知识体系，理解程序中 I/O 操作的底层实现机制，包括如何从用户态转到内核态执行，如何在内核空间实现对底层 I/O 硬件的控制等，从而为后续学习操作系统中的文件系统、设备管理等内容打下坚实基础。

三、考核知识点及考核要求

1. I/O 子系统概述

领会：I/O 子系统层次结构、I/O 子系统的三个重要特性及其与操作系统之间的关系、从 C 程序中执行 I/O 函数调用开始到执行内核中相关系统调用服务例程为止所经过的调用路径、系统调用封装函数的汇编代码结构。

2. 用户空间 I/O 软件

领会：C 标准 I/O 库函数与系统级 I/O 函数之间的关系、文件的基本概念、常用系统级 I/O 函数（如 creat/open/read/write/lseek/stat/fstat/close）的基本含义、常用 C 库函数或宏定义（如 fopen/getc/putc/getchar/putchar）的基本实现方法、头文件 stdio.h 中的 FILE 结构（流缓冲区）的工作原理、标准输入（stdin）、标准输出（stdout）和标准错误（stderr）三种文件的特点、标准 I/O 库函数如何利用流缓冲区减少系统调用次数以及为何要减少系统调用次数。

3. 内核空间 I/O 软件

识记：虚拟文件系统层、逻辑文件系统层、缓存层、通用块设备 I/O 层、绝对路径名、相对路径名、inode、inode 表、系统（打开）文件表、打开文件描述符表、文件描述符。

领会：内核空间 I/O 软件的基本层次结构、设备无关 I/O 软件层的主要功能以及组成部分、文件系统的主要任务和框架结构、设备驱动程序和 I/O 控制方式之间的关系、程序直接控制（查询）方式的特点和工作流程、中断 I/O 方式的特点和工作过程、中断服务程序的结构框架以及多重中断处理过程、DMA 方式下的 I/O 处理整个过程、中断方式和 DMA 方式的区别和联系。

简单应用：三种 I/O 控制方式下 CPU 用于 I/O 的开销比较。

4. I/O 硬件和软件的接口

识记：外设、字符设备、块设备、处理器总线、存储器总线、I/O 总线、I/O 接口、数据缓冲寄存器、状态寄存器、控制寄存器（命令寄存器）、I/O 端口、I/O 指令。

领会：计算机系统互连方式、常用总线标准、I/O 接口的基本功能和通用结构、I/O 接口在整个系统互联中的位置、I/O 接口和 I/O 端口的差别、I/O 端口的编址方式、断点保护和现场保护的不同、中断允许触发器的作用以及应在何时开/关中断、中断服务程序调用和子程序调用的差别、中断控制器的基本结构、多重中断和中断屏蔽的概念。

简单应用：前端总线、QPI 总线、存储器总线和 PCI-e 总线等各类总线带宽的计算。

四、本章重点、难点

重点：I/O 子系统的层次结构、C 标准 I/O 库函数与系统级 I/O 函数之间的关系、内核空间 I/O 软件的基本层次结构、计算机系统的互联结构、设备驱动程序与三种 I/O 控制方式之间的关系、中断响应与处理机制、DMA 方式下的 I/O 处理整个过程。

难点：内核空间 I/O 软件的框架结构、I/O 接口的功能和基本结构、中断响应与处理机制、DMA 控制 I/O 方式的基本原理。

Ⅳ. 关于大纲的说明与考核实施要求

一、自学考试大纲的目的和作用

课程自学考试大纲是根据专业自学考试计划的要求，结合自学考试的特点而确定。其目的是对个人自学、社会助学和课程考试命题进行指导和规定。

课程自学考试大纲明确了课程学习的内容以及深广度，规定了课程自学考试的范围和标准。因此，它是编写自学考试教材和辅导书的依据，是社会助学组织进行自学辅导的依据，是自学者学习教材、掌握课程内容知识范围和程度的依据，也是进行自学考试命题的依据。

二、课程自学考试大纲与教材的关系

课程自学考试大纲是进行学习和考核的依据，教材是学习掌握课程知识的基本内容与范围，教材的内容是大纲所规定的课程知识和内容的扩展与发挥。课程内容在教材中可以体现一定的深度或难度，但在大纲中对考核的要求一定要适当。

大纲与教材所体现的课程内容应基本一致；大纲里面的课程内容和考核知识点，教材里一般也要有。反过来教材里有的内容，大纲里就不一定体现。（注：如果教材是推荐选用的，其中有的内容与大纲要求不一致的地方，应以大纲规定为准。）

三、关于自学教材

《计算机系统原理》，全国高等教育自学考试指导委员会组编，袁春风编著，机械工业出版社出版，2023 年版。

四、关于自学要求和自学方法的指导

本大纲的课程基本要求是依据专业考试计划和专业培养目标而确定的。课程基本要求明确了课程的基本内容，以及对基本内容掌握的程度。基本要求中的知识点构成了课程内容的主体部分。因此，课程基本内容掌握程度、课程考核知识点是高等教育自学考试考核的主要内容。

为有效地指导个人自学和社会助学，本大纲明确指明了课程的重点和难点，在每个章节的基本要求中也给出了相应的重点和难点。

本课程共占 4 个学分，不包含实验内容。

对于课程的自学，本大纲给出以下几个方面的指导意见。

1）本课程涉及的知识领域范围较广，学习时应按照本考试大纲的要求，掌握每个章节的重点内容，把握不同知识点的不同能力层次要求，例如，有些知识点只需要达到识记层次要求，有些知识点需要达到领会层次要求，有些知识点需要达到简单应用的层次要求等。

2）以自学教材为主线，认真、仔细地阅读教材中的内容，对于一些难点问题，可以通过网络搜索相关资料（如中国大学 MOOC 等平台有相应的慕课）或参考其他相关书籍帮助理解。

3）做习题是理解和巩固所学知识的一个重要环节，自学过程中应认真做好每一道习题，先自己独立完成课后作业，对于自学教材中的难点题目，教材配有参考答案（随书配套的电子资源），在做完习题后，可以和参考答案进行比对，以了解自己是否真正掌握了所学知识。

4）每一章的自学时间可以根据自己的情况自行安排，本课程前后内容关联性较强，对于相关内容可以前后穿插进行学习，在学习后面的相关内容时，再回顾复习前面学过的关联内容，以达到在系统层面上深入理解的目的。

五、对考核内容的说明

本课程要求考生学习和掌握的知识点内容都作为考核的内容。课程中各章的内容均由若干知识点组成，在自学考试中成为考核知识点。因此，课程自学考试大纲中所规定的考试内容是以分解为考核知识点的方式给出的。由于各知识点在课程中的地位、作用以及知识自身的特点不同，自学考试将对各知识点分别按四个认知（能力）层次确定其考核要求。

六、关于考试方式和试卷结构的说明

1. 本课程的考试方式为闭卷、笔试，满分 100 分，60 分及格。考试时间为 150 分钟。考试时只允许携带笔、橡皮和直尺，涂写部分、画图部分必须使用 2B 铅笔，书写部分必须使用黑色字迹签字笔。

2. 本课程在试卷中对不同能力层次要求的分数比例大致为：识记占 10%，领会占 45%，简单应用占 35%，综合应用占 10%。

3. 要合理安排试题的难易程度，试题的难度可分为：易、较易、较难和难四个等级。

必须注意试题的难易程度与能力层次有一定的联系，但二者不是等同的概念。在各个能力层次中对于不同的考生都存在着不同的难度。

4. 课程考试命题的主要题型有选择题、填空题、名词解释、简答题、计算题、分析设计题。命题时必须按照本课程大纲中所规定的题型命制，考试试卷使用的题型可以略少，但不能超出本课程对题型的规定。

5. 特别注意：考试大纲并没有要求考生能记住 IA-32 和 x86-64 架构中具体某条指令的功能，命题中若出现具体的汇编指令，应在题干或题目中用 RTL 形式或自然语言给出指令的功能或给出对汇编指令格式的描述。

V. 题 型 举 例

一、单项选择题

1. 考虑以下 C 语言程序代码：

```
short si = 196;
int i = si;
```

执行上述程序段后，i 的机器数表示为【   】。
A. 0000 00C4H   B. 0000 00C2H   C. FFFF FF3BH   D. FFFF FF3CH
2. 下列给出的几种存储器中，属于易失性存储器的是【   】。
A. cache   B. EPROM   C. 磁盘   D. SSD

二、填空题

1. 与机器语言相对应的符号化表示语言称为_____语言。通常用容易记忆的英文单词或缩写表示指令操作码的含义，用标号、变量名、寄存器名等表示操作数或其地址码，这些英文单词或其缩写、标号、变量名等称为_____。与机器指令一一对应的指令称为_____指令。

2. 磁盘与主机交换数据的最小单位是一个_____，因此，磁盘总是按_____方式进行读/写，这种高速批数据交换设备通常采用_____方式进行数据的输入/输出。通过专门的 DMA 接口硬件控制外设与_____之间直接进行数据交换，数据不通过 CPU。通常把专门用来控制总线进行 DMA 传送的接口硬件称为_____。

三、名词解释

1. 算术逻辑部件（ALU）
2. 内部异常

四、简答题

1. 无条件跳转指令和调用指令的相同点和不同点各是什么？
2. 为什么在递归深度较深时递归调用的时间开销和空间开销都会较大？

五、计算题

1. 以 IEEE 754 单精度浮点数格式表示十进制数：-1.75，要求结果用十六进制表示。
2. 假定一个磁盘存储器有 5 个盘片，每片两个面都可存储信息，用于记录信息的磁道数为 1000，每个磁道上有 2000 个扇区，每个扇区存储 4 KB 数据，则该磁盘存储器的总容量大约是多少？

六、分析设计题

1. 使用汇编器处理以下 AT&T 格式汇编指令时都会产生错误，请说明每一行汇编指令存在什么错误（提示：AT&T 格式汇编指令中逗号左边是源操作数，右边是目的操作数）。

（1） movb　　%bx，8(%ebp)

（2） addl　　%ecx，$0x100

（3） addw　　$0xF8，(%dl)

（4） movl　　%cx，%eax

2. 以下是在 IA-32+Linux 系统中执行的用户程序 P 的汇编代码（提示：#后是注释）：

```
1    # hello. s
2
3    . section . rodata          #以下属于 . rodata 节
4    msg:                        #符号 msg 定义如下
5    . ascii "Hello, world. \n"  #符号 msg 的值为一个字符串
6
7    . section . text            #以下属于 . text 节
8    . globl _start             #_start 为全局符号
9    _start:                     #符号_start 定义(为一段代码)如下
10
11   movl  $4, %eax             #系统调用号为 4(对应 sys_write)送 EAX
12   movl  $1, %ebx             #文件描述符(stdout)(参数 1)送 EBX
13   movl  $msg, %ecx           #字符串首地址(参数 2)送 ECX
14   movl  $14, %edx            #字符串长度(参数 3)送 EDX
15   int   $0x80               #陷阱指令
16
17   movl  $1, %eax             #系统调用号为 1(对应 sys_exit)送 EAX
18   movl  $0, %ebx             #正常退出状态 0(参数 1)送 EBX
19   int   $0x80               #陷阱指令
```

针对上述汇编代码，回答下列问题。

（1） 程序 P 的功能是什么？

（2） 执行到哪些指令时会发生从用户态转到内核态执行的情况？

（3） 该用户程序调用了哪些系统调用？

Ⅵ. 题型举例参考答案

一、单项选择题

1. A   2. A

二、填空题

1. 汇编   助记符   汇编
2. 扇区（或扇段）   批处理（或块传送）   直接存储器存取（或 DMA）
主存   DMA 控制器

三、名词解释

1. 答：ALU 是一种能进行多种算术运算与逻辑运算的组合逻辑电路，其核心部件是带标志加法器，通常带有两个操作数输入端、操作控制端和运算结果输出端。

2. 答：内部异常指由 CPU 在执行某条指令时引起的与该指令相关的意外事件。如除数为 0、结果溢出、非法操作码、缺页、地址越界（段错误）等。

四、简答题

1. 答：相同点是两者都需要计算跳转目的地址，并无条件跳转到计算出的目的地址处执行；不同点是调用指令需要从被调用过程返回到调用指令的下条指令执行，因而需要将下条指令的地址作为返回地址保存起来，而无条件跳转指令不需要保存返回地址。

2. 答：每个过程包含准备阶段和结束阶段，并在栈中新增一个栈帧，因而，每增加一次过程调用，就要增加许多条包含在准备阶段和结束阶段的额外指令，并增加一个栈帧的空间，当递归调用深度较深时，这些额外指令的执行时间开销和栈帧的空间开销就会很大，有些情况下甚至发生栈溢出。

五、计算题

1. 答：$-1.75 = -1.11\mathrm{B} = -1.11\mathrm{B} \times 2^0$，因此对应的 IEEE 754 单精度格式数中，符号 $s=1$，阶码 $e=127+0=0111\ 1111\mathrm{B}$，尾数 $f=110\ 0000\ 0000\ 0000\ 0000\ 0000$，即 32 位机器数为 1 0111 1111 110 0000 0000 0000 0000 0000，十六进制表示为 BFE0 0000H。

2. 答：磁盘存储器共有 $5 \times 2 = 10$ 个盘面，每个盘面的数据容量约为 $1000 \times 2000 \times 4\,\mathrm{KB} = 10^6 \times 8\,\mathrm{KB} \approx 8\,\mathrm{GB}$，因而总容量约为 80 GB。

六、分析设计题

1. 答：
第（1）行指令长度后缀为 b，说明传送的是一字节数据，源操作数应该在一个 8 位寄存器中，但指令中给出的源操作数寄存器为%bx，是一个 16 位寄存器。

第（2）行指令的目的操作数为立即数寻址方式，指令执行结果无法保存。

第（3）行指令的目的操作数寻址方式是基址寻址方式，基址寄存器中存放的是一个 32 位（IA−32 架构）或 64 位（x86−64 架构）存储单元地址，因而基址寄存器不应该是一个 8 位寄存器，该指令中的%dl 是一个 8 位寄存器。

第（4）行指令中传送操作的源寄存器位数与目的寄存器位数不匹配。

2. 答：

（1）程序 P 的功能是在屏幕（fd＝1）上输出"Hello，world."。

（2）执行到第 15 条和第 19 条"int $0x80"指令时会从用户态转到内核态执行。

（3）该用户程序调用了 write 系统调用和 exit 系统调用。

后　　记

  《计算机系统原理自学考试大纲》是根据《高等教育自学考试专业基本规范（2021年）》的要求，由全国高等教育自学考试指导委员会电子、电工与信息类专业委员会组织制定的。

  全国考委电子、电工与信息类专业委员会对本大纲组织审稿，根据审稿会意见由编者做了修改，最后由电子、电工与信息类专业委员会定稿。

  本大纲由南京大学袁春风教授编著；参加审稿并提出修改意见的有天津大学喻梅教授、深圳职业技术学院乌云高娃教授。

  对参与本大纲编写和审稿的各位专家表示感谢。

全国高等教育自学考试指导委员会

电子、电工与信息类专业委员会

2023 年 5 月

全国高等教育自学考试指定教材

计算机系统原理

全国高等教育自学考试指导委员会　组编

编 者 的 话

本书是按照全国高等教育自学考试指导委员会最新制定的《计算机系统原理自学考试大纲》编写的自学教材。

本书从程序员视角出发，重点介绍应用程序员如何利用计算机系统相关知识来编写更有效的程序。本书以高级语言程序的开发和运行过程为主线，将该过程中的每个环节所涉及的软硬件基本概念关联起来，试图使读者建立一个完整的计算机系统层次结构框架，了解计算机系统全貌和相关知识体系，初步理解计算机系统中的每一个抽象层及其相互转换关系，建立高级语言程序、ISA、OS、编译器、链接器等系统核心概念之间的关联关系；对指令在硬件上的执行过程和指令的底层硬件执行机制有一定的认识和理解，从而增强读者在程序的调试和性能优化、程序的移植和健壮性保证等方面的能力，并为后续的"计算机组成原理""操作系统""编译原理"等课程的学习打下坚实基础。

本书的具体内容包括：程序的数据在机器中的表示和运算、程序中各类控制语句对应的机器级代码结构、可执行目标代码的链接生成、指令序列在机器上的执行过程、程序执行涉及的存储访问过程以及程序中的 I/O 操作功能如何通过请求操作系统内核提供的系统调用服务来完成等。

不管构建一个计算机系统的各类硬件和软件有多么千差万别，其计算机系统的构建原理以及在计算机系统上的程序转换和执行机理是相通的，因而，本书仅介绍一种特定计算机系统平台下的相关内容。本书所用的平台为 IA-32/x86-64+Linux+GCC+C 语言。

本书共有 6 章。

第 1 章（计算机系统概述）主要介绍计算机基本工作原理、程序的开发和运行基本过程、计算机系统的层次结构，以及计算机系统性能评价的基本方法等。

第 2 章（数据的表示和运算）主要介绍无符号整数和带符号整数的表示、IEEE 754 浮点数标准、西文字符和汉字的编码表示、大端/小端存放顺序及对齐方式、各类定点数和浮点数的运算方法和相应的运算部件，以及核心运算部件 ALU 的功能等。

第 3 章（程序的转换及机器级表示）主要介绍高级语言程序中的数据和语句（包括过程调用）所对应的底层机器级表示，展示的是高级语言程序到机器级代码的对应转换关系。主要内容包括 IA-32/x86-64 指令系统、各类语句的机器级代码结构、复杂数据类型的分配和访问等。

第 4 章（可执行文件的生成与加载执行）主要介绍如何将不同的程序模块链接生成可执行目标文件并将其加载执行的过程。主要内容包括 ELF 目标文件格式、符号解析和重定位过程、可执行文件的加载和执行概述、中央处理器的基本结构和指令流水线的基本概念等。

第 5 章（程序的存储访问）主要介绍存储器层次结构、半导体存储器的组织及其与 CPU 的连接、硬盘存储器、cache 的基本工作原理和具体实现、虚拟存储器的基本概念和具体实现等。

第 6 章（程序中 I/O 操作的实现）主要介绍 I/O 操作过程涉及的 I/O 软件和 I/O 硬件之间的协同机制。主要内容包括 I/O 子系统的层次结构、用户空间 I/O 软件、内核空间 I/O 软件、三种 I/O 控制方式、设备控制器的基本功能和结构、I/O 端口的编址方式、中断系统等。

考虑到本书主要用于自学，所以在撰写时力求内容简单浅显，语言通俗易懂；在段落中通过穿插大量例子来补充说明概念的内涵；此外，每一章都精选了专门的例题进行讲解；每一章结尾还提供了大量习题，读者可以进行自我测试，并通过给出的参考答案评测自我掌握程度。

在本书的编写过程中，参考了大量有关计算机系统方面的书籍和资料，在此向这些参考资料的作者表示衷心的感谢。天津大学喻梅教授和深圳职业技术学院乌云高娃教授仔细审读了本书，提出了大量宝贵的修改意见，在此表示衷心的感谢。

由于计算机系统相关的基础理论和技术在不断发展，新的思想、概念、技术和方法不断涌现，加之作者水平有限，在编写中难免存在不当或遗漏之处，恳请广大读者对本书的不足之处给予指正，以便在后续的版本中予以改进。

编　者

2023 年 5 月

第1章 计算机系统概述

计算机系统原理课程主要介绍与计算机系统相关的核心基本概念，解释这些概念是如何相互关联并最终影响程序执行的结果和性能的。本教材以单处理器计算机系统为基础，介绍程序开发和执行的基本原理以及所涉及的重要概念，为程序员展示高级语言源程序与机器级代码之间的对应关系以及机器级代码在计算机硬件上的执行机制。

本章概要介绍计算机基本工作原理、计算机系统的基本功能和组成、程序开发与运行基本过程、计算机系统层次结构以及计算机性能评价。

1.1 计算机基本工作原理

1945 年 3 月，冯·诺依曼领导的小组公布了"存储程序（Stored-Program）"方式的电子数字计算机方案 EDVAC，宣告了现代计算机结构思想的诞生。**存储程序**方式的基本思想是：必须将事先编好的程序和原始数据送入主存后才能执行程序，一旦程序被启动执行，计算机不需要操作人员干预就能自动完成逐条指令取出和执行的任务。

1.1.1 冯·诺依曼结构基本思想

尽管元器件技术经历了多个发展阶段，计算机体系结构也已经取得了很大的发展，但目前绝大部分计算机的硬件基本组成仍然具有冯·诺依曼结构计算机的特征，**冯·诺依曼结构**计算机的基本思想主要包括以下几个方面。

1）采用"存储程序"工作方式。

2）计算机由运算器、控制器、存储器、输入设备和输出设备五大基本部件组成。

3）存储器能存放数据，也能存放指令，在形式上没有区别，但计算机应能区分它们；控制器应能自动执行指令；运算器能进行基本算术和逻辑运算；操作人员可以通过输入/输出设备使用计算机。

4）计算机内部以二进制形式表示指令和数据；每条指令由操作码和地址码两部分组成，操作码指出操作类型，地址码指出操作数的地址；由一串指令组成程序。

根据冯·诺依曼结构基本思想，可以给出一个模型计算机的基本硬件结构，如图 1.1 所示。

图 1.1 所示的模型机主要包括以下几个部分：①用来存放指令和数据的**主存储器**，简称**主存**或**内存**；②用来进行算术逻辑运算的部件，即**算术逻辑部件**（Arithmetic Logic Unit, ALU），在 ALU 操作控制信号 ALUop 的控制下，ALU 可以对输入端 A 和 B 进行不同的运算，得到结果 F；③用于自动逐条取出指令并进行译码的部件，即**控制元件**（Control Unit, CU），也称**控制器**；④用来和用户交互的输入设备和输出设备。

如图 1.1 所示，为了临时存放从主存取来的数据或运算的结果，还需要若干**通用寄存器**（General Purpose Register）组成**通用寄存器组**（**GPRs**），ALU 两个输入端 A 和 B 的数据来

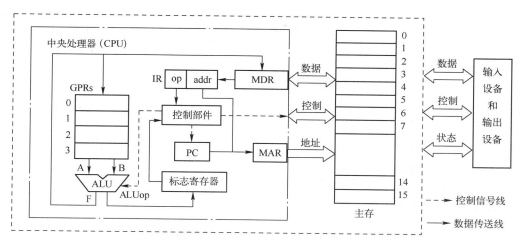

图 1.1　模型计算机基本硬件结构

自通用寄存器；ALU 运算的结果会产生标志信息，例如，结果是否为 0（零标志 ZF）、是否为负数（符号标志 SF）等，这些标志信息需要记录在专门的**标志寄存器**中；从主存取来的指令需要临时保存在**指令寄存器**（Instruction Register，IR）中；CPU 为了自动按序读取主存中的指令，还需要有一个**程序计数器**（Program Counter，PC），在执行当前指令的过程中，自动计算出下一条指令的地址并送到 PC 中保存。通常把控制部件、运算部件和各类寄存器互连组成的电路称为**中央处理器**（Central Processing Unit，CPU），简称**处理器**。

CPU 需要从通用寄存器中取数据到 ALU 运算，或把 ALU 运算的结果保存到通用寄存器中，因此，需要给每个通用寄存器编号。同样，主存中每个单元也需要编号，称为**主存单元地址**，简称**主存地址**。通用寄存器和主存都属于存储部件，计算机中的存储部件都从 0 开始编号，例如，图 1.1 中 4 个通用寄存器编号分别为 0、1、2 和 3；16 个主存单元编号分别为 0~15。

CPU 为了从主存取指令和存取数据，需要通过传输介质和主存相连，通常把连接不同部件进行信息传输的介质称为**总线**，其中，包含了用于传输地址信息、数据信息和控制信息的地址线、数据线和控制线。CPU 访问主存时，需先将主存地址、读/写命令分别送到总线的地址线、控制线，然后通过数据线发送或接收数据。CPU 送到地址线的主存地址应先存放在**主存地址寄存器**（Memory Address Register，MAR）中，发送到或从数据线取来的信息存放在**主存数据寄存器**（Memory Data Register，MDR）中。

1.1.2　程序和指令的执行过程

冯·诺依曼结构计算机的功能通过执行程序实现，程序的执行过程就是所包含的指令的执行过程。

指令（instruction）是用 0 和 1 表示的一串 0/1 序列，用来指示 CPU 完成一个特定的原子操作，例如，**取数指令**（load）从主存单元中取出数据存放到通用寄存器中；**存数指令**（store）将通用寄存器的内容写入主存单元；**加法指令**（add）将两个通用寄存器内容相加后送入结果寄存器，**传送指令**（mov）将一个通用寄存器的内容送到另一个通用寄存器，如此等等。

指令通常被划分为若干个字段，有操作码、地址码等字段。**操作码字段**指出指令的操作类型，如取数、存数、加、减、传送、跳转等；**地址码字段**指出指令所处理的操作数的地址，如寄存器编号、主存单元编号等。

下面用一个简单的例子，说明在图 1.1 所示计算机上程序和指令的执行过程。

假定图 1.1 所示模型机字长为 8 位，每个主存单元占 8 位；有 4 个通用寄存器 r0 ~ r3，编号为 0~3；有 16 个主存单元，编号为 0~15。CPU 中的 ALU、通用寄存器、MDR 的宽度都是 8 位，PC 和 MAR 的宽度都是 4 位。连接 CPU 和主存的总线中有 4 位地址线、8 位数据线和若干位控制线（包括读/写命令线）。

该模型机采用 8 位定长指令字，即每条指令有 8 位，因此指令寄存器 IR 的宽度为 8 位。指令格式有 R 型和 M 型两种，如图 1.2 所示。

格式	4位	2位	2位	功能说明
R 型	op	rt	rs	R[rt] ← R[rt] op R[rs] 或 R[rt] ← R[rs]
M 型	op	addr		R[0] ← M[addr] 或 M[addr] ← R[0]

图 1.2　定长指令字格式

图 1.2 中，op 为操作码字段，R 型指令的 op 为 0000、0001 时，分别定义为寄存器间传送（mov）和加（add）操作；M 型指令的 op 为 1110 和 1111 时，分别定义为取数（load）和存数（store）操作。rs 和 rt 为通用寄存器编号，addr 为主存单元地址。

图 1.2 中，R[r]表示编号为 r 的通用寄存器中的内容，M[addr]表示地址为 addr 的主存单元内容，"←"表示从右向左传送数据。指令 1110 0110 的功能为 R[0]←M[0110]，表示将 6 号主存单元（地址为 0110）中的内容取到 0 号寄存器；指令 0001 0001 的功能为 R[0]←R[0]+R[1]，表示将 0 号和 1 号寄存器内容相加的结果送 0 号寄存器。

若在该模型机上实现 "$z=x+y$;"，x 和 y 分别存放在主存 5 号和 6 号单元中，结果 z 存放在 7 号单元中，则相应程序在主存单元中的初始内容如图 1.3 所示。

主存地址	主存单元内容	内容说明（Ii 表示第 i 条指令）	指令的符号表示
0	1110 0110	I1：R[0] ← M[6]；op=1110：取数操作	load r0, 6#
1	0000 0100	I2：R[1] ← R[0]；op=0000：传送操作	mov r1, r0
2	1110 0101	I3：R[0] ← M[5]；op=1110：取数操作	load r0, 5#
3	0001 0001	I4：R[0] ← R[0] + R[1]；op=0001：加操作	add r0, r1
4	1111 0111	I5：M[7]← R[0]；op=1111：存数操作	store 7#, r0
5	0001 0000	操作数 x，值为 16	
6	0010 0001	操作数 y，值为 33	
7	0000 0000	结果 z，初始值为 0	

图 1.3　实现 $z=x+y$ 的程序在主存部分单元中的初始内容

"存储程序"工作方式规定，程序执行前，需将程序包含的指令和数据先送入主存，一旦启动程序执行，则计算机必须能够在无须操作人员干预的情况下自动完成逐条指令取出和执行的任务。如图 1.4 所示，一个程序的执行就是周而复始执行一条一条指令的过程。每条指令的执行过程：从主存取指令→对指令进行译码→PC 增量（图中的 PC+"1"表示 PC 的内容加上当前这一条指令的长度）→取操作数并执行→将结果送至主存或寄存器保存。

程序执行前，首先将程序的起始地址存放在 PC 中，取指令时，将 PC 的内容作为地址访问主存。每条指令执行过程中，都需要计算下条将要执行指令的主存地址，并送到 PC 中。若当前指令为顺序型指令，则下条指令地址为 PC 的内容加上当前指令的长度；若当前指令为跳转型指令，则下条指令地址为指令中指定的目标地址。当前指令执行完后，根据 PC 的值到主存中取到的是下条将要执行的指令，因而计算机能够周而复始地自动取出并执行一条一条指令。

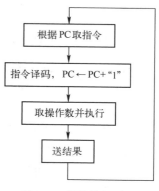

图 1.4　程序执行过程

对于图 1.3 中的程序，程序首地址（即指令 I1 所在地址）为 0，因此，程序开始执行时，PC 的内容为 0000。根据程序执行流程，该程序运行过程中，所执行的指令顺序为 I1→I2→I3→I4→I5。每条指令在图 1.1 所示模型计算机中的执行过程及结果如图 1.5 所示。

指令阶段	I1：1110 0110	I2：0000 0100	I3：1110 0101	I4：0001 0001	I5：11110111
取指令	IR←M[0000]	IR←M[0001]	IR←M[0010]	IR←M[0011]	IR←M[0100]
指令译码	op=1110，取数	op=0000，传送	op=1110，取数	op=0001，加	op=1111，存数
PC 增量	PC←0000+1	PC←0001+1	PC←0010+1	PC←0011+1	PC←0100+1
取数并执行	MDR←M[0110]	A←R[0]、mov	MDR←M[0101]	A←R[0]、B←R[1]、add	MDR←R[0]
送结果	R[0]←MDR	R[1]←F	R[0]←MDR	R[0]←F	M[0111]←MDR
执行结果	R[0]=33	R[1]=33	R[0]=16	R[0]=16+33=49	M[7]=49

图 1.5　实现 $z = x + y$ 功能的每条指令执行过程

如图 1.5 所示，在图 1.1 的模型计算机中执行指令 I1 的过程如下：指令 I1 存放在第 0 单元，故取指令操作为 IR←M［0000］，表示将主存 0 单元中的内容取到指令寄存器 IR 中，故取指令阶段结束时，IR 中内容为 1110 0110；然后，将高 4 位 1110（op 字段）送到控制部件进行指令译码；同时控制 PC 进行 "+1" 操作，PC 中内容变为 0001；因为是取数指令，所以控制器产生 "主存读" 控制信号 Read，并控制在取数并执行阶段将 Read 信号送控制线，将指令后 4 位的 0110（addr 字段）作为主存地址送 MAR 并自动送地址线，经过一段时间以后，主存将 0110（6#）单元中的 33（变量 y）送到数据线并自动存储在 MDR 中；最后由控制器控制将 MDR 内容送至 0 号通用寄存器，因此，指令 I1 的执行结果为 R［0］=33。

其他指令的执行过程类似。程序最后执行的结果为主存 0111（7#）单元内容（变量 z）变为 49，即 M［7］=49。

1.2　程序的开发与运行

现代通用计算机都采用 "存储程序" 工作方式，需要计算机完成的任何任务都应先表示为一个程序。首先，应将应用问题（任务）转化为**算法**（Algorithm）描述，使得应用问题的求解变成流程化的清晰步骤，并能确保步骤是有限的。任何一个问题可能有多个求解算法，需要进行算法分析以确定哪种算法在时间和空间上能够得到优化。其次，将算法转换为用编程语言描述的程序，这个转换通常是手工进行的，也就是说，需要程序员进行程序设计。**程序设计语言**（Programming Language）与自然语言不同，它有严格的执行顺序，不存在二义性，能够唯一地确定计算机执行指令的顺序。

1.2.1 程序设计语言和翻译程序

程序设计语言可以按照不同抽象层、不同适用领域、不同描述结构等分为多种类型，目前大约有上千种程序设计语言，从抽象层次上来分，可以分成高级语言和低级语言两类。

使用特定计算机规定的指令格式而形成的0/1序列称为**机器语言**，计算机能理解和执行的程序称为**机器代码**或**机器语言程序**，其中的每条指令都由0和1组成，称为**机器指令**。如图1.3中所示，主存单元0~4中存放的0/1序列就是机器指令。

最早人们采用机器语言编写程序。机器语言程序的可读性很差，也不易记忆，给程序员的编写和阅读带来极大的困难。因此，人们引入了一种机器语言的符号表示语言，通过用简短的英文符号和机器指令建立对应关系，以方便程序员编写和阅读程序。这种语言称为**汇编语言**（Assembly Language），机器指令对应的符号表示称为**汇编指令**。如图1.3中所示，主存第0单元中的机器指令"1110 0110"对应的汇编指令为"load r0, 6#"。这里，机器指令中的op=1110表示取数（load）操作，addr=0110表示主存单元地址为0110（十进制数字6），r0表示0号寄存器。显然，使用汇编指令编写程序比使用机器指令编写程序要方便得多。但是，因为计算机无法理解和执行汇编指令，因而用汇编语言编写的**汇编语言源程序**必须先转换为机器语言程序，才能被计算机执行。

汇编指令和机器指令一一对应，每条汇编指令表示的功能与对应的机器指令功能完全相同，因而汇编指令和机器指令都与特定的机器结构相关，因此汇编语言和机器语言都属于**低级语言**，它们统称为**机器级语言**。

因为每条指令的功能非常简单，所以使用机器级语言描述程序功能时，需描述的细节很多，不仅程序设计工作效率很低，而且同一个程序不能在不同机器上运行。为此，程序员多采用高级程序设计语言编写程序。**高级程序设计语言**（High Level Programming Language）简称**高级编程语言**，是指面向算法设计的、较接近于日常英语书面语言的程序设计语言，如BASIC、C/C++、Fortran、Java等。它与具体机器结构无关，可读性比机器级语言好，描述能力更强，一条语句可对应几条或几十条指令。例如，对于图1.3中所示程序，用机器级语言表示需5条指令，而用高级编程语言表示只需一条语句"z=x+y;"。

不过，因为计算机无法直接理解和执行高级编程语言程序，因而需要将高级语言程序转换成机器语言程序。这个转换过程通常由计算机自动完成，进行这种转换的软件统称为**翻译程序**（Translator）。通常，程序员借助程序设计语言处理系统开发软件。任何一个语言处理系统中，都包含翻译程序，它能把一种编程语言表示的程序转换为功能等价的另一种编程语言程序。被翻译的语言和程序分别称为**源语言**和**源程序**，翻译生成的语言和程序分别称为**目标语言**和**目标程序**。翻译程序有以下3类。

1）**汇编程序**（Assembler）：也称**汇编器**。用于将汇编语言源程序翻译成机器语言目标程序。

2）**解释程序**（Interpreter）：也称**解释器**。用于将源程序中的语句按其执行顺序逐条翻译成机器指令并立即执行。

3）**编译程序**（Compiler）：也称**编译器**。用于将高级语言源程序翻译成汇编语言或机器语言目标程序。

图 1.6 给出了实现两个相邻数组元素交换功能的不同层次语言之间的等价转换过程。

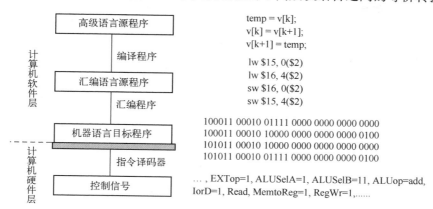

图 1.6　不同层次语言之间的等价转换

如图 1.6 所示，交换数组元素 v[k] 和 v[k+1] 的功能可以在高级语言源程序中直观地用三条赋值语句实现。在经编译后生成的汇编语言源程序中，可用 4 条汇编指令实现该功能，其中，两条是取数指令 lw（Load Word），另外两条是存数指令 sw（Store Word）。在经汇编后生成的机器语言程序中，对应的机器指令是特定格式的二进制代码，例如，第一条 lw 指令对应的机器代码为"100011 00010 01111 0000 0000 0000 0000"，这是一条 MIPS 指令系统中的指令，其中，高 6 位"100011"为操作码，随后 5 位"00010"为通用寄存器编号 2，再后面 5 位"01111"为另一个通用寄存器编号 15，最后 16 位为立即数 0。CPU 能够通过逻辑电路直接执行这种二进制表示的机器指令。指令执行时通过控制器对指令操作码进行译码，以解释成控制信号来控制数据的流动和运算，例如，控制信号 ALUop = add 可以控制 ALU 进行加法操作，RegWr = 1 可以控制将结果数据写入某个通用寄存器。

小提示

本教材中多处提到 MIPS 架构或 MIPS 指令系统，这里的 MIPS 是指在 20 世纪 80 年代初期由斯坦福（Stanford）大学 Hennessy 教授领导的研究小组设计的一种 RISC 指令集架构。MIPS 来源于"Microcomputer without interlocked pipeline stages"的缩写。

1.2.2　从源程序到可执行文件

程序的开发和运行涉及计算机系统的各个不同层面，因而计算机系统层次结构思想体现在程序开发和运行的各个环节。下面以简单的 hello 程序为例，简要介绍程序的开发与执行过程，以便加深对计算机系统层次结构概念的认识。

以下是"hello.c"的 C 语言源程序代码。

```
1    #include <stdio.h>
2
```

```
3   int main( )
4   {
5       printf("hello, world\n");
6   }
```

为了让计算机能执行上述应用程序，应用程序员应按照以下步骤进行处理。

1）通过程序编辑软件生成 hello.c 文件。hello.c 在计算机中以 ASCII 字符方式存放，如图 1.7 所示，图中给出了每个字符对应的 ASCII 码的十进制值，例如，第一个字节的值是 35，代表字符"#"；第二个字节的值是 105，代表字符"i"，最后一个字节的值为 125，代表字符"}"。通常把用 ASCII 码字符或汉字字符表示的文件称为**文本文件**（Text File），源程序文件都是文本文件，是可显示和可读的。

#	i	n	c	l	u	d	e	\<sp>	<	s	t	d	i	o	.
35	105	110	99	108	117	100	101	32	60	115	116	100	105	111	46
h	>	\n	\n	i	n	t	\<sp>	m	a	i	n	(	)	\n	{
104	62	10	10	105	110	116	32	109	97	105	110	40	41	10	123
\n	\<sp>	\<sp>	\<sp>	\<sp>	p	r	i	n	t	f	(	"	h	e	l
10	32	32	32	32	112	114	105	110	116	102	40	34	104	101	108
l	o	,	\<sp>	w	o	r	l	d	\n	"	)	;	\n	}	
108	111	44	32	119	111	114	108	100	92	110	34	41	59	10	125

图 1.7　hello.c 源程序文件的表示

2）将 hello.c 进行预处理、编译、汇编和链接，最终生成可执行目标文件。例如，在 UNIX 系统中，可用 GCC 编译驱动程序进行处理，命令如下：

```
unix> gcc -o hello hello.c
```

上述命令中，最前面的"unix>"为 **shell 命令行解释器**的命令行提示符，"gcc"为 GCC 编译驱动程序名，"-o"表示后面为输出文件名，hello.c 为要处理的源程序。从 hello.c 到可执行目标文件 hello 的转换过程如图 1.8 所示。

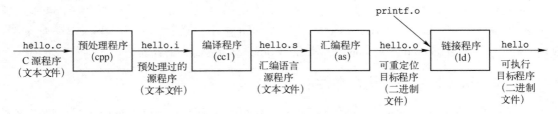

图 1.8　hello.c 源程序文件到可执行目标文件的转换过程

1）**预处理阶段**：预处理程序（cpp）对源程序中以字符"#"开头的命令进行处理，例如，将#include 命令后面的 .h 文件内容嵌入源程序文件中。预处理程序的输出结果还是一个源程序文件，以 .i 为扩展名。

2）**编译阶段**：编译程序（cc1）对预处理后的源程序进行编译，生成一个汇编语言源程序文件，以 .s 为扩展名，例如，hello.s 是一个汇编语言程序文件。因为汇编语言与具体的机器结构有关，所以对同一台机器来说，不管什么高级语言，编译转换后的输出结果都是同一种机器语言对应的汇编语言源程序。

3）**汇编阶段**：汇编程序（as）对汇编语言源程序进行汇编，生成一个**可重定位目标文件**（relocatable object file），以 . o 为扩展名，例如，hello. o 是一个可重定位目标文件。它是**一种二进制文件**（binary file），因为其中的代码已经是机器指令，数据以及其他信息也都是用二进制表示的，所以它是不可读的，也即打开显示出来的是乱码。

4）**链接阶段**：链接程序（ld）将多个可重定位目标文件和标准函数库中的可重定位目标文件合并成为一个**可执行目标文件**（executable object file），可执行目标文件简称为**可执行文件**。本例中，链接器将 hello. o 和标准库函数 printf（)所在的可重定位目标模块 printf. o 进行合并，生成可执行文件 hello。

最终生成的可执行文件被保存在硬盘上，可以通过某种方式启动硬盘上的可执行文件运行。

1.2.3 可执行文件的启动和执行

对于一个存放在硬盘上的可执行文件，可以在操作系统提供的用户操作环境中，采用双击对应图标或在命令行中输入可执行文件名等多种方式来启动执行。在 UNIX 系统中，可以通过 shell 命令行解释器来启动一个可执行文件。例如，对于上述可执行文件 hello，通过 shell 命令行解释器启动执行的结果如下：

```
unix> ./hello
hello, world
unix>
```

shell 命令行解释器会显示提示符 unix>，告知用户它准备接收用户的输入，此时，用户可以在提示符后面输入需要执行的命令名，它可以是一个可执行文件在硬盘上的路径名，例如，上述 "./hello" 就是可执行文件 hello 的路径名，其中 "./" 表示当前目录。在命令后用户需按下〈Enter〉键表示结束。图 1.9 显示了在计算机中执行 hello 程序的整个过程。

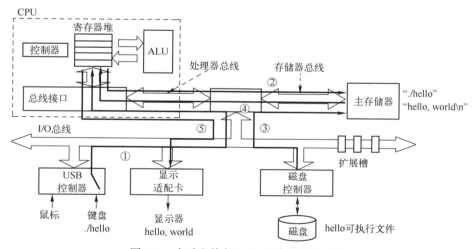

图 1.9 启动和执行 hello 程序的整个过程

如图 1.9 所示，shell 程序会将用户从键盘输入的每个字符逐一读入 CPU 寄存器中（对应线①），然后再保存到主存储器中，在主存的缓冲区形成字符串"./hello"（对应线②）。等到接收到〈Enter〉按键时，shell 将调出操作系统内核中相应的服务例程，由内核来加载磁盘上的可执行文件 hello 到存储器（对应线③）。内核加载完可执行文件中的代码及其所要处理的数据（这里是字符串"hello, world\n"）后，将 hello 第一条指令的地址送到程序计数器（PC）中，CPU 永远都是将 PC 的内容作为将要执行的指令的地址，因此，处理器随后开始执行 hello 程序，它将加载到主存的字符串"hello, world\n"中的每一个字符从主存取到 CPU 的寄存器中（对应线④），然后将 CPU 寄存器中的字符送到显示器上显示出来（对应线⑤）。

从上述过程可以看出，一个用户程序被启动执行，必须依靠**操作系统**的支持，包括提供人机接口环境（如外壳程序）和内核服务例程。例如，shell 命令行解释器是操作系统**外壳程序**，它为用户提供了一个启动程序执行的操作环境，用来对用户从键盘输入的命令进行解释，并调出操作系统内核来加载用户程序（用户从键盘输入的命令所对应的程序）。显然，用来加载用户程序并使其从第一条指令开始执行的操作系统内核服务例程也是必不可少的。

此外，在上述过程中，涉及键盘、磁盘和显示器等外部设备的操作，这些底层硬件是不能由用户程序直接访问的，此时，也需要依靠操作系统内核服务例程的支持，例如，用户程序需要调用内核的 read 系统调用服务例程读取磁盘文件，或调用内核的 write 系统调用服务例程将字符串"写"到显示器上等。

键盘、磁盘和显示器等外部设备简称为**外设**，也称为 **I/O 设备**，其中，I/O 是输入/输出（Input/Output）的缩写。外设通常由机械部分和电子部分组成，并且两部分通常是可以分开的。机械部分是外部设备本身，而电子部分则是控制外部设备工作的 **I/O 控制器**或 **I/O 适配器**。外设通过 I/O 控制器或 I/O 适配器连接到主机上，I/O 控制器或 I/O 适配器统称为**设备控制器**。例如，键盘接口、打印机适配器、显示控制卡（简称显卡）、网络控制卡（简称网卡）等都是一种设备控制器，属于一种 **I/O 模块**。

从图 1.9 可以看出，程序的执行过程就是数据在 CPU、主存储器和 I/O 模块之间流动的过程，所有数据的流动都是通过总线和 I/O 桥接器等进行的。数据在总线上传输之前，需要先缓存在存储部件中，因此，除了主存本身是存储部件以外，在 CPU、I/O 桥接器、设备控制器中也有存放数据的缓冲存储部件，例如，CPU 中的通用寄存器，设备控制器中的数据缓冲寄存器等。

1.3　计算机系统的层次结构

计算机系统采用分层方式构建，即计算机系统是一个层次结构系统，通过向上层用户提供一个抽象的简洁接口而将较低层次的实现细节隐藏起来。计算机解决应用问题的过程就是不同抽象层进行转换的过程。

1.3.1　计算机系统抽象层的转换

图 1.10 是计算机系统层次转换示意图，描述了从最终用户希望计算机完成的应用（问

题）到电子工程师使用器件完成基本电路设计的整个转换过程。

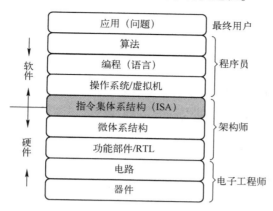

图 1.10 计算机系统抽象层及其转换

希望计算机完成或解决的任何一个应用（问题）最开始形成时是用自然语言描述的，但是，计算机硬件只能理解机器语言。要将一个自然语言描述的应用问题转换为机器语言程序，需要经过应用问题描述、算法抽象、高级语言程序设计、将高级语言源程序转换为特定机器语言目标程序等多个抽象层的转换。

在进行高级语言程序设计时，需要有相应的应用程序开发支撑环境。例如，需要有一个程序编辑器，以方便源程序的编写；需要一套翻译转换软件处理各类源程序，包括预处理程序、编译器、汇编器、链接器等；还需要一个可以执行各类程序的用户界面，如 GUI 方式下的图形用户界面或 CLI 方式下的命令行用户界面（如 shell 程序）。提供程序编辑器和各类翻译转换软件的工具包统称为**语言处理系统**或软件的**集成开发环境**（Integrated Development Environment，IDE）；而具有人机交互功能的用户界面和底层系统调用服务例程则由**操作系统**（Operating System，OS）提供。当然，所有的语言处理系统都必须在操作系统提供的平台中运行，操作系统是对计算机底层结构和计算机硬件的一种抽象。

从应用问题到机器语言程序的每次转换所涉及的概念都是属于软件的范畴，而机器语言程序所运行的计算机硬件和软件之间需要有一个"桥梁"，这个在软件和硬件之间的界面就是**指令集体系结构**（Instruction Set Architecture，ISA），简称**指令集架构**或**指令系统**，它是软件和硬件之间接口的一个完整定义。ISA 定义了一台计算机可以执行的所有指令的集合，每条指令规定了计算机执行什么操作，以及所处理的操作数存放的地址空间以及操作数类型。机器语言程序就是一个 ISA 规定的指令的序列，因此，计算机硬件执行机器语言程序的过程就是让其执行一条一条指令的过程。

实现 ISA 的电路逻辑结构称为**计算机组织**（Computer Organization）或**微体系结构**（Microarchitecture），简称**微架构**。ISA 和微架构是两个不同层面上的概念，例如，是否提供加法指令是 ISA 需要考虑的问题，而加法器采用串行进位还是并行进位方式则属于微架构问题。相同的 ISA 可能具有不同的微架构，例如，对于 Intel x86 这种 ISA，很多处理器的组织方式不同，也即具有不同的微架构，但因为它们具有相同的 ISA，因此，一种处理器运行的程序，在另一种微架构的处理器上也能运行。

微架构中的功能部件由**逻辑电路**（Logic Circuit）实现，一个功能部件用不同的逻辑实现方式得到的性能和成本有差异，每个基本逻辑电路通过相应的**器件技术**（Device Technology）实现。

1.3.2 计算机系统的不同用户

计算机系统所完成的所有任务都是通过执行程序所包含的指令来实现。计算机系统由硬件和软件两部分组成，**硬件**（Hardware）是物理装置的总称，人们看到的各种芯片、板卡、外设、电缆等都是计算机硬件。**软件**（Software）包括运行在硬件上的程序和数据以及相关的文档。**程序**（Program）是指挥计算机如何操作的一个指令序列，**数据**（Data）是指令操作的对象。根据软件的用途，一般将软件分成系统软件和应用软件两大类。

系统软件（System Software）包括为有效、安全地使用和管理计算机以及为开发和运行应用软件而提供的各种软件，介于计算机硬件与应用程序之间，它与具体应用关系不大。系统软件包括操作系统（如 Windows、UNIX、Linux）、语言处理系统（如 Visual Studio、GCC）、数据库管理系统（如 Oracle）和各类实用程序（如磁盘碎片整理程序、备份程序）等软件。操作系统主要用来管理整个计算机系统的资源，包括对它们进行调度、管理、监视和服务等，操作系统还提供计算机用户和硬件之间的人机交互界面，并提供对应用软件的支持。语言处理系统主要用于提供一个用高级语言编程的环境，包括源程序编辑、翻译、调试、链接、装入运行等功能。

应用软件（Application Software）指专门为数据处理、科学计算、事务管理、多媒体处理、工程设计以及过程控制等应用所编写的各类程序。例如，人们平时经常使用的电子邮件收发软件、多媒体播放软件、游戏软件、炒股软件、文字处理软件、电子表格软件、演示文稿制作软件等都是应用软件。

按照在计算机上完成任务的不同，可以把使用计算机的用户分成以下 4 类：最终用户、系统管理员、应用程序员和系统程序员。

使用应用软件完成特定任务的计算机用户称为**最终用户**（End User）。大多数计算机使用者都属于最终用户。例如，使用炒股软件的股民、玩计算机游戏的人、进行会计电算化处理的财会人员等。

系统管理员（System Administrator）是指利用操作系统、数据库管理系统等软件提供的功能对系统进行配置、管理和维护，以建立高效合理的系统环境供计算机用户使用的操作人员。其职责主要包括：安装、配置和维护系统的硬件和软件，建立和管理用户账户，升级软件，备份和恢复业务系统和数据等。

应用程序员（Application Programmer）是指使用高级编程语言编制应用软件的程序员；而**系统程序员**（System Programmer）则是指设计和开发系统软件的程序员，如：开发操作系统、编译器、数据库管理系统等系统软件的程序员。

很多情况下，同一个人可能既是最终用户，又是系统管理员，同时还是应用程序员或系统程序员。例如，对于一个计算机专业的学生来说，有时需要使用计算机玩游戏或网购物品，此时为最终用户的角色；有时需要整理计算机磁盘中的碎片、升级系统或备份数据，此时是系统管理员的角色；有时需要完成老师布置的一个应用程序的开发，此时是应用程序员的角色；有时可能还需要完成老师布置的操作系统或编译程序等软件的开发，此时是系统程序员的角色。

在计算机技术中，一个存在的事物或概念从某个角度看似乎不存在，即对实际存在的事物或概念感觉不到，则称为**透明**。通常，在一个计算机系统中，系统程序员所看到的底层机器级的概念性结构和功能特性对高级语言程序员（通常就是应用程序员）来说是透明的，也即看不见或感觉不到的。

一个计算机系统可以认为是由各种硬件和各类软件采用层次化方式构建的分层系统，如图1.11所示，不同的计算机用户工作在不同的层次。

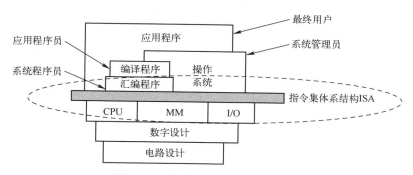

图 1.11 计算机系统的层次化结构

从图1.11可看出，ISA处于硬件和软件的交界面上，硬件所有的功能都由ISA集中体现，软件通过ISA在计算机上执行。所以，ISA是整个计算机系统中的核心部分。

ISA层下面是硬件部分，上面是软件部分。硬件部分包括CPU、主存和输入/输出等主要功能部件，这些功能部件通过数字逻辑电路设计实现。软件部分包括低层的系统软件和高层的应用软件，汇编程序、编译程序和操作系统等这些系统软件直接在ISA上实现，系统程序员所看到的机器的属性是属于ISA层面的内容，所看到的机器是配置了指令系统的机器，称为**机器语言机器**，工作在该层次的程序员称为机器语言程序员；系统管理员工作在操作系统层，所看到的是配置了操作系统的虚拟机，称为**操作系统虚拟机**；汇编语言程序员工作在提供汇编程序的虚拟机器级，所看到的机器称为**汇编语言虚拟机**；应用程序员大多工作在提供编译器或解释器等翻译程序的语言处理系统层，因此，应用程序员大多用高级语言编写程序，因而也称为高级语言程序员，所看到虚拟机器称为**高级语言虚拟机**；最终用户则工作在最上面的**应用程序层**。

1.3.3 计算机系统核心层之间的关联

如图1.12所示，高级编程语言的编译程序将高级语言源程序转换为机器级目标代码，或者转换为机器代码直接执行，这个过程需要完成多个步骤，包括词法分析、语法分析、语义分析、中间代码生成、代码优化、目标代码生成和目标代码优化等。如果不考虑中间代码优化，则整个过程可划分为前端和后端两个阶段，通常把中间代码生成及其之前各步骤称为**前端**。因此，前端主要完成对源程序的分析，把源程序切分成一些基本块，并生成中间语言表示，**后端**在分析结果正确无误的基础上，将中间语言表示（中间代码）转化为目标机器支持的机器级语言程序。

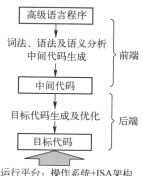

图 1.12 程序的编译转换

程序转换的前端处理与高级编程语言标准规范密切相关，而后端处理则必须遵循 ISA 的规定和 ABI 规范。

1. 程序转换和编程语言标准之间的关系

每一种程序设计语言都有相应的标准规范，进行语言转换的编译程序前端必须按照编程语言标准规范进行设计，程序员编写程序时，也只有按照编程语言的标准规范进行程序开发，才能被编译程序正确转换。如果编写了不符合语言规范的高级语言源程序，编译过程就会发生错误或编译生成不符合程序员预期的目标代码。

如果程序员不了解语言规范，则会造成与直觉不符的情况。例如，对于以下 C 语言关系表达式："−2147483648 < 2147483647"，在 C90 标准下，结果为 false。虽然这个结果与直觉不相符，但是，用 C90 标准规范是可以解释的，编译转换程序完全按照语言标准规范进行处理，结果就应该是 false。如果程序员觉得结果不符合预期，那是因为不了解 C90 标准规范。

程序执行结果不符合程序开发者预期的原因通常有两种。一种是因为程序开发者不了解语言标准规范，另一种是程序开发者编写了含有**未定义行为**（Undefined Behavior）或**未指定行为**（Unspecified Behavior）或**实现定义行为**（Inplementation-Defined Behavior）的源程序。

（1）未定义行为

未定义行为指语言标准规范中没有明确指定其行为的情况。若编写了未定义行为的源程序，则每次执行结果可能不同，或在不同平台下执行结果可能不同。例如，C 语言标准指出，当格式说明符和参数类型不匹配时，输出结果是未定义的，因此，以下 C 程序段就属于未定义行为代码。

```
int x = 1234;
printf("%lf", x);
```

（2）未指定行为

未指定行为是指语言标准规范中没有强制规定程序行为，而是列出多种结果供编译器选择，不同编译器可能选择不同行为结果。若源程序包含未指定行为，则采用不同编译器或同一编译器的不同版本，目标程序的运行结果都可能不同。例如，对于程序段"int i=1;f(i++,i++);"，C 语言标准规定，函数调用的参数求值顺序未指定，故编译器可能按"f(1,2)"处理，也可能按"f(2,1)"处理。

（3）实现定义行为

实现定义行为指语言标准规范的实现（如编译器）需要在文档中说明其选择的未指定行为。若源程序包含实现定义行为，在相同环境下运行可得到相同结果，但将程序移植到另一个环境时，运行结果可能不同。例如，C 语言标准规定，char 属于带符号整数还是无符号整数类型是实现定义行为。当程序员想当然地认为 char 类型一定按带符号整数运算时，编译器可能把 char 类型当成无符号整数处理，从而使程序得到非预期的结果。

2. 目标代码与 ISA 和 ABI 规范之间的关系

编译程序的后端处理应根据 ISA 和**应用程序二进制接口**（Application Binary Interface，ABI）规范进行设计实现。

ISA 是对指令系统的一种规定，ISA 定义了一台计算机可以执行的所有指令的集合，以及每条指令执行什么操作、所处理的操作数存放的地址空间和操作数类型等。因为编译程序的后端将生成在目标机器中能够运行的目标代码，所以，它必须按照目标机器的 ISA 规范生成相应的目标代码。对于不符合 ISA 规范的目标代码，将无法正确运行在根据该 ISA 规范而设计的计算机上。

ABI 是为运行在特定 ISA 及特定操作系统平台上的应用程序规定的一种机器级目标代码接口，包含了在生成特定平台上的目标代码时所必须遵循的一些约定。ABI 描述了应用程序和操作系统之间、应用程序和所调用的库之间、不同组成部分（如子程序或函数）之间在较低层次上的机器级代码接口。例如，过程之间的调用约定（如参数和返回值如何传递等）、系统调用约定（系统调用的参数和调用号如何传递以及如何从用户态陷入操作系统内核等）、目标文件的二进制格式和函数库使用约定、机器中寄存器的使用规定、程序的虚拟地址空间划分等。不符合 ABI 规范的目标程序，将无法正确运行在根据该 ABI 规范提供的操作系统运行环境中。

ABI 不同于**应用程序编程接口**（Application Programming Interface，API）。**API** 定义了较高层次的源程序代码和库之间的接口，通常是与硬件无关的接口。因此，同样的源程序代码可以在支持相同 API 的任何系统中进行编译以生成目标代码。在 ABI 相同或兼容的系统上，一个已经编译好的目标代码则可以无须改动而直接运行。

3. ISA 与硬件、ABI 规范和操作系统之间的关系

在 ISA 层之上，操作系统向应用程序提供的运行时环境需要符合 ABI 规范，同时，操作系统也需要根据 ISA 规范来使用硬件提供的接口，包括硬件提供的各种控制寄存器和状态寄存器、原子操作、中断机制等。如果操作系统没有按照 ISA 规范使用硬件接口，则无法提供操作系统的重要功能。在 ISA 层之下，处理器设计时需要根据 ISA 规范来设计相应的硬件接口给操作系统和应用程序使用，不符合 ISA 规范的处理器设计，将无法支撑操作系统和应用程序的正确运行。

总之，计算机系统能够按照预期正确地工作，是不同层次的多个规范共同相互支撑的结果，计算机系统的各抽象层之间如何进行转换，其实最终都是由这些规范来定义的。不管是系统软件开发者、应用程序开发者，还是处理器设计者，都必须以规范为准绳，也就是要以手册为准。计算机系统中的所有行为都是由各种手册确定的，计算机系统也是按照手册造出来的。因此，如果想要了解程序的确切行为，最好的方法就是查手册。

小提示

本书所用的平台为 IA-32/x86-64+Linux+GCC+C 语言，Linux 操作系统下一般使用 system V ABI，因此，本书推荐以下三本电子手册作为参考。

C 语言标准手册：http://www.open-std.org/jtc1/sc22/wg14/www/docs/n1124.pdf

system V ABI 手册：http://www.sco.com/developers/devspecs/abi386-4.pdf

Intel 架构 i386 手册：https://css.csail.mit.edu/6.858/2015/readings/i386.pdf

1.4　计算机系统性能评价

一个完整的计算机系统由硬件和软件构成，硬件性能的好坏对整个计算机系统的性能起着至关重要的作用。硬件的性能检测和评价比较困难，因为硬件的性能只能通过运行软件才能反映出来，而在相同硬件上运行不同类型的软件，或者同样的软件用不同的数据集进行测试，所测到的性能都可能不同。因此，必须有一套综合的测试和评价硬件性能的方法。

1.4.1　计算机性能的测试

吞吐率（Throughput）和**响应时间**（Response Time）是考量一个计算机系统性能的两个基本指标。吞吐率表示在单位时间内所完成的工作量，类似的概念是**带宽**（Bandwidth），它表示单位时间内所传输的信息量。响应时间是指从作业提交开始到作业完成所用的时间，类似的概念是**执行时间**（Execution Time）和**等待时间**（Latency），它们都是用来表示一个任务所用时间的度量值。不同应用场合下，计算机用户所关心的性能不同。例如，在多媒体应用场合，用户希望音/视频的播放要流畅，因而关心的是系统吞吐率是否高；而在银行、证券等事务处理应用场合，用户希望业务处理速度快，不需长时间等待，因而更关心响应时间是否短；还有些应用场合，用户则同时关心吞吐率和响应时间。

如果不考虑应用背景而直接比较计算机性能，则大都用程序的执行时间来衡量。通常把用户感觉到的执行时间分成以下两部分：CPU 时间和其他时间。**CPU 时间**指 CPU 用于本程序执行的时间，它又包括以下两部分：①**用户 CPU 时间**，指真正用于运行用户程序代码的时间；②**系统 CPU 时间**，指为了执行用户程序而需要 CPU 运行操作系统程序的时间。**其他时间**指等待 I/O 操作完成的时间或 CPU 用于执行其他用户程序的时间。计算机系统的性能评价主要考虑的是 CPU 性能。

CPU 性能是指用户 CPU 时间，它只包含 CPU 运行用户程序代码的时间。在对 CPU 时间进行计算时需要用到以下几个重要的概念和指标。

- **时钟周期**：计算机执行一条指令的过程被分成若干步骤完成，每一步都要有相应的控制信号进行控制，这些控制信号何时发出、作用时间多长，都要有相应的定时信号进行同步。因此，计算机必须能够产生同步的时钟定时信号，也就是 CPU 主脉冲信号，其宽度称为时钟周期（clock cycle、tick、clock tick、clock）。

- **时钟频率**：CPU 的**主频**就是 CPU 主脉冲信号的时钟频率（Clock Rate），是 CPU 时钟周期的倒数。

- **CPI**：CPI（Cycles Per Instruction）表示执行一条指令所需的时钟周期数。由于不同指令的功能不同，所需的时钟周期数也不同。对于一条特定指令而言，其 CPI 指执行该指令所需的时钟周期数，此时 CPI 是一个确定的值；对于一个程序或一台机器来说，其 CPI 指该程序或该机器指令集中的所有指令执行所需的平均时钟周期数，此时，CPI 是一个平均值。

已知上述参数或指标，可以通过以下公式来计算用户程序的 CPU 执行时间，即用户 CPU 时间。

用户 CPU 时间＝程序总时钟周期数÷时钟频率＝程序总时钟周期数×时钟周期

上述公式中，程序总时钟周期数可由程序总指令条数和相应的 CPI 求得。

如果已知程序总指令条数和综合 CPI，则可用如下公式计算程序总时钟周期数。

$$程序总时钟周期数 = 程序总指令条数 \times CPI$$

如果已知程序中共有 n 种不同类型的指令，第 i 种指令的条数和 CPI 分别为 C_i 和 CPI_i，则

$$程序总时钟周期数 = \sum_{i=1}^{n} (CPI_i \times C_i)$$

程序的综合 CPI 也可由以下公式求得，其中，F_i 表示第 i 种指令在程序中所占的比例。

$$CPI = \sum_{i=1}^{n} (CPI_i \times F_i) = 程序总时钟周期数 \div 程序总指令条数$$

因此，若已知程序综合 CPI 和总指令条数，则可用下列公式计算用户 CPU 时间。

$$用户 CPU 时间 = CPI \times 程序总指令条数 \times 时钟周期$$

有了用户 CPU 时间，就可以评判两台计算机性能的优劣。计算机的性能可以看成是用户 CPU 时间的倒数，因此，两台计算机性能之比就是用户 CPU 时间之比的倒数。若计算机 M1 和 M2 的性能之比为 n，则说明"计算机 M1 的速度是计算机 M2 的速度的 n 倍"，也就是说，"在计算机 M2 上执行程序的时间是在计算机 M1 上执行时间的 n 倍"。

用户 CPU 时间度量公式中的时钟周期、指令条数、CPI 三个因素是相互制约的。例如，更改指令集可以减少程序总指令条数，但是，同时可能引起 CPU 结构的调整，从而可能会增加时钟周期的宽度（即降低时钟频率）。对于解决同一个问题的不同程序，即使是在同一台计算机上，指令条数最少的程序也不一定执行得最快。有关时钟周期、指令条数和 CPI 的相互制约关系，在学完后面有关章节后，会有更深刻的认识和理解。

例 1.1 假设某个频繁使用的程序 P 在机器 M1 上运行需要 10 s，M1 的时钟频率为 2 GHz。设计人员想开发一台与 M1 具有相同 ISA 的新机器 M2。采用新技术可使 M2 的时钟频率增加，但同时也会使 CPI 增加。假定程序 P 在 M2 上的时钟周期数是在 M1 上的 1.5 倍，则 M2 的时钟频率至少达到多少才能使程序 P 在 M2 上的运行时间缩短为 6 s？

解： 程序 P 在机器 M1 上的时钟周期数为用户 CPU 时间×时钟频率 = 10 s×2 GHz = 20 G。因此，程序 P 在机器 M2 上的时钟周期数为 1.5×20 G = 30 G。要使程序 P 在 M2 上运行时间缩短到 6 s，则 M2 的时钟频率至少应为程序总时钟周期数÷用户 CPU 时间 = 30 G/6 s = 5 GHz。

由此可见，M2 的时钟频率是 M1 的 2.5 倍，但 M2 的速度却只是 M1 的 1.67 倍。

上述例子说明，由于时钟频率的提高可能会对 CPU 结构带来影响，从而使其他性能指标降低，因此，虽然时钟频率提高会加快 CPU 执行程序的速度，但不能保证执行速度有相同倍数的提高。

例 1.2 假设计算机 M 的指令集中包含 A、B、C 三类指令，其 CPI 分别为 1、2、4。某个程序 P 在 M 上被编译成两个不同的目标代码序列 P1 和 P2，P1 所含 A、B、C 三类指令的条数分别为 8、2、2，P2 所含 A、B、C 三类指令的条数分别为 2、5、3。哪个代码序列总指令条数少？哪个执行速度快？它们的 CPI 分别是多少？

解： P1 和 P2 的总指令条数分别为 12 和 10，所以，P2 的总指令条数少。

P1 的总时钟周期数为 8×1+2×2+2×4 = 20。

P2 的总时钟周期数为 2×1+5×2+3×4 = 24。

因为两个指令代码序列在同一台机器上运行，所以时钟周期一样，故总时钟周期数少的代码序列所用时间短、执行速度快。显然，P1 比 P2 快。

从上述结果来看，总指令条数少的代码序列执行时间并不更短。

CPI＝程序总时钟周期数÷程序总指令条数，因此，P1 的 CPI 为 20/12＝1.67；P2 的 CPI 为 24/10＝2.4。

上述例子说明，指令条数少并不代表执行时间短，同样，时钟频率高也不说明执行速度快。在评价计算机性能时，仅考虑单个因素是不全面的，必须三个因素同时考虑。

1.4.2 用指令执行速度进行性能评估

最早用来衡量计算机性能的指标是每秒钟完成单个运算指令（如加法指令）的条数。当时大多数指令的执行时间是相同的，并且加法指令能反映乘、除等运算性能，其他指令的时间大体与加法指令相当，故加法指令的速度有一定的代表性。指令速度所用的计量单位为 **MIPS**（Million Instructions Per Second），其含义是平均每秒钟执行多少百万条指令。

选取一组指令组合，使得得到的平均 CPI 最小，由此得到的 MIPS 就是**峰值 MIPS**（Peak MIPS）。有些制造商经常将峰值 MIPS 直接当作 MIPS，而实际上的性能要比标称的性能差。

相对 MIPS（Relative MIPS）是根据某个公认的参考机型来定义的相应 MIPS 值，其值的含义是被测机型相对于参考机型 MIPS 的倍数。

MIPS 反映了机器执行定点指令的速度，但是，用 MIPS 来对不同的机器进行性能比较是不准确或不客观的。因为不同机器的指令集不同，而且指令的功能也不同，也许在机器 M1 上某一条指令的功能，在机器 M2 上要用多条指令来完成，因此，同样的指令条数所完成的功能可能不同；另外，不同机器的 CPI 和时钟周期也不同，因而同一条指令在不同机器上所用的时间也不同。下面的例子可以说明这点。

例 1.3 假定某程序 P 编译后生成的目标代码由 A、B、C、D 四类指令组成，它们在程序中所占的比例分别为 43%、21%、12%、24%，已知它们的 CPI 分别为 1、2、2、2。现重新对程序 P 进行编译优化，生成的新目标代码中 A 类指令条数减少了 50%，其他类指令的条数没有变。请回答下列问题。

① 编译优化前后程序的 CPI 各是多少？

② 假定程序在一台主频为 50 MHz 的计算机上运行，则优化前后的 MIPS 各是多少？

解： 优化后 A 类指令的条数减少了 50%，因而各类指令所占比例分别计算如下。

A 类指令：21.5/(21.5+21+12+24)＝27%

B 类指令：21/(21.5+21+12+24)＝27%

C 类指令：12/(21.5+21+12+24)＝15%

D 类指令：24/(21.5+21+12+24)＝31%

① 优化前后程序的 CPI 分别计算如下。

优化前：43%×1+21%×2+12%×2+24%×2＝1.57

优化后：27%×1+27%×2+15%×2+31%×2＝1.73

② 优化前后程序的 MIPS 分别计算如下。

优化前：50M/1.57＝31.8 MIPS

优化后：50M/1.73=28.9 MIPS

从 MIPS 数来看，优化后程序执行速度反而变慢了。

这显然是错误的，因为优化后只减少了 A 类指令条数而其他指令数没变，所以程序执行时间一定减少了。从这个例子可以看出，用 MIPS 数来进行性能估计是不可靠的。

与定点指令运行速度 MIPS 相对应的用来表示浮点操作速度的指标是 **MFLOPS**（Million FLOating-point operations Per Second）。它表示每秒所执行的浮点运算有多少百万次，它是基于所完成的操作次数而不是指令数来衡量的。类似的浮点操作速度还有 **GFLOPS**（10^9次/s）、**TFLOPS**（10^{12}次/s）、**PFLOPS**（10^{15}次/s）和 **EFLOPS**（10^{18}次/s）等。

1.4.3　用基准程序进行性能评估

基准程序（Benchmarks）是进行计算机性能评测的一种重要工具。基准程序是专门用来进行性能评价的一组程序，能够很好地反映机器在运行实际负载时的性能，可以通过在不同机器上运行相同的基准程序来比较在不同机器上的运行时间，从而评测其性能。

基准程序是一个测试程序集，由一组程序组成。例如，SPEC 测试程序集是应用最广泛、也是最全面的性能评测基准程序集。1988 年，HP 和 DEC 等 5 家公司联合提出了 **SPEC 标准**。它包括一组标准的测试程序、标准输入和测试报告。这些测试程序是一些实际的程序，包括系统调用和 I/O 等。最初提出的基准程序集分成整数测试程序集 SPECint 和浮点测试程序集 SPECfp。后来又分成按不同性能测试用的基准程序集，如 CPU 性能测试集（SPEC CPU2000）、Web 服务器性能测试集（SPECweb99）等。

使用基准程序进行计算机性能评测也存在一些缺陷，因为基准程序的性能可能与某一小段的短代码密切相关，此时，硬件系统设计人员或编译器开发者可能会针对这些代码片段进行特殊的优化，使得执行这段代码的速度非常快，以至于得到了不具代表性的性能评测结果。例如，Intel Pentium 处理器运行 SPECint 时用了公司内部使用的特殊编译器，使其性能表现得很高，但用户实际使用的是普通编译器，达不到所标称的性能。又如，矩阵乘法程序 SPECmatrix300 有 99% 的时间运行在一行语句上，有些厂商用特殊编译器优化该语句，使性能达到 VAX 11/780 的 729.8 倍！

浮点运算实际上包括了所有涉及小数的运算，在某类应用软件中常常出现，比整数运算更费时间。现今大部分的处理器中都有浮点运算器，因此每秒浮点运算次数所量测的实际上就是浮点运算器的执行速度。Linpack 是最常用来测量每秒浮点运算次数的基准程序之一。

本 章 小 结

计算机在控制器的控制下，能完成数据处理、数据存储和数据传输三个基本功能，因而它由完成相应功能的控制器、运算器、存储器、输入和输出设备组成。在计算机内部，指令和数据都用二进制表示，两者形式上没有任何差别，都是一个 0/1 序列，它们都存放在存储器中，按地址访问。计算机采用"存储程序"的方式进行工作。指令格式中包含操作码字段和地址码字段等，地址码可以是主存单元号，也可能是通用寄存器编号，用于指出操作数所在的主存单元或通用寄存器。

计算机系统采用逐层向上抽象的方式构成，通过向上层用户提供一个抽象的简洁接口而将较低层次的实现细节隐藏起来。在底层系统软件和硬件之间的抽象层就是指令集体系结构（ISA）。硬件和软件相辅相成，缺一不可，两者都可用来实现逻辑功能。

计算机系统基本性能指标包括响应时间、吞吐率。处理器的基本性能参数包括时钟周期（或主频）和CPI，计算机的CPU性能通常使用用户CPU时间来表示，它是指用户程序中包含的所有指令执行所用的时间。浮点操作速度单位有GFLOPS、TFLOPS、PFLOPS和EFLOPS等。

习　　题

1. 给出以下概念的解释说明。

中央处理器（CPU）	算术逻辑部件（ALU）	通用寄存器	程序计数器（PC）
指令寄存器（IR）	控制器	主存储器	总线
主存地址寄存器（MAR）	主存数据寄存器（MDR）	机器指令	指令操作码
高级程序设计语言	汇编语言	机器语言	机器级语言
源程序	目标程序	编译程序	解释程序
汇编程序	语言处理系统	设备控制器	最终用户
系统管理员	应用程序员	系统程序员	指令集体系结构（ISA）
微体系结构	透明	响应时间	吞吐率
用户CPU时间	时钟周期	主频	CPI
基准程序	MIPS	峰值MIPS	相对MIPS
MFLOPS	GFLOPS	TFLOPS	PFLOPS　EFLOPS

2. 简单回答下列问题。

（1）冯·诺依曼计算机由哪几部分组成？各部分的功能是什么？

（2）什么是"存储程序"工作方式？

（3）一条指令的执行过程包含哪几个阶段？

（4）计算机系统的层次结构如何划分？

（5）计算机系统的用户可分为哪几类？每类用户工作在哪个层次？

（6）程序的CPI与哪些因素有关？

（7）为什么说性能指标MIPS不能很好地反映计算机的性能？

3. 假定你的朋友不太懂计算机，请用简单通俗的语言给你的朋友介绍计算机系统是如何工作的。

4. 你对计算机系统的哪些部分最熟悉，哪些部分最不熟悉？最想进一步了解细节的是哪些部分的内容？

5. 图1.1所示模型计算机（采用图1.2所示指令格式）的指令系统中，除了有mov（op=0000）、add（op=0001）、load（op=1110）和store（op=1111）指令外，R型指令还有减（sub，op=0010）和乘（mul，op=0011）等指令，请仿照图1.3给出求解表达式"z=（x-y）*y;"所对应的指令序列（包括机器代码和对应的汇编指令）以及在主存中的存放内容，并仿照图1.5给出每条指令的执行过程以及所包含的微操作。

6. 若有两个基准测试程序 P1 和 P2 在机器 M1 和 M2 上运行，假定 M1 和 M2 的价格分别是 5000 元和 8000 元，下表给出了 P1 和 P2 在 M1 和 M2 上所花的时间和指令条数。

程　　序	M1		M2	
	指令条数	执行时间	指令条数	执行时间
P1	$200×10^6$	1000 ms	$150×10^6$	500 ms
P2	$300×10^3$	3 ms	$420×10^3$	6 ms

请回答下列问题：

（1）对于 P1，哪台机器的速度快？快多少？对于 P2 呢？

（2）在 M1 上执行 P1 和 P2 的速度分别是多少 MIPS？在 M2 上的执行速度又各是多少？从执行速度来看，对于 P2，哪台机器的速度快？快多少？

（3）假定 M1 和 M2 的时钟频率各是 800 MHz 和 1.2 GHz，则在 M1 和 M2 上执行 P1 时的 CPI 各是多少？

（4）如果某个用户需要大量使用程序 P1，并且该用户主要关心系统的响应时间而不是吞吐率，那么，该用户需要大批购进机器时，应该选择 M1 还是 M2？为什么？（提示：从性价比上考虑）

（5）如果另一个用户也需要购进大批机器，但该用户使用 P1 和 P2 一样多，主要关心的也是响应时间，那么，应该选择 M1 还是 M2？为什么？

7. 若机器 M1 和 M2 具有相同的指令集，其时钟频率分别为 1 GHz 和 1.6 GHz。在指令集中有 5 种不同类型的指令 A～E。下表给出了在 M1 和 M2 上每类指令的平均时钟周期数 CPI。

机器	A	B	C	D	E
M1	1	2	2	3	4
M2	2	2	4	5	6

请回答下列问题：

（1）M1 和 M2 的峰值 MIPS 各是多少？

（2）假定某程序 P 的指令序列中，5 种指令具有完全相同的指令条数，则程序 P 在 M1 和 M2 上运行时，哪台机器更快？快多少？在 M1 和 M2 上执行程序 P 时的平均时钟周期数 CPI 各是多少？

8. 假设同一套指令集用不同的方法设计了两种机器 M1 和 M2。机器 M1 的时钟周期为 0.8 ns，机器 M2 的时钟周期为 1.2 ns。某程序 P 在机器 M1 上运行时的 CPI 为 4，在 M2 上的 CPI 为 2。对于程序 P 来说，哪台机器的执行速度更快？快多少？

9. 假设某机器 M 的时钟频率为 4 GHz，用户程序 P 在 M 上的指令条数为 $8×10^8$，其 CPI 为 1.25，则 P 在 M 上的执行时间是多少？若在机器 M 上从程序 P 开始启动到执行结束所需的时间是 4 s，则 P 的用户 CPU 时间所占的百分比是多少？

10. 假定某编译器对某段高级语言程序编译生成两种不同的指令序列 S1 和 S2，在时钟频率为 500 MHz 的机器 M 上运行，目标指令序列中用到的指令类型有 A、B、C 和 D 四类。四类指令在 M 上的 CPI 和两个指令序列所用的各类指令条数如下表所示。

	A	B	C	D
各指令的 CPI	1	2	3	4
S1 的指令条数	5	2	2	1
S2 的指令条数	1	1	1	5

请问 S1 和 S2 各有多少条指令？CPI 各为多少？所含的时钟周期数各为多少？执行时间各为多少？

11. 假定机器 M 的时钟频率为 400 MHz，某程序 P 在机器 M 上的执行时间为 12.000 s。对 P 优化时，将其所有的乘 4 指令都换成了一条左移两位的指令，得到优化后的程序 P′。已知在 M 上乘法指令的 CPI 为 102，左移指令的 CPI 为 2，P′的执行时间为 11.008 s，则 P 中有多少条乘法指令被替换成了左移指令被执行？

第2章 数据的表示和运算

本章重点讨论计算机内部数据的机器级表示和基本运算。主要内容包括：进位记数制、二进制定点数的编码表示、无符号整数和带符号整数的表示、IEEE 754 浮点数表示标准、西文字符和汉字的编码表示、C 语言中各种类型数据的表示和转换、数据的宽度和存放顺序，以及基本算术运算方法。

2.1 数制和编码

2.1.1 信息的二进制编码

在计算机内部，所有信息都用二进制数字表示。这是因为：二进制只有两种基本状态，使用有两个稳定状态的物理器件可以容易地表示二进制数的每一位；二进制的编码、计数和运算规则都很简单；两个符号 1 和 0 正好与逻辑命题的两个值"真"和"假"对应，为计算机中实现逻辑运算和程序中的逻辑判断提供了便利条件，通过逻辑门电路能方便地实现算术运算。

指令所处理的基本数据类型分为数值数据和非数值数据两种。**数值数据**可用来表示数量的多少，可比较其大小，分为整数和实数，整数又分为无符号整数和带符号整数。在计算机内部，整数用定点数表示，实数用浮点数表示。**非数值数据**没有大小之分，不表示数量的多少，主要包括字符数据和逻辑数据。

日常生活中，常使用带正负号的十进制数表示数值数据，如 6.18、−127 等。但是，在计算机内部，数值数据用二进制数表示。若采用十进制数表示数值数据，需将十进制数编码成二进制数，即采用**二进制编码的十进制数**（Binary Coded Decimal Number，**BCD**）表示。

表示一个数值数据要确定三个要素：进位记数制、定/浮点表示和编码规则。任何给定的一个二进制 0/1 序列，在未确定它采用什么进位记数制、定点还是浮点表示以及编码表示方法之前，它所代表的数值数据的值是无法确定的。

2.1.2 进位记数制

日常生活中基本上都使用**十进制数**，每个数位用 10 个不同符号 $0,1,2,\cdots,9$ 表示，每个符号处于十进制数中不同位置时，所代表的数值不一样。例如，2585.62 代表的值是：

$$(2585.62)_{10} = 2\times10^3 + 5\times10^2 + 8\times10^1 + 5\times10^0 + 6\times10^{-1} + 2\times10^{-2}$$

一般地，任意一个十进制数：

$$D = d_n d_{n-1} \cdots d_1 d_0 . d_{-1} d_{-2} \cdots d_{-m} (m, n \text{ 为正整数}),\text{其值应为：}$$

$$V(D) = d_n\times10^n + d_{n-1}\times10^{n-1} + \cdots + d_1\times10^1 + d_0\times10^0 + d_{-1}\times10^{-1} + d_{-2}\times10^{-2} + \cdots + d_{-m}\times10^{-m}$$

其中的 $d_i (i=n, n-1, \cdots, 1, 0, -1, -2, \cdots, -m)$ 可以是 $0,1,2,3,4,5,6,7,8,9$ 这 10 个数字符号中的任何一个，10 称为基数（base），它代表每个数位上可以使用的不同数字符号个

数。10^i 称为第 i 位上的权。在十进制数运算时，每位计满十之后就要向高位进一，即日常所说的"逢十进一"。

类似地，**二进制数**的基数是 2，各位只能使用两个不同的数字符号 0 和 1，运算时采用"逢二进一"的规则，第 i 位上的权是 2^i。例如，二进制数（100101.01）$_2$ 代表的值是：

$$（100101.01）_2 = 1×2^5+0×2^4+0×2^3+1×2^2+0×2^1+1×2^0+0×2^{-1}+1×2^{-2}=（37.25）_{10}$$

一般地，任意一个二进制数：

$$B=b_nb_{n-1}\cdots b_1b_0.\ b_{-1}b_{-2}\cdots b_{-m} \quad （m,n\ 为正整数）$$

其值应为：

$$V(B)=b_n×2^n+b_{n-1}×2^{n-1}+\cdots +b_1×2^1+b_0×2^0+b_{-1}×2^{-1}+b_{-2}×2^{-2}+\cdots +b_{-m}×2^{-m}$$

其中的 $b_i(i=n,n-1,\cdots ,1,0,-1,-2,\cdots ,-m)$ 只可以是 0 和 1 两种不同的数字符号。

扩展到一般情况，在 R 进制数字系统中，应采用 R 个基本符号（0,1,2,$\cdots$,$R-1$）表示各位上的数字，采用"逢 R 进一"的运算规则，对于每一个数位 i，该位上的权为 R^i。R 被称为该数字系统的基。

在计算机系统中，常用的几种进位记数制有下列几种。

二进制　　$R=2$，　　基本符号为 0 和 1。

八进制　　$R=8$，　　基本符号为 0,1,2,3,4,5,6,7。

十六进制 $R=16$，基本符号为 0,1,2,3,4,5,6,7,8,9,A,B,C,D,E,F。

十进制　　$R=10$，基本符号为 0,1,2,3,4,5,6,7,8,9。

表 2.1 列出了二、八、十、十六进制 4 种进位记数制中各基本数之间的对应关系。

表 2.1　4 种进位制数之间的对应关系

二进制数	八进制数	十进制数	十六进制数	二进制数	八进制数	十进制数	十六进制数
0000	0	0	0	1000	10	8	8
0001	1	1	1	1001	11	9	9
0010	2	2	2	1010	12	10	A
0011	3	3	3	1011	13	11	B
0100	4	4	4	1100	14	12	C
0101	5	5	5	1101	15	13	D
0110	6	6	6	1110	16	14	E
0111	7	7	7	1111	17	15	F

从表 2.1 中可看出，十六进制的前 10 个数字与十进制中前 10 个数字相同，后 6 个基本符号 A,B,C,D,E,F 的值分别为十进制的 10,11,12,13,14,15。在书写时可使用后缀字母标识该数的进位数制，一般用 B（Binary）表示二进制，用 O（Octal）表示八进制，用 D（Decimal）表示十进制（十进制数的后缀可省略），而 H（Hexadecimal）则是十六进制数的后缀，有时也在一个十六进制数之前用 0x 作为前缀。例如，二进制数 10011B，十进制数 56D 或 56，十六进制数 308FH 或 0x308F 等。

计算机内部所有信息都采用二进制编码表示。但在计算机外部，为了书写和阅读的方便，大都采用八、十或十六进制表示形式。因此，计算机在数据输入后或输出前都必须实现这些进位制数和二进制数之间的转换。以下介绍各进位记数制之间数据的转换方法。

1. R 进制数转换成十进制数

任何一个 R 进制数转换成十进制数时，只要"按权展开"即可。

例 2.1 将二进制数（10101. 01）$_2$转换成十进制数。

解：（10101. 01）$_2$ =（$1×2^4+0×2^3+1×2^2+0×2^1+1×2^0+0×2^{-1}+1×2^{-2}$）$_{10}$ =（21. 25）$_{10}$

例 2.2 将八进制数（307. 6）$_8$转换成十进制数。

解：（307. 6）$_8$ =（$3×8^2+7×8^0+6×8^{-1}$）$_{10}$ =（199. 75）$_{10}$

例 2.3 将十六进制数（3A. C）$_{16}$转换成十进制数。

解：（3A. C）$_{16}$ =（$3×16^1+10×16^0+12×16^{-1}$）$_{10}$ =（58. 75）$_{10}$

2. 十进制数转换成 R 进制数

任何一个十进制数转换成 R 进制数时，要将整数和小数部分分别进行转换。

（1）整数部分的转换

整数部分的转换方法是"除基取余，上右下左"。也就是说，用要转换的十进制整数去除以基数 R，将得到的余数作为结果数据中各位的数字，直到余数为 0 为止。上面的余数（先得到的余数）作为右边低位上的数位，下面的余数作为左边高位上的数位。

例 2.4 将十进制整数 135 分别转换成八进制数和二进制数。

解：将 135 分别除以 8 和 2，将每次的余数按从低位到高位的顺序排列如下：

```
                余数  低位                          余数  低位
   8 │ 135  ----- 7   ↑              2 │ 135 ----- 1   ↑
    8 │ 16  ----- 0                   2 │ 67 ----- 1
      8 │ 2  ----- 2   高位            2 │ 33 ----- 1
         0                             2 │ 16 ----- 0
                                        2 │ 8 ----- 0
                                         2 │ 4 ----- 0
                                          2 │ 2 ----- 0
                                           2 │ 1 ----- 1   高位
                                              0
```

所以，（135）$_{10}$ =（207）$_8$ =（10000111）$_2$。

（2）小数部分的转换

小数部分的转换方法是"乘基取整，上左下右"。也就是说，用要转换的十进制小数去乘以基数 R，将得到的乘积的整数部分作为结果数据中各位的数字，小数部分继续与基数 R 相乘。以此类推，直到某一步乘积的小数部分为 0 或已得到希望的位数为止。最后，将上面的整数部分作为左边高位上的数位，下面的整数部分作为右边低位上的数位。

例 2.5 将十进制小数 0. 6875 分别转换成二进制数和八进制数。

解：
0. 6875×2 = 1. 375   整数部分 = 1   （高位）

0. 375×2 = 0. 75   整数部分 = 0   ↓

0. 75×2 = 1. 5   整数部分 = 1   ↓

0. 5×2 = 1. 0   整数部分 = 1   （低位）

所以，（0. 6875）$_{10}$ =（0. 1011）$_2$

0. 6875×8 = 5. 5   整数部分 = 5   （高位）

0. 5×8 = 4. 0   整数部分 = 4   （低位）

所以，（0. 6875）$_{10}$ =（0. 54）$_8$

在转换过程中，可能乘积的小数部分总得不到 0，即：转换得到希望的位数后还有余数，这种情况下得到的是近似值。

例 2.6 将十进制小数 0.63 转换成二进制数。

解： $0.63×2 = 1.26$　　整数部分 = 1　　（高位）

　　　$0.26×2 = 0.52$　　整数部分 = 0　　↓

　　　$0.52×2 = 1.04$　　整数部分 = 1　　↓

　　　$0.04×2 = 0.08$　　整数部分 = 0　　（低位）

所以，$(0.63)_{10} = (0.1010\cdots)_2$

（3）含整数、小数部分的数的转换

只要将整数部分和小数部分分别进行转换，得到转换后相应的整数和小数部分，然后再将这两部分组合起来得到一个完整的数。

例 2.7 将十进制数 135.6875 分别转换成二进制数和八进制数。

解： $(135.6875)_{10} = (1000\ 0111.1011)_2 = (207.54)_8$

3. 二、八、十六进制数的相互转换

（1）八进制数和二进制数之间的转换

八进制数转换成二进制数的方法很简单，只要把每一个八进制数字改写成等值的 3 位二进制数即可，且保持高低位的次序不变。八进制数字与二进制数的对应关系如下。

$$(0)_8 = 000 \quad\quad (1)_8 = 001 \quad\quad (2)_8 = 010 \quad\quad (3)_8 = 011$$
$$(4)_8 = 100 \quad\quad (5)_8 = 101 \quad\quad (6)_8 = 110 \quad\quad (7)_8 = 111$$

例 2.8 将 $(13.724)_8$ 转换成二进制数。

解： $(13.724)_8 = (001\ 011.111\ 010\ 100)_2 = (1011.1110101)_2$

（2）十六进制数和二进制数之间的转换

十六进制数转换成二进制数的方法与八进制数转换成二进制数的方法类似，只要把每一个十六进制数字改写成等值的 4 位二进制数即可，且保持高低位的次序不变。

例 2.9 将十六进制数 $(2B.5E)_{16}$ 转换成二进制数。

解： $(2B.5E)_{16} = (0010\ 1011.0101\ 1110)_2 = (10\ 1011.0101111)_2$

二进制数太长，书写、阅读均不方便，而十六进制数却像十进制数一样简练，易写易记。虽然计算机中只使用二进制一种记数制。但为了开发和调试程序、阅读机器代码时的方便，人们经常使用十六进制来等价地表示二进制，所以必须熟练掌握十六进制数的表示及其与二进制数之间的转换。

2.1.3　定点数的编码表示

定点数编码表示方法主要有以下 4 种：原码、补码、反码和移码。通常将数值数据在计算机内部编码表示的数称为**机器数**，而机器数真正的值（即现实世界中带有正负号的数）称为机器数的**真值**。机器数一定是一个 0/1 序列，通常缩写成十六进制形式。

假设机器数 X 的真值 X_T 的二进制形式（即式中 $X_i' = 0$ 或 1）如下：

$$X_T = \pm X_{n-2}' \cdots X_1' X_0' \quad\quad （当 X 为定点整数时）$$
$$X_T = \pm 0.X_{n-2}' \cdots X_1' X_0' \quad\quad （当 X 为定点小数时）$$

对 X_T 用 n 位二进制数编码后，机器数 X 表示为：

$$X = X_{n-1}X_{n-2}\cdots X_1 X_0$$

机器数 X 的位数为 n，其中，第一位 X_{n-1} 是**数符**（数的符号位），后面 $n-1$ 位 $X_{n-2}\cdots X_1$ X_0 是**数值部分**。数值数据在计算机内部的编码问题，实际上就是机器数 X 的各位 X_i 的取值与真值 X_T 的关系问题。

在上述对机器数 X 和真值 X_T 的假设条件下，下面介绍各种定点数的编码表示。

1. 原码表示法

一个数的原码表示由符号位直接跟数值位构成，因此，也称"符号-数值（Sign and Magnitude）"表示法。原码表示法中，正数和负数的编码表示仅符号位不同，数值部分完全相同。

原码编码规则如下：

1）当 X_T 为正数时，$X_{n-1}=0, X_i=X_i' (0 \leq i \leq n-2)$

2）当 X_T 为负数时，$X_{n-1}=1, X_i=X_i' (0 \leq i \leq n-2)$

原码 0 有两种表示形式：$[+0]_原 = 0\ 00\cdots0$

$$[-0]_原 = 1\ 00\cdots0$$

根据原码定义可知，对于真值 $-10(-1010\ B)$，用 8 位原码表示的机器数为 $1000\ 1010\ B$（8AH 或 0x8A）；对于真值 $-0.625(-0.101\ B)$，用 8 位原码表示的机器数为 $1101\ 0000\ B$（D0H 或 0xD0）。

原码表示的优点是与真值的对应关系直观、方便，因此与真值的转换简单；其缺点是零的表示不唯一，给使用带来不便，并且原码加/减运算规则复杂。在进行原码加减运算过程中，要判定是否是两个异号数相加或两个同号数相减，若是，则必须判定两个数的绝对值大小，根据判断结果决定结果的符号，并用绝对值大的数减去绝对值小的数。现代计算机中不用原码表示整数，只用定点原码小数表示浮点数的尾数部分。

2. 补码表示法

补码表示可以实现加减运算的统一，即用加法来实现减法运算。补码表示法也称"2-补码（Two's Complement）"表示法，由符号位后跟上真值的模 2^n 补码构成。因此在介绍补码概念之前，先讲一下有关模运算的概念。

（1）模运算

在模运算系统中，若 A、B、M 满足下列关系：$A=B+K \times M$（K 为整数），则记为：$A \equiv B(\mathrm{mod}\ M)$。即 A、B 各除以 M 后的余数相同，故称 B 和 A 为**模 M 同余**。也就是说在一个模运算系统中，一个数与它除以"模"后得到的余数是等价的。

"钟表"是一个典型的模运算系统，其模数为 12。假定现在钟表时针指向 10 点，要将它拨向 6 点，则有以下两种拨法。

1）倒拨 4 格：$10-4=6$

2）顺拨 8 格：$10+8=18 \equiv 6(\mathrm{mod}\ 12)$

所以在模 12 系统中，$10-4 \equiv 10+(12-4) \equiv 10+8(\mathrm{mod}\ 12)$。即：$-4 \equiv 8(\mathrm{mod}\ 12)$。

这里称 8 是 -4 对模 12 的补码。同样有 $-3 \equiv 9(\mathrm{mod}\ 12)$；$-5 \equiv 7(\mathrm{mod}\ 12)$ 等。

由上述例子与同余的概念，可得出如下的结论："对于某一确定的模，某数 A 减去小于模的另一数 B，可以用 A 加上 $-B$ 的补码来代替"。这就是为什么补码可以借助加法运算来实现减法运算的道理。

例 2.10 假定在"钟表"上只能顺拨时针,则如何用顺拨的方式实现将 10 点倒拨 4 格,拨动后钟表上是几点?

解:"钟表"是一个模运算系统,其模为 12。因为 $10-4 \equiv 10+(12-4) \equiv 10+8 \equiv 6 (\mathrm{mod}\ 12)$,所以,可从 10 点顺拨 8 格来实现倒拨 4 格,最后拨到 6 点。

例 2.11 假定算盘只有 4 档,且只能做加法,则如何用该算盘计算 9828-1928 的结果?

解:这个算盘是一个"4 位十进制数"模运算系统,其模为 10^4。

$$9828-1928 \equiv 9828+(10^4-1928) \equiv 9828+8072 \equiv 7900 (\mathrm{mod}\ 10^4)$$

可用 9828 加 8072(-1928 的补码)来实现 9828 减 1928 的功能。

显然,在只有 4 档的算盘上运算时,如果运算结果超过 4 位,则高位无法在算盘上表示,只能用低 4 位表示结果,留在算盘上的值相当于是除以 10^4 后的余数。推广到计算机内部,n 位运算部件就相当于只有 n 档的二进制算盘,其模就是 2^n。

计算机中的存储、运算和传送部件都只有有限位,相当于有限档数的算盘,因此计算机中所表示的机器数的位数也只有有限位。两个 n 位二进制数在进行运算的过程中,可能会产生一个多于 n 位的数。此时,计算机和算盘一样,也只能舍弃高位而保留低 n 位,这样做可能会产生两种结果。

1)剩下的低 n 位数不能正确表示运算结果,也即丢掉的高位是运算结果的一部分。例如,在两个同号数相加时,当相加得到的和超出了 n 位数可表示的范围时出现这种情况,此时发生了"**溢出(Overflow)**"现象。

2)剩下的低 n 位数能正确表示运算结果,也即高位的舍去并不影响其运算结果。在两个同号数相减或两个异号数相加时,运算结果就是这种情况。舍去高位的操作相当于"将一个多于 n 位的数去除以 2^n,保留其余数作为结果"的操作,也就是"**模运算**"操作。

(2)补码的定义

根据上述同余概念和数的互补关系,可引出补码表示方法:"正数的补码是它本身;负数的补码等于模与该负数绝对值之差。"因此,数 X_T 的补码可用如下公式表示。

1)当 X_T 为正数时,$[X_T]_{补}=X_T=M+X_T (\mathrm{mod}\ M)$。

2)当 X_T 为负数时,$[X_T]_{补}=M-|X_T|=M+X_T (\mathrm{mod}\ M)$。

综合 1)和 2),得到以下结论:对于任意一个数 X_T,$[X_T]_{补}=M+X_T (\mathrm{mod}\ M)$。

具有一位符号位和 $n-1$ 位数值位的 n 位补码定义如下:

$$[X_T]_{补}=2^n+X_T (-2^{n-1} \leqslant X_T < 2^{n-1}, \mathrm{mod}\ 2^n)$$

因此,n 位补码的最大可表示值为 $+(2^{n-1}-1)$,最小可表示值为 -2^{n-1}。

(3)特殊数据的补码表示

通过以下例子来说明几个特殊数据的补码表示。

例 2.12 分别求出补码的位数为 n 和 $n+1$ 时"-2^{n-1}"的补码表示。

解:当补码的位数为 n 位时,其模为 2^n。

$$[-2^{n-1}]_{补}=2^n-2^{n-1}=2^{n-1}=10\cdots0\ (n-1\ \text{个}\ 0)(\mathrm{mod}\ 2^n)$$

当补码的位数为 $n+1$ 位时,其模为 2^{n+1}。

$$[-2^{n-1}]_{补}=2^{n+1}-2^{n-1}=2^n+2^{n-1}=110\cdots0\ (n-1\ \text{个}\ 0)(\mathrm{mod}\ 2^{n+1})$$

从该例可以看出,同一个真值在不同位数的补码表示中,其对应的机器数不同。因此,在给定编码表示时,一定要明确编码的位数。在机器内部,编码的位数就是机器中运算部件的位数，即机器字长。

例 2.13 假设补码的位数为 n，求 "-1" 的补码表示。

解：根据补码定义，有：$[-1]_{补}=2^n-1=11\cdots1(n$ 个 $1)$。

例 2.14 求 0 的补码表示。

解：根据补码的定义，有：$[+0]_{补}=[-0]_{补}=2^n\pm0=100\cdots0=00\cdots0(\bmod\ 2^n)$。

从上述结果可知，补码 0 的表示是唯一的。这带来了以下两个方面的好处：

1）减少了 $+0$ 和 -0 之间的转换。

2）少占用一个编码表示，使补码比原码能多表示一个最小负数。在 n 位原码定点数中，$100\cdots0$ 用来表示 -0，但在 n 位补码表示中，-0 和 $+0$ 都用 $00\cdots0$ 表示，而 $100\cdots0$ 用来表示最小负整数 -2^{n-1}。

（4）补码与真值之间的转换方法

原码与真值之间的对应关系简单，只要对符号转换，数值部分不需改变。但对于补码来说，正数和负数的转换则不同。根据定义，求一个正数的补码时，只要将正号 "$+$" 转换为 0，数值部分无须改变；求一个负数的补码时，需要做减法运算，因而不太方便和直观。

例 2.15 假设补码的位数为 8，求 110 1100 和 -110 1100 的补码表示。

解：补码的位数为 8，说明补码数值部分有 7 位，故

$$[110\ 1100]_{补}=2^8+110\ 1100=1\ 0000\ 0000+110\ 1100=0110\ 1100(\bmod\ 2^8)$$
$$[-110\ 1100]_{补}=2^8-110\ 1100=1\ 0000\ 0000-110\ 1100$$
$$=1000\ 0000+1000\ 0000-110\ 1100$$
$$=1000\ 0000+(111\ 1111-110\ 1100)+1$$
$$=1000\ 0000+001\ 0011+1=1\ 001\ 0100(\bmod\ 2^8)$$

本例中是两个绝对值相同、符号相反的数。其中，负数的补码计算过程中第一个 1000 0000 用于产生最后的符号 1，第二个 1000 0000 拆为 111 1111+1，而（111 1111-110 1100）实际是将 110 1100 各位取反。模仿这个计算过程，不难给出负数的补码转换步骤如下：符号位为 1，对数值部分 "各位取反，末位加 1"。

因此，可以用以下简便方法求一个数的补码：对于正数，符号位取 0，其余同数值中相应各位；对于负数，符号位取 1，其余各位由数值部分 "各位取反，末位加 1" 得到。

例 2.16 假设补码位数为 8，用简便方法求数 -110 0011 的补码表示。

解：$[-110\ 0011]_{补}=1\ 001\ 1100+0\ 0000001=1\ 001\ 1101$

反过来由补码求真值的简便方法为：若符号位为 0，则真值的符号为正，其数值部分不变；若符号位为 1，则真值的符号为负，其数值部分的各位由补码 "各位取反，末位加 1" 得到。

例 2.17 已知 $[X_T]_{补}=1\ 011\ 0100$，求真值 X_T。

解：$X_T=-(100\ 1011+1)=-100\ 1100$

根据上述有关补码和真值转换规则，不难发现，根据补码 $[X_T]_{补}$ 求 $[-X_T]_{补}$ 的方法是，对 $[X_T]_{补}$ "各位取反，末位加 1"。这里要注意最小负数取负后会发生溢出。即最小负数取负后的补码表示是不存在的。

例 2.18 已知 $[X_T]_{补}=1\ 011\ 0100$，求 $[-X_T]_{补}$

解：$[-X_T]_{补}=0\ 100\ 1011+0\ 000\ 0001=0\ 100\ 1100$

例 2.19 已知 $[X_T]_{补} = 1\ 000\ 0000$，求 $[-X_T]_{补}$

解： $[-X_T]_{补} = 0\ 111\ 1111 + 0\ 000\ 0001 = 1\ 000\ 0000$（结果溢出）

例 2.16 中出现了"两个正数相加，结果为负数"的情况，因此，结果是一个错误的值，我们称结果"溢出"，该例中，8 位整数补码 1000 0000 对应的是最小负数 -2^7，对其取负后的值为 2^7（即 128），而 8 位整数补码能表示的最大正数为 $2^7 - 1 = 127$，因而数 128 太大，无法用 8 位补码表示，故结果溢出。

3. 反码表示法

负数的补码可采用"各位求反，末位加 1"的方法得到，如果仅各位求反而末位不加 1，那么就可得到负数的反码表示，因此负数反码的定义就是在相应的补码表示中再末位减 1。

反码表示存在以下几个方面的不足：0 的表示不唯一；表数范围比补码少一个最小负数；运算时必须考虑循环进位。因此，反码在计算机中很少被使用，有时用作数码变换的中间表示形式。

4. 移码表示法

用浮点数表示一个数值数据时，实际上是用两个定点数来表示的。用一个定点小数表示**浮点数的尾数**，用一个定点整数表示**浮点数的阶**（指数）。一般情况下，浮点数的阶都用一种称之为"移码"的编码方式表示。为避免混淆，本教材中，将阶的移码表示称为**阶码**，因此，阶（指数）指的是真值，而阶码指的是机器数，它是一个 0/1 序列。

为什么要用移码表示阶呢？因为阶 E 可以是正数，也可以是负数，当进行浮点数的加减运算时，必须先"对阶"（即比较两个数阶的大小并使之相等）。为简化比较操作，使操作过程不涉及阶的符号，可以对每个阶都加上一个正的常数，称为**偏置常数**（bias），使所有阶都转换为正整数，这样，在对浮点数的阶进行比较时，就是对两个正整数进行比较，因而可以直观地将两个数按位从左到右进行比对，简化了"对阶"操作。

假设用来表示阶 E 的移码的位数为 n，则 $[E]_{移} = $ 偏置常数 $+ E$。通常，偏置常数取 2^{n-1} 或 $2^{n-1} - 1$。

2.2 整数的表示

整数的小数点隐含在数的最右边，故无须表示小数点，因而也被称为**定点数**。计算机中处理的整数可以用二进制表示，也可以用二进制编码的十进制数（BCD 码）表示。二进制整数分为无符号整数（Unsigned Integer）和带符号整数（Signed Integer）两种。

2.2.1 无符号整数的表示

当一个编码的所有二进位都用来表示数值而没有符号位时，该编码表示的就是**无符号整数**。此时，默认数的符号为正，所以无符号整数就是正整数或非负整数。

一般在全部是正数运算且不出现负值结果的场合下，使用无符号整数表示。例如，可用无符号整数进行地址运算，或用来表示指针。通常把无符号整数简单地说成**无符号数**。

无符号整数没有符号位，在字长相同的情况下，它能表示的最大数比带符号整数所能表示的大，n 位无符号整数可表示的数的范围为 $0 \sim (2^n - 1)$。例如，8 位无符号整数的形式为

0000 0000B ~ 1111 1111B，对应的数的取值范围为 $0 \sim (2^8 - 1)$，即最大数为 255，而 8 位带符号整数的最大数是 127。

2.2.2 带符号整数的表示

带符号整数也被称为**有符号整数**，它必须用一个二进位来表示符号，虽然前面介绍的各种二进制定点数编码表示（包括原码、补码、反码和移码）都可以用来表示带符号整数，但是补码表示有其突出的优点，主要体现在以下几方面。

1）与原码和反码相比，数 0 的补码表示形式唯一。

2）与原码和移码相比，补码运算系统是一种模运算系统，因而可用加法实现减法运算，且符号位可以和数值位一起参加运算。

3）与原码和反码相比，它比原码和反码多表示一个最小负数。

4）与反码相比，不需要通过循环进位来调整结果。

因此，现代计算机中带符号整数都用补码表示，故 n 位带符号整数可表示的数值范围为 $-2^{n-1} \sim (2^{n-1} - 1)$。例如，8 位带符号整数的表示范围为 $-128 \sim +127$。

2.2.3 C 语言中的整数类型

C 语言中支持多种整数类型。无符号整数在 C 语言中对应 unsigned short、unsigned int（unsigned）、unsigned long 等类型，在常数后面加"u"或"U"表示无符号整数类型，例如，12345U、0x2B3Cu 等；带符号整数在 C 语言中对应 short、int、long 等类型。C 语言中允许无符号整数和带符号整数之间的转换，转换后数的真值是将原二进制机器数按转换后的数据类型重新解释得到。例如，考虑以下 C 代码：

```
1   int x = -1;
2   unsigned u = 2147483648;
3
4   printf ("x = %u = %d\n", x, x);
5   printf ("u = %u = %d\n", u, u);
```

上述 C 代码中，x 为带符号整数，u 为无符号整数，初值为 2147483648（即 2^{31}）。函数 printf 用来输出数值，指示符 %u、%d 分别用来以无符号整数和带符号整数的形式输出十进制数的值。当在一个 32 位机器上运行上述代码时，它的输出结果如下。

```
x = 4294967295 = -1
u = 2147483648 = -2147483648
```

x 的输出结果说明如下：因为 -1 的补码表示为"11…1"，所以当作为 32 位无符号数来解释（格式符为 %u）时，其值为 $2^{32} - 1 = 4294967296 - 1 = 4294967295$。

u 的输出结果说明如下：2^{31} 的无符号数表示为"100…0"，当这个数被解释为 32 位带符号整数（格式符为 %d）时，其值为最小负数 $-2^{32-1} = -2^{31} = -2147483648$（参见例 2.12，当 $n = 32$ 时）。

表 2.2 给出了在 ISO C90 标准下，一些 C 语言程序中的关系表达式在 32 位机器上的运算结果，1 表示结果为真，0 表示结果为假，其中标有 * 的结果与直觉不符，表中最后一列给出了相应的说明。可以看出，对于同样的 0/1 序列，用不同类型进行解释时的值不同。

表 2.2　32 位机器上整数转换示例

C 语言关系表达式	运算类型	结　果	说　　　明
$-2147483648 == 2147483648U$	无符号数	1 *	$10\cdots0\,B(2^{31}) = 10\cdots0\,B(2^{31})$
$-2147483647-1 < -2147483647$	带符号数	1	$10\cdots0\,B(-2^{31}) < 10\cdots01\,B(-2^{31}+1)$
$-2147483647-1 < 2147483647U$	无符号数	0 *	$10\cdots0\,B(2^{31}) > 01\cdots1\,B(2^{31}-1)$
$-2147483647-1 < 2147483647$	带符号数	1	$10\cdots0\,B(-2^{31}) < 01\cdots1\,B(2^{31}-1)$
$(unsigned)-2147483648 < -2147483647$	无符号数	1	$10\cdots0\,B(2^{31}) < 10\cdots01\,B(2^{31}+1)$
$-2147483648 < 2147483647$	无符号数	0 *	$10\cdots0\,B(2^{31}) > 01\cdots1\,B(2^{31}-1)$

在 1.3.3 节中提到，编译器的前端处理按照编程语言标准规范进行，如果程序员不了解语言规范，则会造成与直觉不符的情况。对于整型常数的类型定义，C 语言标准 ISO C90 和 C99 有一些差别。图 2.1 给出了不带类型后缀（如 U/u，L/l 等）的整型常数的类型定义。

范围	类型
$0 \sim 2^{31}-1$	int
$2^{31} \sim 2^{32}-1$	unsigned int
$2^{32} \sim 2^{63}-1$	long long
$2^{63} \sim 2^{64}-1$	unsigned long long

a) C90 标准下常整数类型

范围	类型
$0 \sim 2^{31}-1$	int
$2^{31} \sim 2^{63}-1$	long long
$2^{63} \sim 2^{64}-1$	unsigned long long

b) C99 标准下常整数类型

图 2.1　C 语言标准中整型常数的类型定义

例如，对于表 2.2 中第 1 行关系表达式，编译器在处理 "==" 左边的数据 "-2147483648" 时，将负号 "-" 和数字串 "2147483648" 分开处理。首先将数字串 "2147483648" 转换为二进制数 0x8000 0000，根据图 2.1a 所示的 ISO C90 标准，编译器将 $2147483648 = 2^{31}$ 作为 unsigned int 处理；然后根据前面的 "-" 对其取负处理（按位取反，末位加 1），结果仍为 0x8000 0000。在进行相等比较时，由于 "==" 右边是一个无符号整数，因此，左边的机器数 0x8000 0000 也按无符号整数解释，其值为 $2147483648 = 2^{31}$，因而比较结果为 1。这样，看似两个不等的数在计算机内部结果是相等的。

再例如，对于表 2.2 中最后一行关系表达式，根据上述分析可知，在 C90 标准下，"<" 左边为 unsigned int 型数 2147483648，根据图 2.1a 可知，"<" 右边为 int 型数 2147483647。这样，在比较运算中出现了两个不同类型的数据。当一个 C 语言关系表达式中出现两种以上不同整型数时，编译器必须根据 C 语言标准规定的整数类型提升规则进行处理。根据类型提升规则（请参看下面的小提示），这两个整数应该按照无符号整数进行比较，因而左边的数值比右边的大，比较结果为假（0）。但是，根据图 2.1b 所示的 C99 标准，该表达式的结果应该是真（1）。因为两个常数都属于带符号整数类型，左边的值为负数，右边的值为正数，负数小于正数，所以比较结果是真。

小提示

在 C 语言表达式中，通常应该只使用一种类型的变量和常量，如果混合使用不同类型，则应使用一个规则集合来完成数据类型的自动转换。

以下是 C 语言程序数据类型转换的基本规则：

- 在表达式中，（unsigned）char 和（unsigned）short 类型都自动提升为 int 类型；
- 在包含两种数据类型的任何运算中，较低级别数据类型应提升为较高级别的数据类型；
- 数据类型级别从高到低的顺序是 long double、double、float、unsigned long long、long long、unsigned long、long、unsigned int、int；但是，当 long 和 int 具有相同位数时，unsigned int 级别高于 long；
- 赋值语句中，计算结果被转换为要被赋值的那个变量的类型，这个过程可能导致级别提升（被赋值的类型级别高）或者降级（被赋值的类型级别低），提升是按等值转换到表数范围更大的类型，通常是扩展操作或整数转浮点数类型，一般情况下不会有溢出问题，而降级可能因为表数范围缩小而导致数据溢出问题；
- 扩展操作时，若被转换数据是无符号整型，则采用零扩展；若被转换数据是带符号整型，则采用符号扩展。例如，将一个 unsigned short 型或 unsigned char 型数据转换为 int 型时，采用的是零扩展。

2.3 实数的表示

计算机内部进行数据存储、运算和传送的部件位数有限，因而用定点数表示数值数据时，其表示范围很小。对于 n 位带符号整数，其表示范围为 $-2^{n-1} \sim (2^{n-1}-1)$，运算结果很容易溢出，此外，用定点数也无法表示大量带有小数点的实数。因此，计算机中专门用浮点数来表示实数。

2.3.1 浮点数的表示格式

对于任意一个实数 X，可以表示为：

$$X = (-1)^S \times M \times R^E$$

其中 S 取值为 0 或 1，用来决定数 X 的符号，0 表示正，1 表示负；M 是一个二进制定点小数，称为数 X 的尾数；E 是一个二进制定点整数，称为数 X 的阶或指数；R 是基数，可以约定为 2、4、16 等。要确定一个实数的值，只要在默认基数 R 下，确定数符 S、尾数 M 和阶 E 就可以了。因此，浮点数格式只需规定 S、M 和 E 各自所用的位数、编码方式和所在的位置，而基数 R 与定点数的小数点位置一样，是默认的，不需要显式地表示出来。一般尾数 M 用定点原码小数表示，阶 E 用移码表示。

在 IEEE 754 浮点数标准被广泛使用之前，不同的计算机所用的浮点数表示格式各不相同。

例 2.20 将十进制数 65798 转换为下述 32 位浮点数格式。

其中，第 0 位为数符 S；第 1~8 位为 8 位移码表示的阶码 E（偏置常数为 128）；第 9~31 位为 24 位二进制原码小数表示的尾数。基数为 2，规格化尾数形式为 $\pm 0.1bb\cdots b$，其中小数点后面第一位"1"不显式地表示出来，这样可用 23 个数位表示 24 位尾数。

解： 因为 $(65798)_{10} = (1\ 0000\ 0001\ 0000\ 0110)_2 = (0.1000\ 0000\ 1000\ 0011\ 0)_2 \times 2^{17}$

所以数符 $S=0$，阶码 $E = (128+17)_{10} = (145)_{10} = (1001\ 0001)_2$

故用该浮点数形式表示为：

0	100 1000 1	000 0000 1000 0011 0000 0000

用十六进制表示为 4880 8300H。

上述格式的规格化浮点数的表示范围如下。

正数最大值：$0.11\cdots 1 \times 2^{11\cdots 1} = (1-2^{-24}) \times 2^{127}$。

正数最小值：$0.10\cdots 0 \times 2^{00\cdots 0} = (1/2) \times 2^{-128} = 2^{-129}$。

因为原码是关于原点对称的，故该浮点格式的范围是关于原点对称的，如图 2.2 所示。

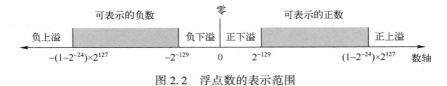

图 2.2　浮点数的表示范围

在图 2.2 中，数轴上有 4 个区间的数不能用浮点数表示。这些区间称为**溢出区**，接近 0 的区间为**下溢区**，向无穷大方向延伸的区间为**上溢区**。

浮点数尾数的位数决定浮点数的有效数位，有效数位越多，数据的精度越高。为了在浮点数运算过程中，尽可能多地保留有效数字的位数，使有效数字尽量占满尾数数位，必须在运算过程中对浮点数进行"规格化"操作。对浮点数的尾数进行规格化，除了能得到尽量多的有效数位以外，还可以使浮点数的表示具有唯一性。

若浮点数的基数为 2，则尾数规格化的浮点数形式应为 $\pm 0.1bb\cdots b \times 2^E$（这里 b 是 0 或 1）。

规格化操作有两种："左规"和"右规"。当有效数位进到小数点前面时，需要进行右规。**右规**时，尾数每右移一位，阶码加 1，直到尾数变成规格化形式为止，右规时阶码会增加，因此阶码有可能溢出；当出现形如 $\pm 0.0\cdots 0bb\cdots b \times 2^E$ 的运算结果时，需要进行左规，**左规**时，尾数每左移一位，阶码减 1，直到尾数变成规格化形式为止。

2.3.2　IEEE 754 浮点数标准

目前几乎所有计算机都采用 IEEE 754 标准表示浮点数。在这个标准中，提供了两种基本浮点格式：32 位单精度和 64 位双精度格式，如图 2.3 所示。

32 位单精度格式中包含 1 位符号 s、8 位阶码 e 和 23 位尾数 f；64 位双精度格式包含 1 位符号 s、11 位阶码 e 和 52 位尾数 f。其基数隐含为 2；尾数用原码表示，第一位总为 1，因而可在尾数中默认第一位的 1，称为隐藏位，使得单精度格式的 23 位尾数实际上表示了 24

图 2.3　IEEE 754 浮点数格式

位有效数字，双精度格式的 52 位尾数实际上表示了 53 位有效数字。注意：IEEE 754 规定隐藏位"1"的位置在小数点之前，这与例 2.20 中规定的隐藏位的位置不同。

IEEE 754 标准中，阶用移码表示，偏置常数并不是通常 n 位移码所用的 2^{n-1}，而是 $(2^{n-1}-1)$，因此，单精度和双精度浮点数的偏置常数分别为 127 和 1023。也即，对于单精度浮点数格式，阶码 $e=127+$阶，因此阶$=e-127$；对于双精度浮点数格式，阶码 $e=1023+$阶，因此阶$=e-1023$。

对于单精度浮点数格式，阶码 e 的范围为 0000 0000 ~ 1111 1111，因为具有全 0 阶码和全 1 阶码的特殊位序列是一些特殊数（见表 2.3），所以，正常的规格化非 0 数的阶码范围为 0000 0001 ~ 1111 1110，对应的最小阶为 0000 0001$-$127$=-$126，最大阶为 1111 1110$-$127$=$254$-$127$=$127，因此，对应的阶的范围为$-$126 ~ 127。

对于 IEEE 754 标准格式的数，一些特殊的位序列（如阶码为全 0 或全 1）有其特别的解释。表 2.3 给出了对各种形式的浮点数的解释。

表 2.3　IEEE 754 浮点数的解释

值 的 类 型	单精度（32 位）			双精度（64 位）		
	阶码	尾数	值	阶码	尾数	值
零	0	0	± 0	0	0	± 0
无穷大	255（全 1）	0	$\pm\infty$	2047（全 1）	0	$\pm\infty$
无定义数	255（全 1）	$\neq 0$	NaN	2047（全 1）	$\neq 0$	NaN
规格化非零数	0<e<255	f	$\pm(1.f)\times 2^{e-127}$	0<e<2047	f	$\pm(1.f)\times 2^{e-1023}$
非规格化数	0	$f\neq 0$	$\pm(0.f)\times 2^{-126}$	0	$f\neq 0$	$\pm(0.f)\times 2^{-1022}$

在表 2.3 中，对 IEEE 754 中规定的数进行了以下分类。

（1）全 0 阶码全 0 尾数：$+0/-0$

IEEE 754 的零有两种表示：$+0$ 和-0。零的符号取决于数符 s。一般情况下$+0$ 和-0 是等效的。

（2）全 1 阶码全 0 尾数：$+\infty/-\infty$

引入无穷大数使得在计算过程出现异常的情况下程序能继续进行下去，并且可为程序提供错误检测功能。例如，1.0/0.0 的结果就是$+\infty$。$+\infty$ 在数值上大于所有有限数，$-\infty$ 则小于所有有限数，**无穷大**数既可作为操作数，也可能是运算的结果。

（3）全 1 阶码非 0 尾数：NaN（Not a Number）

NaN（Not a Number）表示一个没有定义的数，称为**非数**。例如，$0.0×∞$、$(+∞)+(-∞)$、$\sqrt{x}$ 且 $x<0$、$0.0/0.0$ 等结果都是 NaN。分为不发信号（Quiet）和发信号（Signaling）两种非数，有时它们也被分别称为"静止的 NaN"和"通知的 NaN"。利用 NaN 可以检测非初始化值的使用，程序员或编译程序可用非数表示每个浮点类型变量的非初始化值。利用 NaN 还可以使计算出现异常时程序能继续进行下去，让程序员将测试或判断延迟到方便的时候进行。

（4）阶码非全 0 且非全 1：规格化非 0 数

对于阶码范围在 1～254（单精度）和 1～2046（双精度）的数，是一个正常的规格化非 0 数。根据 IEEE 754 的定义，这种数的阶的范围应该是 $-126～+127$（单精度）和 $-1022～+1023$（双精度），其值的计算公式分别为：

$$(-1)^s×1.f×2^{e-127} 和 (-1)^s×1.f×2^{e-1023}$$

例 2.21 将十进制数 -0.75 转换为 IEEE 754 的单精度浮点数格式表示。

解： $(-0.75)_{10}=(-0.11)_2=(-1.1)_2×2^{-1}=(-1)^s×1.f×2^{e-127}$，所以 $s=1$，$f=0.100\cdots0$，$e=(127-1)_{10}=(126)_{10}=(0111\ 1110)_2$，规格化浮点数表示为 1 0111 1110　1000　0000 $\cdots$0000 000，用十六进制表示为 BF40 0000H。

例 2.22 求机器数为 C0A0 0000H 的 IEEE 754 单精度浮点数的值。

解： 求一个机器数的真值，就是将该数转换为十进制数。首先将 C0A0 0000H 展开为一个 32 位单精度浮点数格式 1 100 0000 1 010 0000$\cdots$0000。据 IEEE 754 单精度浮点数格式可知，符号 $s=1$，尾数小数部分 $f=(0.01)_2=(0.25)_{10}$，阶码 $e=(100\ 0000\ 1)_2=(129)_{10}$，所以，其值为 $(-1)^s×1.f×2^{e-127}=(-1)^1×1.25×2^{129-127}=-1.25×2^2=-5.0$。

（5）全 0 阶码非 0 尾数：非规格化数

非规格化数的特点是阶码部分的编码为全 0，尾数高位有一个或几个连续的 0，但不全为 0。因此非规格化数的隐藏位为 0，并且单精度和双精度浮点数的阶分别为 -126 或 -1022，故数值分别为 $(-1)^s×0.f×2^{-126}$ 和 $(-1)^s×0.f×2^{-1022}$。

图 2.4 表示了加入非规格化数后 IEEE 754 的表数范围的变化。图 2.4a 给出了未定义非规格化数时 32 位单精度浮点数的情况。从图中可看出，在 0 和最小规格化数 2^{-126} 之间有一个间隙未被利用。如图 2.4b 所示，定义了非规格化数后，在 0 和 2^{-126} 之间就增加了 2^{23} 个附加数，这些相邻附加数之间与区间 $[2^{-126}, 2^{-125}]$ 内的相邻数等距。附加的 2^{23} 个数为非规

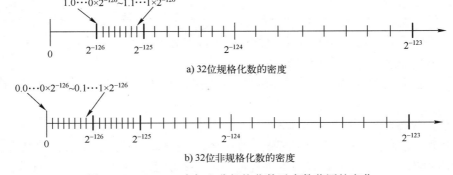

图 2.4　IEEE 754 中加入非规格化数后表数范围的变化

格化数，所有这些数据具有与区间 $[2^{-126}, 2^{-125}]$ 内的数相同的阶，即最小阶（-126）。尾数部分的变化范围为 $0.00\cdots0 \sim 0.11\cdots1$。这里的隐含位为 0，这也是非规格化数的重要标志之一。

IEEE 754 标准单精度和双精度格式的特征参数见表 2.4。

表 2.4　IEEE 754 浮点数格式参数

参　数	单精度浮点数	双精度浮点数
字宽（位数）	32	64
阶码宽度（位数）	8	11
阶码偏置常数	127	1023
最大阶	127	1023
最小阶	-126	-1022
尾数宽度	23	52
阶码个数	254	2046
尾数个数	2^{23}	2^{52}
值的个数	1.98×2^{31}	1.99×2^{63}
数的量级范围	$10^{-38} \sim 10^{+38}$	$10^{-308} \sim 10^{+308}$

IEEE 754 用全 0 阶码和全 1 阶码表示一些特殊值，如 0、∞ 和 NaN，因此，除去全 0 和全 1 阶码后，单精度和双精度格式的阶码个数分别为 254 和 2046，最大阶也相应地变为 127 和 1023。单精度规格化数的个数为 $2 \times 254 \times 2^{23} = 1.98 \times 2^{31}$，双精度规格化数的个数为 $2 \times 2046 \times 2^{52} = 1.99 \times 2^{63}$。根据单精度和双精度格式的最大阶分别为 127 和 1023，可以得出规格化数的量级范围分别为 $10^{-38} \sim 10^{+38}$ 和 $10^{-308} \sim 10^{+308}$。单精度和双精度格式规格化数最小阶分别为 -126 和 -1022，而非规格化数的阶总是 -126 和 -1022，因而单精度浮点格式的最小可表示正数为 $0.0\cdots01 \times 2^{-126} = 2^{-23} \times 2^{-126} = 2^{-149}$，而双精度格式的最小可表示正数为 $2^{-52} \times 2^{-1022} = 2^{-1074}$。

2.3.3　C 语言中的浮点数类型

当在 int、float 和 double 等类型数据之间进行强制类型转换时，程序将得到以下数值转换结果（假定 int 型数为 32 位）。

1）从 int 型转换为 float 型时，不会发生溢出，但因为 float 型有效位数更少，因而可能有有效数字被舍入。

2）从 int 型或 float 型转换为 double 型时，因为 double 型的有效位数更多，故能保留精确值。

3）从 double 型转换为 float 型时，因为 float 型表示范围更小，故可能发生溢出，此外，由于有效位数变少，故可能被舍入。

4）从 float 型或 double 型转换为 int 型时，因为 int 型没有小数部分，所以数据可能会向 0 方向被截断。例如，1.9999 被转换为 1，-1.9999 被转换为 -1。此外，因为 int 型表数范围更小，故可能发生溢出。将大的浮点数转换为整数可能会导致程序错误，这在历史上曾经有过惨痛的教训。

1996 年 6 月 4 日，Ariana 5 火箭初次发射，在发射仅仅 37 s 后，火箭就偏离了飞行路线，然后解体爆炸，火箭上载有价值 5 亿美元的通信卫星。根据调查发现，原因是由于控制惯性导航系统的计算机向控制引擎喷嘴的计算机发送了一个无效数据。它没有发送飞行控制信息，而是发送了一个异常诊断位模式数据，表明在将一个 64 位浮点数转换为 16 位带符号整数时，产生了溢出异常。溢出的值是火箭的水平速率，这比原来的 Ariana 4 火箭所能达到的速率高出了 5 倍。在设计 Ariana 4 火箭软件时，设计者确认水平速率决不会超出一个 16 位的整数，但在设计 Ariana 5 时，他们没有重新检查这部分，而是直接使用了原来的设计。

在不同数据类型之间转换时，往往隐藏着一些不容易被察觉的错误，这种错误有时会带来重大损失，因此，编程时要非常小心。

例 2.23 假定变量 i、f、d 的类型分别是 int、float 和 double，它们可以取除+∞、−∞ 和 NaN 以外的任意值。请判断下列每个 C 语言关系表达式在 32 位机器上运行时是否永真。

A. i == (int)(float) i

B. f == (float)(int) f

C. i == (int)(double) i

D. f == (float)(double) f

E. d == (float) d

F. f ==−(−f)

G. (d+f)−d == f

解：A. 不是，int 型精度比 float 型高，当 i 转换为 float 型后再变换为 int 型时，有效数字可能丢失。

B. 不是，float 型有小数部分，当 f 转换为 int 型后再转换为 float 型时，小数部分可能丢失。

C. 是，double 型比 int 型有更大的精度和范围，当 i 转换为 double 型后再转换为 int 型时数值不变。

D. 是，double 型比 float 型有更大的精度和范围，当 f 转为 double 型后再转换为 float 型时数值不变。

E. 不是，double 型比 float 型有更大的精度和范围，当 d 转换为 float 型后数值可能改变。

F. 是，浮点数取负就是简单将数符取反。

G. 不是，例如，当 d = 1.79×10^{308}、f= 1.0 时，左边为 0（因为 d+f 时 f 需向 d 对阶，对阶后 f 的尾数有效数位被舍去而变为 0，故 d+f 仍然等于 d，再减去 d 后结果为 0），而右边为 1.0。

2.4 非数值数据的编码表示

逻辑值、字符等数据都是非数值数据，在机器内部它们也用二进制表示。下面分别介绍这些非数值数据的编码表示。

2.4.1　逻辑值

正常情况下，每个字或其他可寻址单位（字节，半字等）是作为一个整体数据单元看待的。但是，某些时候还需要将一个 n 位数据看成由 n 个 1 位数据组成，每个取值为 0 或 1。例如，有时需要存储一个布尔数据或二进制数据阵列，阵列中的每项只能取值为 1 或 0；有时可能需要提取一个数据项中的某位进行诸如"置位"或"清 0"等操作。当数据以这种方式看待时，就被认为是逻辑数据。因此 n 位二进制数可表示 n 个逻辑值。逻辑数据只能参加逻辑运算，并且是按位进行的，如按位"与"、按位"或"、逻辑左移、逻辑右移等。

逻辑数据和数值数据都是一串 0/1 序列，在形式上无任何差异，需要通过指令的操作码类型来识别它们。例如，逻辑运算指令处理的是逻辑数据，算术运算指令处理的是数值数据。

2.4.2　西文字符

西文由拉丁字母、数字、标点符号及一些特殊符号所组成，它们统称为"字符"（Character）。所有字符的集合叫作"字符集"。字符集中每一个字符都有一个代码（即二进制编码的 0/1 序列），构成了该字符集的代码表，简称**码表**。码表中的代码具有唯一性。

字符主要用于外部设备和计算机之间交换信息。一旦确定了所使用的字符集和编码方法后，计算机内部所表示的二进制代码和外部设备输入、打印和显示的字符之间就有唯一的对应关系。

字符集有多种，每一个字符集的编码方法也多种多样。目前计算机中使用最广泛的西文字符集及其编码是 **ASCII 码**，即美国标准信息交换码（American Standard Code for Information Interchange），ASCII 字符编码见表 2.5。

表 2.5　ASCII 码表

	$b_6 b_5 b_4 = 000$	$b_6 b_5 b_4 = 001$	$b_6 b_5 b_4 = 010$	$b_6 b_5 b_4 = 011$	$b_6 b_5 b_4 = 100$	$b_6 b_5 b_4 = 101$	$b_6 b_5 b_4 = 110$	$b_6 b_5 b_4 = 111$
$b_3 b_2 b_1 b_0 = 0000$	NUL	DLE	SP	0	@	P	`	p
$b_3 b_2 b_1 b_0 = 0001$	SOH	DC1	!	1	A	Q	a	q
$b_3 b_2 b_1 b_0 = 0010$	STX	DC2	"	2	B	R	b	r
$b_3 b_2 b_1 b_0 = 0011$	ETX	DC3	#	3	C	S	c	s
$b_3 b_2 b_1 b_0 = 0100$	EOT	DC4	$	4	D	T	d	t
$b_3 b_2 b_1 b_0 = 0101$	ENQ	NAK	%	5	E	U	e	u
$b_3 b_2 b_1 b_0 = 0110$	ACK	SYN	&	6	F	V	f	v
$b_3 b_2 b_1 b_0 = 0111$	BEL	ETB	'	7	G	W	g	w
$b_3 b_2 b_1 b_0 = 1000$	BS	CAN	(	8	H	X	h	x
$b_3 b_2 b_1 b_0 = 1001$	HT	EM	)	9	I	Y	i	y
$b_3 b_2 b_1 b_0 = 1010$	LF	SUB	*	:	J	Z	j	z
$b_3 b_2 b_1 b_0 = 1011$	VT	ESC	+	;	K	[	k	|

（续）

	$b_6b_5b_4=000$	$b_6b_5b_4=001$	$b_6b_5b_4=010$	$b_6b_5b_4=011$	$b_6b_5b_4=100$	$b_6b_5b_4=101$	$b_6b_5b_4=110$	$b_6b_5b_4=111$
$b_3b_2b_1b_0=1100$	FF	FS	,	<	L	\	l	|
$b_3b_2b_1b_0=1101$	CR	GS	–	=	M	]	m	}
$b_3b_2b_1b_0=1110$	SO	RS	.	>	N	^	n	~
$b_3b_2b_1b_0=1111$	SI	US	/	?	O	_	o	DEL

如表 2.5 所示，每个字符由 7 个二进位 $b_6b_5b_4b_3b_2b_1b_0$ 表示，其中 $b_6b_5b_4$ 是高位部分，$b_3b_2b_1b_0$ 是低位部分。一个字符在计算机中实际上用 8 位表示。一般情况下，最高一位 b_7 为 0。在需要奇偶校验时，这一位可用于存放奇偶校验值，此时称这一位为奇偶校验位。

从表 2.5 中可看出 ASCII 字符编码有以下两个规律。

- 字符 0~9 这 10 个数字字符的高三位编码为 011，低 4 位分别为 0000~1001。当去掉高三位时，低 4 位正好是 0~9 这 10 个数字的二进制编码。这样既满足了正常的排序关系，又有利于实现 ASCII 码与十进制数之间的转换。
- 英文字母字符的编码值也满足正常的字母排序关系，而且大、小写字母的编码之间有简单的对应关系，差别仅在 b_5 这一位上，若这一位为 0，则是大写字母；若为 1，则是小写字母。这使得大、小写字母之间的转换非常方便。

2.4.3 汉字字符

西文是一种拼音文字，用有限的几个字母可以拼写出所有单词。因此西文中仅需要对有限个少量的字母和一些数学符号、标点符号等辅助字符进行编码，所有西文字符集的字符总数不超过 256 个，所以使用 7 个或 8 个二进位就可表示。中文信息的基本组成单位是汉字，汉字也是字符。但汉字是表意文字，一个字就是一个方块图形。计算机要对汉字信息进行处理，就必须对汉字本身进行编码，但汉字的总数超过 6 万字，数量巨大，给汉字在计算机内部的表示、汉字的传输与交换、汉字的输入和输出等带来了一系列问题。为了适应汉字系统各组成部分对汉字信息处理的不同需要，汉字系统必须处理以下几种汉字代码：输入码、内码、字形码。

1. 汉字的输入码

由于计算机最早是由西方国家研制开发的，最重要的信息输入工具——键盘是面向西文设计的，一个或两个西文字符对应着一个按键，非常方便。但汉字是大字符集，专门的汉字输入键盘由于键多、查找不便、成本高等原因而几乎无法采用。目前来说，最简便、最广泛采用的汉字输入方法是利用英文键盘输入汉字。由于汉字字数多，无法使每个汉字与西文键盘上的一个键相对应，因此必须使每个汉字用一个或几个键来表示，这种对每个汉字用相应的按键进行的编码表示就称为汉字的**输入码**，又称**外码**。搜狗拼音输入法、搜狗五笔输入法、微软拼音输入法等都是常用的汉字输入法。

2. 字符集与汉字内码

汉字被输入计算机内部后，就按照一种称为**内码**的编码形式在系统中进行存储、查找、传送等处理。对于西文字符，它的内码就是 ASCII 码。

为了适应计算机处理汉字信息的需要，1981 年我国颁布了《信息交换用汉字编码字符集·基本集》（GB2312-80）。该标准选出 6763 个常用汉字，为每个汉字规定了标准代码，以供汉字信息在不同计算机系统之间交换使用。这个标准称为**国标码**，又称**国标交换码**。

GB2312 国标字符集中为任意一个字符（包括汉字和其他字符）规定了一个唯一的二进制代码。码表由 94 行（区号 0～93,）、94 列（位号 0～93）组成。每一个汉字或符号在码表中都有各自的位置，因此各有一个唯一的位置编码，称为**区位码**，区号和位号各占一个字节，在区号和位号中各自加上 32（20H），再将两个字节的最高位（b_7）置 1。这种双字节汉字编码就是其中一种汉字内码。汉字的区位码和国标码是唯一的、标准的，而汉字内码可能随系统的不同而有差别。

3. 汉字的字模点阵码和轮廓描述

汉字的字形主要有两种描述方法：字模点阵描述和轮廓描述。字模点阵描述是将字库中的各个汉字或其他字符的字形（即字模），用一个其元素由"0"和"1"组成的方阵（如 16×16、24×24、32×32 甚至更大）来表示，汉字或字符中有黑点的地方用"1"表示，空白处用"0"表示，这种用来描述汉字字模的二进制点阵数据称为汉字的**字模点阵码**。汉字的轮廓描述方法比较复杂，它把汉字笔画的轮廓用一组直线和曲线来勾画，记下每一直线和曲线的数学描述公式。目前已有两类国际标准：Adobe Type1 和 True Type。这种用轮廓线描述字形的方式精度高，字形大小可以任意变化。

2.5 数据的长度单位与排列

2.5.1 数据的宽度和单位

计算机内部任何信息都被表示成二进制编码形式。二进制数据的每一位（0 或 1）是组成二进制信息的最小单位，称为一个**比特**（Bit），或称位元，简称位。比特是计算机中处理、存储和传输信息的最小单位。每个西文字符需要用 8 位表示，而每个汉字需要用 16 位才能表示。在计算机内部，二进制信息的计量单位是**字节**（Byte），一个字节等于 8 位。通常用 b 表示位，用 B 表示字节。

计算机中运算和处理二进制信息时使用的单位除了位和字节之外，还经常使用**字**（Word）作为单位。必须注意，对于不同的指令集架构，字的长度可能不同。

在考察计算机性能时，一个很重要的性能参数就是机器的**字长**。平时所说的"某种机器是 16 位机或是 32 位机"中的 16、32 就是指字长。所谓字长通常是指 CPU 内部用于整数运算的数据通路的宽度。CPU 内部数据通路是指 CPU 内部的数据流经的路径以及路径上的部件，主要是 CPU 内部进行数据运算、存储和传送的部件，这些部件的宽度基本上要一致，才能相互匹配。因此，字长等于 CPU 内部用于整数运算的运算器位数和通用寄存器的宽度。

字和字长的概念不同。字用来表示被处理信息的单位，用于度量各种数据类型的宽度。例如，Intel x86 架构中把一个字定义为 16 位，但是，从 80386 微处理器开始，字长就至少是 32 位了。因此，即使在字长为 32 位的 IA-32 计算机中，32 位也被称为双字宽，在字长为 64 位的 Intel x86-64 计算机中，64 位被称为四字宽。

存储容量单位主要有 1 KB = 1 024 B；1 MB = 2^{20} B；1 GB = 2^{30} B；1 TB = 2^{40} B；1 PB = 2^{50} B；

1 EB = 2^{60} B；1 ZB = 2^{70} B。

在描述距离、频率等数值时通常用 10 的幂次表示，因而在由时钟频率计算得到的总线带宽或外设数据传输率中，度量单位表示的也是 10 的幂次。例如，数据传输率为 10 MB/s 表示 10^7字节/秒。

2.5.2　数据的存储和排列顺序

任何信息在计算机中用二进制编码后，得到的都是一串 0/1 序列，每 8 位构成一个字节，不同的数据类型具有不同的宽度。如果以字节为一个排列基本单位，那么 **LSB** 表示**最低有效字节**（Least Significant Byte），**MSB** 表示**最高有效字节**（Most Significant Byte）。例如，5 在 32 位机器上用 int 类型表示时的 0/1 序列为“0000 0000 0000 0000 0000 0000 0000 0101”，其中 MSB 为 00H，LSB 为 05H。

现代计算机基本上都采用字节编址方式，即对存储空间的存储单元进行编号时，每个地址编号中存放 1 B。计算机中许多类型数据由多字节组成，例如，short 型数据占 2 B，int 型和 float 型数据占 4 B，double 型数据占 8 B 等，而数据的地址是指其所占若干连续存储单元的地址中最小的地址。例如，在按字节编址的计算机中，假定 int 型变量 i 的地址为 0800H，i 的机器数为 01234567H，则 i 所占的存储单元的地址为 0800H、0801H、0802H 和 0803H。那么，01H、23H、45H、67H 这 4 B 到底该从大地址向小地址存放，还是从小地址向大地址存放？这就是字节排列顺序问题。

如图 2.5 所示，根据数据中各字节在连续存储单元中排列顺序的不同有大端和小端两种方式。

		0800H	0801H	0802H	0803H	
大端方式	…	01H	23H	45H	67H	…
		0800H	0801H	0802H	0803H	
小端方式	…	67H	45H	23H	01H	…

图 2.5　大端方式和小端方式

大端（Big Endian）方式将数据的最高有效字节 MSB 存放在最小地址单元中，将最低有效字节 LSB 存放在最大地址单元中，即数据的地址就是 MSB 所在的地址。例中变量 i 的 MSB 为 01H，LSB 为 67H。如图 2.5 所示，大端方式下，最小地址 0800H 中存放的是 MSB（01H），最大地址 0803H 中存放的是 LSB（67H）。IBM 360/370、Motorola 68k、MIPS、Sparc、HP PA 等机器都采用大端方式。

小端（Little Endian）方式将数据的最高有效字节 MSB 存放在高地址中，将最低有效字节 LSB 存放在低地址中，即数据的地址就是 LSB 所在的地址。如图 2.5 所示，小端方式下，最小地址 0800H 中存放 LSB（67H），最大地址 0803H 中存放的是 MSB（01H）。Intel x86、DEC VAX 等都采用小端方式。

以下是某生在 Intel x86 机器上设计的一个判断大端/小端方式的 C 语言程序段，执行该程序段判断的结果是，Intel x86 采用大端方式，显然结论是错误的。

```
union {
    int a;
    char b;
} test
int main( ) {
    test. a = 0xff;                    //若是小端方式，则 test. b 中应为 0xff( 对应二进制数 11111111)
    if ( test. b == 0xff)
        printf("little endian");   //输出"小端"
    else
        printf("big endian");     //输出"大端"
Return 0;
}
```

因为 Intel x86 采用小端方式，所以在 test.a 中存放的 4 字节 00H、00H、00H、FFH 中，最低有效字节 LSB（FFH）在 test.a 的最小地址上，根据 C 语言中 union 变量的规定，这个地址也是 test.b 的地址，因此，test.b 中存放的是 FFH，也即关系表达式"test.b == 0xff"的结果应该为真，程序应输出"little endian"，但程序的输出却是"big endian"。其错误原因是程序中出现了实现定义行为代码，在数据类型自动提升时出现了程序执行结果与程序员预期不相符的情况。

C 语言标准中没有强制规定 char 类型属于带符号整数还是无符号整数类型，编译器将 char 型变量解释成无符号整数还是带符号整数，这样，对于上述程序段中的 test.b，不同的编译器就可能有不同的处理方式，即条件表达式"test. b == 0xff"是实现定义行为代码。

在 Intel x86 机器上，gcc 编译器将 char 类型按 signed char 处理，因而在对关系表达式"test. b == 0xff"进行转换时，采用符号扩展将等号左边的 test. b 从 char 型提升至 int 型，因此 test. b 从 8 个 1（最高位为符号位）符号扩展为 32 个 1，而等号右边的 0xff 则对应二进制数 0000 0000 0000 0000 0000 0000 1111 1111，显然等号两边的位串不同，该关系表达式值为"假"，打印结果为"big endian"，从而判断 Intel x86 采用大端方式。

该程序被移植到 RISC –V 处理器架构上，同样用 gcc 编译系统开发运行，编译器将 char 型变量按 unsigned char 处理，因此在将 char 型整数转换为 32 位 int 型整数时，高位采用零扩展，使得 test. b 扩展后的高 24 位为全 0，和等号右边的 0xff 的机器数一致，因而得到了预期结果。

显然，按照语言规范，Intel x86 中的 gcc 编译器和 RISC –V 中的 gcc 编译器都没有错，而是程序员编写程序时对 char 类型的不确定性不了解。

C 语言规范中没有强制规定 char 是带符号还是无符号整数类型，因此不能想当然地认为 char 类型一定按带符号整数或无符号整数进行运算，而是应把需要进行运算的 char 型变量明确说明成 signed char 或 unsigned char 类型。上述程序段中 test.b 应该作为无符号整数处理，因此如果把 test.b 明确定义为 unsigned char 类型，则在任何机器中程序都会得到预期结果。

2.6 加法器和算术逻辑部件

算术逻辑部件（Arithmetic and Logic Unit，ALU）用来完成基本的逻辑运算和定点数加减运算，各类定点乘除运算和浮点数运算可利用加法器、ALU 和移位器来实现，因此基本的运算部件是加法器、ALU 和移位器，ALU 的核心部件是加法器。

2.6.1 全加器和加法器

同时考虑两个加数和低位进位的一位加法器称为**全加器**（Full Adder，FA）。全加器的真值表如图 2.6 所示。全加器的两个加数为 A 和 B，低位进位为 Cin，相加的和为 F，向高位的进位为 $Cout$。根据真值表得到的全加器的逻辑表达式如下：

A	B	Cin	F	$Cout$
0	0	0	0	0
0	0	1	1	0
0	1	0	1	0
0	1	1	0	1
1	0	0	1	0
1	0	1	0	1
1	1	0	0	1
1	1	1	1	1

图 2.6 全加器真值表

$$F=\overline{A}\cdot\overline{B}\cdot Cin+\overline{A}\cdot B\cdot\overline{Cin}+A\cdot\overline{B}\cdot\overline{Cin}+A\cdot B\cdot Cin$$
$$Cout=\overline{A}\cdot B\cdot Cin+A\cdot\overline{B}\cdot Cin+A\cdot B\cdot\overline{Cin}+A\cdot B\cdot Cin$$

使用布尔代数定律对上述逻辑表达式化简后得到**全加和** F 和**全加进位** $Cout$ 的逻辑表达式如下：

$$F=A\oplus B\oplus Cin$$
$$Cout=A\cdot B+A\cdot Cin+B\cdot Cin$$

根据全加器逻辑表达式，得到如图 2.7 所示的全加器逻辑电路，其中图 2.7a 中是全加器符号，图 2.7b 是其逻辑电路。

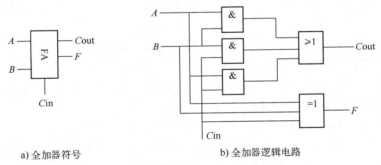

a) 全加器符号 b) 全加器逻辑电路

图 2.7 全加器逻辑门电路的实现

加法器实际上是**无符号数加法器**。n 位加法器可由 n 个全加器实现，其电路如图 2.8 所示，其中图 2.8a 是加法器符号，图 2.8b 是其逻辑电路，C_i 是第 $i-1$ 位向第 i 位的进位。

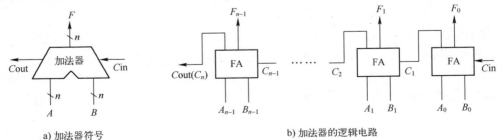

a) 加法器符号 b) 加法器的逻辑电路

图 2.8 用全加器实现 n 位加法器的电路

用全加器实现 n 位加法器，采用的是串行进位方式，因而速度很慢。可以采用其他进位方式来实现快速加法器，如采用先行进位方式的各类先行进位加法器等。

2.6.2 带标志加法器

n 位无符号数加法器只能用于两个 n 位二进制数相加，不能进行无符号整数的减运算，也不能进行带符号整数的加/减运算。要能够进行无符号整数的加/减运算和带符号整数的加/减运算，还需要在无符号数加法器的基础上增加相应的逻辑门电路，使得加法器不仅能计算和/差，还要能够生成相应的标志信息。图 2.9 是带标志加法器实现电路示意图，其中图 2.9a 中是符号表示，图 2.9b 中给出用全加器构成的实现电路。

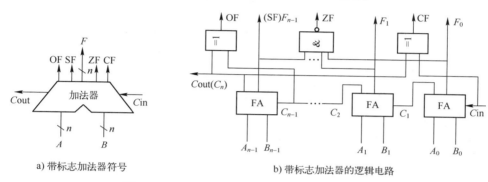

图 2.9　用全加器实现 n 位带标志加法器的电路

如图 2.9 所示，溢出标志的逻辑表达式为 $OF = C_n \oplus C_{n-1}$；符号标志就是和的符号，即 $SF = F_{n-1}$；零标志 $ZF = 1$ 当且仅当 $F = 0$；进位/借位标志 $CF = Cout \oplus Cin$，即当 $Cin = 0$ 时，CF 为进位 $Cout$，当 $Cin = 1$ 时，CF 为进位 $Cout$ 取反。

需要说明的是，为了加快加法运算的速度，真正的电路一定使用多级先行进位方式。

2.6.3 补码加减运算器

若 $[x]_{补} = X = X_{n-1}X_{n-2}\cdots X_0$，$[y]_{补} = Y = Y_{n-1}Y_{n-2}\cdots Y_0$，则 $[x+y]_{补}$ 和 $[x-y]_{补}$ 的运算表达式如下：

$$\left.\begin{array}{l} [x+y]_{补} = [x]_{补} + [y]_{补} (\bmod 2^n) \\ [x-y]_{补} = [x]_{补} + [-y]_{补} (\bmod 2^n) \end{array}\right\} \tag{2-1}$$

从式（2-1）可看出，无论 x、y 是正数还是负数，补码的加、减运算可统一用加法实现，且 $[x]_{补}$ 和 $[y]_{补}$ 的符号位可以和数值位一起参与运算，加、减运算结果的符号位也在求和运算中直接得出，这样，可直接用 2.6.2 节介绍的带标志加法器来实现"$[x]_{补} + [y]_{补}$（$\bmod 2^n$）"和"$[x]_{补} + [-y]_{补}$（$\bmod 2^n$）"。最终运算结果的高位丢弃，保留低 n 位，相当于对和取模 2^n。因此，实现减法的主要工作在于求 $[-y]_{补}$。

求一个数的负数的补码由其补码"各位取反、末位加1"得到。也即已知一个数的补码表示为 Y，则这个数负数的补码为 $\bar{Y}+1$，因此，只要在加法器的 Y 输入端加 n 个反向器，就可实现各位取反的功能，然后，再加一个 2 选 1 的多路选择器，用控制端 Sub 来控制选择将 Y 输入加法器还是将 $\bar{Y}$ 输入加法器，并将控制端 Sub 同时作为低位进位送到加法器，如

图 2.10 所示。

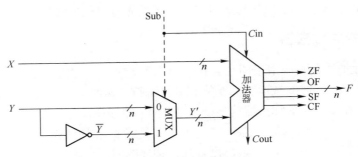

图 2.10 补码加减运算部件

该电路可实现补码加减运算。当控制端 Sub 为 1 时，做减法，实现 $X+\bar{Y}+1=[x]_{补}+[-y]_{补}$；当控制端 Sub 为 0 时，做加法，实现 $X+Y=[x]_{补}+[y]_{补}$。其中的加法器就是图 2.9 所示的带标志加法器。

因为无符号整数相当于正整数，而正整数的补码表示等于其二进制表示本身，所以，无符号整数的二进制表示相当于正整数的补码表示，因此，该电路同时也能实现无符号整数的加/减运算。对于带符号整数 x 和 y 来说，图中 X 和 Y 就是 x 和 y 的补码表示，对于无符号整数 x 和 y 来说，图中 X 和 Y 就是 x 和 y 的二进制表示。

可通过标志信息来区分带符号整数运算结果和无符号整数运算结果。

零标志 ZF=1 表示结果 F 为 0。不管作为无符号数还是带符号整数来运算，ZF 都有意义。

符号标志 SF 表示结果的符号，即 F 的最高位。对于无符号数运算，SF 没有意义。

进/借位 CF 表示无符号整数加/减运算时的进位/借位。加法时，若 CF=1 表示无符号整数加法溢出；减法时若 CF=1 表示有借位，即不够减。因此，加法时 CF 就应等于进位输出 Cout；减法时，就应将进位输出 Cout 取反来作为借位标志。综合起来，可得 CF=Sub $\oplus$ Cout。对于带符号整数运算，CF 没有意义。

对于 n 位补码整数，它可表示的数值范围为 $-2^{n-1} \sim 2^{n-1}-1$。当运算结果超出该范围，则结果溢出。补码溢出判断方法有多种，先看两个例子。

例 2.24 用 4 位补码计算 "-7-6" 和 "-3-5" 的值。

解： $[-7]_{补}=1001, [-6]_{补}=1010, [-3]_{补}=1101, [-5]_{补}=1011$

$[-7-6]_{补}=[-7]_{补}+[-6]_{补}=1001+1010=0011(+3)$

$[-3-5]_{补}=[-3]_{补}+[-5]_{补}=1101+1011=1000(-8)$

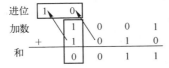
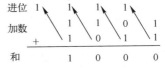

因为 4 位补码的可表示范围为 $-8 \sim +7$，而 $-7-6=-13<-8$，所以，结果 0011(+3) 一定发生了溢出，是一个错误的值。考察 "-7-6" 的例子后，发现以下两种现象。

1）最高位和次高位的进位不同。

2）和的符号位和加数的符号位不同。

对于例子 "-3-5"，结果 1000（-8）没有超出范围，因而没有发生溢出，是一个正确的值。此时，最高位的进位和次高位的进位都是 1，没有发生第 1）种现象，而且和的符号和加数的符号都是 1，因而也没有发生第 2）种现象。

通常根据上述两种现象是否发生来判断有无溢出。因此，有以下两种溢出判断逻辑表达式。

1）若符号位产生的进位 C_n 与最高数值位向符号位的进位 C_{n-1} 不同，则产生溢出，即：

$$\text{Overflow} = C_{n-1} \oplus C_n$$

2）若两个加数的符号位 X_{n-1} 和 Y_{n-1} 相同，且与和的符号位 F_{n-1} 不同，则产生溢出，即：

$$\text{Overflow} = X_{n-1} \cdot Y_{n-1} \cdot \overline{F_{n-1}} + \overline{X_{n-1}} \cdot \overline{Y_{n-1}} \cdot F_{n-1}$$

根据上述溢出判断逻辑表达式，可以很容易实现溢出判断电路。图 2.9b 中 OF 的生成采用了上述第 1）种方法。

2.6.4 算术逻辑部件

算术逻辑部件 ALU 是一种能进行多种算术运算与逻辑运算的组合逻辑电路，其核心部件是带标志加法器，多采用先行进位方式。通常用图 2.11 所示的符号来表示。其中 A 和 B 是两个 n 位操作数输入端，Cin 是进位输入端，ALUop 是操作控制端，用来决定 ALU 所执行的处理功能。例如，ALUop 选择 Add 运算，ALU 就执行加法运算，输出的结果就是 A 加 B 之和。ALUop 的位数决定了操作种类数，例如，当位数为 3 时，ALU 最多只有 8 种操作。

图 2.12 给出了能够完成与、或和加法三种操作的一位 ALU 结构图。其中，一位加法用一个全加器实现，在 ALUop 的控制下，由一个多路选择器（MUX）选择输出三种操作结果之一。因为这里有三种操作，所以 ALUop 至少要有两位。

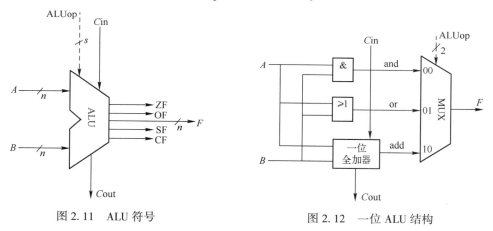

图 2.11　ALU 符号　　　　图 2.12　一位 ALU 结构

2.7　定点数乘除运算

计算机中的乘法器和除法器分无符号整数和用补码表示的带符号整数两种不同的运算电路，原码乘/除运算在无符号整数乘法器/除法器基础上实现，而带符号整数乘/除运算则在补码乘法器/除法器中实现。

2.7.1 无符号数乘法运算

下面是一个手算乘法的例子，以此可以推导出两个无符号数相乘的计算过程。

$$
\begin{array}{r}
0.1011 \\
\times\ 0.1101 \\
\hline
1011 \\
0000 \\
1011 \\
1011 \\
\hline
0.10001111
\end{array}
$$

被乘数 $X=0.x_1x_2x_3x_4=0.1011$

乘数 $Y=0.y_1y_2y_3y_4=0.1101$

$X\times y_4\times 2^{-4}$

$X\times y_3\times 2^{-3}$

$X\times y_2\times 2^{-2}$

$X\times y_1\times 2^{-1}$

由此可知，$X\times Y=\sum_{i=1}^{4}(X\times y_i\times 2^{-i})=0.1000\,1111$。

计算机中两个无符号数相乘，类似手算乘法，主要思想包括以下几个方面。

1）每将乘数 Y 的一位乘以被乘数得 $X\times y_i$ 后，就将该结果与前面所得的结果累加，得到 P_i，称之为部分积。因为没有等到全部计算后一次求和，所以减少了保存每次相乘结果 $X\times y_i$ 的开销。

2）每次求得 $X\times y_i$ 后，不是将它左移与前次部分积 P_i 相加，而是将部分积 P_i 右移一位，然后与 $X\times y_i$ 相加。

3）对乘数中为 1 的位执行加法和右移运算，对为 0 的位只执行右移运算，而不执行加法运算。

因为每次进行加法运算时，只需要将 $X\times y_i$ 与部分积中的高 n 位相加，低 n 位不会改变，所以只需用 n 位 ALU 就可实现两个 n 位数的相乘。

实现上述算法，需要对乘数 Y 的每一位进行迭代得到相应的部分积 P_i。每一步迭代过程如下。

1）取乘数的最低位 y_{n-i} 判断。

2）若 y_{n-i} 的值为 1，则将上一步迭代得到的部分积 P_i 与 X 相加；若 y_{n-i} 的值为 0，则什么也不做。

3）右移一位，产生本次部分积 P_{i+1}。

部分积 P_i 和 X 在 ALU 中进行无符号整数相加时，可能会产生进位，因而需要有一个专门的进位位 C。整个迭代过程从乘数最低位 y_n 和 $P_0=0$ 开始，经过 n 次"判断-加法-右移"循环，直到求出 P_n 为止。P_n 就是最终的乘积。图 2.13 是实现两个 32 位无符号数乘法的逻辑结构图。

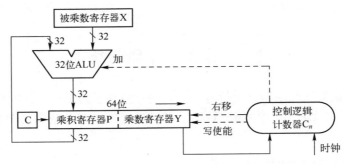

图 2.13　实现 32 位无符号数乘法运算的逻辑结构图

图 2.13 中被乘数寄存器 X 用于存放被乘数；乘积寄存器 P 开始时置初始部分积 $P_0 = 0$，结束时存放的是 64 位乘积的高 32 位；乘数寄存器 Y 开始时置乘数，结束时存放的是 64 位乘积的低 32 位；进位触发器 C 保存加法器的进位信号；计数器 C_n 存放循环次数，初值是 32，每循环一次，C_n 减 1，当 $C_n = 0$ 时，乘法运算结束；ALU 是乘法核心部件，在控制逻辑控制下，对乘积寄存器 P 和被乘数寄存器 X 的内容进行"加"运算，在"写使能"控制下运算结果被送回乘积寄存器 P，进位位存放在 C 中。

例 2.25 已知两个无符号数 x 和 y，$x = 1101$，$y = 1011$，用无符号数乘法计算 $x×y$。

解：用无符号数乘法计算 $1101×1011$ 的乘积的过程如下。

C	部分积 P	乘数 Y	说明
0	0000	1011	$P_0 = 0$
	+ 1101		$y_4 = 1$，+X
0	1101		C、P 和 Y 同时右移一位
0	0110	1101	得 P_1
	+ 1101		$y_3 = 1$，+X
1	0011		C、P 和 Y 同时右移一位
0	1001	1110	得 P_2
	+ 0000		$y_2 = 0$，不作加法（即加0）
0	1001	1110	C、P 和 Y 同时右移一位
0	0100	1111	得 P_3
	+ 1101		$y_1 = 1$，+X
1	0001		C、P 和 Y 同时右移一位
0	1000	1111	得 P_4

因此，$x×y$ 的结果为 1000 1111。

对于 n 位无符号数一位乘法来说，需要经过 n 次"判断–加法–右移"循环，运算速度较慢。如果对乘数的每两位取值情况进行判断，使每步求出对应于该两位的部分积，则可将乘法速度提高一倍。

2.7.2 原码乘法运算

原码作为浮点数尾数的表示形式，需要计算机能实现定点原码小数的乘运算。用原码实现乘法运算时，符号位与数值位分开计算，因此，原码乘法运算分为两步。

1）确定乘积的符号位。由两个乘数的符号异或得到。

2）计算乘积的数值位。乘积的数值部分为两个乘数的数值部分之积。

原码乘法算法描述如下：已知 $[x]_原 = X = x_0.x_1 \cdots x_n$，$[y]_原 = Y = y_0.y_1 \cdots y_n$，则 $[x×y]_原 = z_0.z_1 \cdots z_{2n}$，其中 $z_0 = x_0 \oplus y_0$，$z_1 \cdots z_{2n} = (0.x_1 \cdots x_n) × (0.y_1 \cdots y_n)$。

可以不管小数点，事实上在机器内部也没有小数点，只是约定了一个小数点的位置，小数点约定在最左边就是定点小数乘法，约定在右边就是定点整数乘法。因此，两个定点小数的数值部分之积可以看成是两个无符号数的乘积。

例 2.26 已知 $[x]_原 = 0.1101$，$[y]_原 = 0.1011$，用原码一位乘法计算 $[x×y]_原$。

解：先采用无符号数乘法计算 $1101×1011$ 的乘积，运算过程如例 2.25 所示，结果为

1000 1111。符号位为 0⊕0 = 0，因此，$[x×y]_原 = 0.1000\ 1111$。

2.7.3 补码乘法运算

补码作为带符号整数的表示形式，需要计算机能实现定点补码整数的乘法运算。A. D. Booth 提出了一种补码相乘算法，可以将符号位与数值位合在一起参与运算，直接得出用补码表示的乘积，且正数和负数同等对待。这种算法称为 **Booth（布斯）乘法**。

设 $[x]_补 = X = x_{n-1}\cdots x_1 x_0$，$[y]_补 = Y = y_{n-1}\cdots y_1 y_0$，则得到 $[x×y]_补$ 的 Booth 乘法运算规则如下。

1）乘数最低位增加一位辅助位 $y_{-1} = 0$。

2）若 $y_i y_{i-1} = 00$ 或 11，则转 3）；若 $y_i y_{i-1} = 01$，则"$+[x]_补$"；若 $y_i y_{i-1} = 10$，则"$+[-x]_补$"。

3）算术右移一位，得到部分积。

4）重复第 2）步和第 3）步 n 次，结果得 $[x×y]_补$。

例 2.27 已知 $[x]_补 = 1\ 101$，$[y]_补 = 0\ 110$，要求用布斯乘法计算 $[x×y]_补$。

解：$[-x]_补 = 0\ 011$，布斯乘法过程如下：

部分积 P	乘数 Y	y_{-1}	说明
0 0 0 0	0 1 1 0	0	设 $y_{-1} = 0$，$[P_0]_补 = 0$
			$y_0 y_{-1} = 00$，P、Y 直接右移一位
0 0 0 0	0 0 1 1	0	得 $[P_1]_补$
+ 0 0 1 1			$y_1 y_0 = 10$，$+[-x]_补$
0 0 1 1			P、Y 同时右移一位
0 0 0 1	1 0 0 1	1	得 $[P_2]_补$
			$y_2 y_1 = 11$，P、Y 直接右移一位
0 0 0 0	1 1 0 0	1	得 $[P_3]_补$
+ 1 1 0 1			$y_3 y_2 = 01$，$+[x]_补$
1 1 0 1			P、Y 同时右移一位
1 1 1 0	1 1 1 0	0	得 $[P_4]_补$

因此，$[x×y]_补 = 1110\ 1110$

验证：$x = -011\text{B} = -3$，$y = +110\text{B} = 6$，$x×y = -0001\ 0010\text{B} = -18$，结果正确。

布斯乘法的算法过程为 n 次"判断-加减-右移"循环，在布斯乘法中，遇到连续的 1 或连续的 0 时，可跳过加法运算直接进行右移操作，因此，布斯算法的运算效率较高。

补码乘法也可以采用两位一乘的方法，把乘数分成两位一组，根据两位代码的组合决定加或减被乘数的倍数，形成的部分积每次右移两位，总循环次数为 $n/2$。该算法可将部分积的数目压缩一半，从而提高运算速度。两位补码乘法称为**改进的布斯乘法**（Modified Booth Algorithm，MBA），也称为**基 4 布斯乘法**。

2.7.4 无符号数除法运算

除法运算与乘法运算很相似，都是一种移位和加减运算的迭代过程，但比乘法运算更加复杂。在进行除法运算前，首先要对被除数和除数的取值和大小进行相应的判断，以确定除数是否为 0、商是否为 0、是否溢出等。通常的判断操作如下。

1）若被除数为 0、除数不为 0，或者定点整数除法时 |被除数| < |除数|，则说明商为 0，余数为被除数，不再继续执行。

2）若被除数不为 0、除数为 0，对于整数，则发生"除数为 0"异常；对于浮点数，则结果为无穷大。

3）若被除数和除数都为 0，对于整数，则发生除法错异常；对于浮点数，则有些机器产生一个不发信号的 NaN，即"quiet NaN"。

只有当被除数和除数都不为 0，并且商也不可能溢出（补码中最大负数除以 –1 时会发生溢出）时，才进一步进行除法运算。

以下以两个无符号整数为例，说明手算除法步骤。假定被除数 $X = 1001\ 1101$，除数 $Y = 1011$，以下是这两个数相除的手算过程。

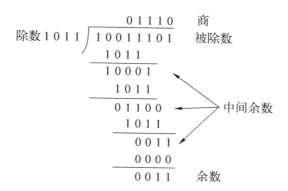

从上述过程和结果来看，手算除法的基本要点如下。

1）被除数与除数相减，若够减，则上商为 1；若不够减，则上商为 0。

2）每次得到的差为中间余数，将除数右移后与上次的中间余数比较。用中间余数减除数，若够减，则上商为 1；若不够减，则上商为 0。

3）重复执行第 2）步，直到求得的商的位数足够为止。

计算机内部的除法运算与手算算法一样，通过被除数（中间余数）减除数来得到每一位的商。以下考虑定点正整数和定点正小数的除法运算。

两个 32 位数相除，必须把被除数扩展成一个 64 位数。推而广之，n 位定点数的除法，实际上是用一个 $2n$ 位的数去除以一个 n 位的数，得到一个 n 位的商。因此需要进行被除数的扩展。

定点正整数和定点正小数的除法运算的除法逻辑一样，只是被除数扩展的方法不太一样，此外，导致溢出的情况也有所不同。

1）对于两个 n 位定点正整数相除的情况，即当两个 n 位无符号整数相除时，只要将被除数 X 的高位添 n 个 0 即可。即 $X = x_{n-1}x_{n-2}\cdots x_1 x_0$ 变成 $X = 0\cdots 00 x_{n-1}x_{n-2}\cdots x_1 x_0$。这种方式通常称为**单精度除法**，其商的位数一定不会超过 n 位，因此不会发生溢出。

2）对于两个 n 位定点正小数相除的情况，也即当两个作为浮点数尾数的 n 位原码小数相除时，只要在被除数 X 的低位添 n 个 0，将 $X = 0. x_{n-1}x_{n-2}\cdots x_1 x_0$ 变成 $X = 0. x_{n-1}x_{n-2}\cdots x_1 x_0 00\cdots 0$。

3）若一个$2n$位的整数与一个n位的整数相除，则无须对被除数X进行扩展，这种情况下，商的位数可能多于n位，因此，有可能发生溢出。采用这种方式的机器，其除法指令给出的被除数在两个寄存器或一个双倍字长寄存器中，这种方式通常称为**双精度除法**。

综合上述几种情况，可把定点正整数和定点正小数归结在统一的假设下：被除数X为$2n$位，除数Y和商Q都为n位。无符号数除法逻辑结构类似于无符号数乘法逻辑结构，如图2.14所示是一个32位除法器逻辑结构示意图。

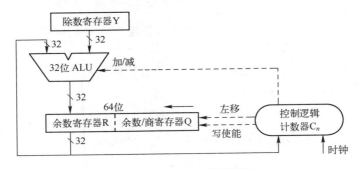

图2.14　32位除法器逻辑结构

参考手工除法过程，得到在计算机中两个无符号数除法的运算步骤和算法要点如下。

1）操作数预置：在确认被除数和除数都不为0后，将被除数置于余数寄存器R和余数/商寄存器Q中，除数置于除数寄存器Y中。

2）做减法试商：根据$R-Y$的符号判断是否够减。若结果为正，则上商1，若结果为负，则上商0。上商为0时通过做加法恢复余数。

3）中间余数左移后继续试商：手算除法中，每次试商前，除数右移后，与中间余数进行比较。在计算机内部进行除法运算时，除数在除数寄存器中不动，因此，需要将中间余数左移，将左移结果与除数相减以进行比较。左移时中间余数和商一起进行左移，Q的最低位空出，以备上商。

上述给出的算法要点2）中，采用了"上商为0时通过做加法恢复余数"的方式，因此上述方法称为"恢复余数法"。也可以不这样做，而是在下一步运算时把当前多减的除数补回来。这种方法称为"不恢复余数法"，又称"加减交替法"。

2.7.5　原码除法运算

原码作为浮点数尾数的表示形式，需要计算机能实现定点原码小数的除法运算。原码除法运算与原码乘法运算一样，要将符号位和数值位分开来处理。两数符号相"异或"得到商的符号，而通过无符号小数除法方式求出数值部分的商。

例2.28　已知$[x]_原=0.1011$，$[y]_原=1.1101$，用恢复余数法计算$[x/y]_原$。

解：分符号位和数值位两部分进行。商的符号位为$0\oplus1=1$。

商的数值位采用恢复余数法。减法操作用补码加法实现，是否够减通过中间余数的符号来判断，所以中间余数要加一位符号位。因此，需先计算出$[|x|]_补=0.1011$，$[|y|]_补=0.1101$，$[-|y|]_补=1.0011$。

因为是原码定点小数，所以在低位扩展0。虽然实际参加运算的数据是$[|x|]_补$和

$[\,|y|\,]_{补}$，但为简单起见，说明时分别标识为 X 和 Y。在 ALU 中进行加减运算时并没有小数点，因此在计算机中实际上进行的是无符号整数的除法运算。

运算过程如下：

余数寄存器R	余数/商寄存器Q	说　明
0 1 0 1 1	0 0 0 0 □	开始$R_0=X$
+ 1 0 0 1 1		$R_1=X-Y$
1 1 1 1 0	0 0 0 0 0	$R_1<0$，则$Q_4=0$
+ 0 1 1 0 1		恢复余数：$R_1=R_1+Y$
0 1 0 1 1		得R_1
1 0 1 1 0	0 0 0 0 □	$2R_1$（R和Q同时左移，空出一位商）
+ 1 0 0 1 1		$R_2=2R_1-Y$
0 1 0 0 1	0 0 0 0 1	$R_2>0$，则$Q_3=1$
1 0 0 1 0	0 0 0 1 □	$2R_2$（R和Q同时左移，空出一位商）
+ 1 0 0 1 1		$R_3=2R_2-Y$
0 0 1 0 1	0 0 0 1 1	$R_3>0$，则$Q_2=1$
0 1 0 1 0	0 0 1 1 □	$2R_3$（R和Q同时左移，空出一位商）
+ 1 0 0 1 1		$R_4=2R_3-Y$
1 1 1 0 1	0 0 1 1 0	$R_4<0$，则$Q_1=0$
+ 0 1 1 0 1		恢复余数：$R_4=R_4+Y$
0 1 0 1 0	0 0 1 1 0	得R_4
1 0 1 0 0	0 1 1 0 □	$2R_4$（R和Q同时左移，空出一位商）
+ 1 0 0 1 1		$R_5=2R_4-Y$
0 0 1 1 1	0 1 1 0 1	$R_5>0$，则$Q_0=1$

商的最高位为 0，说明没有溢出，商的数值部分为 1101。

所以，$[\,x/y\,]_{原}=1.1101$（最高位为符号位），余数为 0.0111×2^{-4}。

在恢复余数除法运算中，当中间余数与除数相减结果为负时，要多做一次 +Y 操作，这样既降低了算法执行速度，又使控制线路变得复杂。在计算机中很少采用恢复余数除法，而普遍采用不恢复余数除法。

在恢复余数除法中，第 i 次余数为 $R_i=2R_{i-1}-Y$。根据下次中间余数的计算方法，有以下两种不同情况。

1）若 $R_i\geqslant0$，则上商 1，不需恢复余数，左移一位后试商得下次余数 R_{i+1}，即 $R_{i+1}=2R_i-Y$。

2）若 $R_i<0$，则上商 0，恢复余数后左移一位再试商得下次余数 R_{i+1}，即 $R_{i+1}=2(R_i+Y)-Y=2R_i+Y$。

从上述结果可知，当第 i 次中间余数为负时，可以跳过恢复余数这一步，直接求第 $i+1$ 次中间余数。这种算法称为不恢复余数法。从上述推导可以发现，不恢复余数法的算法要点就是 6 个字："正、1、减，负、0、加"。其含义是，若中间余数为正数，则上商 1，下次做减法；若中间余数为负数，则上商 0，下次做加法。这样运算中每次循环内的步骤都是规整的，差别仅在做加法还是减法，这种方法也称为"加减交替法"。采用这种方法有一点要注意，即如果在最后一步上商为 0，则必须恢复余数，把试商时减掉的除数加回去。

从上述给出的除法例子以及有关恢复余数法和不恢复余数法的算法流程中，可以看出，要得到 n 位无符号数的商，需要循环 $n+1$ 次，其中第一次得到的不是真正的商，而是用来判断溢出的。因为对于两个 n 位定点整数除法来说，其商一定不会超过 n 位，所以不会发生溢出，因而，n 位定点整数除法第一次无须试商来判断溢出，这样只要 n 次循环。

2.7.6 补码除法运算

补码作为带符号整数的表示形式，需要计算机能实现补码的除法运算。与补码加减运算、补码乘法运算一样，补码除法也可以将符号位和数值位合在一起进行运算，而且商符直接在除法运算中产生。对于两个 n 位补码除法，被除数需要进行符号扩展。若被除数为 $2n$ 位，除数为 n 位，则被除数无须扩展。

同样，首先要对被除数和除数的取值、大小等进行相应的判断，以确定除数是否为 0、商是否为 0、是否溢出。

因为补码除法中被除数、中间余数和除数都是有符号的，所以不像无符号数除法那样可以直接用做减法来判断是否够减，而应该根据被除数（中间余数）与除数之间符号的异同或差值的正负来确定下次做减法还是加法，再根据加或减运算的结果来判断是否够减。表 2.6 给出了判断是否够减的规则。

表 2.6　补码除法判断是否够减的规则

中间余数 R	除数 Y	新中间余数：$R-Y$		新中间余数：$R+Y$	
		0	1	0	1
0	0	够减	不够减	够减	不够减
0	1	不够减	够减	不够减	够减
1	0				
1	1				

从表 2.6 可看出，当被除数（中间余数）与除数同号时做减法；异号时，做加法。若加减运算后得到的新余数与原余数符号一致（余数符号未变）则够减；否则不够减。

根据是否立即恢复余数，补码除法也分为恢复余数法和不恢复余数法两种。具体细节内容请参考相关文献。

2.7.7 整数的乘除运算

高级语言中两个 n 位整数相乘得到的结果通常也是一个 n 位整数，也即结果只取 $2n$ 位乘积中的低 n 位。例如，在 C 语言中，参加运算的两个操作数的类型和结果的类型必须一致，如果不一致则会先转换为一致的数据类型再进行计算。

对于整数乘法运算，存在以下结论：假定两个 n 位无符号整数 x_u 和 y_u 对应的机器数为 X_u 和 Y_u，$p_u = x_u \times y_u$，p_u 为 n 位无符号整数且对应的机器数为 P_u；两个 n 位带符号整数 x_s 和 y_s 对应的机器数为 X_s 和 Y_s，$p_s = x_s \times y_s$，p_s 为 n 位带符号整数且对应的机器数为 P_s。若 $X_u = X_s$ 且 $Y_u = Y_s$，则 $P_u = P_s$。

例如，当 $n=4$，无符号整数 $x_u = 13$，$y_u = 14$ 时，对应的机器数分别为 $X_u = 1101$，$Y_u = 1110$，这两个无符号整数的乘积 $p_u = x_u \times y_u = 182$，对应的机器数 $P_u = X_u \times Y_u = 1011\ 0110$；当 $n=4$，带符号整数 $x_s = -3$，$y_s = -2$ 时，对应的机器数分别为 $X_s = 1101$，$Y_s = 1110$，这两个带

符号整数的乘积 $p_s = x_s \times y_s = 6$，对应的机器数 $P_s = X_s \times Y_s = 0000\ 0110$。可以看出，当仅取低 4 位作为乘积时，无符号整数和带符号整数的乘积都是 0110。

根据上述结论，带符号整数乘法运算可以采用无符号整数乘法器实现，只要最终取 $2n$ 位乘积中的低 n 位即可。对于带符号整数 x 和 y 来说，送到无符号整数乘法器中的两个乘数 X 和 Y 就是 x 和 y 的补码表示。不过，因为按无符号整数相乘，因此得到的乘积高 n 位不一定是高 n 位乘积的补码表示。例如，对于上述例子，当 $x = -3$，$y = -2$ 时，可以把对应的机器数 1101 和 1110 送到无符号整数乘法器中运算，得到的 8 位乘积机器数为 1011 0110，虽然低 4 位与带符号整数相乘一样，但是，高 4 位不是真正的高 4 位乘积 0000。这样就无法根据高 4 位来判断结果是否溢出。因此，在 CPU 数据通路中，通常会有专门的无符号数乘法器和带符号整数乘法器。

1. 无符号整数乘的溢出判断

对于 n 位无符号整数 x 和 y 的乘法运算，若取 $2n$ 位乘积中的低 n 位为乘积，则相当于取模 2^n。若丢弃的高 n 位乘积为非 0，则发生溢出。例如，对于上述例子，1101 与 1110 相乘得到的 8 位乘积为 1011 0110，高 4 位为非 0，因而发生了溢出，说明低 4 位 0110 不是正确的乘积。

无符号整数乘运算可用公式表示如下，式中 p 是指取低 n 位乘积时对应的值。

$$p = \begin{cases} x \times y & (x \times y < 2^n) & \text{正常} \\ x \times y \bmod 2^n & (x \times y \geqslant 2^n) & \text{溢出} \end{cases}$$

如果无符号数乘法指令能够将高 n 位保存到一个寄存器中，则编译器可以根据该寄存器的内容采用相应的比较指令来进行溢出判断。例如，在 MIPS 32 架构中，无符号乘法指令 multu 会将两个 32 位无符号数相乘得到的 64 位乘积置于两个 32 位内部寄存器 Hi 和 Lo 中，编译器可以根据 Hi 寄存器是否为全 0 来进行溢出判断。

2. 带符号整数乘的溢出判断

对于带符号整数乘法，可使用 2.7.3 节介绍的补码乘法实现，带符号整数乘运算得到的结果是 $2n$ 位乘积的补码表示。例如，对于上述例子，-3 和 -2 对应的补码 1101 和 1110 在补码乘法器中运算，得到乘积的 $2n$ 位补码表示为 0000 0110（对应真值为 6）。

对于带符号整数相乘，可以通过乘积的高 n 位和低 n 位之间的关系进行溢出判断。判断规则是：若高 n 位中每一位都与低 n 位的最高位相同，则不溢出；否则溢出。当 $x = -3$，$y = -2$ 时，得到 8 位乘积为 0000 0110，高 4 位全 0，且与低 4 位的最高位相同，因而没有发生溢出，说明低 4 位 0110 是正确的乘积。

如果带符号整数乘法指令能够将高 n 位保存到一个寄存器中，则编译器可以根据该寄存器的内容与低 n 位乘积的关系进行溢出判断。例如，在 MIPS 32 架构中，带符号整数乘法指令 mult 会将两个 32 位带符号整数相乘，得到的 64 位乘积置于两个 32 位内部寄存器 Hi 和 Lo 中，因此，编译器可以根据 Hi 寄存器中的每一位是否等于 Lo 寄存器中的第一位来进行溢出判断。

有些指令系统中乘法指令并不保留高 n 位，也不生成溢出标志 OF，此时，编译器就无法进行溢出判断，甚至有些编译器根本不考虑溢出判断处理。这种情况下，程序就可能在发生溢出的情况下得到错误的结果。例如，在 C 程序中，若变量 x 和 y 为 int 型，x = 65535，机器数为 0000 FFFFH，则 y = x×x = -131071，y 的机器数为 FFFE 0001H，因而出现 $x^2 < 0$ 的奇怪结论。

3. 整数除法的溢出判断

对于带符号整数除法，只有当$-2147483648/-1$时会发生溢出，其他情况下，因为商的绝对值不可能比被除数的绝对值更大，因而肯定不会发生溢出。但是，在不能整除时需要进行舍入，通常按照朝 0 方向舍入，即正数商取比自身小的最接近整数，负数商取比自身大的最接近整数。除数不能为 0，否则根据 C 语言标准，其结果是未定义的。在 IA-32 系统中，除数为 0 会发生"异常"，此时，需要调出操作系统中的异常处理程序来处理。

4. 变量和常数之间的乘除运算

从上述介绍的定点运算部件可以看出，乘除运算比移位和加减运算复杂得多，所需时间也更多。因此，编译器在处理变量与常数相乘或相除时，往往以移位、加法和减法的组合运算来代替乘除运算。例如，对于 C 程序中的表达式 $x*20$，编译器可以利用 $20=16+4=2^4+2^2$，将 $x*20$ 转换成 $(x<<4)+(x<<2)$，这样，一次乘法转换成了两次移位和一次加法。不管是无符号整数还是带符号整数的乘法，即使乘积溢出，利用移位和加减运算组合的方式得到的结果都是和采用直接相乘的结果是一样的。

对于整数除法运算，由于计算机中除法运算比较复杂且不能用流水线方式实现，因此一次除法运算大致需要 32 个或更多时钟周期。为了缩短除法运算时间，编译器在处理一个变量与一个 2 的幂次形式整数相除时，常采用右移实现。无符号整数除用逻辑右移，带符号整数除用算术右移。

两个整数相除，结果也一定是整数，在不能整除时，其商采用朝零舍入方式，也就是截断方式，即将小数点后的数直接去掉，例如，$7/3=2$，$-7/3=-2$。

对于无符号整数来说，采用逻辑右移时，高位补 0，低位移出，因此，移位后得到的商只可能变小而不会变大，即商朝零方向舍入。由此可见，不管是否整除，采用移位方式和直接相除得到的商完全一样。

对于带符号整数来说，采用算术右移时，高位补符号，低位移出。因此，当符号为 0（即商为正数）时，与无符号整数相同，采用移位方式和直接相除得到的商完全一样。当符号为 1（即商为负数）时，若低位移出的是全 0，则说明能够整除，移位后得到的商与直接相除的完全一样；若低位移出的是非全 0，则说明不能整除，移出一个非 0 数相当于把商中小数点后面的值舍去。因为符号是 1（商是负数），一个补码表示的负数舍去小数部分的值后变得更小，因此移位后的结果是更小的负数商。例如，对于 $-3/2$，假定补码位数为 4，则进行算术右移操作 $1101>>1=1110.1B$（小数点后面部分移出）后得到的商为 -2，而精确商是 -1.5（整数商应为 -1）。算术右移后得到的商比精确商少了 0.5，显然朝 $-\infty$ 方向进行了舍入，而不是朝零方向舍入。因此，这种情况下，移位得到的商与直接相除得到的商不一样，需要进行校正。

校正的方法是，对于带符号整数 x，若 $x<0$，则在右移前，先将 x 加上偏移量 (2^k-1)，然后再右移 k 位。例如，上述例子中，在对 -3 右移 1 位之前，先将 -3 加上 1，即先得到 $1101+0001=1110$，然后再算术右移，即 $1110>>1=1111$，此时商为 -1。

2.8 浮点数运算

从高级编程语言和机器指令涉及的运算来看，浮点运算主要包括浮点数的加、减、乘、除运算。一般有单精度浮点数和双精度浮点数运算，有些机器还支持 80 位或 128 位扩展浮点数运算。

2.8.1 浮点数加减运算

先看一个十进制数加法运算的例子：$0.123×10^5 + 0.456×10^2$。显然，不可以把 0.123 和 0.456 直接相加，必须把指数调整为相等后才可实现两数相加。其计算过程如下。

$0.123×10^5+0.456×10^2 = 0.123×10^5+0.000456×10^5 = (0.123+0.000456)×10^5 = 0.123456×10^5$

从上面的例子不难理解实现浮点数加减法的运算规则。

设两个规格化浮点数 x 和 y 表示为 $x=M_x×2^{E_x}$，$y=M_y×2^{E_y}$，M_x、M_y 分别是浮点数 x 和 y 的尾数，E_x、E_y 分别是浮点数 x 和 y 的阶，不失一般性，设 $E_x<E_y$，那么

$$x+y = (M_x×2^{E_x-E_y}+M_y)×2^{E_y}$$

$$x-y = (M_x×2^{E_x-E_y}-M_y)×2^{E_y}$$

计算机中实现上述计算过程需要经过对阶、尾数加减、规格化和舍入 4 个步骤，此外，还必须考虑溢出判断和溢出处理问题。假定在下面的讨论中 $x±y$ 未经规格化的结果表示为 $M_b×2^{E_b}$。

1. 对阶

对阶的目的是使 x 和 y 的阶码相等，以使尾数可以相加减。对阶的原则是：小阶向大阶看齐，阶小的那个数的尾数右移，右移的位数等于两个阶的差的绝对值。

假设 $\Delta E=E_x-E_y$，则对阶操作可以表示如下。

若 $\Delta E<0$，则 $E_x \leftarrow E_y$，$M_x \leftarrow M_x×2^{E_x-E_y}$，$E_b \leftarrow E_y$。

若 $\Delta E>0$，则 $E_y \leftarrow E_x$，$M_y \leftarrow M_y×2^{E_y-E_x}$，$E_b \leftarrow E_x$。

大多数机器采用 IEEE 754 标准来表示浮点数，因此，对阶时需要进行移码减法运算，并且尾数右移时按原码小数方式右移，符号位不参加移位，数值位要将隐含的一位"1"右移到小数部分，空出位补 0。为了保证运算的精度，尾数右移时，低位移出的位不要丢掉，应保留并参加尾数部分的运算。

根据补码的定义和 IEEE 754 标准中阶码的定义，可知：

$$\begin{aligned}[\Delta E]_{补} = [E_x-E_y]_{补} &= 2^n+E_x-E_y \\ &= (2^{n-1}-1+E_x) + [2^n-(2^{n-1}-1+E_y)] \\ &= [E_x]_{移} + [-[E_y]_{移}]_{补}(\bmod 2^n)\end{aligned}$$

上式中，$[E_x]_{移}$ 和 $[E_y]_{移}$ 分别是阶 E_x 和 E_y 的阶码。根据上式可知，对阶时，只要先对 $[E_y]_{移}$ 的各位取反，末位加 1，再与 $[E_x]_{移}$ 相加，就可计算出 $[\Delta E]_{补}$。最后可根据 $[\Delta E]_{补}$ 的符号，判断出 $\Delta E>0$ 还是 $\Delta E<0$。

例 2.29 若 x 和 y 为 float 变量，$x=1.5$，$y=-125.25$，请给出计算 $x+y$ 过程中的对阶结果。

解：$x=1.5=1.1B=1.1B×2^0$，机器数为 0 0111 1111 100 0000 0000 0000 0000 0000。$y=-125.25=-111 1101.01 B=-1.1111 0101 B×2^6$，机器数为 1 1000 0101 111 1010 1000 0000 0000 0000。在计算 $x+y$ 的过程中，首先需要进行对阶，这里，$[E_x]_{移}=0111\ 1111$，$[E_y]_{移}=$

1000 0101。

因此，$[E_x-E_y]_{补}=[E_x]_{移}+[-[E_y]_{移}]_{补}=0111\ 1111+0111\ 1011=1111\ 1010$，即 $E_x-E_y=$ $-110\ B=-6$。

应对 x 的尾数右移 6 位，对阶后 x 的阶码为 1000 0101，尾数为 0. 00 0001 100 0000…0000。

2. 尾数加减

对阶后两个浮点数的阶码相等，此时，可以进行对阶后的尾数相加减。因为 IEEE 754 采用定点原码小数表示尾数，所以，尾数加减实际上是定点原码小数的加减运算。因为 IEEE 754 浮点数尾数中有一个隐藏位，所以，在进行尾数加减时，必须把隐藏位还原到尾数部分。此外，对阶过程中，在尾数右移时保留的附加位也要参加运算。因此，在用定点原码小数进行尾数加减运算时，在操作数的高位部分和低位部分都需要进行相应的调整。

进行加减运算后的尾数不一定是规格化的，因此，浮点数的加、减运算需要进一步进行规格化处理。

3. 尾数规格化

IEEE 754 的规格化尾数形式为：$\pm 1. bb\cdots b$。在进行尾数相加减后可能会得到各种形式的结果，例如：

$$1. bb\cdots b + 1. bb\cdots b = \pm 1b. bb\cdots b$$
$$1. bb\cdots b - 1. bb\cdots b = \pm 0. 00\cdots 01b\cdots b$$

1）对于上述结果为 $\pm 1b. bb\cdots b$ 的情况，需要进行**右规**：尾数右移一位，阶码加 1。右规操作可以表示为 $M_b \leftarrow M_b \times 2^{-1}$，$E_b \leftarrow E_b+1$。尾数右移时，最高位"1"被移到小数点前一位作为隐藏位，最后一位移出时，要考虑舍入。阶码加 1 时，直接在末位加 1。

2）对于上述结果为 $\pm 0. 00\cdots 01b\cdots b$ 的情况，需要进行**左规**：数值位逐次左移，阶码逐次减 1，直到将第一位"1"移到小数点左边。假定结果中"$\pm$"和最左边第一个 1 之间连续 0 的个数为 k，则左规操作可以表示为 $M_b \leftarrow M_b \times 2^k$，$E_b \leftarrow E_b-k$。尾数左移时数值部分最左 k 个 0 被移出，因此，相对来说，小数点右移了 k 位。因为进行尾数相加时，默认小数点位置在第一个数值位（即隐藏位）之后，所以小数点右移 k 位后被移到了第一位 1 后面，这个 1 就是隐藏位。执行 $E_b \leftarrow E_b-k$ 时，每次都在末位减 1，一共减 k 次。

4. 尾数的舍入处理

在对阶和尾数右规时，可能会对尾数进行右移，为保证运算精度，一般将低位移出的位保留下来，参加中间过程的运算，最后再将运算结果进行舍入，还原表示成 IEEE 754 格式。这里要解决以下两个问题。

1）保留多少附加位才能保证运算的精度？

2）最终如何对保留的附加位进行舍入？

对于第 1）个问题，IEEE 754 标准规定，所有浮点数运算的中间结果右边都必须至少额外保留两位附加位。这两位附加位中，紧跟在浮点数尾数右边那一位为**保护位**或**警戒位**（Guard），用以保护尾数右移的位，紧跟保护位右边的是**舍入位**（Round），左规时可以根据其值进行舍入。为了更进一步提高计算精度，在保护位和舍入位后面还引入了额外的一个数位，称为**粘位**（Sticky），只要舍入位的右边有任何非 0 数字，粘位就被置 1；否则，粘位被置为 0。

对于第 2) 个问题, IEEE 754 提供了以下可选的 4 种模式。

1) 就近舍入。舍入为最近可表示的数。当运算结果是两个可表示数的非中间值时, 实际上是 "0 舍 1 入" 方式; 当运算结果正好在两个可表示数中间时, 根据 "就近舍入" 的原则就无法操作了。IEEE 754 标准规定这种情况下, 结果强迫为偶数。即: 若结果的 LSB 为 1 (即奇数) 时, 则末位加 1; 若 LSB 为 0 (即偶数) 时, 则直接截取。这样, 就保证了结果的 LSB 总是 0 (即偶数)。

2) 朝+∞ 方向舍入。总是取右边最近可表示数, 也称为正向舍入或朝上舍入。

3) 朝−∞ 方向舍入。总是取左边最近可表示数, 也称为负向舍入或朝下舍入。

4) 朝 0 方向舍入。直接截取所需位数, 丢弃后面所有位, 也称为截取、截断或恒舍法。这种舍入处理最简单。对正数或负数来说, 都是取更靠近原点的那个可表示数, 是一种趋向原点的舍入, 因此, 又称为趋向零舍入。

5. 阶的溢出判断

在进行尾数规格化和尾数舍入时, 可能会对结果的阶码执行加、减运算。因此, 必须考虑结果的阶的溢出问题。若一个正阶超过了最大允许值 (127 或 1023), 则发生 **"阶上溢"**, 机器产生 "阶上溢" 异常。

从浮点数加、减运算过程可以看出, 浮点数的溢出并不以尾数溢出来判断, 尾数溢出可以通过右规操作得到纠正。运算结果是否溢出主要看结果的阶是否发生了上溢。

例 2.30 用 IEEE 754 单精度浮点数加减运算计算 0.5+(−0.4375)=?

解: $x=0.5=0.100\cdots0\,B=(1.00\cdots0)_2\times2^{-1}$。

$y=-0.4325=-0.01110\cdots0\,B=(-1.110\cdots0)_2\times2^{-2}$。

用 IEEE 754 标准单精度格式表示为:

$[x]_浮 = 0\,0111\,1110\,00\cdots0$, $[y]_浮 = 1\,0111\,1101\,110\cdots0$。

所以, $[E_x]_移 = 0111\,1110$, $M_x=0(1).0\cdots0$, $[E_y]_移 = 0111\,1101$, $M_y=1(1).110\cdots0$。

尾数 M_x 和 M_y 中小数点前面有两位, 第一位为数符, 第二位加了括号, 是隐藏位 "1"。以下是计算机中进行浮点数加减运算的过程 (假定保留 2 位附加位: 保护位和舍入位)。

(1) 对阶

$[\Delta E]_补 = [E_x]_移 + [-[E_y]_移]_补 (\bmod 2^8) = 0111\,1110+1000\,0011 = 0000\,0001$。因为 $\Delta E=1$, 所以需要对 y 进行对阶。即 y 的尾数 M_y 右移一位, 符号不变, 数值高位补 0, 隐藏位右移到小数点后面, 最后移出的位保留两位附加位, 即结果为 $E_b=E_y=E_x=0111\,1110$, $M_y=10.(1)$ $110\cdots\mathbf{000}$。

(2) 尾数相加

$M_b=M_x+M_y=01.0000\cdots\mathbf{000}+10.1110\cdots\mathbf{000}$ (注意小数点在隐藏位后)。根据原码加减运算规则, 得结果为 $01.0000\cdots\mathbf{000}+10.1110\cdots\mathbf{000}=00.00100\cdots\mathbf{000}$。上式尾数中最左边第一位是符号位, 其余都是数值部分, 尾数后面两位是附加位 (加粗表示)。

(3) 规格化

所得尾数的数值部分高位有 3 个连续的 0, 因此需进行左规操作。即将尾数左移 3 位, 并将阶码减 3。尾数左移时数值部分最左边 3 个 0 被移出, 小数点右移了 3 位后, 移到了第一位 1 后面。这个 1 就是隐藏位。因此, 得 $M_b=0(1).00\cdots\mathbf{000000}$。

阶码 $E_b=E_b-3=(((0111\,1110-0000\,0001)-0000\,0001)-0000\,0001)=0111\,1011$。

在计算机中，每次减 1 可通过加 $[-1]_补$（即"+1111 1111"）来实现。

（4）舍入

把结果的尾数 M_b 中最后两位 0 舍入掉，从本例来看，不管采用什么舍入法，结果都一样，都是把最后两个 0 去掉，得 $M_b = 0(1).00\cdots\mathbf{0000}$。

（5）溢出判断

在上述阶码计算和调整过程中，没有发生"阶码上溢"和"阶码下溢"的问题。因此，阶码 $E_b = 0111\ 1011$。

经过上述 5 个步骤，最终得到结果为 $[x+y]_浮 = 0\ 0111\ 1011\ 00\cdots0$。

因为 0111 1011 B = 123，所以，阶码的真值为 123−127 = −4，尾数的真值为+1.0$\cdots$0 B = +1.0，所以 $x+y$ = +1.0×2^{-4} = 1/16 = 0.0625。

从上述过程来看，本例中保留的两位附加位都起到了作用，最终都作为尾数的一部分被保留（即最终 M_b 中粗体的 **00**），如果最初没保留这些附加位，而它们又都是非 0 值的话，则最终结果的精度就要受影响。

2.8.2 浮点数乘除运算

在进行浮点数乘除运算前，首先应对参加运算的操作数进行判 0 处理、规格化操作和溢出判断，确定参加运算的两个操作数是正常的规格化浮点数。

浮点数乘、除运算步骤类似于浮点数加、减运算步骤，两者主要区别是，加、减运算需要对阶，而对乘、除运算来说，无需这一步。两者对结果的后处理步骤也一样，都包括规格化、舍入和阶码溢出处理。

已知两个浮点数 $x = M_x \times 2^{Ex}$，$y = M_y \times 2^{Ey}$，则乘、除运算的结果如下。

$$x \times y = (M_x \times 2^{Ex}) \times (M_y \times 2^{Ey}) = (M_x \times M_y) \times 2^{Ex+Ey}$$

$$x/y = (M_x \times 2^{Ex})/(M_y \times 2^{Ey}) = (M_x/M_y) \times 2^{Ex-Ey}$$

下面分别给出浮点数乘法和浮点数除法的运算步骤。

1. 浮点数乘法运算

假定 x 和 y 是两个 IEEE 754 标准规格化浮点数，其相乘结果为 $M_b \times 2^{Eb}$，则求 M_b 和 E_b 的过程如下。

（1）尾数相乘、阶码相加

尾数的乘法运算 $M_b = M_x \times M_y$ 可以采用定点原码小数乘法。在运算时，需要将隐藏位 1 还原到尾数中，并注意乘积的小数点位置。阶的相加运算 $E_b = E_x + E_y$ 采用移码相加运算算法。

（2）尾数规格化

对于 IEEE 754 标准的规格化尾数 M_x 和 M_y 来说，一定满足以下条件：$|M_x| \geqslant 1$，$|M_y| \geqslant 1$，因此，两数乘积的绝对值应该满足：$1 \leqslant |M_x \times M_y| < 4$。

也就是说，数值部分得到的 $2n$ 位乘积 $bb.bb\cdots b$ 中小数点左边一定至少有一个 1，可能是 01、10、11 三种情况。若是 01，则不需要规格化；若是 10 或 11，则需要右规一次。此时，M_b 右移一位，阶码 E_b 加 1。规格化后得到的尾数数值部分的形式为 01.$bb\cdots b$，小数点左边的 1 就是隐藏位。对于 IEEE 754 浮点数的乘法运算不需要进行左规处理。

（3）尾数舍入处理

对 $M_x \times M_y$ 规格化后得到的尾数形式为 $\pm 01.bb \cdots b$，其中小数点后面有（$2n-2$）位尾数积，而最终的结果肯定只能有 24 位尾数（单精度）或 53 位尾数（双精度）。因此，需要对乘积的低位部分进行舍入，其处理方法同浮点数加减运算中的舍入操作。

（4）阶码溢出判断

在进行阶相加、右规和舍入时，要对阶进行溢出判断。右规和舍入时的溢出判断与浮点数加减运算中的溢出判断方法相同。

2. 浮点数除法运算

假定 x 和 y 是两个 IEEE 754 标准规格化浮点数，其相除结果为 $M_b \times 2^{E_b}$，则求 M_b 和 E_b 的过程如下。

（1）尾数相除、阶码相减

尾数的除法运算 $M_b = M_x / M_y$ 可以采用定点原码小数除法。运算时需将隐藏位 1 还原到尾数中。阶的相减运算 $E_b = E_x - E_y$ 采用移码相减运算。

（2）尾数规格化

对于 IEEE 754 标准的规格化尾数 M_x 和 M_y 来说，一定满足以下条件：$|M_x| \geq 1$，$|M_y| \geq 1$，因此，两数相除的绝对值应该满足：$1/2 \leq |M_x / M_y| < 2$。

也就是说，数值部分得到的 n 位商 $b.bb \cdots b$ 中小数点左边的数可能是 0，也可能是 1。若是 0，则小数点右边的第一位一定是 1，此时，需要左规一次，即 M_b 左移一位，阶码 E_b 减 1；若是 1，则结果就是规格化形式。对于 IEEE 754 浮点数的除法运算不需要进行右规处理。

（3）尾数舍入处理

对 M_x / M_y 规格化后得到的尾数形式为 $\pm 1.bb \cdots b$，其中小数点后面有 $n-1$ 位尾数商，因此，需要对商的低位部分进行舍入，其处理方法同浮点数加减运算中的舍入操作。

（4）阶码溢出判断

在进行阶相减、左规和舍入时，要对阶进行溢出判断。左规和舍入时的溢出判断与浮点数加/减运算中的溢出判断方法相同。

本 章 小 结

程序被转换为机器代码后，数据总是由指令来处理，对指令来说数据就是一串 0/1 序列。根据指令的类型，对应的 0/1 序列可能是一个无符号整数，或是带符号整数，或是浮点数，或是一个位串（即非数值数据，如逻辑值、ASCII 码或汉字内码等）。无符号数是正整数，用来表示地址等；带符号整数一般用补码表示；浮点数表示实数，大多用 IEEE 754 标准表示。

数据的宽度通常以字节为基本单位表示。数据的排列有大端和小端两种排列方式。大端方式以 MSB 所在地址为数据的地址；小端方式以 LSB 所在地址为数据的地址。

定点运算由专门的定点运算器实现，其核心部件是 ALU。补码加减部件用于整数加减运算，符号位和数值位一起运算，减法用加法实现。同号相加时，若结果的符号不同于加数的符号，则会发生溢出。原码加减用于浮点数尾数的加减运算。乘法运算用重复进行加法和右移实现。补码乘法用于带符号整数乘法运算，符号位和数值位一起运算；原码乘法的符号位和数值位分开运算，数值部分用无符号数乘法实现。除法运算用重复进行加减和左移实现。

浮点运算由专门的浮点运算器实现。浮点加减运算需要经过对阶、尾数相加减、规格化、尾数舍入和溢出判断等步骤；浮点数乘除运算时，尾数用定点数乘除运算实现，阶码用定点数加减运算实现。

习　　题

1. 给出以下概念的解释说明。

真值	机器数	数值数据	非数值数据	无符号整数	带符号整数
定点数	浮点数	尾数	阶和阶码	溢出	规格化数
左规	右规	ASCII 码	汉字输入码	汉字内码	字长
大端方式	小端方式	ALU			

2. 简单回答下列问题。

（1）为什么计算机内部采用二进制表示信息？

（2）既然计算机内部所有信息都用二进制表示，为什么还要用到十六进制或八进制数？

（3）在浮点数的基数和总位数一定的情况下，浮点数的表示范围和精度分别由什么决定？

（4）为什么要对浮点数进行规格化？有哪两种规格化操作？

（5）为什么计算机处理汉字时会涉及不同的编码（如输入码、内码、字模码）？说明这些编码中哪些用二进制编码，哪些不用二进制编码，为什么？

3. 实现下列各数的转换。

（1）$(25.8125)_{10} = (?)_2 = (?)_8 = (?)_{16}$

（2）$(101101.011)_2 = (?)_{10} = (?)_8 = (?)_{16}$

（3）$(4E.C)_{16} = (?)_{10} = (?)_2$

4. 假定机器数为 8 位（1 位符号，7 位数值），写出下列各二进制小数的原码表示。

$+0.1001, -0.1001, +1.0, -1.0, +0.010100, -0.010100, +0, -0$

5. 假定机器数为 8 位（1 位符号，7 位数值），写出下列各二进制整数的补码和移码表示。

$+1001, -1001, +1, -1, +10100, -10100, +0, -0$

6. 已知 $[x]_{补}$，求 x

（1）$[x]_{补} = 1110\ 0111$ （2）$[x]_{补} = 1000\ 0000$

（3）$[x]_{补} = 0101\ 0010$ （4）$[x]_{补} = 1101\ 0011$

7. 假定 32 位字长的机器中带符号整数用补码表示，浮点数用 IEEE 754 标准表示，寄存器 R1 和 R2 的内容分别为 R1：0060 0000H，R2：8080 0000H。不同指令对寄存器进行不同的操作，因而，不同指令执行时寄存器内容对应的真值不同。假定执行下列运算指令时，操作数为寄存器 R1 和 R2 的内容，则 R1 和 R2 中操作数的真值分别为多少？

（1）无符号数加法指令

（2）带符号整数乘法指令

（3）单精度浮点数减法指令

8. 假定机器 M 的字长为 32 位，用补码表示带符号整数。表 2.7 中第一列给出了在机器 M 上执行的 C 语言程序中的关系表达式。

表 2.7　题 8 用表

关系表达式	运算类型	结　果	说　明
0 == 0U −1 < 0 −1 < 0U 2147483647 > −2147483647 − 1 2147483647U > −2147483647 − 1 2147483647 < 2147483648 −1 > −2 （unsigned）−1 > −2	无符号整数 带符号整数	0 1	$11 \cdots 1 B （2^{32}−1）> 00 \cdots 0 B（0）$ $011 \cdots 1 B （2^{31}−1）> 100 \cdots 0 B（−2^{31}）$

分别考虑在 ISO C90 和 C99 标准下，参照已有表栏内容完成表中后三栏内容的填写，并对其中的关系表达式"2147483647 < 2147483648"的结果进行说明。

9. 以下是一个 C 语言程序，用来计算一个数组 a 中每个元素的和。当参数 len 为 0 时，返回值应该是 0，但是在机器上执行时，却发生了存储器访问异常。请问这是什么原因造成的，并说明程序应该如何修改。

```
1    float sum_elements( float a[ ], unsigned len)
2    {
3        int i;
4        float result = 0;
5
6        for( i = 0; i <= len−1; i++)
7            result += a[ i ];
8
9        return result;
10   }
```

10. 下列几种情况所能表示的数的范围是什么？

（1）16 位无符号整数

（2）16 位原码定点小数

（3）16 位补码定点整数

（4）下述格式的浮点数（基数为 2，移码的偏置常数为 128，没有隐藏位）

数符	阶码	尾数
1 位	8 位移码	7 位原码数值部分

11. 以 IEEE 754 单精度浮点数格式表示下列十进制数。

+1.625，−9/16，+1.75，+19，−1/8，258

12. 设一个变量的值为 4098，要求分别用 32 位补码整数和 IEEE 754 单精度浮点格式表示该变量（结果用十六进制表示），并说明哪段二进制序列在两种表示中完全相同，为什么会相同？

13. 设一个变量的值为−2147483647，要求分别用 32 位补码整数和 IEEE 754 单精度浮点格式表示该变量（结果用十六进制表示），并说明哪种表示其值完全精确，哪种表示的是近似值。

14. 已知下列字符编码：A = 100 0001，a = 110 0001，0 = 011 0000，求 E、e、f、7、G、Z、5 的 7 位 ACSII 码和第一位前加入奇校验位后的 8 位编码。

15. 假定在一个程序中定义了变量 x、y 和 i，其中，x 和 y 是 float 型变量（用 IEEE 754 单精度浮点数表示），i 是 16 位 short 型变量（用补码表示）。程序执行到某一时刻，$x = −0.125$、$y = 7.5$、$i = 100$，它们都被写到了主存（按字节编址），其地址分别是 100，108 和 112。请分别画出在大端机器和小端机器上变量 x、y 和 i 在内存的存放位置。

16. 假设某字长为 8 位的计算机中，带符号整数变量采用补码表示，已知 $x = −60$，$y = −75$，x 和 y 分别存放在寄存器 A 和 B 中。请回答下列问题（要求最终用十六进制表示二进制序列）。

(1) 寄存器 A 和 B 中的内容分别是什么？

(2) 若 x 和 y 相加后的结果存放在寄存器 C 中，则寄存器 C 中的内容是什么？运算结果是否正确？加法器最高位的进位 C_{out} 是什么？溢出标志 OF、符号标志 SF 和零标志 ZF 各是什么？

(3) 若 x 和 y 相减后的结果存放在寄存器 D 中，则寄存器 D 中的内容是什么？运算结果是否正确？此时，加法器最高位的进位 C_{out} 是什么？溢出标志 OF、符号标志 SF 和零标志 ZF 各是什么？

(4) 对于带符号整数的减法运算，能否根据借位标志 CF 对两个带符号整数的大小进行比较？

17. 对于图 2.10 所示的补码加减运算部件，假设 $n = 8$，机器数 X 和 Y 的真值分别是 x 和 y，填写表 2.8，并给出对每个结果的解释。要求机器数用十六进制形式填写，真值用十进制形式填写。

表 2.8　题 17 用表

表示	X	x	Y	y	$X+Y$	$x+y$	OF	SF	CF	$X−Y$	$x−y$	OF	SF	CF
无符号	0xC0		0x8A											
带符号	0xC0		0x8A											
无符号	0x7D		0x5B											
带符号	0x7D		0x5B											

18. 填写表 2.9，注意对比无符号整数和带符号整数的乘法结果，以及截断操作前、后的结果。

表 2.9 题 18 用表

模　式	x		y		$x \times y$（截断前）		$x \times y$（截断后）	
	机器数	值	机器数	值	机器数	值	机器数	值
无符号数	110		010					
二进制补码	110		010					
无符号数	001		111					
二进制补码	001		111					
无符号数	111		111					
二进制补码	111		111					

19. 采用 IEEE 754 单精度浮点数格式计算下列表达式的值。

（1）0.75+（-65.25）　　　　　（2）0.75-（-65.25）

20. 在 IEEE 754 浮点数运算中，当结果的尾数出现什么形式时需要进行左规，什么形式时需要进行右规？如何进行左规，如何进行右规？

第 3 章　程序的转换及机器级表示

本章主要介绍 C 语言程序与 IA-32 机器级指令之间的对应关系。主要内容包括：程序转换概述、IA-32 指令系统、C 语言程序各类控制语句和过程调用的机器级实现、复杂数据类型对应机器级实现等。

本章中多处需要对指令功能进行描述，为简化对指令功能的说明，将采用**寄存器传送语言**（Register Transfer Language，RTL）来说明。

本书对 RTL 的规定为：R[r]表示寄存器 r 的内容，M[addr]表示存储单元 addr 的内容，寄存器 r 采用不带%的形式表示；M[PC]表示 PC 所指存储单元的内容；M[R[r]]表示寄存器 r 的内容所指的存储单元的内容。传送方向用←表示，即传送源在右，传送目的在左。例如，对于指令"movw 4(%ebp)，%ax"，其功能为 R[ax]←M[R[ebp]+4]，含义是：将寄存器 EBP 的内容和 4 相加得到的地址对应的连续两个存储单元中的内容送到寄存器 AX 中。

本书中寄存器名称的书写约定如下：若寄存器的名称出现在单独一行的汇编指令或寄存器传送语言 RTL 中，则用小写表示；若出现在正文段落或其他部分则用大写表示。

本书对汇编指令或汇编指令名称的书写约定如下：具体一条汇编指令或指令名称用小写表示，但在泛指某一类指令的指令类别名称时用大写表示。

3.1　程序转换概述

计算机硬件只能识别和理解机器语言程序，用各种汇编语言或高级语言编写的源程序都要翻译（汇编、解释或编译）成以机器指令形式表示的机器语言才能在计算机上执行。通常对于编译执行的程序来说，都是先将高级语言源程序通过编译器转换为汇编语言目标程序，然后将汇编语言源程序通过汇编程序转换为机器语言目标程序。

3.1.1　机器指令及汇编指令

在第 1 章中提到，冯·诺依曼结构计算机的功能通过执行机器语言程序实现，程序的执行过程就是所包含的指令的执行过程。为了能直观地表示机器语言程序，引入了一种与机器语言一一对应的符号化表示语言，称为汇编语言。在汇编语言中，通常用容易记忆的英文单词或缩写来表示指令操作码的含义，用标号、变量名称、寄存器名称、常数等表示操作数或地址码。这些英文单词或其缩写、标号、变量名称等都被称为**汇编助记符**。用若干个助记符表示的与机器指令一一对应的指令称为**汇编指令**，用汇编语言编写的程序称为**汇编语言程序**，因此，汇编语言程序主要是由汇编指令构成的。

指令格式可以简单如 1.1.2 节图 1.2 中所示，指令中除了 4 位 op 字段，其余字段只可能是 2 位寄存器编号或 4 位主存单元地址，在对应的汇编指令中，寄存器用 r0~r3 表示，主存单元地址用地址加#表示，例如，机器指令"1110 0110"对应的汇编指令为"load r0，6#"。

指令格式也可能比较复杂。如图 3.1 所示是 Intel 8086/8088 架构中某条指令，其中，开始 6 位 100010 表示 mov 指令；位 D 表示 reg 字段给出的是否为目的操作数，D＝1 说明 reg 字段给出的是目的操作数，否则是源操作数；位 W 表示操作数的宽度，W＝0 时为 8 位，W＝1 时为 16 位；mod 字段表示寻址方式；reg 字段是源或目的操作数所在寄存器编号；r/m 字段给出源或目的操作数所在寄存器编号或有效地址计算方式；disp8 给出在有效地址计算时用到的 8 位位移量。

100010 DW	mod	reg	r/m	disp8
100010 0 0	01	001	001	11111010

图 3.1　机器指令举例

在图 3.1 给出的机器指令中，D＝0，W＝0，mod＝01，reg＝001，r/m＝001，disp8＝1111 1010。说明该指令的操作数为 8 位；reg 指出的是源操作数；目的操作数的有效地址由 mod 和 r/m 两个字段组合确定；根据寄存器编号查 Intel 8086/8088 指令手册中对应的表可知，001 是寄存器 CL 的编号；根据 mod＝01 且 r/m＝001 的情况查对应的表可知，目的操作数的有效地址为 R[bx]+R[di]+disp8；根据 disp8 字段为 1111 1010 可知，用补码表示的位移量 disp8 的值为−110 B＝−6。综上可知，图 3.1 中机器指令对应的 **Intel 格式**汇编指令表示为"mov [bx+di-6]，cl"，其功能为 M[R[bx]+R[di]−6]←R[cl]，也即，将 CL 寄存器的内容传送到一个存储单元中，该存储单元的有效地址计算方法为 BX 和 DI 两个寄存器的内容相加再减 6。

小提示

这里提到的 Intel 格式是 Intel x86 架构中所用的一种汇编指令表示方式，常出现在许多介绍 Intel 汇编语言程序设计的书中，这些书采用微软的宏汇编程序 MASM 作为编程工具。MASM 采用的就是 Intel 格式，它是大小写不敏感的，也就是说，"mov [bx+di-6]，cl"也可以写成"MOV [BX+DI-6]，CL"。

在上述汇编指令中出现的 load、r0、6#、mov、bx、di、cl 等都属于汇编助记符。由于汇编指令使用有利于人类理解的汇编助记符表示指令的功能，因此对于人类来说，明白汇编指令的含义比弄懂机器指令中的一串二进制数字要容易得多。不过，对于计算机硬件来说情况却相反。计算机硬件不能直接执行汇编指令而只能执行机器指令。用来将汇编语言源程序中的汇编指令翻译成机器指令的程序称为**汇编程序**。而将机器指令反过来翻译成汇编指令的程序称为**反汇编程序**。

机器语言和汇编语言统称为**机器级语言**；用机器指令表示的机器语言程序和用汇编指令表示的汇编语言程序统称为**机器级程序**，是对应高级语言程序的机器级表示。任何一个高级语言程序一定存在一个与之对应的机器级程序，而且是不唯一的。因此，如何将高级语言程序生成对应的机器级程序，并在时间和空间上达到最优，是编译优化要解决的问题。

3.1.2　指令集体系结构

第 1 章详细介绍了计算机系统的层次结构，说明了计算机系统是由多个不同的抽象层构成的，每个抽象层的引入，都是为了对它的上层屏蔽或隐藏其下层的实现细节，从而为其上层提供简单的使用接口。在计算机系统的抽象层中，最重要的抽象层就是**指令集体系结构**（Instruction Set Architecture，ISA），它作为计算机硬件之上的抽象层，对使用硬件的软件屏蔽了底层硬件的实现细节，将物理上的计算机硬件抽象成一个逻辑上的虚拟计算机，称为**机器语言级虚拟机**。

ISA 定义了机器语言级虚拟机的属性和功能特性，主要包括如下信息。

- 可执行的指令的集合，包括指令格式、操作种类以及每种操作对应的操作数的相应规定。
- 指令可以接受的操作数的类型。
- 操作数或其地址所能存放的寄存器组的结构，包括每个寄存器的名称、编号、长度和用途。
- 操作数所能存放的存储空间的大小和编址方式。
- 操作数在存储空间存放时按照大端还是小端方式存放。
- 指令获取操作数以及下一条指令的方式，即寻址方式。
- 指令执行过程的控制方式，包括程序计数器、条件码定义等。

ISA 规定了机器级程序的格式和行为，也就是说，ISA 属于软件看得见（即能感觉到）的特性。用机器指令或汇编指令编写机器级程序的程序员必须对程序所运行机器的 ISA 非常熟悉。不过，在工作中大多数程序员不用汇编指令编写程序，更不会用机器指令编写程序。大多数情况下，程序员用抽象层更高的高级语言（如 C/C++、Java）编写程序，这样程序开发效率会更高，也更不容易出错。高级语言程序在机器硬件上执行之前，由编译器将其在转换为机器级程序的过程中进行语法检查、数据类型检查等工作，因而能帮助程序员发现许多错误。

程序员现在大多用高级语言编写程序而不再直接编写机器级程序，似乎程序员不需要了解 ISA 和底层硬件的执行机理。不过由于高级语言抽象层太高，隐藏了许多机器级程序的行为细节，使得高级语言程序员不能很好地利用与机器结构相关的一些优化方法来提升程序的性能，也不能很好地预见和防止潜在的安全漏洞或发现他人程序中的安全漏洞。如果程序员对 ISA 和底层硬件实现细节有充分的了解，则可以更好地编制高性能程序，并避免程序的安全漏洞。有关这方面的情况，将在后续章节中提供大量例子来说明了解高级语言程序的机器级表示的重要性。

3.1.3 指令系统设计风格

早期指令系统规定其中一个操作数隐含在**累加器**中，指令执行的结果也总是送到累加器中。这种累加器型指令系统的指令字短，但每次运算都要通过累加器，因而在进行复杂表达式运算时，程序中会多出许多移入/移出累加器的指令，从而使程序变长，影响程序执行的效率。

现代计算机都采用通用寄存器型指令系统，使用通用寄存器而不是累加器来存放运算过程中所用的临时数据，其指令的操作数可以是立即数（I）或来自通用寄存器（R）或来自存储单元（S）。指令类型可以是 RR 型（两个操作数都来自寄存器）、RS 型（两个操作数分别来自寄存器和存储单元）、SI 型（两个操作数分别来自存储单元和立即数）、SS 型（两个操作数都来自存储单元）等。

按指令格式的复杂度来分，可分为 CISC 与 RISC 两种类型指令系统。

（1）CISC 风格指令系统

随着 VLSI 技术的迅速发展，计算机硬件成本不断下降，软件成本不断上升。为此，人们在设计指令系统时增加了越来越多功能强大的复杂指令，以使指令的功能接近高级语言语句的功能，给软件提供较好的支持。这类计算机称为**复杂指令集计算机**（Complex Instruction Set Computer，**CISC**）。本书介绍的 Intel x86 指令系统就是典型的 CISC 架构。

复杂的指令系统使得计算机的结构也越来越复杂，不仅增加了研制周期和成本，而且难以保证其正确性，甚至降低了系统性能。

对大量典型的 CISC 程序调查结果表明，占程序代码 80% 以上的常用简单指令只占指令系统的 20%，而需要大量硬件支持的复杂指令在程序中的出现频率却很低，造成了硬件资源的大量浪费。因此，20 世纪 70 年代中期，一些高校和公司开始研究指令系统的合理性问题，提出了**精简指令集计算机**（Reduced Instruction Set Computer，**RISC**）的概念。

（2）RISC 风格指令系统

RISC 的着眼点不是简单地放在简化指令系统上，而是通过简化指令使计算机结构更加简单合理，从而提高机器的性能。与 CISC 相比，RISC 指令系统的主要特点如下：①指令数目少；②指令格式规整，采用定长指令字方式，操作码和操作数地址等字段的长度固定；③只有 Load/Store 指令中的数据需要访存，这种称为 Load/Store 型指令风格；④采用大量通用寄存器。

采用 RISC 技术后，由于指令系统简单，CPU 的控制逻辑大大简化，芯片上可设置更多的通用寄存器，指令系统也可以采用速度较快的硬连线逻辑实现，且更适合采用指令流水技术，这些都可以使指令的执行速度进一步提高。指令数量少，固然使编译工作量加大，但由于指令系统中的指令都是精选的，编译时间少，反过来对编译程序的优化又是有利的。

3.1.4　生成机器代码的过程

1.2.2 节中曾描述了使用 GCC 工具将一个 C 语言程序转换为可执行目标代码的过程，图 1.8 给出了一个示例。通常，这个转换过程分为以下 4 个步骤。①预处理。例如，在 C 语言源程序中有一些以#开头的语句，可以在预处理阶段对这些语句进行处理，在源程序中插入所有用#include 命令指定的文件和用#define 声明指定的宏。②编译。将预处理后的源程序文件编译生成相应的汇编语言程序。③汇编。由汇编程序将汇编语言源程序文件转换为可重定位的机器语言目标代码文件。④链接。由链接器将多个可重定位的机器语言目标文件以及库例程（如 printf( )库函数）链接起来，生成最终的可执行文件。

小提示

GNU 是 "GNU's Not Unix" 的递归缩写。GNU 计划是由 Richard Stallman 在 1983 年 9 月 27 日公开发起的。它的目标是创建一套完全自由的类 Unix 操作系统，其源代码可以被自由地 "使用、复制、修改和发布"。GNU 包含 3 个协议条款，如 GNU 通用公共许可证（GNU General Public License，GPL）和 GNU 较宽松公共许可证（GNU Lesser General Public License，LGPL）。

1985 年，Richard Stallman 又创立了自由软件基金会（Free Software Foundation）来为 GNU 计划提供技术、法律以及财政支持。当 GNU 计划开始逐渐获得成功时，一些商业公司开始介入开发和技术支持。当中最著名的就是之后被 Red Hat 兼并的 Cygnus Solutions。到了 1990 年，GNU 计划已经开发出的软件包括了一个功能强大的文字编辑器 Emacs。1991 年，Linus Torvalds 编写出了与 UNIX 兼容的 Linux 操作系统内核并在 GPL 条款下发布。Linux 之后在网上广泛流传，许多程序员参与了开发与修改。1992 年，Linux 与其他 GNU 软件结合，完全自由的操作系统正式诞生。该操作系统往往被称为"GNU/Linux"或简称 Linux。

GCC（GNU Compiler Collection，GNU 编译器套件）是一套由 GNU 项目开发的编程语言编译器。它是一套以 GPL 及 LGPL 许可证所发行的自由软件，也是 GNU 计划的关键部分，是自由的类 UNIX 及苹果计算机 Mac OS X 操作系统的标准编译器。GCC 原名为 GNU C 语言编译器，因为它原本只能处理 C 语言。后来 GCC 扩展很快，可处理 C++、Fortran、Pascal、Objective-C、Java，以及 Ada 与其他语言。GCC 通常是跨平台软件的编译器首选。有别于一般局限于特定系统与执行环境的编译器，GCC 在所有平台上都使用同一个前端处理程序。

gcc 是 GCC 套件中的编译驱动程序名。C 语言编译器所遵循的部分约定规则为：源程序文件扩展名为 .c；源程序所包含的头文件扩展名为 .h；预处理过的源代码文件扩展名为 .i；汇编语言源程序文件扩展名为 .s；编译后的可重定位目标文件扩展名为 .o；最终生成的可执行目标文件可以没有扩展名。

使用 gcc 编译器时，必须给出一系列必要的编译选项和文件名称，其编译选项大约有 100 多个，但是多数根本用不到。最基本的用法是：gcc［-options］［filenames］，其中［-options］指定编译选项，filenames 给出相关文件名。

gcc 可以基于不同的编译选项选择按照不同的 C 语言版本进行编译。因为 ANSI C 和 ISO C90 两个 C 语言版本一样，所以，编译选项-ansi 和-std=C89 的效果相同，目前是默认选项。C90 有时也称为 C89，因为 C90 的标准化工作是从 1989 年开始的。若指定编译选项-std=C99，则会使 gcc 按照 ISO C99 的 C 语言版本进行编译。

下面以 C 编译器 gcc 为例，来说明一个 C 语言程序被转换为可执行代码的过程。假定一个 C 程序包含两个源程序文件 prog1.c 和 prog2.c，最终生成的可执行文件为 prog，则可用以下命令一步到位生成最终的可执行文件。

```
gcc -O1 prog1.c prog2.c -o prog
```

该命令中的选项-o 指出输出文件名。编译选项-O1 表示采用最基本的第一级优化，通常，提高优化级别会得到更好的性能，但会使编译时间增长，而且使目标代码与源程序对应关系变得更复杂，从程序执行的性能来说，通常认为对应选项-O2 的第二级优化是最好的选择。本章的目的是为了建立高级语言源程序与机器级程序之间的对应关系，而没有优化过的机器级程序与源程序的对应关系最准确，因此后面的例子大都采用默认的优化选项-O0，即无任何编译优化。

也可以将上述完整的预处理、汇编、编译和链接过程，通过以下多个不同的编译选项命令分步骤进行。①使用命令"gcc -E prog1.c -o prog1.i"对 prog1.c 进行预处理，生成预处理结果文件 prog1.i；②使用命令"gcc -S prog1.i -o prog1.s"或"gcc -S prog1.c -o prog1. s" 对 prog1. i 或 prog1. c 进行编译，生成汇编代码文件 prog1. s；③使用命令 "gcc −c prog1. s −o prog1. o" 对 prog1. s 进行汇编，生成可重定位目标文件 prog1. o；④使用命令 "gcc prog1. o prog2. o −o prog" 将两个可重定位目标文件 prog1. o 和 prog2. o 链接起来，生成可执行文件 prog。

gcc 编译选项具体的含义可使用命令 man gcc 进行查看。

例 3.1 在 IA−32+Linux 平台上，对下列源程序 test. c 使用 GCC 命令进行相应的处理，以分别得到预处理后的文件 test. i、汇编代码文件 test. s 和可重定位目标文件 test. o。这些输出文件中，哪些是可显示的文本文件？哪些是不能显示的二进制文件？请给出所有可显示文本文件的输出结果。

```
1    // test. c
2
3    int add( int i, int j ) {
4       int x = i + j;
5       return x;
6    }
```

解：使用命令 "gcc −E test. c −o test. i" 可生成 test. i；使用命令 "gcc −S test. i −o test. s" 可生成 test. s；使用命令 "gcc −c test. s −o test. o" 可生成 test. o。其中，可显示的文本文件有 test. i 和 test. s，而 test. o 是不可显示的二进制文件。对于预处理后的文件 test. i，不同版本的 gcc 输出结果可能不同，gcc 4.4.7 版本输出的结果有 800 多行。篇幅有限，在此省略其内容。

汇编代码文件 test. s 是可显示文本文件，其输出的部分结果如下：

```
......
add:
    pushl    %ebp
    movl     %esp, %ebp
    subl     $16, %esp
    movl     12( %ebp) , %eax
    movl     8( %ebp) , %edx
    leal     ( %edx, %eax) , %eax
    movl     %eax, −4( %ebp)
    movl     −4( %ebp) , %eax
    leave
    ret
```

对于不可显示的可重定位目标文件，如何查看其内容呢？从 3.1.1 节可知，反汇编程序能够将机器指令反过来翻译成汇编指令，因此需要用反汇编工具来查看目标文件中的内容。在 Linux 中可以用带−d 选项的 objdump 命令来对目标代码进行反汇编。若进一步对机器级程序进行分析，则可用 GNU 调试工具 gdb 来跟踪和调试。

对于上述例 3.1 中的 test. o 程序，使用命令 "objdump −d test. o" 可以得到以下显示结果：

```
00000000 <add>:
    0:   55                  push    %ebp
    1:   89 e5               mov     %esp,%ebp
    3:   83 ec 10            sub     $0x10,%esp
    6:   8b 45 0c            mov     0xc(%ebp),%eax
    9:   8b 55 08            mov     0x8(%ebp),%edx
    c:   8d 04 02            lea     (%edx,%eax,1),%eax
    f:   89 45 fc            mov     %eax,-0x4(%ebp)
   12:   8b 45 fc            mov     -0x4(%ebp),%eax
   15:   c9                  leave
   16:   c3                  ret
```

test. o 是可重定位目标文件，因而目标代码从相对地址 0 开始，冒号前的值表示每条指令相对于本模块起始地址 0 的偏移量，冒号后面是用十六进制表示的机器指令，再右边是对应的汇编指令。从这个例子可以看出，每条机器指令的长度可能不同，例如，第一条指令只有一字节，第二条指令是二字节。说明 IA-32 的指令系统采用的是变长指令字，有关 IA-32 指令系统的细节将在 3.2 节中介绍。

将上述用 objdump 反汇编出来的汇编代码与直接由 gcc 汇编得到的汇编代码（test. s 输出结果）进行比较后发现，它们几乎完全相同，只是在数值形式和指令助记符的后缀等方面稍有不同。gcc 生成的汇编指令中用十进制形式表示数值，而 objdump 反汇编出来的汇编指令则用十六进制形式表示数值。两者都以$开头表示一个立即数。

gcc 生成的很多汇编指令助记符结尾中带有 "l" 或 "w" 等长度后缀，它是操作数长度指示符，这里 "l" 表示指令中处理的操作数为双字，即 32 位，"w" 表示指令中处理的操作数为单字，即 16 位。因为对于 IA-32 来说，大多数情况下操作数都是 32 位，因而大多数情况下可以像 objdump 工具那样省略后缀 "l"。上述这种汇编格式称为 **AT&T 格式**，它是 objdump 和 gcc 使用的默认格式。

细心的读者可能发现，在 3.1.1 节介绍的一个关于 Intel 8086/8088 机器指令和汇编指令的例子中，汇编指令为 "mov [bx+di-6], cl"，它与例 3.1 中给出的 AT&T 格式有较大的不同。Intel 格式与 AT&T 格式最大的不同是，Intel 格式中的目的操作数在左而源操作数在右，AT&T 格式则相反，如果要相互转换，就比较麻烦。此外 Intel 格式还有几点不同，如不带长度后缀，不在寄存器前加%，偏移量写在括号中等。本教材主要使用 AT&T 格式。

小提示

AT&T 格式：长度后缀 b 表示指令中处理的操作数长度为字节，即 8 位；w 表示字，即 16 位；l 表示双字，即 32 位，q 表示四字，即 64 位。寄存器操作数形式为 "%+寄存器名"，例如，"%eax" 表示操作数为寄存器 EAX 中的内容，即 R[eax]。存储器操作数形式为 "偏移量（基址寄存器，变址寄存器，比例因子）"，例如，"100(%ebx,%esi,4)" 表示存储单元地址为 EBX 内容加 ESI 内容乘以 4 加 100，即操作数为 M[R[ebx]+4 * R[esi]+100]，偏移量、基址寄存器、变址寄存器和比例因子都可以省略。

汇编指令形式为"op src,dst",含义为"dst←dst op src"。如"addl（，%ebx，2），%eax"的含义为"R［eax］←R［eax］+M［2＊R［ebx］］"。

可重定位目标文件 test. o 并不能被执行，需要转换为可执行文件才能执行。若要生成可执行文件，可将其包含在一个 main 函数中并进行链接。

假设 main 函数所在的源程序文件 main. c 的内容如下：

```
1    // main. c
2    int main( ) {
3        return add (20, 13);
4    }
```

可以用命令"gcc -o test main. o test. o"来生成可执行文件 test。若用命令"objdump -d test"来反汇编 test 文件，则得到与 add 函数对应的一段输出结果：

```
080483d4 <add>:
 80483d4:   55            push    %ebp
 80483d5:   89 e5         mov     %esp,%ebp
 80483d7:   83 ec 10      sub     $0x10,%esp
 80483da:   8b 45 0c      mov     0xc(%ebp),%eax
 80483dd:   8b 55 08      mov     0x8(%ebp),%edx
 80483e0:   8d 04 02      lea     (%edx,%eax,1),%eax
 80483e3:   89 45 fc      mov     %eax,-0x4(%ebp)
 80483e6:   8b 45 fc      mov     -0x4(%ebp),%eax
 80483e9:   c9            leave
 80483ea:   c3            ret
```

上述输出结果与 test. o 反汇编后的输出结果差不多，只是左边的地址不再是从 0 开始，链接器将代码定位在一个特定的存储区域，其中 add 函数对应的指令序列从存储单元 080483d4H 开始存放。上述源程序中没有用到库函数调用，因而链接时无须考虑与静态库或动态库的链接。有关链接详见第 4 章。

小提示

在程序设计时可以将汇编语言和 C 语言结合起来编程，发挥各自的优点。这样既能满足实时性要求又能实现所需的功能，同时兼顾程序的可读性和编程效率。一般有三种混合编程方法：①分别编写 C 语言程序和汇编语言程序，然后独立编译转换成目标代码模块，再进行链接；②在 C 语言程序中直接嵌入汇编语句；③对 C 语言程序编译转换后形成的汇编程序进行手工修改与优化。

第一种方法是混合编程常用的方式之一。在这种方式下，C 语言程序与汇编语言程序均可使用另一方定义的函数与变量。此时代码应遵守相应的调用约定，否则属于未定义行为，程序可能无法正确执行。

第二种方法适用于 C 语言与汇编语言之间编程效率差异较大的情况，通常操作系统内核程序采用这种方式。内核程序中有时需要直接对设备或特定寄存器进行读/写操作,这些功能通过汇编指令实现更方便、更高效。这种方式下,一方面能尽可能地减少与机器相关的代码,另一方面又能高效实现与机器相关部分的代码。

第三种编程方式要求对汇编与 C 语言都极其熟悉,而且这种编程方式程序可读性较差,程序修改和维护困难,一般不建议使用。

在 C 语言程序中直接嵌入汇编语句,其方法是使用编译器的内联汇编(Inline Assembly)功能,用 asm 命令将一些简短的汇编代码插入 C 程序中。不同编译器的 asm 命令格式有一些差异,嵌入的汇编语言格式也可能不同。

例如,在 IA-32+Windows 平台下,用 VS(Microsoft Visual Studio)开发 C 程序时,可以使用以下两种格式嵌入汇编代码,其中的汇编指令为 Intel 格式。

格式一:

```
    __asm
    {
        汇编代码(每行汇编指令末尾不需要分号)
    }
```

格式二:

```
    __asm   汇编指令
    ......
    __asm   汇编指令
```

在 IA-32+Linux 平台下,GCC 的内联汇编命令比较复杂,嵌入的汇编指令为 AT&T 格式,如需了解请参考相关资料。

3.2 IA-32 指令系统概述

ISA 规定了机器语言程序的格式和行为,因而这里先介绍相应的 Intel 指令集体系结构。x86 是 Intel 开发的一种处理器体系结构的泛称。该系列中较早期的处理器名称以数字来表示,并以 "86" 结尾,包括 Intel 8086、80286、i386 和 i486 等,因此其架构被称为 "x86"。由于数字并不能作为注册商标,因此 Intel 及其竞争者均对新一代处理器使用了可注册的名称,如 Pentium、PentiumPro、Core 2、Core i7 等。现在 Intel 把 32 位 x86 架构的名称 x86-32 改称为 IA-32,全名为 "Intel Architecture, 32-bit"。

1985 年推出的 Intel 80386 处理器是 IA-32 家族中的第一款产品,在随后的 20 多年间,IA-32 体系结构一直是市场上最流行的通用处理器架构,它是典型的 CISC 风格指令集体系结构,IA-32 处理器都与 Intel 80386 保持向后兼容。

后来,由 AMD 首先提出了一个 Intel 指令集的 64 位版本,命名为 "x86-64"。它在 IA-32 的基础上对寄存器的宽度和个数、浮点运算指令等进行了扩展,并加入了一些新的特性,指令能够直接处理长度为 64 位的数据。后来 AMD 将其更名为 AMD 64,而 Intel 称其为 Intel 64。关于 Intel 的 64 位架构的介绍请参见本教材 3.6 节。

IA-32 的 ISA 规范通过《Intel 64 与 IA-32 架构软件开发者手册》定义。本书着重介绍 IA-32 架构中的基础特性，这些基础特性从 Intel 80386 处理器开始就已经存在，因此很多内容读者可以直接阅读《Intel 80386 程序员参考手册》进行参考。

3.2.1 数据类型及其格式

在 IA-32 中，操作数是整数类型还是浮点数类型由操作码字段 op 区分，操作数的长度也由 op 中相应的位标明，例如，在图 3.1 中的位 W 可指出操作数是 8 位还是 16 位。对于 8086/8088 来说，因为整数只有 8 位和 16 位两种长度，因此用一位就行。但是，发展到 IA-32，已经有 8 位（字节）、16 位（字）、32 位（双字）等不同长度，因而用来表示操作数长度至少要有两位。在对应的汇编指令中，通过在指令助记符后面加一个长度后缀，或通过专门的数据长度指示符来指出操作数长度。IA-32 由 16 位架构发展而来，因此，Intel 最初规定一个字为 16 位，因而 32 位为双字。

高级语言中的表达式最终通过指令指定的运算来实现，表达式中出现的变量或常数就是指令中指定的操作数，因而高级语言所支持的数据类型与指令中指定的操作数类型之间有密切的关系。这一关系由 ABI 规范定义。在第 1 章中提到，ABI 与 ISA 有关。对于同一种高级语言数据类型，在不同的 ABI 定义中可能会对应不同的长度。例如，对于 C 语言中的 int 类型，在 IA-32/Linux 平台中的存储长度是 32 位，但在 8086/DOS 中则是 16 位。因此，同一个 C 语言源程序，使用遵循不同 ABI 规范的编译器进行编译，其执行结果可能不一样。程序员将程序从一个系统移植到另一个系统时，一定要仔细阅读目标系统的 ABI 规范。

表 3.1 给出了 i386 System V ABI 规范中 C 语言基本数据类型和 IA-32 操作数类型之间的对应关系。

表 3.1 C 语言基本数据类型和 IA-32 操作数类型的对应关系

C 语言声明	Intel 操作数类型	汇编指令长度后缀	存储长度/位
（unsigned）char	整数 / 字节	b	8
（unsigned）short	整数 / 字	w	16
（unsigned）int	整数 / 双字	l	32
（unsigned）long int	整数 / 双字	l	32
（unsigned）long long int	–	–	2×32
char*	整数 / 双字	l	32
float	单精度浮点数	s	32
double	双精度浮点数	l	64
long double	扩展精度浮点数	t	80/96

GCC 生成的汇编代码中的指令助记符大部分都有长度后缀，例如，传送指令可以有 movb（字节传送）、movw（字传送）、movl（双字传送）等，这里，指令助记符最后的 "b" "w" 和 "l" 是长度后缀。从表 3.1 中可看出，双字整数和双精度浮点数的长度后缀都一样。因为已经通过指令操作码区分了是浮点数还是整数，所以长度后缀相同不会产生歧义。在微软 MASM 工具生成的 Intel 汇编格式中，并不是用长度后缀来表示操作数长度，而是直接通过寄存器的名称和长度指示符 PTR 等来区分操作数长度的，有关信息可以查看微软和

Intel 的相关资料。

IA-32 中大部分指令需要区分操作数类型。例如，指令 fdivs 的操作数为 float 类型，指令 fdivl 的操作数为 double 类型，指令 imulw 的操作数为带符号整数（short）类型，指令 mull 的操作数为无符号整数（unsigned int）类型。

C 语言程序中的基本数据类型主要有以下几类。

1）指针或地址：用来表示字符串或其他数据区域的指针或存储地址，可声明为 char * 等类型，其宽度为 32 位，对应 IA-32 中的双字。

2）序数、位串等：用来表示序号、元素个数、元素总长度、位串等的无符号数，可声明为 unsigned char、unsigned short［int］、unsigned［int］、unsigned long［int］（括号中的 int 可省略）类型，分别对应 IA-32 中的字节、字、双字和双字。因为 IA-32 是 32 位架构，所以，编译器把 long 型数据定义为 32 位。ISO C99 规定 long long 型数据至少是 64 位，而 IA-32 中没有能处理 64 位数据的指令，因而编译器大多将 unsigned long long 型数据运算转换为多条 32 位运算指令来实现。

3）带符号整数：它是 C 语言中运用最广泛的基本数据类型，可声明为 signed char、short［int］、int、long［int］类型，分别对应 IA-32 中的字节、字、双字和双字，用补码表示。与对待 unsigned long long 型数据一样，编译器将 long long 型数据运算转换为多条 32 位运算指令来实现。

小提示

C 语言标准中没有强制规定 char 类型属于带符号整数还是无符号整数类型，编译器可以将其作为 signed char 或 unsigned char 类型处理。如果程序中确定某个 char 型数据为带符号整数，则程序员最好将其说明为 signed char 类型。

4）浮点数：用来表示实数，可声明为 float、double 和 long double 类型，分别采用 IEEE 754 的单精度、双精度和扩展精度标准表示。long double 类型是 ISO C99 中新引入的，对于许多处理器和编译器来说，它等价于 double 类型，但是由于与 x86 处理器配合的协处理器 x87 中使用了深度为 8 的 80 位的浮点寄存器栈，对于 Intel 兼容机来说，GCC 采用了 80 位的"扩展精度"格式表示。x87 中定义的 80 位扩展浮点格式包含 4 个字段：1 位符号位 s、15 位阶码 e（偏置常数为 16383）、1 位显式首位有效位（explicit leading significant bit）j 和 63 位尾数 f。Intel 采用的这种扩展浮点数格式与 IEEE 754 规定的单精度和双精度浮点数格式的一个重要的区别是，它没有隐藏位，有效位数共 64 位。GCC 为了提高 long double 浮点数的访存性能，将其存储为 12 个字节（即 96 位，数据访问分 32 位和 64 位两次读写），其中前两个字节不用，仅用后 10 个字节，即低 80 位。

3.2.2 寄存器组织和寻址方式

不考虑专门用于控制外设进行输入/输出的 I/O 指令，IA-32 指令的操作数有三类：立即数、寄存器操作数和存储器操作数。①立即数就在指令中，无须指定其存放位置；②寄存器操作数需要指定操作数所在寄存器的编号，例如，图 3.1 中的指令指定了源操作数寄存器的编号为 001；③当操作数为存储单元内容时，需要指定操作数所在存储单元的地址，例如，图 3.1 中的指令指定了目的操作数的存储单元地址为 BX 和 DI 两个寄存器的内容相加再减 6，得到的是一个 16 位偏移地址，它和相应的段寄存器内容进行特定的运算就可以得到操作数所在的存储单元的地址。当然，图 3.1 给出的是早期 8086 实地址模式下的指令，因而存储地址计算方式比较简单。IA-32 引入了保护模式，采用的是段页式存储管理方式，因而存储地址计算变得比较复杂。

IA-32 指令中用到的寄存器主要分为定点寄存器组、浮点寄存器栈和多媒体扩展寄存器组。下面分别介绍 IA-32 的定点寄存器组、浮点寄存器栈和多媒体扩展寄存器组。

1. 定点寄存器组

IA-32 由最初的 8086/8088 向后兼容扩展而来，因此，寄存器的结构也体现了逐步扩展的特点。图 3.2 给出了定点（整数）寄存器组的结构。

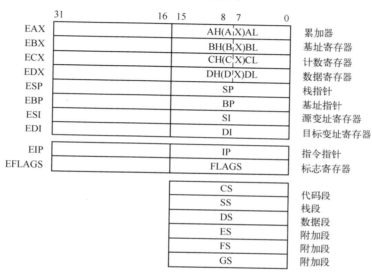

图 3.2　IA-32 的定点寄存器组

从图 3.2 可看出，定点寄存器中共有 8 个**通用寄存器**（General-Purpose Register，**GPR**）、两个专用寄存器和 6 个段寄存器。

8 个通用寄存器指没有专门用途的可以存放各类定点操作数的寄存器，长度为 32 位，其中 EAX、EBX、ECX 和 EDX 主要用来存放操作数，可根据操作数长度是字节、字还是双字来确定存取寄存器的最低 8 位、最低 16 位还是全部 32 位。ESP、EBP、ESI 和 EDI 主要用来存放变址值或指针，可以作为 16 位或 32 位寄存器使用，其中，ESP 是**栈指针寄存器**，EBP 是**基址指针寄存器**。

两个专用寄存器分别是**指令指针寄存器** EIP 和**标志寄存器** EFLAGS。EIP 从 16 位的 IP 扩展而来，指令指针寄存器 IP（Instruction Pointer）与程序计数器 PC 是功能完全一样的寄存器，名称不同而已，在本教材中两者通用，都用于存放将要执行的下一条指令的地址。EFLAGS 从 16 位的 FLAGS 扩展而来。实地址模式时，使用 16 位的 IP 和 FLAGS 寄存器；保护模式时，使用 32 位的 EIP 和 EFLAGS 寄存器。

EFLAGS 寄存器主要用于记录机器的状态和控制信息，如图 3.3 所示。

31~22	21	20	19	18	17	16	15	14	13 12	11	10	9	8	7	6	5	4	3	2	1	0
保留	ID	VIP	VIF	AC	VM	RF	0	NT	IOPL	O	D	I	T	S	Z	0	A	0	P	1	C

图 3.3 状态标志寄存器 EFLAGS

EFLAGS 寄存器中第 0~11 位中的 9 个标志位是从最早的 8086 架构延续下来的，按功能分为 6 个条件标志和 3 个控制标志。其中，**条件标志**用来存放运行的状态信息，由硬件自动设定，条件标志有时也称为**条件码**（Condition Code，**CC**）；**控制标志**由软件设定，用于中断响应、串操作和单步执行等控制。

常用条件标志的含义说明如下。

1）OF（**O**verflow Flag）：溢出标志。反映带符号数的运算结果是否超过相应数值范围。例如，字节运算结果超出−128~+127 或字运算结果超出−32768~+32767 时，称为溢出，此时 OF=1；否则 OF=0。

2）SF（**S**ign Flag）：符号标志。反映带符号数运算结果的符号。负数时，SF=1；否则 SF=0。

3）ZF（**Z**ero Flag）：零标志。反映运算结果是否为 0。若结果为 0，ZF=1；否则 ZF=0。

4）CF（**C**arry Flag）：进/借位标志。反映无符号整数加（减）运算后的进（借）位情况。有进（借）位则 CF=1；否则 CF=0。

综上可知，OF 和 SF 对于无符号数运算来说没有意义，而 CF 对于带符号整数运算来说没有意义。如果是执行加减运算指令得到的标志，通常由 2.6.3 节中介绍的补码加减运算部件（见图 2.10）生成。

控制标志的含义说明如下。

1）DF（**D**irection Flag）：方向标志。用来确定串操作指令执行时**变址寄存器** SI（ESI）和 DI（EDI）中的内容是自动递增还是递减。若 DF=1，则为递减；否则为递增。可用 std 指令和 cld 指令分别将 DF 置 1 和清 0。

2）IF（**I**nterrupt Flag）：中断允许标志。若 IF=1，表示允许响应中断；否则禁止响应中断。IF 对非屏蔽中断和内部异常不起作用，仅对外部可屏蔽中断起作用。可用 sti 指令和 cli 指令分别将 IF 置 1 和清 0。

3）TF（**T**rap Flag）：陷阱标志。用来控制单步执行操作。TF=1 时，CPU 按单步方式执行指令，此时，可以控制在每执行完一条指令后，就把该指令执行得到的机器状态（包括各寄存器和存储单元的值等）显示出来。没有专门的指令用于对该标志的修改，但可用栈操作指令（如 pushf/pushfd 和 popf/popfd）来改变其值。

EFLAGS 寄存器的第 12~31 位中的其他状态或控制信息是从 80286 以后逐步添加的。包括用于表示当前程序的 I/O 特权级（IOPL）、当前任务是否是嵌套任务（NT）、当前处理器是否处于虚拟 8086 方式（VM）等一些状态或控制信息。

6 个**段寄存器**都是 16 位，CPU 根据段寄存器的内容，与寻址方式确定的有效地址一起，并结合其他用户不可见的内部寄存器，生成操作数所在的存储地址。

2. 寻址方式

根据指令给定信息得到操作数或操作数地址的方式称为**寻址方式**。其中，**立即寻址**指指令中直接给出操作数；**寄存器寻址**指指令中给出操作数所存放的寄存器的编号。除了立即寻址和寄存器寻址外，其他寻址方式下的操作数都在存储单元中，称为**存储器操作数**。

存储器操作数的寻址方式与处理器的工作模式有关。IA-32 处理器主要有两种工作模式，即实地址模式和保护模式。

实地址模式是为与 8086/8088 兼容而设置的，在加电或复位时处于这一模式。此模式下的存储管理、中断控制以及应用程序运行环境等都与 8086/8088 相同。其最大寻址空间为 1 MB，32 条地址线中的 $A_{31} \sim A_{20}$ 不起作用，存储管理采用分段方式，每段的最大地址空间为 64 KB，物理地址由段地址乘以 16 加上偏移地址构成，其中段地址位于段寄存器中，偏移地址用来指定段内一个存储单元。例如，当前指令地址为 $(CS) << 4 + (IP)$，其中 CS（Code Segment）为**代码段寄存器**，用于存放当前代码段地址，IP 寄存器中存放的是当前指令在代码段内的偏移地址，这里，（CS）和（IP）分别表示寄存器 CS 和 IP 中的内容。内存区 00000H~003FFH 存放中断向量表，共存放 256 个中断向量，采用 8086/8088 的中断类型和中断处理方式。

保护模式的引入是为了实现在多任务方式下对不同任务使用的虚拟存储空间进行完全的隔离，以保证不同任务之间不会相互破坏各自的代码和数据。保护模式是 80286 以上高档微处理器最常用的工作模式。系统启动后总是先进入实地址模式，对系统进行初始化，然后转入保护模式进行操作。在保护模式下，处理器采用虚拟存储器管理方式。

IA-32 采用段页式虚拟存储管理方式，CPU 首先通过分段方式得到线性地址 LA，再通过分页方式实现从线性地址到物理地址的转换。有关虚拟存储器管理、段页式、分段、分页、线性地址、物理地址等概念及其实现原理将在 5.5 节和 5.6 节详细介绍。

图 3.4 给出了 IA-32 在保护模式下的各种寻址方式，其中，存储器操作数的访问过程需要计算线性地址 LA，图中除了最后一行（相对寻址）计算的是跳转目标指令的线性地址以外，其他都是指操作数的线性地址。相对寻址的线性地址与 PC（即 EIP 或 IP）有关，而操作数的线性地址与 PC 无关，它取决于某个段寄存器的内容和有效地址。根据段寄存器的内容能够确定操作数所在的段在某个存储空间的起始地址，而**有效地址**则给出了操作数在所在段的段内偏移地址。

寻址方式	说明
立即寻址	指令直接给出操作数
寄存器寻址	指定的寄存器R的内容为操作数
位移	$LA=(SR)+A$
基址寻址	$LA=(SR)+(B)$
基址加位移	$LA=(SR)+(B)+A$
比例变址加位移	$LA=(SR)+(I)\times S+A$
基址加变址加位移	$LA=(SR)+(B)+(I)+A$
基址加比例变址加位移	$LA=(SR)+(B)+(I)\times S+A$
相对寻址	$LA=(PC)+A$

注：LA：线性地址　(X)：X的内容　SR：段寄存器　PC：程序计数器　R：寄存器
　　A：指令中给定地址段的位移量　B：基址寄存器　I：变址寄存器　S：比例系数

图 3.4　IA-32 在保护模式下的寻址方式

从图 3.4 可以看出，在存储器操作数的情况下，指令必须显式或隐式地给出以下信息。

1）段寄存器 SR（可用段前缀显式给出，也可使用默认段寄存器）。

2）8/16/32 位位移量 A（由位移量字段显式给出，如图 3.1 中的字段 disp8）。

3）基址寄存器 B（由相应字段显式给出，可指定为任一通用寄存器）。

4）变址寄存器 I（由相应字段显式给出，可指定除 ESP 外的任一通用寄存器）。

有效地址由指令中给出的寻址方式来确定如何计算。有比例变址和非比例变址两种变址方式。**比例变址**时，变址值等于变址寄存器内容乘以**比例系数** S（也称为**比例因子**），S 的含义为操作数的字节个数，在 IA-32 中，S 的取值可以是 1、2、4 或 8。例如，对数组元素访问时，若数组元素的类型为 short，则比例系数就是 2；若数组元素类型为 float，则比例系数就是 4。**非比例变址**相当于比例系数为 1 的比例变址情况，即变址值就是变址寄存器的内容，无须乘以比例系数。例如，若数组元素类型为 char，则比例系数就是 1，即非比例变址方式。

IA-32 提供的"基址加位移""基址加比例变址加位移"等这些复杂的存储器操作数寻址方式，主要是为了指令能够方便地访问到数组、结构、联合等复合数据类型元素。

对于数组元素的访问可以采用"基址加比例变址"寻址方式。假设某个 C 语言程序中有变量声明"int a[100]；"，若数组 a 的首地址存在 EBX 寄存器，下标变量 i 存在 ESI 寄存器，则实现"将 a[i]送 EAX"功能的指令可以是"movl（%ebx,%esi,4），%eax"，a[i] 的每个数组元素的长度为 4，每个数组元素相对于数组首地址的位移为变址寄存器 ESI 的内容乘以比例系数 4，因而 a[i] 的有效地址通过将基址寄存器 EBX 的内容和变址值（变址寄存器 ESI 的内容乘以比例系数 4）相加得到，即 a[i] 的有效地址为 R[ebx]+R[esi]*4。

对于结构类型中的数组元素访问，可以采用"基址加比例变址加位移"方式。假如 C 语言程序中有"struct{int x；short a[100]；…}"，若该结构类型数据的首地址存在 EBX 中，数组 a 的下标变量 i 存在 ESI 中，则实现"将 a[i]送 EAX"功能的指令是"movl 4(%ebx, %esi,2)，%eax"，这里，a[i] 的首地址相对于该结构类型数据的首地址的位移为 4，a[i] 的每个数组元素的长度为 2，因而 a[i] 的有效地址通过将基址寄存器 EBX 的内容、变址值（变址寄存器 ESI 的内容乘以比例系数 2）和位移量 4 三者相加得到，即 a[i] 的有效地址为 R[ebx]+R[esi]*2+4。

3. 浮点寄存器栈和多媒体扩展寄存器组

IA-32 的浮点处理架构有两种。一种是与 x86 配套的浮点协处理器 x87 架构，它是一种栈结构，x87 FPU 中进行运算的浮点数来源于浮点寄存器栈的栈顶；另一种是由 MMX 发展而来的 SSE 架构，采用**单指令多数据**（Single Instruction Multi Data，SIMD）技术，**SIMD 技术**可实现单条指令同时并行处理多个数据元素的功能，其操作数来源于专门新增的 8 个 128 位寄存器 XMM0～XMM7。

小提示

FPU（Float Point Unit，浮点运算器）是专用于浮点运算的处理器，以前的 FPU 是单独的芯片，在 80486 之后，英特尔把 FPU 集成在 CPU 之内。

MMX 是 MultiMedia eXtensions（多媒体扩展）的缩写。MMX 指令于 1997 年首次运用于 P54C Pentium 处理器，称之为多能奔腾。MMX 技术主要是指在 CPU 中加入了特地为视频信号（Video Signal）、音频信号（Audio Signal）以及图像处理（Graphical Manipulation）而设计的 57 条指令，因此，MMX CPU 可以提高多媒体（如立体声、视频、三维动画等）处理能力。

x87 FPU 中有 8 个**数据寄存器**，每个 80 位。此外，还有**控制寄存器**、**状态寄存器**和**标记寄存器**各一个，它们的长度都是 16 位。数据寄存器被组织成一个**浮点寄存器栈**，栈顶记为 ST(0)，下一个元素是 ST(1)，再下一个是 ST(2)，以此类推。栈的大小是 8，当栈被装满时，可访问的元素为 ST(0)~ST(7)。控制寄存器主要用于指定浮点处理单元的舍入方式及最大有效数据位数（即精度），Intel 浮点处理器的默认精度是 64 位，即 80 位扩展精度浮点数中的 64 位尾数；状态寄存器用来记录比较结果，并标记运算是否溢出、是否产生错误等，此外还记录了数据寄存器栈的栈顶位置；标记寄存器指出了 8 个数据寄存器各自的状态，比如是否为空、是否可用、是否为零、是否是特殊值（如 NaN、$+\infty$、$-\infty$）等。

SSE 指令集由 MMX 指令集发展而来。**MMX 指令**使用的 8 个 64 位寄存器 MM0~MM7 借用了 x87 FPU 中 8 个 80 位浮点数据寄存器 ST(0)~ST(7)，每个 MMX 寄存器实际上是对应 80 位浮点数据寄存器中 64 位尾数所占的位，因此，每条 MMX 指令可以同时处理 8 个字节，或 4 个字，或 2 个双字，或一个 64 位的数据。由于 MMX 指令并没有带来 3D 游戏性能的显著提升，1999 年 Intel 公司在 Pentium III CPU 产品中首推 SSE 指令集，后来又陆续推出了 SSE2、SSE3、SSSE3 和 SSE4 等采用 SIMD 技术的指令集，这些统称为 **SSE 指令集**。SSE 指令集兼容 MMX 指令，并通过 SIMD 技术在单个时钟周期内并行处理多个浮点数来有效提高浮点运算速度。因为在 MMX 技术中借用了 x87 FPU 的 8 个浮点寄存器，导致了 x87 浮点运算速度的降低，因而 SSE 指令集增加了 8 个 128 位的 SSE 指令专用的**多媒体扩展通用寄存器 XMM0~XMM7**。这样，SSE 指令的寄存器位数是 MMX 指令的寄存器位数的两倍，因而一条 SSE 指令可以同时并行处理 16 个字节，或 8 个字，或 4 个双字（32 位整数或单精度浮点数），或两个四字的数据，而且从 SSE2 开始，还支持 128 位整数运算或同时并行处理两个 64 位双精度浮点数。

综上所述，IA-32 中的通用寄存器共有三类：8 个 8/16/32 位定点通用寄存器、8 个 MMX 指令/x87 FPU 使用的 64 位/80 位寄存器 MM0/ST(0)~MM7/ST(7)、8 个 SSE 指令使用的 128 位寄存器 XMM0~XMM7。这些寄存器编号如表 3.2 所示。

表 3.2 IA-32 中通用寄存器的编号

编　　号	8 位寄存器	16 位寄存器	32 位寄存器	64 位/80 位寄存器	128 位寄存器
000	AL	AX	EAX	MM0/ST(0)	XMM0
001	CL	CX	ECX	MM1/ST(1)	XMM1
010	DL	DX	EDX	MM2/ST(2)	XMM2
011	BL	BX	EBX	MM3/ST(3)	XMM3
100	AH	SP	ESP	MM4/ST(4)	XMM4
101	CH	BP	EBP	MM5/ST(5)	XMM5
110	DH	SI	ESI	MM6/ST(6)	XMM6
111	BH	DI	EDI	MM7/ST(7)	XMM7

3.2.3 机器指令格式

机器指令（Instruction）是用 0 和 1 表示的一串 0/1 序列，用来指示 CPU 完成一个特定的原子操作。图 3.5 是 Intel 64 和 IA-32 体系结构的机器指令格式，包含前缀（Prefix）和指令本身的代码部分。

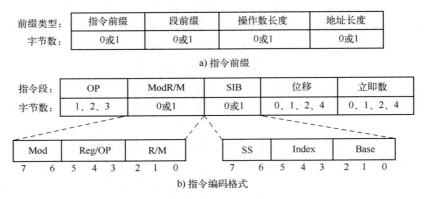

图 3.5　Intel 64 和 IA-32 机器指令格式

前缀部分最多占 4B，如图 3.5a 所示，有 4 种前缀类型，每个前缀占 1B，无先后顺序关系。其中，指令前缀包括加锁（LOCK）和重复执行（REP/REPE/REPZ/REPNE/REPNZ）两种，LOCK 前缀编码为 F0H，REPNE、REP 前缀编码分别为 F2H 和 F3H；段前缀用于指定指令所使用的非默认段寄存器；操作数长度和地址长度前缀分别为 66H 和 67H，用于指定非默认的操作数长度和地址长度。若指令使用默认的段寄存器、操作数长度或地址长度，则无须在指令前加相应的前缀字节。

如图 3.5b 所示，指令本身最多有 5 个字段：主操作码（OP）、ModR/M、SIB、位移和立即数。主操作码字段是必需的，长度为 1~3 B。ModR/M 字段长度为 0~1 B，可再分成 Mod、Reg/OP 和 R/M 三个字段，其中，Reg/OP 可能是 3 位扩展操作码，也可能是寄存器编号，用来表示某一个操作数地址；Mod 和 R/M 共 5 位，表示另一个操作数的寻址方式，可组合成 32 种情况，当 Mod＝11 时，为寄存器寻址方式，3 位 R/M 表示寄存器编号，其他 24 种情况都是存储器寻址方式。SIB 字段的长度为 0~1B。是否在 ModR/M 字节后跟一个 SIB 字节，由 Mod 和 R/M 组合确定，例如，当 Mod＝00 且 R/M＝100 时，ModR/M 字节后一定跟 SIB 字节，寻址方式由 SIB 确定。SIB 字节有比例因子（SS）、变址寄存器（Index）和基址寄存器（Base）三个字段。如果寻址方式中需要有位移量，则由位移量字段给出，其长度为 0~4 B。最后一个是立即数字段，用于给出指令中的一个源操作数，可以是为 0~4 B。

例如，指令"movl \$0x1, 0x4(%esp)"的机器码用十六进制表示为"C7 44 24 04 01 00 00 00"，第二字节的 ModR/M 字段（44H）展开后为 01 000 100，显然指令操作码为"C7/0"，即主操作码 OP 为 C7H、扩展操作码 Reg/OP 为 000 B，查 Intel 指令手册中的指令编码表可知，操作码为"C7/0"的指令功能为"MOV r/m32, imm32"（注意：Intel 指令手册中汇编指令采用 Intel 格式）。这里 r/m32 表示 32 位寄存器操作数或存储器操作数。查 ModR/M 字节定义表可知，当 Mod＝01、R/M＝100 时，寻址方式为 disp8[－－][－－]，表示位移量占 8 位并后跟 SIB 字节，因而 24H = 00 100 100 B 为 SIB 字节。查 SIB 字节定义表可知，当 SS = 00、Index = 100 时，比例变址为 none，因而只有 Base 字段 100 有效。查表知 100 对应的寄存器为 ESP，即基址寄存器为 ESP。SIB 字节随后是一个字节的位移，即 disp8 = 04H = 0x4。最后是 4 字节的立即数，由于 IA-32 为小端方式，因而立即数为 00 00 00 01H = 0x1。综上所述，该指令对应的 AT&T 格式和 Intel 格式汇编指令分别为"movl $0x1, 0x4(%esp)"和"mov[esp+4], 1"。

3.3 IA-32 常用指令类型及其操作

与大多数 ISA 一样，IA-32 提供了数据传送、算术和逻辑运算、程序流控制等常用指令类型。下面分别介绍这几类常用指令类型。

3.3.1 传送指令

传送指令用于寄存器、存储单元或 I/O 端口之间传送信息，分为通用数据传送、地址传送、标志传送和 I/O 信息传送等几类，除了部分标志传送指令外，其他指令均不影响标志位的状态。

1. 通用数据传送指令

通用数据传送指令传送的是寄存器或存储器中的数据，主要有以下几种。
- MOV：一般的传送指令，包括 movb、movw 和 movl 等。
- MOVS：符号扩展传送指令，将短的源数据高位符号扩展后传送到目的地址，如 movsbw 表示把一个字节进行符号扩展后送到一个 16 位寄存器中。
- MOVZ：零扩展传送指令，将短的源数据高位零扩展后传送到目的地址，如 movzwl 表示把一个字的高位进行零扩展后送到一个 32 位寄存器中。

请注意：MOVS 和 MOVZ 指令的目的地址只能是寄存器编号。
- XCHG：数据交换指令，将两个寄存器内容互换。例如，xchgb 表示字节交换。
- PUSH：先执行 R[sp]←R[sp]-2 或 R[esp]←R[esp]-4，然后将一个字或双字从指定寄存器送到 SP 或 ESP 指示的栈单元中。如 pushl 表示双字压栈，pushw 表示字压栈。
- POP：将一个字或双字从 SP 或 ESP 指示的栈单元送入指定寄存器，再执行 R[sp]←R[sp]+2 或 R[esp]←R[esp]+4。如 popl 表示双字出栈，popw 表示字出栈。

栈（Stack）是一种采用"先进后出"方式进行访问的一块存储区，在处理过程调用时非常有用。大多数情况下，栈是从高地址向低地址增长的，在 IA-32 中，用 ESP 寄存器指向当前栈顶，而栈底通常在一个固定的高地址上。图 3.6 给出了在 16 位架构下的 pushw 和 popw 指令执行结果示意图。如图所示，在执行 pushw %ax 指令之后，SP 指向存放有 AX 内容的单元，也即新栈顶指向了当前刚入栈的数据。若随后再执行 popw %ax 指令，则原先在栈顶的两个字节退出栈，栈顶向高地址移动两个单元，又回到 pushw %ax 指令执行前的位置。这里请注意 AH 和 AL 的存放位置，因为 Intel 架构采用的是小端方式，所以 AL 在低地址上，AH 在高地址上。

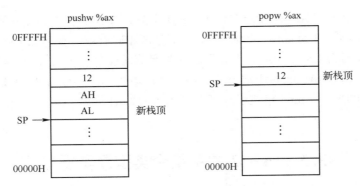

图 3.6 pushw 和 popw 指令的执行

2. 地址传送指令

地址传送指令传送的是操作数的存储地址，指定的目的寄存器不能是段寄存器，且源操作数必须是存储器寻址方式。注意，这些指令均不影响标志位。其中，**加载有效地址**（Load Effect Address，LEA）指令用于将源操作数的存储地址送到目的寄存器中。如 leal 指令把一个 32 位的地址传送到一个 32 位的寄存器中。可利用该指令执行一些简单计算。

例如，对于例 3.1 中的赋值语句 "x = i+j;"，编译器使用了指令 "leal（%edx,%eax），%eax"。该指令中源操作数的有效地址为 R[edx]+R[eax]，故指令功能为 R[eax]←R[edx]+R[eax]。该指令执行前，R[edx]=i,R[eax]=j，因此，指令执行后 R[eax]=i+j。

3. 输入/输出指令

输入/输出指令专门用于在累加寄存器 AL/AX/EAX 和 I/O 端口之间进行数据传送。例如，in 指令用于将 I/O 端口内容送累加器，out 指令将累加器内容送 I/O 端口。

4. 标志传送指令

标志传送指令专门用于对标志寄存器进行操作。如 pushf 指令用于将标志寄存器的内容压栈，popf 指令将栈顶内容送标志寄存器，因而 popf 指令可能会改变标志。

例 3.2 将以下 Intel 格式的汇编指令转换为 GCC 默认的 AT&T 格式汇编指令。说明每条指令的含义。

1	push	ebp
2	mov	ebp, esp
3	mov	edx,DWORD PTR [ebp+8]
4	mov	bl,255
5	mov	ax,WORD PTR [ebp+edx*4+8]
6	mov	WORD PTR [ebp+20],dx
7	lea	eax, [ecx+edx*4+8]

解： 上述 Intel 格式汇编指令转换为 AT&T 格式汇编指令及其指令的含义说明如下（右边#后描述的是相应指令的含义）。

1	pushl	%ebp	#R[esp]←R[esp]-4, M[R[esp]]←R[ebp]，双字
2	movl	%esp, %ebp	#R[ebp]←R[esp]，双字

3	movl	8(%ebp), %edx	#R[edx]←M[R[ebp]+8]，双字
4	movb	$255, %bl	#R[bl]←255，字节
5	movw	8(%ebp,%edx,4), %ax	#R[ax]←M[R[ebp]+R[edx]×4+8]，字
6	movw	%dx, 20(%ebp)	#M[R[ebp]+20]←R[dx]，字
7	leal	8(%ecx,%edx,4), %eax	#R[eax]←R[ecx]+R[edx]×4+8，双字

从第 7 条指令的功能可看出，LEA 指令是 MOV 指令的一个变形，相当于实现了 C 语言中的地址操作符 & 的功能。同时，LEA 指令可实现一些简单操作，例如，假定第 7 条指令中寄存器 ECX 和 EDX 内分别存放的是变量 x 和 y 的值，即 $R[ecx]=x$，$R[edx]=y$，则通过该指令可以计算 $x+4y+8$ 的值，并将其存入寄存器 EAX 中。

例 3.3 假设变量 val 和 ptr 的类型声明如下：

```
val_type val;
contofptr_type * ptr;
```

已知上述类型 val_type 和 contofptr_type 是用 typedef 声明的数据类型，且 val 存储在累加器 AL/AX/EAX 中，ptr 存储在 EDX 中。现有以下两条 C 语言语句：

```
1   val=(val_type) * ptr;
2   * ptr=(contofptr_type) val;
```

当 val_type 和 contofptr_type 是表 3.3 中给出的组合类型时，应分别使用什么样的 MOV 指令来实现这两条 C 语句？要求用 GCC 默认的 AT&T 形式写出。

表 3.3 例 3.3 中 val_type 和 contofptr_type 的类型

val_type	contofptr_type	val_type	contofptr_type
char	char	int	unsigned char
int	char	unsigned	unsigned char
unsigned	int	unsigned short	int

解： C 操作符 * 可看成取值操作。语句 1 的含义是将 ptr 所指的存储单元中的内容送到 val 变量所在处，也即，将地址为 R[edx]的存储单元内容送到累加器 AL/AX/EAX 中；语句 2 的含义是将 val 变量的值送到 ptr 所指的存储单元中，也即，将累加器 AL/AX/EAX 中的内容送到地址为 R[edx]的存储单元中。其对应 MOV 指令见表 3.4。

表 3.4 例 3.3 的答案

序号	val_type	contofptr_type	语句 1 对应的指令及操作	语句 2 对应的指令及操作
1	char	char	movb (%edx), %al　#传送	movb %al, (%edx)　#传送
2	int	char	movsbl (%edx), %eax　#符号扩展,传送	movb %al, (%edx)　#截断,传送
3	unsigned	int	movl (%edx), %eax　#传送	movl %eax, (%edx)　#传送
4	int	unsigned char	movzbl (%edx), %eax　#零扩展,传送	movb %al, (%edx)　#截断,传送
5	unsigned	unsigned char	movzbl (%edx), %eax　#零扩展,传送	movb %al, (%edx)　#截断,传送
6	unsigned short	int	movw (%edx), %ax　#截断,传送	movzwl %ax, %eax　#零扩展 movl %ecx, (%edx)　#传送

表 3.4 中给出的 6 种情况中，序号为 1 和 3 的两种情况比较简单，赋值语句两边的操作数长度一样，即使一个是带符号整数类型，另一个是无符号整数类型，传送前、后的位串也不会改变（软件通过对相同位串的不同解释来反映不同的值），因此，用直接传送的指令即可。对于序号为 2 的情况，语句 1 要求将存储单元中的一个 char 型数据送到一个存放 int 型数据的 32 位寄存器中，因为 C 标准没有规定 char 型变量是带符号还是无符号整数，因此存在实现定义行为，此处假定编译器按带符号整数处理，因而采用符号扩展传送指令 movsbl；而对于语句 2，则是把一个 32 位寄存器中的数据截断为 8 位数据送存储单元中，因此直接丢弃寄存器中高 24 位，仅将最低 8 位（即 R[al]）送到存储单元。对于序号为 4 和 5 的情况，语句 1 将存储单元中的 8 位无符号整数进行零扩展为 32 位后送到寄存器，而语句 2 是将 32 位寄存器中的内容截断为 8 位数据送存储单元中。对于序号为 6 的情况，语句 2 为零扩展，MOVZ 指令的目的地只能为寄存器，因而需两条指令；而语句 1 要求把存储单元中一个 int 型数据截断为一个 16 位数据送到寄存器中，那么截断操作时，该留下的应该是 4 个字节地址中哪两个地址的内容呢？IA-32 中数据在存储单元中按小端方式存放，因而留下的应该是小地址中的内容，即地址 R[edx] 和 R[edx]+1 中的内容。例如，假定这个将被截断的 int 型数据是 1234 5678H，如图 3.7 所示，4 个字节 12H、34H、56H 和 78H 的地址分别是 R[edx]+3、R[edx]+2、R[edx]+1、R[edx]，截断操作后应该留下 5678H，即存放在存储单元 R[edx] 开始的两个字节。

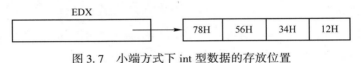

图 3.7　小端方式下 int 型数据的存放位置

3.3.2　定点算术运算指令

定点算术运算指令用于二进制数和无符号十进制数的各种算术运算。IA-32 中的二进制定点数可以是 8 位、16 位或 32 位；无符号十进制数（BCD 码）主要是采用 8421 码表示的数的运算。高级语言中的算术运算都被转换为二进制数运算指令实现，因此，本书所讲的运算指令都是指二进制数运算指令。

1. 加/减运算指令

加/减类指令（ADD/SUB）用于对给定长度的两个位串进行相加或相减，两个操作数中最多只能有一个是存储器操作数，不区分是无符号数还是带符号整数，产生的和/差送到目的地，生成的标志信息送标志寄存器 FLAGS/EFLAGS。

2. 增/减运算指令

增/减类（INC/DEC）指令对给定长度的一个位串加 1 或减 1，给定操作数既是源操作数也是目的操作数，不区分是无符号数还是带符号整数，生成的标志信息送标志寄存器 FLAGS/EFLAGS，注意不生成 CF 标志。

3. 取负指令

取负类指令 NEG 用于求操作数的负数，也即，将给定长度的一个位串"各位取反、末位加 1"，也称之为取补指令。给定操作数既是源操作数也是目的操作数，生成的标志信息送标志寄存器 FLAGS/EFLAGS。若字节操作数的值为-128 或字操作数的值为-32768 或双字

操作数的值为 -2147483648，则其操作数无变化，但 OF = 1。若操作数的值为 0，则取补结果仍为 0 且 CF 置 0，否则总是使 CF 置 1。

4. 比较指令

比较指令 CMP 用于两个寄存器操作数的比较，用目的操作数减去源操作数，结果不送回目的操作数，即两个操作数保持原值不变，只是标志位做相应改变，因而功能类似 SUB 指令。通常，该指令后面跟条件跳转指令或条件设置指令。

5. 乘/除运算指令

乘法指令分成 MUL（无符号整数乘）和 IMUL（带符号整数乘）两类。对于 IMUL 指令，可以显式地给出一个、两个或三个操作数，但是，对于 MUL 指令，只须显式给出一个操作数。

若指令中只给出一个操作数 SRC，则另一个源操作数隐含在累加器 AL/AX/EAX 中，将 SRC 和累加器内容相乘，结果存放在 AX（16 位时）或 DX-AX（32 位时）或 EDX-EAX（64 位时）中。这里，DX-AX 表示 32 位乘积的高、低 16 位分别在 DX 和 AX 中，EDX-EAX 的含义类似。其中，SRC 可以是存储器操作数或寄存器操作数。IMUL 和 MUL 两种指令都可以采用这种格式，实现的是两个 n 位数相乘，结果取 $2n$ 位乘积。

若指令中给出两个操作数 DST 和 SRC，则将 DST 和 SRC 相乘，结果存放在 DST 中。这种情况下，SRC 可以是存储器操作数或寄存器操作数，而 DST 只能是寄存器操作数。IMUL 指令可采用这种格式，实现的是两个 n 位带符号整数相乘，结果仅取 n 位乘积。

若指令中给出三个操作数 REG、SRC 和 IMM，则将 SRC 和立即数 IMM 相乘，结果存放在寄存器 REG 中。这种情况下，SRC 可以是存储器操作数或寄存器操作数。IMUL 指令可采用这种格式，实现两个 n 位数相乘，结果仅取 n 位乘积。

对于 MUL 指令，若乘积高 n 位为全 0，则标志 OF 和 CF 皆为 0，否则皆为 1。对于 IMUL 指令，若乘积的高 n 位为全 0 或全 1，并且等于低 n 位中的最高位，即乘积高 $n+1$ 位为全 0（乘积为正数）或全 1（乘积为负数），则 OF 和 CF 皆为 0，否则皆为 1。虽然上述后面两种形式的指令最终乘积是 $2n$ 位乘积的低 n 位，但是，因为乘法器得到的乘积有 $2n$ 位，因此 CPU 可以根据 $2n$ 位乘积来设置 OF 和 CF 标志。

除法指令分成 DIV（无符号整数除）和 IDIV（带符号整数除）两类，指令中只明显指出除数，用累加器 AL/AX/EAX 中的内容除以指令中指定的除数。若源操作数为 8 位，则 16 位的被除数隐含在 AX 寄存器中，商送 AL，余数在 AH 中；若源操作数为 16 位，则 32 位的被除数隐含在 DX-AX 寄存器中，商送 AX，余数在 DX 中；若源操作数是 32 位，则 64 位的被除数在 EDX-EAX 寄存器中，商送 EAX，余数在 EDX 中。需要说明的是，如果商超过目的寄存器能存放的最大值，系统就产生类型号为 0 的异常，并且商和余数均不确定。

以上所有定点算术运算指令汇总在表 3.5 中。

表 3.5 定点算术运算指令汇总

指令	显式操作数	影响的标志	操作数类型	AT&T 指令助记符	对应 C 运算符
ADD	2 个	OF、ZF、SF、CF	无/带符号整数	addb、addw、addl	+
SUB	2 个	OF、ZF、SF、CF	无/带符号整数	subb、subw、subl	−
INC	1 个	OF、ZF、SF	无/带符号整数	incb、incw、incl	++

（续）

指令	显式操作数	影响的标志	操作数类型	AT&T 指令助记符	对应 C 运算符
DEC	1 个	OF、ZF、SF	无/带符号整数	decb、decw、decl	--
NEG	1 个	OF、ZF、SF、CF	无/带符号整数	negb、negw、negl	-
CMP	2 个	OF、ZF、SF、CF	无/带符号整数	cmpb、cmpw、cmpl	<, <=, >, >=
MUL	1 个	OF、CF	无符号整数	mulb、mulw、mull	*
IMUL	1 个	OF、CF	带符号整数	imulb、imulw、imull	*
IMUL	2 个	OF、CF	带符号整数	imulb、imulw、imull	*
IMUL	3 个	OF、CF	带符号整数	imulb、imulw、imull	*
DIV	1 个	无	无符号整数	divb、divw、divl	/,%
IDIV	1 个	无	带符号整数	idivb、idivw、idivl	/,%

例 3.4 假设 R[ax] = FFFAH，R[bx] = FFF0H，则执行 Intel 格式指令"add ax, bx"后，AX、BX 中的内容各是什么？标志 CF、OF、ZF、SF 各是什么？要求分别将操作数作为无符号整数和带符号整数来解释并验证指令执行结果。

解：根据 Intel 指令格式规定（注意：Intel 格式与 AT&T 格式不同，目的操作数位置在左边）可知，指令"add ax, bx"的功能是 R[ax]←R[ax]+R[bx]。add 指令的执行在图 2.10 所示的补码加减运算器中进行，执行后其结果在 AX 中，即 R[ax] = FFFAH+FFF0H = FFEAH，而 BX 的内容不变，即 R[bx] = FFF0H，标志 CF = 1，SF = 1，OF = 0，ZF = 0。

若作为无符号整数来解释，则根据 CF = 1 可判断其结果溢出；若作为带符号整数来解释，则根据 OF = 0 可判断其结果不溢出且和为-22。

无符号整数加法运算结果验证如下：R[ax] = FFFAH，真值为 65530，R[bx] = FFF0H，真值为 65520，结果为 65530+65520 = 131050，显然大于 16 位最大可表示的无符号整数 65535，即结果溢出，验证正确。

带符号整数加法运算结果验证如下：R[ax] = FFFAH，真值为-110B = -6，R[bx] = FFF0H，真值为-10000B = -16，结果为-6 +(-16) = -22，验证正确。

例 3.5 假设 R[eax] = 0000 00B4H，R[ebx] = 0000 0011H，M[0000 00F8H] = 0000 00A0H，请问：

① 执行指令"mulb %bl"后，哪些寄存器的内容会发生变化？与执行"imulb %bl"指令所发生的变化是否一样？为什么？两条指令得到的 CF 和 OF 标志各是什么？请用该例给出的数据验证你的结论。

② 执行指令"imull $-16,(%eax,%ebx,4),%eax"后哪些寄存器和存储单元发生了变化？乘积的机器数和真值各是多少？

解：因为 R[eax] = 0000 00B4H，R[ebx] = 0000 0011H，所以，R[al] = B4H，R[bl] = 11H。

① 指令"mulb %bl"中指出的操作数为 8 位，故指令的功能为"R[ax]←R[al]× R[bl]"，因此，改变内容的寄存器是 AX，指令执行后 R[ax] = 0BF4H，即十进制数 3060，因为高 8 位乘积不为全 0（即乘积高 8 位中含有效数位），故 CF 和 OF 标志全为 1。执行指令"imulb %bl"后，R[ax] = FAF4H，即十进制数-1292。因为高 9 位乘积不为全 0 或全 1（即乘积高 8 位中含有效数位），故 CF 和 OF 标志全为 1。

由此可见，两条指令执行后发生变化的寄存器都是 AX，但是存入 AX 的内容不一样。mulb 指令执行的是无符号整数乘法，而 imulb 执行的是带符号整数乘法，根据 2.7.7 节中给出的整数乘法运算结论可知，若乘积只取低 8 位，则无符号整数和带符号整数两种乘积的机器数一样，此例中都是 F4H，不过乘积都发生了溢出；若乘积取 16 位，则高 8 位不同，此例中一个是 0BH，一个是 FAH。

验证：此例中 mulb 指令执行的运算是 $180 \times 17 = 3060$，而 imulb 指令执行的运算是 $-76 \times 17 = -1292$。

② 指令 "imull \$-16, (%eax, %ebx, 4), %eax" 的功能是 "R[eax]←(-16)×M[R[eax]+4×R[ebx]]"，其中，第二个乘数所在的存储单元地址为 R[eax]+4×R[ebx] = 0xB4+(0x11<<2) = 0xF8 = 0000 00F8H，因为 M[0000 00F8H] = 0000 00A0H，与-16 相乘后得到一个负的乘积，因此乘积的符号为负。仅考虑低 32 位乘积，其数值部分绝对值的机器数为 0000 00A0H<<4 = 0000 0A00H，对其各位取反末位加 1，得到机器数为 FFFF F600H，即指令执行后 EAX 中存放的内容为 FFFF F600H，其真值为-2560。

3.3.3　按位运算指令

按位运算指令用来对不同长度的操作数进行按位操作，立即数只能作源操作数，不能作为目的操作数，并且最多只能有一个为存储器操作数。主要分为逻辑运算类指令和移位指令。

1. 逻辑运算指令

以下 5 类逻辑运算指令中，仅 NOT 指令不影响条件标志位，其他指令执行后，OF = CF = 0，而 ZF 和 SF 则根据运算结果来设置：若结果为全 0，则 ZF = 1；若最高位为 1，则 SF = 1。

- NOT：单操作数的取反指令，它将操作数每一位取反，然后把结果送回对应位。
- AND：对双操作数按位逻辑 "与"，主要用来实现 "掩码" 操作。例如，执行指令 "andb \$0xf, %al" 后，AL 的高 4 位被屏蔽而变成 0，低 4 位被析取出来。
- OR：对双操作数按位逻辑 "或"，常用于使目的操作数的特定位置 1。例如，执行指令 "orw \$0x3, %bx" 后，BX 寄存器的最后两位被置 1。
- XOR：对双操作数按位进行逻辑 "异或"，常用于判断两个操作数中哪些位不同或用于改变指定位的值。例如，执行指令 "xorw \$0x1, %bx" 后，BX 寄存器最低位被取反。
- TEST：根据两个操作数相 "与" 的结果来设置条件标志，常用于需检测某种条件但不能改变原操作数的场合。例如，可通过执行 "testb \$0x1, %al" 指令判断 AL 最后一位是否为 1。判断规则为：若 ZF = 0，则说明 AL 最后一位为 1；否则为 0。也可通过执行 "testb %al, %al" 指令来判断 AL 是否为 0、正数或负数。判断规则为：若 ZF = 1，则说明 AL 为 0；若 SF = 0 且 ZF = 0，则说明 AL 为正数；若 SF = 1，则说明 AL 为负数。

2. 移位指令

移位指令将寄存器或存储单元中的 8、16 或 32 位二进制数进行算术移位、逻辑移位或循环移位。在移位过程中，把 CF 看作扩展位，用它接收从操作数最左或最右移出的一个二进制位。只能移动 1~31 位，所移位数可以是立即数或存放在 CL 寄存器中的一个数值。

- SHL：逻辑左移，每左移一次，最高位送入 CF，并在低位补 0。
- SHR：逻辑右移，每右移一次，最低位送入 CF，并在高位补 0。
- SAL：算术左移，操作与 SHL 指令类似，每次移位，最高位送入 CF，并在低位补 0。执行 SAL 指令时，如果移位前后符号位发生变化，则 OF = 1，表示左移后结果溢出。这是 SAL 与 SHL 的不同之处。
- SAR：算术右移，每右移一次，操作数的最低位送入 CF，并在高位补符号。
- ROL：循环左移，每左移一次，最高位移到最低位，并送入 CF。
- ROR：循环右移，每右移一次，最低位移到最高位，并送入 CF。
- RCL：带循环左移，将 CF 作为操作数的一部分循环左移。
- RCR：带循环右移，将 CF 作为操作数的一部分循环右移。

例 3.6 假设 short 型变量 x 被编译器分配在寄存器 AX 中，R[ax] = FF80H，则以下汇编代码段执行后变量 x 的机器数和真值分别是多少？

movw	%ax，%dx
salw	$2，%ax
addw	%dx，%ax
sarw	$1，%ax

解：显然这里的汇编指令是 GCC 默认的 AT&T 格式，$2 和 $1 分别表示立即数 2 和 1。假设上述代码段执行前 R[ax] = x，则执行((x<<2)+x)>>1 后，R[ax] = 5x/2。因为 short 型变量为带符号整数，因而采用算术移位指令 salw，这里指令后缀 w 表示操作数的长度为一个字，即 16 位。算术左移时，AX 中的内容 FF80H 在移位前、后符号未发生变化，故 OF = 0，没有溢出。最终 AX 的内容为 FEC0H，解释为 short 型整数时，其值为 -320。

验证：x = -128，5x/2 = -320。经验证，结果正确。

3.3.4 程序执行流控制指令

指令执行的顺序在 IA-32 中由 EIP 确定。正常情况下，指令按照它们在存储器中的存放顺序一条一条地按序执行，但是，在有些情况下，程序需要跳转到另一段代码去执行，此时可通过直接将指令指定的**跳转目标地址**送 EIP 的方法实现跳转。

有直接跳转和间接跳转两种方式。**直接跳转**指跳转目标地址由出现在指令机器码中的立即数作为偏移量而计算得到；**间接跳转**则是指跳转目标地址间接存储在某寄存器或存储单元中。

跳转目标地址的计算方法有两种。一种是通过将当前 EIP 的值加偏移量计算得到，因为偏移量是带符号整数，因此跳转目标地址为 EIP 内容增加或减少某一个数值得到，也就是采用相对寻址方式得到，可以看成是以当前 EIP 内容为基准往前或往后跳转，称为**相对跳转**；另一种是直接将指令中设置的目标地址设置到 EIP 中，称为**绝对跳转**。

通常直接跳转采用相对跳转方式，在汇编语言代码中，跳转目的地通常用一个标号（Label）指明，如 .Loop；间接跳转通常采用绝对跳转方式，在汇编语言代码中，跳转目的地通常用 * 后跟一个操作指示符表示，例如，在 IA-32 中的 " * %eax" 或 " * (%eax)"，前者表示 EAX 寄存器内容为跳转目标地址，后者表示 EAX 寄存器所指的存储单元中的内容为跳转目标地址。

程序执行流控制指令有无条件跳转、条件跳转、条件设置、调用/返回指令和陷阱指令等。这些指令中，除陷阱指令外，其他指令都不影响标志位，但有些指令的执行受标志位的影响。与条件跳转指令和条件设置指令类似的还有条件传送指令。

1. 无条件跳转指令

无条件跳转指令 JMP 的执行结果就是直接跳转到目标地址处执行。例如，直接跳转方式下，汇编指令 jmp .L1 的含义就是直接跳转到标号".L1"处执行，在生成机器语言目标代码时，汇编器和链接器会根据跳转目标地址和当前 jmp 指令之间的相对距离，计算出 jmp 指令中的立即数（即偏移量）字段。间接跳转方式下，IA-32 中的汇编指令 jmp *.L8 (, %eax, 4)功能为直接跳转到由存储地址".L8+R[eax]*4"中的内容所指出的目标地址处执行，即 R[eip]←M[.L8+R[eax]*4]。这种间接跳转方式可用于利用跳转表进行 switch 语句实现的情形，有关内容详见 3.4.2 小节。

2. 条件跳转指令

条件跳转指令 Jcc（其中 cc 为条件助记符）以标志位或标志位组合作为跳转依据。如果满足条件，则跳转到由标号 label 确定的目标地址处执行；否则继续执行下一条指令。这类指令都采用相对寻址方式的直接跳转。

表 3.6 列出了常用条件跳转指令的跳转条件。

表 3.6　条件跳转指令

序号	指　　令	跳 转 条 件	说　　明
1	jc label	CF = 1	有进位/借位
2	jnc label	CF = 0	无进位/借位
3	je/jz label	ZF = 1	相等/等于零
4	jne/jnz label	ZF = 0	不相等/不等于零
5	js label	SF = 1	是负数
6	jns label	SF = 0	是非负数
7	jo label	OF = 1	有溢出
8	jno label	OF = 0	无溢出
9	ja/jnbe label	CF = 0 AND ZF = 0	无符号整数 A>B
10	jae/jnb label	CF = 0 OR ZF = 1	无符号整数 A≥B
11	jb/jnae label	CF = 1 AND ZF = 0	无符号整数 A<B
12	jbe/jna label	CF = 1 OR ZF = 1	无符号整数 A≤B
13	jg/jnle label	SF = OF AND ZF = 0	带符号整数 A>B
14	jge/jnl label	SF = OF OR ZF = 1	带符号整数 A≥B
15	jl/jnge label	SF ≠ OF AND ZF = 0	带符号整数 A<B
16	jle/jng label	SF ≠ OF OR ZF = 1	带符号整数 A≤B

IA-32 中不管高级语言程序中定义的变量是带符号整数还是无符号整数类型，对应的加/减指令和比较指令都是一样的，都是在如图 2.10 所示的电路中执行。每条加/减指令和比较指令执行以后，会根据运算结果产生相应的进/借位标志 CF、符号标志 SF、溢出标志 OF 和零标志 ZF 等，并保存到标志寄存器（FLAGS/EFLAGS）中。

对于比较大小后进行分支跳转的情况，通常在条件跳转指令前面的是比较指令或减法指令，因此，大多是通过减法来获得标志信息，然后再根据标志信息来判定两个数的大小，从而决定应该跳转到何处执行。对于无符号整数的情况，判断大小时使用的是 CF 和 ZF 标志。ZF=1 说明两数相等，CF=1 说明有借位，是"小于"的关系，通过对 ZF 和 CF 的组合，得到表 3.6 中序号 9、10、11 和 12 这 4 条指令中的结论；对于带符号整数的情况，判断大小时使用 SF、OF 和 ZF 标志。ZF=1 说明两数相等，SF=OF 时说明结果是以下两种情况之一：①两数之差为正数（SF=0）且结果未溢出（OF=0）；②两数之差为负数（SF=1）且结果溢出（OF=1），这两种情况显然反映的是"大于"关系。若 SF≠OF，则反映"小于"关系。带符号整数比较时对应表 3.6 中序号 13、14、15 和 16 这 4 条指令。

例如，假设被减数的机器数为 $X=1001$，减数的机器数为 $Y=1100$，则在图 2.10 所示的整数加减运算器中计算两数的差时，计算公式为：$X-Y=X+(-Y)_{补}$。做减法时 Sub=1，$Y'=0011$，因此在图 2.10 所示运算器中的运算为 $1001-1100=1001+0011+1=(0)1101$，因此 ZF=0，Cout=0。若是无符号整数比较，则是 9 和 12 相比，显然是"小于"关系，此时 CF=Cout⊕Sub=1，满足表 3.6 中序号 11 对应指令中的条件；若是带符号整数比较，则是 -7 和 -4 比较，显然也是"小于"关系，此时符号位为 1，即 SF=1，而根据"两个异号数相加一定不溢出"得知，在加法器中对 1001 和 0100 相加一定不会溢出，故 OF=0，因而 SF≠OF，满足表 3.6 中序号 15 对应指令中的条件。

3. 条件设置指令

条件设置指令用来将条件标志组合得到的条件值设置到一个 8 位通用寄存器中，其设置的条件值与表 3.6 中条件跳转指令的跳转条件值完全一样，指令助记符也类似，只要将 J 换成 SET 即可。其格式为：

SETcc DST

DST 通常是一个 8 位寄存器。例如，假定将组合条件值存放在 DL 寄存器中，则对应表 3.6 中序号 1 的指令为 "setc %dl"，其含义如下：若 CF=1，则 R[dl]=1；否则 R[dl]=0。对应表 3.6 中序号 14 的指令为 "setge %dl"，其含义如下：若 SF=OF 或 ZF=1，则 R[dl]=1；否则 R[dl]=0。每个条件跳转指令都有对应的条件设置指令。

例 3.7 以下各组指令序列用于将变量 x 和 y 的某种比较结果记录到 CL 寄存器。根据以下各组指令序列，分别判断变量 x 和 y 在 C 语言程序中的数据类型，并说明指令序列的功能。

```
第一组：cmpl    %eax,%edx    #R[eax]=x,R[edx]=y
        setb    %cl
第二组：cmpl    %eax,%edx    #R[eax]=x,R[edx]=y
        setne   %cl
第三组：cmpw    %ax,%dx      #R[ax]=x,R[dx]=y
        setl    %cl
第四组：cmpb    %al,%dl      #R[al]=x,R[dl]=y
        setae   %cl
```

解：CMP 指令通过执行减法来设置条件标志位，每组中第二条 SETcc 指令中使用的条件标志都是由 x 和 y 相减后设置的。

第一组 x 和 y 都是 32 位数据，指令 setb 对应表 3.6 中序号为 11 的指令，设置条件为 CF=1 且 ZF=0，说明是无符号整数小于比较，因此，x 和 y 可能是 unsigned、unsigned long 或指针型数据。

第二组 x 和 y 都是 32 位数据，指令 setne 对应表 3.6 中序号为 4 的指令，设置条件为 ZF=0，说明是两个位串的不相等比较，因此，x 和 y 可能是 unsigned、int、unsigned long、long 或指针型数据。

第三组 x 和 y 都是 16 位数据，指令 setl 对应表 3.6 中序号为 15 的指令，设置条件为 SF≠OF 且 ZF=0，说明是带符号整数小于比较，因此，x 和 y 只能是 short 型数据。

第四组 x 和 y 都是 8 位数据，指令 setae 对应表 3.6 中序号为 10 的指令，设置条件为 CF=0 或 ZF=1，说明是无符号整数大于等于比较，因此，x 和 y 可能是 unsigned char 或 char 型数据。因为 C 语言标准没有明确规定 char 是带符号整数还是无符号整数，因此，编译器可能将 char 型变量作为无符号整数类型处理。

例 3.8 以下各组指令序列用于测试变量 x 的某种特性，并将测试结果记录到 CL 寄存器。根据以下各组指令序列，分别判断数据 x 在 C 语言程序中的数据类型，并说明指令序列的功能。

第一组：testl   %eax, %eax   #R[eax]=x
       sete   %cl
第二组：testl   %eax, %eax   #R[eax]=x
       setge   %cl
第三组：testw   %ax, %ax   #R[ax]=x
       setns   %cl
第四组：testb   %al, $15   #R[al]=x
       setz   %cl

解： TEST 指令执行后，OF=CF=0，而 ZF 和 SF 则根据两个操作数相"与"的结果来设置：若结果为全 0，则 ZF=1；若最高位为 1，则 SF=1。前三组的 TEST 指令对 x 和 x 相"与"得到的是 x 本身。

第一组 x 为 32 位数据，指令 sete 对应表 3.6 中序号为 3 的指令，设置条件为 ZF=1，因而是对位串 x 判断是否等于 0，显然，x 可能是 unsigned、int、unsigned long、long 或指针型数据。

第二组 x 为 32 位数据，指令 setge 对应表 3.6 中序号为 14 的指令，设置条件为 SF=OF 或 ZF=1，因为 OF=0，所以设置条件转换为 SF=0 或 ZF=1，即判断 x 的符号是否为正或 x 是否为 0，说明是带符号整数大于等于 0 比较，因此，x 可能是 int 或 long 型数据。

第三组 x 为 16 位数据，指令 setns 对应表 3.6 中序号为 6 的指令，设置条件为 SF=0，说明是带符号整数是否为非负数比较，即判断 x 是否大于等于 0，因此，x 只能是 short 型数据。

第四组的 TEST 指令对 x 和 0x0F 相"与"，析取 x 的低 4 位，x 为 8 位数据，指令 setz 对应表 3.6 中序号为 3 的指令，设置条件为 ZF=1，因而是对 TEST 指令析取出的位串判断是否为 0，即判断 x 的低 4 位是否为 0，因此，x 可能是 char、signed char 或 unsigned char 型数据。

4. 条件传送指令

该类指令的功能是，如果符合条件就进行传送操作，否则什么都不做。设置的条件和表 3.6 中的条件跳转指令的跳转条件完全一样，指令助记符也类似，只要将 J 换成 CMOV 即可，其格式为：

$$\text{CMOVcc DST, SRC}$$

源操作数 SRC 可以是 16 位或 32 位寄存器或存储器操作数，传送目的地 DST 必须是 16 位或 32 位寄存器。例如，对应表 3.6 中序号 1 的指令"cmovc %eax, %edx"，其含义为：若 CF=1，则 R[edx]←R[eax]；否则什么都不做。对应表 3.6 中序号 14 的指令为"cmovge(%eax), %edx"，其含义为：若 SF=OF 或 ZF=1，则 R[edx]←M[R[eax]]；否则什么都不做。

5. 调用和返回指令

为便于模块化程序设计，往往把程序中某些具有独立功能的部分编写成独立的程序模块，称之为**子程序**。这些子程序可以被主程序调用，并且执行完毕后又返回主程序继续执行原来的程序。子程序的使用有助于提高程序的可读性，并有利于代码重用，它是程序员进行模块化编程的重要手段。子程序的使用主要是通过**过程调用**或**函数调用**实现，为叙述方便，本书将过程（调用）和函数（调用）统称为过程（调用）。为了实现这一功能，IA-32 提供了以下两条指令。

（1）调用指令

调用指令 CALL 是一种无条件跳转指令，跳转方式与 JMP 指令类似。它包含两个操作：①将返回地址入栈（相当于 PUSH 操作）；②跳转到指定地址处执行。执行时，首先将当前 EIP 或 CS：EIP 的内容（即**返回地址**，相当于 CALL 指令下面一条指令的地址）入栈，然后将**调用目标地址**（即子程序的首地址）装入 EIP 或 CS：EIP，以跳转到被调用的子程序执行。显然，CALL 指令会修改栈指针 ESP。

（2）返回指令

返回指令 RET 也是一种无条件跳转指令，通常放在子程序的末尾，使子程序执行后返回主程序继续执行。该指令执行过程中，返回地址被从栈顶取出（相当于 POP 指令），并送到 EIP 寄存器（段内或段间调用时）和 CS 寄存器（仅段间调用）。显然，RET 指令会修改栈指针。若 RET 指令带有一个立即数 n，则当它完成上述操作后，还会执行 R[esp]←R[esp]+n 操作，从而实现预定的修改栈指针 ESP 的目的。

6. 陷阱指令

陷阱也称为**自陷**或**陷入**，它是预先安排的一种"异常"事件，就像预先设定的"陷阱"一样。当执行到**陷阱指令**（也称**自陷指令**）时，CPU 就调出特定的程序进行相应处理，处理结束后返回到陷阱指令的下一条指令执行。

陷阱的重要作用之一是在用户程序和操作系统内核之间提供一个类似过程调用的接口，称为**系统调用**，用户程序通过系统调用可方便地使用操作系统内核提供的服务。为了使用户程序能够向内核提出系统调用请求，指令集架构会定义若干条特殊的**系统调用指令**，如 IA-32 中的 int 指令和 sysenter 指令、RISC-V 中的 ecall 指令、MIPS 中的 syscall 指令等。这些系统调用指令属于陷阱指令，执行时 CPU 通过一系列步骤调出内核中对应的系统调用服务例程执行。此外，利用陷阱机制还可以实现程序调试功能，包括设置断点和单步跟踪。

陷阱是一种特殊的中断当前程序运行的"异常"事件，以下是 IA-32/x86-64 中提供的部分异常/中断类指令，其中，INT、into 和 sysenter 为陷阱指令。

- INT n：n 为中断类型号，取值范围为 0~255。
- iret：中断返回指令，执行后将回到被中断的程序继续运行。
- into：溢出中断指令，若 OF=1，产生类型号为 4 的异常，进入相应的溢出异常处理。
- sysenter：快速进入系统调用指令。
- sysexit：快速退出系统调用指令。

3.4 C 语言程序的机器级表示

用任何汇编语言或高级语言编写的源程序最终都必须翻译成以指令形式表示的机器语言，才能在计算机上运行。本节简单介绍高级语言源程序转换为机器级代码过程中涉及的一些基本问题。为方便起见，本节选择具体语言进行说明，高级语言和机器级语言分别选用 C 语言和 IA-32 指令系统。其他情况下，其基本原理不变。

3.4.1 过程调用的机器级表示

程序员可使用参数将过程与其他程序及数据进行分离。调用过程只要传送输入参数给被调用过程，最后再由被调用过程返回结果给调用过程。引入过程使得每个程序员只需要关注本模块中函数或过程的编写任务。本书主要介绍 C 语言程序的机器级表示，而 C 语言用函数来实现过程，因此，本书中的过程和函数是等价的。

将整个程序分成若干模块后，编译器对每个模块可以分别编译。为了彼此统一，编译的模块代码之间必须遵循一些调用接口约定，这些约定称为调用约定（Calling Convention），具体由 ABI 规范定义，由编译器强制执行，汇编语言程序员也必须强制按照这些约定执行，包括寄存器的使用、栈帧的建立和参数传递等。

1. IA-32 中用于过程调用的指令

在 3.3.4 节中提到的调用指令 CALL 和返回指令 RET 是用于过程调用的主要指令，它们都属于一种无条件跳转指令，都会改变程序执行的顺序。为了支持嵌套和递归调用，通常利用栈来保存返回地址、入口参数和过程内部定义的非静态局部变量，因此，CALL 指令在跳转到被调用过程执行之前先要把返回地址压栈，RET 指令在返回调用过程之前要从栈中取出返回地址。

2. 过程调用的执行步骤

假定过程 P 调用过程 Q，则 P 称为**调用者**（Caller），Q 称为**被调用者**（Callee）。过程调用的执行步骤如下。

1）P 将入口参数（实参）放到 Q 能访问到的地方。

2）P 将返回地址存到特定的地方，然后将控制转移到 Q。

3）Q 保存 P 的现场，并为自己的非静态局部变量分配空间。

4）执行 Q 的过程体（函数体）。

5）Q 恢复 P 的现场，并释放局部变量所占空间。

6）Q 取出返回地址，将控制转移到 P。

上述步骤中，第1)和第2)步是在过程 P 中完成的，其中第2)步是由 CALL 指令实现的，通过 CALL 指令，将控制从过程 P 转移到过程 Q。第3)~6)步都在被调用过程 Q 中完成，在执行 Q 过程体之前的第3)步称为**准备阶段**，用于保存 P 的现场并为 Q 的非静态局部变量分配空间，在执行 Q 过程体之后的第5)步称为**结束阶段**，用于恢复 P 的现场并释放 Q 的局部变量所占空间，最后在第6)步通过执行 RET 指令返回到过程 P。每个过程的功能主要通过过程体的执行来完成。如果过程 Q 有嵌套调用的话，那么在 Q 的过程体和被 Q 调用的过程（函数）中又会有上述6个步骤的执行过程。

小提示

因为每个处理器核只有一套通用寄存器，因此通用寄存器是每个过程共享的资源，当从调用过程跳转到被调用过程执行时，原来在通用寄存器中存放的调用过程中的内容，不能因为被调用过程要使用这些寄存器而被破坏掉，因此，在被调用过程使用这些寄存器前，在准备阶段先将寄存器中的值保存到栈中，用完以后，在结束阶段再从栈中将这些值重新写回到寄存器中，这样，回到调用过程后，寄存器中存放的还是调用过程中的值。通常将通用寄存器中的值称为**现场**。

并不是所有通用寄存器中的值都由被调用过程保存，调用过程保存一部分，被调用过程保存一部分。通常由应用程序二进制接口（ABI）给出**寄存器使用约定**，其中会规定哪些寄存器是调用者保存，哪些是被调用者保存。

3. 过程调用所使用的栈

从上述执行步骤来看，在过程调用中，需要为入口参数、返回地址、调用过程执行时用到的寄存器、被调用过程中的非静态局部变量、过程返回时的结果等数据找到存放空间。如果有足够的寄存器，最好把这些数据都保存在寄存器中，这样，CPU 执行指令时，可以快速地从寄存器取得这些数据进行处理。但是，用户可见寄存器数量有限，并且它们是所有过程共享的，某时刻只能被一个过程使用；此外，对于过程中使用的一些复杂类型的非静态局部变量（如数组和结构等类型数据）也不可能保存在寄存器中。因此，除了寄存器外，还需要有一个专门的存储区域来保存这些数据，这个存储区域就是**栈**（Stack）。那么，上述数据中哪些存放在寄存器，哪些存放在栈中呢？寄存器和栈的使用又有哪些规定呢？

4. IA-32 的寄存器使用约定

尽管硬件对寄存器的用法几乎没有任何规定，但是，因为寄存器是被所有过程共享的资源，若一个寄存器在调用过程中存放了特定的值 x，在被调用过程执行时，它又被写入了新的值 y，那么当从被调用过程返回到调用过程执行时，该寄存器中的值就不是当初的值 x，这样，调用过程的执行结果就会发生错误。因而，在实际使用寄存器时需要遵循一定的惯例，使机器级程序员、编译器和库函数等都按照统一的约定处理。

i386 System V ABI 规范规定，寄存器 EAX、ECX 和 EDX 是**调用者保存寄存器**（Caller Saved Register）。当过程 P 调用过程 Q 时，Q 可以直接使用这三个寄存器，不用将它们的值保存到栈中，这也意味着，如果 P 在从 Q 返回后还要用这三个寄存器中的值，P 应在转到 Q 之前先保存它们的值，并在从 Q 返回后先恢复它们的值再使用。寄存器 EBX、ESI、EDI 是**被调用者保存寄存器**（Callee Saved Register），Q 必须先将它们的值保存到栈中再使用它们，并在返回 P 之前先恢复它们的值。还有另外两个寄存器 EBP 和 ESP 则分别是帧指针寄存器和栈指针寄存器，分别用来指向当前栈帧的底部和顶部。

小提示

应用程序二进制接口（Application Binary Interface，ABI）是为运行在特定 ISA 及特定操作系统之上的应用程序规定的一种机器级目标代码接口，包含了运行在特定 ISA 及特定操作系统之上的应用程序所对应的目标代码生成时必须遵循的约定。ABI 描述了应用程序和操作系统之间、应用程序和所调用的库之间、不同组成部分（如过程或函数）之间在较低层次上的机器级代码接口。开发编译器、操作系统和函数库等软件的程序员需要遵循 ABI 规范。此外，若应用程序员使用不同的编程语言开发软件，也可能需要使用 ABI 规范。

本书前四章的大部分内容其实都是 ABI 手册里面定义的，包括 C 语言中数据类型的长度、对齐、栈帧结构、调用约定、ELF 格式、链接过程和系统调用的具体方式等。Linux 操作系统下一般使用 System V ABI，而 Windows 操作系统则使用另一套 ABI。通常，在 IA-32 架构上运行的是 32 位操作系统，GCC 默认生成 IA-32 代码，Linux 和 GCC 将其称为 "i386" 平台，IA-32+Linux 系统对应的 ABI 称为 i386 System V ABI。

5. IA-32 的栈、栈帧及其结构

IA-32 使用栈来支持过程的**嵌套调用**，过程的入口参数、返回地址、被保存寄存器的值、被调用过程中的非静态局部变量等都会入栈保存。IA-32 中可通过执行 MOV、PUSH 和 POP 指令存取栈中元素，用 ESP 寄存器指示栈顶，栈从高地址向低地址增长。

每个过程都有自己的栈区，称为**栈帧**（Stack Frame），因此，一个栈由若干栈帧组成，每个栈帧用专门的**帧指针寄存器** EBP 指定起始位置。因而，**当前栈帧**的范围在帧指针 EBP 和栈指针 ESP 指向区域之间。过程执行时，由于不断有数据入栈，所以栈指针会动态移动，而帧指针则固定不变。对程序来说，用固定的帧指针来访问变量要比用变化的栈指针方便得多，也不易出错，因此，在一个过程内对栈中信息的访问大多通过帧指针 EBP 进行。

假定 P 是调用过程，Q 是被调用过程。图 3.8 给出了 IA-32 在过程 Q 被调用前、过程 Q 执行中和从 Q 返回到过程 P 这三个时点栈中的状态变化。

在调用过程 P 中遇到一个函数调用（假定被调用函数为 Q）时，在调用过程 P 的栈帧中保存的内容如图 3.8a 所示。首先，P 确定是否需要将某些调用者保存寄存器（如 EAX、ECX 和 EDX）保存到自己的栈帧中；然后，将入口参数按序保存到 P 的栈帧中，参数压栈的顺序是先右后左；最后执行 CALL 指令，先将返回地址保存到 P 的栈帧中，然后转去执行被调用过程 Q。

在执行被调用函数 Q 的准备阶段，在 Q 的栈帧中保存的内容如图 3.8b 所示。首先，Q 将 EBP 的值保存到自己的栈帧（即被调用过程 Q 的栈帧）中，并设置 EBP 指向它，即 EBP 指向当前栈帧的底部；然后，根据需要确定是否将被调用者保存寄存器（如 EBX、ESI 和 EDI）保存到 Q 的栈帧中；最后在栈中为 Q 中的非静态局部变量分配空间。通常，如果非静态局部变量为简单变量且有空闲的通用寄存器，则编译器会将通用寄存器分配给局部变量，但是，对于非静态局部变量是数组或结构等复杂数据类型的情况，则只能在栈中为其分配空间。

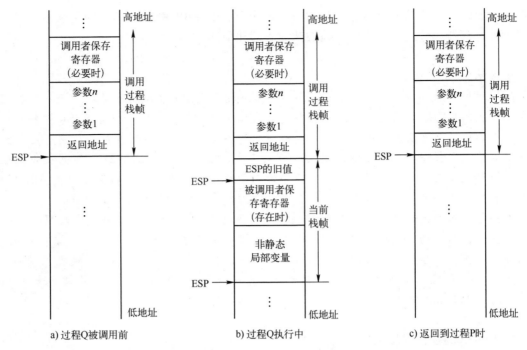

图 3.8　过程调用过程中栈和栈帧的变化

在 Q 过程体执行后的结束阶段，Q 会恢复被调用者保存寄存器和 EBP 寄存器的值，并使 ESP 指向返回地址，这样，栈中的状态又回到了开始执行 Q 时的状态，如图 3.8c 所示。这时，执行 RET 指令便能取出返回地址，回到过程 P 继续执行。

从图 3.8 可看出，在 Q 的过程体执行时，入口参数 1 的地址总是 R[ebp]+8，入口参数 2 的地址总是 R[ebp]+12，入口参数 3 的地址总是 R[ebp]+16，依此类推。

6. 变量的作用域和生存期

从图 3.8 所示的过程调用前、后栈的变化过程可以看出，在当前过程 Q 的栈帧中保存的 Q 内部的非静态局部变量只在 Q 执行过程中有效，当从 Q 返回到 P 后，这些变量所占的空间全部被释放，因此，在 Q 过程以外，这些变量是无效的。了解了上述过程，就能很好地理解 C 语言中关于变量的作用域和生存期的问题。C 语言中的 auto 型变量就是过程（函数）内的非静态局部变量，因为它是通过执行指令而动态、自动地在栈中分配并在过程结束时释放的，因而其作用域仅限于过程内部且具有的仅是"局部生存期"。此外，auto 型变量可以和其他过程中的变量重名，因为其他过程中的同名变量实际占用的是自己栈帧中的空间或静态数据区，也就是说，变量名虽相同但实际占用的存储单元不同，它们分别在不同的栈帧中，或一个在栈中另一个在静态数据区中。C 语言中的外部参照型变量和静态变量被分配在静态数据区，而不是分配在栈中，因而这些变量在整个程序运行期间一直占据着固定的存储单元，它们具有"全局生存期"。

7. 一个简单的过程调用例子

下面以一个最简单的例子来说明过程调用的机器级实现。假定有一个函数 add 实现两个数相加，另一个过程 caller 调用 add，以计算 125+80 的值，对应的 C 语言程序如下。

```
1    int add( int x, int y) {
2        return x+y;
3    }
4
5    int caller( ) {
6        int temp1 = 125;
7        int temp2 = 80;
8        int sum = add( temp1, temp2);
9        return sum;
10   }
```

经 GCC 编译后 caller 过程对应的代码如下（#后面的文字是注释）。

```
1    caller:
2    pushl      %ebp
3    movl       %esp, %ebp
4    subl       $24, %esp
5    movl       $125, -12(%ebp)      #M[ R[ ebp]-12] ←125，即 temp1 = 125
6    movl       $80, -8(%ebp)        #M[ R[ ebp]-8] ←80，即 temp2 = 80
7    movl       -8(%ebp), %eax       #R[ eax]←M[ R[ ebp]-8]，即 R[ eax] = temp2
8    movl       %eax, 4(%esp)        #M[ R[ esp]+4]←R[ eax]，即 temp2 入栈
9    movl       -12(%ebp), %eax      #R[ eax]←M[ R[ ebp]-12]，即 R[ eax] = temp1
10   movl       %eax, (%esp)         #M[ R[ esp]]←R[ eax]，即 temp1 入栈
11   call       add                 #调用 add，将返回值保存在 EAX 中
12   movl       %eax, -4(%ebp)       #M[ R[ ebp]-4]←R[ eax]，即 add 返回值送 sum
13   movl       -4(%ebp), %eax       #R[ eax]←M[ R[ ebp]-4]，即 sum 作为 caller 返回值
14   leave
15   ret
```

图 3.9 给出了 caller 栈帧的状态，其中，假定 caller 被过程 P 调用。图中 ESP 的位置是执行了第 4 条指令后 ESP 的值所指的位置，可以看出 GCC 为 caller 的参数分配了 24 字节的空间。从汇编代码中可以看出，caller 中只使用了调用者保存寄存器 EAX，没有使用任何被调用者保存寄存器，因而在 caller 栈帧中无须保存除 EBP 以外的任何寄存器的值；caller 有三个局部变量 temp1、temp2 和 sum，皆被分配在栈帧中；在用 call 指令调用 add 函数之前，caller 先将入口参数从右向左依次将 temp2 和 temp1 的值（即 80 和 125）保存到栈中。在执行 call 指令时再把返回地址

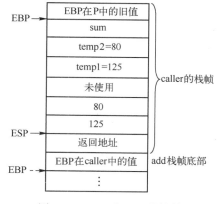

图 3.9   caller 和 add 的栈帧

压入栈中。此外，在最初进入 caller 时，还将 EBP 的值压入了栈中，因此 caller 的栈帧中用到的空间占 4+12+8+4 = 28 字节。但是，caller 的栈帧总共有 4+24+4 = 32 字节，其中浪费了

4 字节空间（未使用）。这是因为 GCC 为保证 x86 架构中数据的严格对齐而规定每个函数的栈帧大小必须是 16 字节的倍数。有关对齐规则，会在后续的章节中介绍。

  call 指令执行后，add 函数的返回参数存放在 EAX 中，因而 call 指令后面的两条指令中，序号为 12 的 movl 指令用来将 add 的结果存入 sum 变量的存储空间，其变量的地址为 R[ebp]−4；序号为 13 的 movl 指令用来将 sum 变量的值送入返回值寄存器 EAX 中。

  在执行 ret 指令之前，应将当前过程的栈帧释放掉，并恢复旧 EBP 的值，上述序号为 14 的 leave 指令实现了这个功能，leave 指令功能相当于以下两条指令的功能。其中，第一条指令使 ESP 指向当前 EBP 的位置，第二条指令执行后，EBP 恢复为 P 中的旧值，并使 ESP 指向返回地址。

```
movl    %ebp, %esp
popl    %ebp
```

  执行完 leave 指令后，ret 指令就可从 ESP 所指处取返回地址，以返回 P 执行。当然，编译器也可通过 pop 指令和对 ESP 的内容做加法来进行退栈操作，而不一定要使用 leave 指令。

  add 过程比较简单，经 GCC 编译并进行链接后对应的代码如下。

```
1   8048469:55            push    %ebp
2   804846a:89 e5         mov     %esp,%ebp
3   804846c:8b 45 0c      mov     0xc(%ebp),%eax
4   804846f:8b 55 08      mov     0x8(%ebp),%edx
5   8048472:8d 04 02      lea     (%edx,%eax,1),%eax
6   8048475:5d            pop     %ebp
7   8048476:c3            ret
```

  通常，一个过程对应的机器级代码都有三个部分：准备阶段、过程体和结束阶段。

  上述序号 1 和 2 的指令构成准备阶段的代码段，这是最简单的准备阶段代码段，它通过将当前栈指针 ESP 传送到 EBP 来完成将 EBP 指向当前栈帧底部的任务，如图 3.9 所示，EBP 指向 add 栈帧底部，从而可以方便地通过 EBP 获取入口参数。这里 add 的入口参数 x 和 y 对应的实参值（125 和 80）分别在地址为 R[ebp]+8、R[ebp]+12 的存储单元中。

  上述序号 3、4 和 5 的指令序列是过程体代码段，过程体结束时将返回值放在 EAX 中。这里好像没有加法指令，实际上序号 5 的 lea 指令执行的是加法运算 R[edx]+R[eax]∗1 = x+y。

  上述序号 6 和 7 的指令序列是结束阶段代码，通过将 EBP 弹出栈帧来恢复 EBP 在 caller 过程中的值，并在栈中退出 add 过程的栈帧，使得执行到 ret 指令时栈顶中已经是返回地址。这里的返回地址应该是 caller 代码中序号为 12 的那条指令的地址。

  add 过程中没有用到任何被调用者保存的寄存器，没有局部变量，此外，add 是一个被调用过程，并且不再调用其他过程，即它是个**叶子过程**，因而也没有入口参数和返回地址要保存，因此，在 add 的栈帧中除了需要保存 EBP 以外，无须保留其他任何信息。

8. 按值传递参数和按地址传递参数

  使用参数传递数据是 C 语言函数间传递数据的主要方式。C 语言中的数据类型分为**基本**

数据类型和**复杂数据类型**，而复杂数据类型中又分为**构造类型**和**指针类型**。C 语言的数据类型如图 3.10 所示。

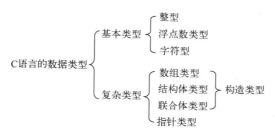

图 3.10　C 语言中的数据类型

C 函数中的**形式参数**可以是基本类型变量名、构造类型变量名和指针类型变量名。对于不同类型的形式参数，其传递参数的方式不同，总体来说分为两种：**按值传递**和**按地址传递**。当形参是基本类型变量名时，采用按值传递方式；当形参是指针类型变量名或构造类型变量名时，采用按地址传递方式。显然，上面的 add 过程采用的是按值传递方式。

下面通过例子说明两种方式的差别。图 3.11 给出了两个相似的程序。

```
程序一
#include <stdio.h>
main ( ) {
      int a=15, b=22;
      printf ("a=%d\tb=%d\n", a, b);
      swap (&a, &b);
      printf ("a=%d\tb=%d\n", a, b);
}
swap (int*x, int*y) {
      int t=*x;
      *x=*y;
      *y=t;
}
```

```
程序二
#include <stdio.h>
main ( ) {
      int a=15, b=22;
      printf ("a=%d\tb=%d\n", a, b);
      swap (a, b);
      printf ("a=%d\tb=%d\n", a, b);
}
swap (int x, int y) {
      int t=x;
      x=y;
      y=t;
}
```

图 3.11　按值传递参数和按地址传送参数的程序示例

上述图 3.11 中两个程序的输出结果如图 3.12 所示。

```
程序一的输出：
      a=15        b=22
      a=22        b=15
```

```
程序二的输出：
      a=15        b=22
      a=15        b=22
```

图 3.12　图 3.11 中程序的输出结果

从图 3.12 可看出，程序一实现了 a 和 b 的值的交换，而程序二并没有实现对 a 和 b 的值进行交换的功能。下面从这两个程序的机器级代码来分析为何它们之间有这种差别。

图 3.13 中给出了两个程序对应的参数传递代码（AT&T 格式），不同之处用粗体字表示。给出的代码假定 swap( ) 函数的局部变量 t 分配在 EDX 中。

从图 3.13 可看出，在给 swap( ) 过程传递参数时，程序一用了 leal 指令，而程序二用的是 movl 指令，因而程序一传递的是 a 和 b 的地址，而程序二传递的是 a 和 b 的内容。

```
程序一汇编代码片段：
main：
        ...
    leal    -8(%ebp), %eax
    movl    %eax, 4(%esp)
    leal    -4(%ebp), %eax
    movl    %eax, (%esp)
    call    swap
        ...
        ret
```

```
程序二汇编代码片段：
main：
        ...
    movl    -8(%ebp), %eax
    movl    %eax, 4(%esp)
    movl    -4(%ebp), %eax
    movl    %eax, (%esp)
    call    swap
        ...
        ret
```

图 3.13　两个程序中传递 swap 过程参数的汇编代码片段

图 3.14 给出了执行 swap 之前 main 的栈帧状态。在 main 过程中，因为没有用到任何被调用者保存寄存器，因而不需要保存这些寄存器内容到栈帧中；非静态局部变量只有 a 和 b，分别分配在 main 栈帧的 R[ebp]-4 和 R[ebp]-8 的位置。因此，这两个程序对应栈中的状态，仅在于调用 swap( ) 函数前压入栈中的参数不同。在图 3.14a 所示的程序一的栈帧中，main 函数把变量 a 和 b 的地址作为实参压入了栈中，而在图 3.14b 所示的程序二的栈帧中，则把变量 a 和 b 的值作为实参压入了栈中。图 3.14 中的粗体字处显示了这两个程序对应栈帧的差别。

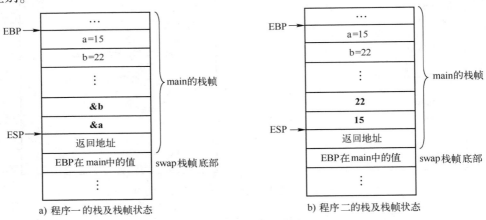

a) 程序一的栈及栈帧状态　　　　　　　　b) 程序二的栈及栈帧状态

图 3.14　执行 swap 之前 main 的栈帧状态

程序一和程序二对应的 swap( ) 函数的机器级代码也不同。图 3.15 中给出了两个程序中 swap 函数对应的汇编代码。

从图 3.15 可看出，程序一的 swap 过程体比程序二的 swap 过程体多了三条指令。而且，由于程序一的 swap 过程体更复杂，使用了较多的寄存器，除了三个调用者保存寄存器外，还使用了被调用者保存寄存器 EBX，它的值必须在准备阶段被保存到栈中，而在结束阶段从栈中恢复。因而它比程序二又多了一条 push 指令和一条 pop 指令。

图 3.16 反映了执行 swap 过程后 main 的栈帧中的状态，与图 3.14 中反映的执行 swap 前的情况进行对照发现，粗体字处发生了变化。

因为程序一的 swap 函数的形式参数 x 和 y 用的是指针型变量名，相当于间接寻址，需要先取出地址，然后根据地址再存取 x 和 y 的值，因而改变了调用过程 main 的栈帧中局部程序一汇编代码片段：

main：
        …

swap：
以下是准备阶段
    pushl %ebp
    movl %esp, %ebp
    pushl %ebx
# 以下是过程体
    movl 8(%ebp), %edx
    movl (%edx), %ecx
    movl 12(%ebp), %eax
    movl (%eax), %ebx
    movl %ebx, (%edx)
    movl %ecx, (%eax)
以下是结束阶段
    popl %ebx
    popl %ebp
    ret

程序二汇编代码片段：

main：
        …

swap：
以下是准备阶段
    pushl %ebp
    movl %esp, %ebp

# 以下是过程体
    movl 8(%ebp), %edx
    movl 12(%ebp), %eax
    movl %eax, 8(%ebp)
    movl %edx, 12(%ebp)

以下是结束阶段
    popl %ebp
    ret

图 3.15   两个程序中 swap( ) 函数对应的汇编代码

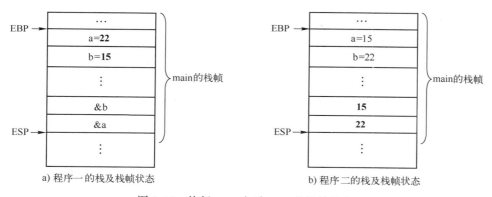

a) 程序一的栈及栈帧状态   b) 程序二的栈及栈帧状态

图 3.16   执行 swap 之后 main 的栈帧状态

变量 a 和 b 所在位置的内容，如图 3.16a 中粗体字所示；而程序二中的 swap( ) 函数的形参 x 和 y 用的是基本数据类型变量名，直接存取 x 和 y 的内容，因而改变的是 swap 函数的入口参数 x 和 y 所在位置的值，如图 3.16b 中粗体字所示。

至此，我们分析了程序一和程序二之间明显的差别，由这些差别造成的最终结果的不同是重要的。这个不同就是，程序一中调用 swap 后回到 main 执行时，a 和 b 的值已经交换过了，而在程序二的执行中，swap 过程实际上交换的是其两个入口参数所在位置上的内容，并没有真正交换 a 和 b 的值。由此，也就不难理解为什么会出现如图 3.12 所示的两个程序的执行结果了。

从上面对例子的分析中可以看出，编译器并不为形式参数分配存储空间，而是给形式参数对应的实参分配空间，形式参数实际上只是被调用函数使用实参时的一个名称而已。不管是按值传递参数还是按地址传递参数，在调用过程用 CALL 指令调用被调用过程时，对应的实参应该都已有具体的值，并已将实参的值存放到调用过程的栈帧中作为入口参数，以等待被调用过程中的指令所用。例如，在图 3.11 所示的程序一中，main 函数调用 swap 函数的实参是 &a 和 &b，在执行 CALL 指令调用 swap 之前，&a 和 &b 的值分别是 R[ebp]−4 和 R[ebp]−8。在如图 3.11 所示的程序二中，main 函数调用 swap 函数的实参是 a 和 b，在执行 CALL 指令调用 swap 之前，a 和 b 的值分别是 15 和 22。

需要说明的是，i386 System V ABI 规范规定，栈中参数按 4 字节对齐，因此，若栈中存放的参数的类型是 char、unsigned char 或 short、unsigned short，也都分配 4 个字节。因而，在被调用函数的执行过程中，可以使用 R[ebp]+8、R[ebp]+12、R[ebp]+16、…作为有效地址来访问函数的入口参数。

9. 递归过程调用

过程调用中使用的栈机制和寄存器使用约定，可以使程序进行过程的**嵌套调用**和**递归调用**。下面用一个简单的例子来说明递归调用过程的执行。

以下是一个计算自然数之和的递归函数（自然数求和可以直接用公式计算，这里的程序仅是为了说明问题而给出的）。

```
1   int nn_sum (int n) {
2       int result;
3       if (n <= 0)
4           result = 0;
5       else
6           result = n+nn_sum (n−1);
7       return result;
8   }
```

上述递归函数对应的汇编代码（AT&T 格式）如下。图 3.17 给出了第 3 次进入递归调用（即第 3 次执行完"call nn_sum"指令）时栈帧中的状态，假定最初调用 nn_sum 函数的是过程 P。

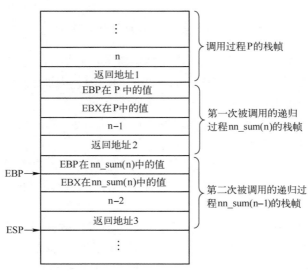

图 3.17　递归过程 nn_sum 的栈帧

```
1    nn_sum:
2        pushl    %ebp
3        movl     %esp，%ebp
4        pushl    %ebx
5        subl     $4，%esp
6        movl     8(%ebp)，%ebx
7        movl     $0，%eax
8        cmpl     $0，%ebx
9        jle      .L2
10       leal     -1(%ebx)，%eax
11       movl     %eax，(%esp)
12       call     nn_sum
13       addl     %ebx，%eax
14   .L2:
15       addl     $4，%esp
16       popl     %ebx
17       popl     %ebp
18       ret
```

递归过程 nn_sum 对应的汇编代码中，用到了一个被调用者保存寄存器 EBX，所以其栈帧中除了保存常规的 EBP 外，还要保存 EBX。过程的入口参数只有一个，因此，序号 5 对应的指令"subl $4，%esp"实际上是为参数 n-1（或 n-2 或…或 1 或 0）在栈帧中申请了 4 个字节的空间，递归过程直到参数为 0 时才第一次退出 nn_sum 过程，并回到序号为 12 的指令"call nn_sum"的后面一条指令（序号为 13 的指令）执行。在递归调用过程中，应该每次都回到同样的地方执行，因此，图 3.17 中的返回地址 2 和返回地址 3 是相同的，但不同于返回地址 1，因为返回地址 1 是过程 P 中指令"call nn_sum"后面一条指令的地址。

递归调用过程的执行一直要等到满足跳出过程的条件时才结束，这里跳出过程的条件是入口参数为 0，只要入参不为 0，就一直递归调用 nn_sum 函数自身。因此，在递归调用 nn_sum 的过程中，栈中最多会形成 $n+1$ 个 nn_sum 栈帧。每个 nn_sum 栈帧占用了 16 字节的空间，因而 nn_sum 过程在执行中至少占用（$16n+12$）字节的栈空间（以入参为 0 调用 nn_sum 时，没有返回地址入栈，故只分配 12 字节）。虽然占用的栈空间都是临时的，过程执行结束后其所占的所有栈空间都会被释放，但是，若递归深度很大，则栈空间开销就很大。若栈大小为 2 MB，则在不考虑其他调用过程所用栈帧的情况下，当递归深度 n 达到大约 2 MB/16 B = 2^{17} = 131072 时，发生**栈溢出**（Stack Overflow）。

此外，过程调用的时间开销也应该考虑。每个过程包含准备阶段和结束阶段，因而每增加一次过程调用，就要增加许多条包含在准备阶段和结束阶段的额外指令，这些额外指令的执行时间开销对程序的性能影响很大，因而，应该尽量避免不必要的过程调用，特别是递归调用。

3.4.2 选择语句的机器级表示

C 语言中的选择语句主要有条件运算表达式赋值语句、if ~ else 语句和 switch 语句。

1. 条件运算表达式的机器级表示

C 语言中的三目运算符由 "?" 和 ":" 组成，构成一个条件运算表达式形式如下：

> x = cond_expr ? then_expr : else_expr;

对应的机器级代码可以使用比较指令、条件传送指令或条件设置指令实现。

2. if ~ else 语句的机器级表示

if~（then）、if~（then）~else 选择结构根据判定条件来控制一些语句是否被执行。其通用形式如下。

> if（cond_expr）
>   then_statement
> else
>   else_statement

其中，cond_expr 是条件表达式，根据其值为非 0（真）或 0（假），分别选择 then_statement 或 else_statement 执行。通常，编译后得到的对应汇编代码可以有如下两种不同的结构，如图 3.18 所示。

```
c=cond_expr;                        c=cond_expr;
if(!c)                              if(c)
    goto false_label:                  goto true_label:
then_statement                      else_statement
goto done;                          goto done;
false_label:                        true_label:
    else_statement                      then_statement
done:                               done:
```

图 3.18 if~else 语句对应的汇编代码结构

图 3.18 中的 "if( ) goto …" 语句对应条件跳转指令，"goto …" 语句对应无条件跳转指令。编译器可以使用在底层 ISA 中提供的各种条件标志设置功能、条件跳转指令、条件设置指令、条件传送指令、无条件跳转指令等相应的程序流控制指令（参见 3.3.4 节有关内容）来实现这类选择语句。

例 3.9 以下是一个 C 语言函数：

```
1    int get_lowaddr_content(int *p1, int *p2){
2        if ( p1 > p2 )
3            return *p2;
4        else
5            return *p1;
6    }
```

已知形式参数 p1 和 p2 对应的实参已压入调用过程的栈帧，p1 和 p2 对应实参的存储地址分别为 R[ebp]+8、R[ebp]+12，这里，EBP 指向当前栈帧底部。返回结果存放在 EAX 中，请写出上述函数体对应的汇编代码，要求用 GCC 默认的 AT&T 格式书写。

解：因为 p1 和 p2 是指针类型参数，所以指令助记符中的长度后缀是 l，比较指令 cmpl 的两个操作数应该都来自寄存器，故应先将 p1 和 p2 对应的实参从栈中取到通用寄存器中，比较指令执行后得到各个条件标志位，程序需要根据条件标志的组合选择执行不同的指令，因此需要用到条件跳转指令，跳转目标地址用标号 .L1 和 .L2 等标识。

以下汇编代码能够正确完成上述函数的功能（不包括过程调用的准备阶段和结束阶段）。

1	movl	8(%ebp),%eax	#R[eax]←M[R[ebp]+8]，即 R[eax]=p1
2	movl	12(%ebp), %edx	#R[edx]←M[R[ebp]+12]，即 R[edx]=p2
3	cmpl	%edx,%eax	#比较 p1 和 p2，即根据 p1-p2 的结果置标志
4	jbe	.L1	#若 p1<=p2，则转 L1 处执行
5	movl	(%edx),%eax	#R[eax]←M[R[edx]]，即 R[eax]=M[p2]
6	jmp	.L2	#无条件跳转到 L2 执行
7	.L1:		
8	movl	(%eax), %eax	#R[eax]←M[R[eax]]，即 R[eax]=M[p1]
9	.L2		

上述汇编代码中，序号为 3 的 cmpl 指令用于比较两个地址的大小，序号 4 对应指令应该使用无符号整数比较跳转指令。参照表 3.6 中的条件跳转指令可知，其对应的条件跳转指令是 jbe。

3. switch 语句的机器级表示

解决多分支选择问题可以用连续的 if~else~if 语句，不过，这种情况下，只能按顺序一一测试条件，直到满足条件时才执行对应分支的语句，因而，通常用 switch 语句来实现多分支选择功能，它可以直接跳到某个条件处的语句执行，而不用一一测试条件。

图 3.19a 是一个含有 switch 语句的过程，图 3.19b 是对应过程体的汇编表示和跳转表。

从图 3.19a 可知，过程 switch_test 的 switch 语句中共有 6 个 case 分支，在机器级代码中分别用标号 .L1、.L2、.L3、.L3、.L4、.L5 来标识这 6 个分支，它们分别对应条件 a=15、a=10、a=12、a=17、a=14 和其他情况，其中，a=15 时所执行的语句（与 .L1 分支对应）包含了 a=10 时的语句（与 .L2 分支对应）；a=12 和 a=17 所执行的语句一样，都是对应 .L3 分支；默认（default）时包含了 a=11、a=13、a=16 或 a>17 的几种情况，与 .L5 分支对应。因而，可以用一个**跳转表**来实现 a 的取值与跳转标号之间的对应关系。将 a 的值减去 10 以后，其值从 0 开始，将 a-10 得到的值作为跳转表的索引，每个跳转表中存放的是一个段内直接近跳转的 4 字节偏移地址，因而跳转表中每个表项的偏移量分别为 0、4、8、12、16、20、24 和 28，即偏移量等于"索引值×4"。这个偏移量与跳转表的首地址（由标号 .L8 指定）相加就是跳转目标地址。因此，可以用图 3.19b 中第 5 行指令"jmp *.L8 (，%eax，4)"来实现直接跳转，这里寄存器 EAX 中存放的就是**索引值**。从上述示例可看出，对 switch 语句进行编译转换的关键是构造跳转表，并正确设置索引值。图 3.19b 中右边

```
1   int switch_test(int a, int b, int c)
2   {
3       int result;
4       switch(a) {
5       case 15:
6           c=b&0x0f;
7       case 10:
8           result=c+50;
9           break;
10      case 12:
11      case 17:
12          result=b+50;
13          break;
14      case 14:
15          result=b
16          break;
17      default:
18          result=a;
19      }
20      return result;
21  }
```

a) switch 语句所在的函数

```
1   movl 8(%ebp) , %eax
2   subl $10, %eax
3   cmpl $7, %eax
4   ja   .L5
5   jmp  *.L8( , %eax, 4)
6  .L1:
7   movl 12(%ebp), %eax
8   and l $15, %eax
9   movl %eax, 16(%ebp)
10 .L2:
11  movl 16(%ebp), %eax
13  addl $50, %eax
14  jmp .L7
15 .L3:
16  movl 12(%ebp), %eax
17  addl $50, %eax
18  jmp  .L7
19 .L4:
20  movl 12(%ebp), %eax
21  jmp .L7
22 .L5:
23  addl $10, %eax
24 .L7:
```

```
1   .section .rodata
2   .align 4
3  .L8
4   .long   .L2
5   .long   .L5
6   .long   .L3
7   .long   .L5
8   .long   .L4
9   .long   .L1
10  .long   .L5
11  .long   .L3
```

b) switch 语句对应的汇编代码表示

图 3.19 switch 语句与对应的汇编表示

的跳转表属于只读数据，即数据段属性为". rodata"，并且在跳转表中的每个跳转地址都必须在 4 字节边界上，即"align 4"方式。

本例中 case 条件变量 a 的条件值范围在 10~17 之间，通过 a-10 构建的索引值在 0~7 之间，因而跳转表只有 8 个表项。当 case 的条件值相差较大时，如 case 10、case 100、case 1000 等，编译器还是会生成分段跳转代码，而不会采用构造跳转表来进行跳转。

3.4.3 循环结构的机器级表示

C 语言中循环结构有三种：for 语句、while 语句和 do~while 语句。大多数编译程序将这三种循环结构都转换为 do~while 形式结构来产生机器级代码，下面按照与 do~while 结构相似程度由近到远的顺序来介绍三种循环语句的机器级表示。

1. do~while 循环的机器级表示

C 语言中的 do~while 语句形式如下。

```
do{
    loop_body_statement
} while (cond_expr);
```

该循环结构的执行过程可以用以下更接近机器级语言的低级行为来描述。

```
loop:loop_body_statement
     c=cond_expr;
     if (c) goto loop;
```

上述结构对应的机器级代码中，loop_body_statement 用一个指令序列来完成，然后用一个指令序列实现对 cond_expr 的计算，并将计算或比较的结果记录在标志寄存器中，然后用一条条件跳转指令来实现"if（c）goto loop;"的功能。

2. while 循环的机器级表示

C 语言中的 while 语句形式如下。

while（cond_expr）	
loop_body_statement	

该循环结构的执行过程可以用以下更接近于机器级语言的低级行为来描述。

c=cond_expr;	
if（!c）goto done;	
loop:loop_body_statement	
c=cond_expr;	
if（c）goto loop;	
done:	

从上述结构可看出，与 do~while 循环结构相比，while 循环仅在开头多了一段计算条件表达式的值，并根据条件选择是否跳出循环体执行的指令序列，其余地方与 do~while 语句一样。

3. for 循环的机器级表示

C 语言中的 for 语句形式如下。

for（begin_expr; cond_expr; update_expr）	
loop_body_statement	

for 循环结构的执行过程大多可以用以下更接近于机器级语言的低级行为来描述。

begin_expr;	
c=cond_expr;	
if（!c）goto done;	
loop:loop_body_statement	
update_expr;	
c=cond_expr;	
if（c）goto loop;	
done:	

从上述结构可看出，与 while 循环结构相比，for 循环仅在两个地方多了一段指令序列。一个是开头多了一段循环变量赋初值的指令序列，另一个是循环体中多了更新循环变量值的指令序列，其余地方与 while 语句一样。

3.4.1 节中以计算自然数之和的递归函数为例，说明了递归过程调用的原理，实际上可以直接用公式计算自然数之和，但为了说明循环结构的机器级表示，以下用 for 语句来实现该功能。

```
1    int nn_sum (int n) {
2       int i;
3       int result = 0;
4       for (i = 1; i <= n; i++)
5           result += i;
6       return result;
7    }
```

根据上述 for 循环的机器级表示，不难写出过程 nn_sum 对应的汇编表示。

```
1     movl    8(%ebp), %ecx
2     movl    $0, %eax
3     movl    $1, %edx
4     cmpl    %ecx, %edx
5     jg      .L2
6   .L1:
7     addl    %edx, %eax
8     addl    $1, %edx
9     cmpl    %ecx, %edx
10    jle     .L1
11  .L2
```

从上述汇编代码可以看出，过程 nn_sum 中的非静态局部变量 i 和 result 被分别分配在寄存器 EDX 和 EAX 中，ECX 中始终存放入口参数 n，返回值在 EAX 中。该过程体中没有用到被调用过程保存寄存器。因而，可以推测在该过程的栈帧中仅保留了 EBP，即其栈帧仅占用了 4 字节空间，而 3.4.1 节给出的递归方式则占用了（$16n+12$）字节的栈空间，多用了（$16n+8$）字节空间。特别是每次递归调用都要执行 16 条指令，递归方式下一共多了 n 次过程调用，因而，递归方式比非递归方式至少多执行 $16n$ 条指令。由此可以看出，为了提高程序的性能，若能用非递归方式执行则最好用非递归方式。

例 3.10 一个 C 语言函数被 GCC 编译后得到的过程体对应的汇编代码如下。

```
1     movl    8(%ebp), %ebx
2     movl    $0, %eax
3     movl    $0, %ecx
4   .L12:
5     leal    (%eax,%eax), %edx
6     movl    %ebx, %eax
7     andl    $1, %eax
8     orl     %edx, %eax
9     shrl    %ebx
10    addl    $1, %ecx
11    cmpl    $32, %ecx
12    jne     .L12
```

该 C 语言函数的整体框架结构如下。

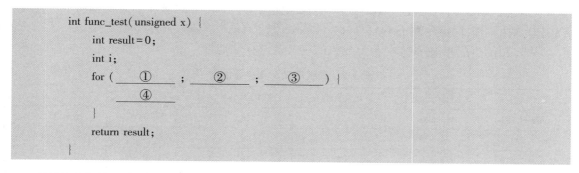

```
int func_test( unsigned x ) {
    int result = 0;
    int i;
    for ( ___①___ ; ___②___ ; ___③___ ) {
        ___④___
    }
    return result;
}
```

根据对应的汇编代码填写函数中缺失的部分①、②、③和④。

解： 从对应汇编代码来看，ECX 初始为 0，在比较指令 cmpl 之前 ECX 做了一次加 1 操作后，再与 32 比较，最后根据比较结果选择是否转到 .L12 继续执行，可以很明显地看出循环变量 i 被分配在 ECX 中，因此可知：①处为 i = 0，②处为 i! = 32，③处为 i++。

第 5 到第 9 行汇编指令对应④处的语句，入口参数 x 在 EBX 中，返回参数 result 在 EAX 中。第 5 条指令 leal 实现 "2 * result"，相当于将 result 左移一位；第 6 和第 7 条指令则实现 "x&0x01"；第 8 条指令实现 "result = (result<<1) | (x & 0x01)"，第 9 条指令实现 "x>> = 1"。综上所述，④处的两条语句是 "result = (result<<1) | (x & 0x01) ; x>> = 1 ; "。

因为本例中循环终止条件是 i≠32，而循环变量 i 的初值为 0，可以确定第一次终止条件肯定不满足，所以可以省掉循环体前面一次条件判断。从本例中给出的汇编代码来看，它确实只有一条条件跳转指令，而不像最初给出的 for 循环对应的低级行为描述结构那样有两处条件跳转指令。显然，本例中给出的结构更简洁。

3.5　复杂数据类型的分配和访问

对于构造类型的数据，由于其包含多个基本类型数据，因而不能直接用单条指令来访问和运算，通常需要特定的代码结构和寻址方式对其进行处理。本节主要介绍构造类型和指针类型的数据在机器级程序中的访问和处理。

3.5.1　数组的分配和访问

对于数组的访问和处理，编译器最重要的是要找到一种简便的数组元素地址的计算方法。

1. 数组元素在存储空间的存放和访问

在程序中使用数组，必须遵循定义在前，使用在后的原则。一维数组定义的一般形式如下。

存储类型 数据类型 数组名[元素个数]；

其中，存储类型可以缺省。例如，定义一个具有 4 个元素的静态存储型 short 数据类型数组 A，可以写成 "static short A[4];"。数组元素 A[0]、A[1]、A[2] 和 A[3] 连续存放在静态存储区中，各占用 2 字节，数组首地址就是第一个元素 A[0] 的地址，因而可用 &A[0]

或 A 表示数组 A 的首地址，第 i（0≤i≤3）个元素的地址计算公式为 &A[0]+2 * i 或 A+2 * i。假定数组 A 的首地址存放在 EDX 中，下标变量 i 存放在 ECX 中，现需要将 A[i]取到 AX 中，则可用汇编指令"movw（%edx，%ecx，2），%ax"实现。

表 3.7 给出了 32 位系统中若干数组的定义及其存储地址。

表 3.7　数组定义及其存储地址

数 组 定 义	数组元素类型	元素大小 B	数组大小 B	起 始 地 址	元素 i 的地址
char S[10]	char	1	10	&S[0]	&S[0]+i
char * SA[10]	char *	4	40	&SA[0]	&SA[0]+4 * i
double D[10]	double	8	80	&D[0]	&D[0]+8 * i
double * DA[10]	double *	4	40	&DA[0]	&DA[0]+4 * i

表 3.7 给出的 4 个数组定义中，数组 SA 和 DA 中每个元素都是一个指针，32 位系统中指针变量占 4 字节。SA 中每个元素指向一个 char 型数据，DA 中每个元素指向一个 double 型数据。

2. 数组的存储分配和初始化

数组可以定义为静态存储型（static）、外部存储型（extern）、自动存储型（auto）或者定义为全局静态区数组，其中，只有 auto 型数组被分配在栈中，其他存储型数组都分配在静态数据区。

数组的初始化就是在定义数组时给数组元素赋初值。例如，以下声明可以对数组 A 的 4 个元素初始化。

```
static short A[4]={3,80,90,65};
```

因为在编译、链接时可确定在静态区中数组的地址，所以在编译、链接阶段就可将数组首址和数组变量建立关联。对于分配在静态区的已被初始化的数组，机器级指令中可通过数组首地址和数组元素的下标来访问相应的数组元素。例如，对于下面给出的例子：

```
int buf[2] = {10, 20};
int main ( ){
    int i, sum=0;
    for (i=0; i<2; i++)
        sum+=buf[i];
    return sum;
}
```

该例中，buf 是一个在静态区分配的可被其他程序模块使用的全局静态区数组，编译、链接后 buf 在可执行目标文件的可读可写数据段中分配了相应的空间。因为 buf 为 int 型，10 和 20 对应的 32 位补码表示分别为 0000 000AH 和 0000 0014H，IA-32 采用小端方式存放，因此，假定分配给 buf 的地址为 0x8048908，则在该地址开始的 8 个单元中存放的数据如下：

```
1    08048908 <buf>:
2    08048908：  0A 00 00 00 14 00 00 00
```

编译器在处理语句"sum+=buf[i];"时，假定 i 分配在 ECX 中，sum 分配在 EAX 中，则该语句可转换为指令"addl buf(,%ecx,4),%eax"，其中 buf 的值为 0x8048908。

对于 auto 型数组，因为被分配在栈中，因此数组首地址通过 ESP 或 EBP 来定位，机器级代码中数组元素地址由首地址与数组元素的下标值进行计算得到。

例如，对于下面给出的例子：

```
int adder ( ){
    int buf[2] = {10,20};
    int i, sum=0;
    for (i=0; i<2; i++)
        sum+=buf[i];
    return sum;
}
```

该例中，buf 是一个在栈区分配的非静态局部数组，在栈中分配了相应的 8 字节空间。假定调用 adder 的函数为 P，并且在 adder 中没有使用被调用者保存寄存器 EBX、ESI、EDI，局部变量 i 和 sum 分别分配在寄存器 ECX 和 EAX 中，则函数 adder 对应的栈帧中的情况如图 3.20 所示。

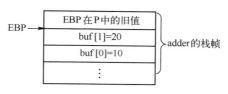

图 3.20　adder 的栈帧

在处理 auto 型数组赋初值的语句"int buf[2]={10,20};"时，编译器可以生成以下指令序列：

1	movl	$10, -8(%ebp)	#buf[0]的地址为 R[ebp]-8，将 10 赋给 buf[0]
2	movl	$20, -4(%ebp)	#buf[1]的地址为 R[ebp]-4，将 20 赋给 buf[1]
3	leal	-8(%ebp), %edx	#buf[0]的地址为 R[ebp]-8，将 buf 首址送 EDX

执行上述指令序列后，数组 buf 的首地址在 EDX 中，在处理语句"sum+=buf[i];"时，编译器可以将该语句转换为机器级指令"addl (%edx,%ecx,4),%eax"。

3. 数组与指针

C 语言中指针与数组之间的关系十分密切，它们均用于处理存储器中连续存放的一组数据，因而在访问存储器时两者的地址计算方法是统一的，数组元素的引用可以用指针来实现。

在指针变量的目标数据类型与数组元素的数据类型相同的前提条件下，指针变量可以指向数组或者数组中的任意元素。例如，对于存储器中连续的 10 个 int 型数据，可以用数组 a 来说明，也可以用指针变量 ptr 来说明。以下两个程序段的功能完全相同，都是使指针 ptr 指向数组 a 的第 0 个元素 a[0]。数组变量 a 的值就是其首地址，即 a=&a[0]，因而 a=ptr，

从而有 &a[i]=ptr+i=a+i 以及 a[i]=ptr[i]= * (ptr+i)= * (a+i)。

```
#程序段一
int a[10];
int *ptr=&a[0];
#程序段二
int a[10], *ptr;
ptr=&a[0];
```

假定 0x8048A00 处开始的存储区有 10 个 int 型整数，部分内容如图 3.21 所示，以小端方式存放。图中 a[0] = ABCDEF00H，a[1] = 01234567H，a[9] = 1256FF00H。数组首地址 0x8048A00 存放在指针变量 ptr 中，从图中可以看出，ptr+i 的值并不是用 0x8048A00 加 i 得到，而是等于 0x8048A00+4 * i。

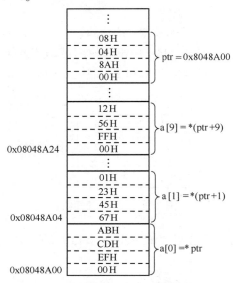

图 3.21　用指针和数组表示连续存放的一组数据

表 3.8 给出了一些数组元素或指针变量的表达式及其计算方式。假定 sizeof(int)= 4，表中数组 A 为 int 型，其首地址 SA 在 ECX 中，数组的下标变量 i 在 EDX 中，表达式的结果在 EAX 中。

表 3.8　关于数组元素和指针变量的表达式计算示例

序号	表　达　式	类　　型	值的计算方式	汇编代码
1	A	int*	SA	leal　(%ecx), %eax
2	A[0]	int	M[SA]	movl　(%ecx), %eax
3	A[i]	int	M[SA+4 * i]	movl　(%ecx, %edx, 4), %eax
4	&A[3]	int*	SA+12	leal　12(%ecx), %eax
5	&A[i]−A	int	(SA+4 * i−SA)/4=i	movl　%edx, %eax
6	* (A+i)	int	M[SA+4 * i]	movl　(%ecx, %edx, 4), %eax
7	* (&A[0]+i−1)	int	M[SA+4 * i−4]	movl　−4(%ecx, %edx, 4), %eax
8	A+i	int*	SA+4 * i	leal　(%ecx, %edx, 4), %eax

表 3.8 中序号为 2、3、6 和 7 的表达式都是引用数组元素，其中 3 和 6 是等价的。对应的汇编指令都有访存操作，指令中源操作数的寻址方式分别是"基址""基址加比例变址""基址加比例变址"和"基址加比例变址加位移"的方式，因为数组元素的类型都为 int 型，故比例因子都为 4。

序号为 1、4 和 8 的表达式都是有关数组元素地址的计算，都可以用 leal 指令实现。对于序号为 1 的表达式，也可用指令"movl %ecx, %eax"实现。

序号为 5 的表达式则是计算两个数组元素之间相差的元素个数，也即是两个指针之间的运算，因此，表达式的值的类型是 int，运算时将两个数组元素地址之差再除以 4，结果就是 i。

3.5.2 结构体数据的分配和访问

C 语言的结构体（也称结构）可以将不同类型的数据结合在一个数据结构中。组成结构体的每个数据称为结构体的成员或字段。

1. 结构体成员在存储空间的存放和访问

结构体中的数据成员存放在存储器中一段连续的存储区中，指向结构的指针就是其第一个字节的地址。编译器在处理结构型数据时，根据每个成员的数据类型获得相应的字节偏移量，然后通过每个成员的字节偏移量来访问结构成员。

例如，以下是一个关于个人联系信息的结构体：

```
struct cont_info {
    char id[8];
    char name[12];
    unsigned post;
    char address[100];
    char phone[20];
};
```

该结构体定义了关于个人联系信息的一个数据类型 struct cont_info，可以把一个变量 x 定义成这个类型，并赋初值，例如，在定义了上述数据类型 struct cont_info 后，可以对变量 x 进行如下声明。

```
struct cont_info x = {"0000000", "ZhangS", 210022,
                      "273 long street, High Building #3015", "12345678"};
```

与数组一样，分配在栈中的 auto 型结构类型变量的首地址由 EBP 或 ESP 来定位，分配在静态存储区的结构体变量首地址是一个确定的地址。

结构体变量 x 的每个成员的首地址等于 x 加上一个偏移量。假定上述变量 x 分配在地址 0x8049200 开始的区域，那么，x = &(x.id) = 0x8049200，其他成员的地址计算如下。

$$\&(x.name) = 0x8049200 + 8 = 0x8049208$$
$$\&(x.post) = 0x8049200 + 8 + 12 = 0x8049214$$
$$\&(x.address) = 0x8049200 + 8 + 12 + 4 = 0x8049218$$
$$\&(x.phone) = 0x8049200 + 8 + 12 + 4 + 100 = 0x804927C$$

在地址 0x8049208 ~ 0x8049213 处存放的是成员 name 的值。根据 x 所赋的初值可知，name 的值为 "ZhangS\0"，因此，在地址 0x8049208 ~ 0x804920D 处存放的是字符串 "ZhangS"，在地址 0x804920E 处存放的是字符'\0'，在地址 0x804920F ~ 0x8049213 处存放的都是空字符。

访问结构体变量的成员时，对应的机器级代码可以通过 "基址加偏移量" 的寻址方式来实现。例如，假定编译器在处理语句 "unsigned xpost = x. post；" 时，x 和 xpost 分别在 EDX 和 EAX 中，则转换得到的汇编指令为 "movl 20(%edx)，%eax"。这里的基址就是存放在 EDX 中的 0x8049200，偏移量为 8+12 = 20。

2. 结构体数据作为入口参数

当结构体变量需要作为一个函数的形式参数时，形式参数和调用函数中的实参应该具有相同的结构。和普通变量传递参数的方式一样，也有按值传递和按地址传递两种方式。如果采用按值传递方式，则结构的每个成员都要被复制到栈中参数区，这既增加时间开销，又增加空间开销，因而对于结构体变量通常采用按地址传递的方式。也就是说，对于结构类型参数，通常不会直接作为参数，而是把指向结构的指针作为参数，这样，在执行 call 指令之前，就无须把结构成员复制到栈中的参数区，而只要把相应的结构体首地址送到参数区，也即仅传递指向结构体的指针而不复制每个成员。

3.5.3 联合体数据的分配和访问

与结构体类似的还有一种联合体（简称联合）数据类型，它也是不同数据类型的集合，不过它与结构体数据相比，在存储空间的使用方式上不同。结构体的每个成员占用各自的存储空间，而联合体的各个成员共享存储空间，也就是说，在某一时刻，联合体的存储空间中仅存有一个成员数据。因此，联合体也称为共用体。

因为联合体的每个成员所占的存储空间大小可能不同，因而分配给它的存储空间总是按最大数据长度成员所需空间大小为目标。例如，对于以下联合数据结构：

```
union uarea {
    char    c_data;
    short   s_data;
    int     i_data;
    long    l_data;
};
```

在 IA-32 上编译时，因为 long 的长度和 int 的长度一样，都是 32 位，所以数据类型 uarea 所占存储空间大小为 4 字节。而对于与 uarea 有相同成员的结构型数据来说，占用空间至少有(1+2+4+4)字节 = 11 字节，如果考虑数据对齐，则占用空间更多。

联合体数据结构通常用在一些特殊场合，例如，当事先知道某种数据结构中的不同字段（成员）的使用时间是互斥的，就可以将这些字段声明为联合，以减少分配的存储空间。但有时这种做法可能会得不偿失，它可能只会减少少量的存储空间却大大增加处理复杂性。

利用联合体数据结构，还可以实现对相同位序列进行不同数据类型的解释。例如，以下函数可以对一个 float 型数据重新解释为一个无符号整数。

```
1    unsigned float2unsign( float f) {
2        union {
3            float f;
4            unsigned u;
5        } tmp_union;
6        tmp_union. f=f;
7        return tmp_union. u;
8    }
```

上述函数的形式参数是 float 型，按值传递参数，因而从调用过程传递过来的实参是一个 float 型数据，该数据被赋值给了一个非静态局部变量 tmp_union 中的成员 f，由于成员 u 和成员 f 共享同一个存储空间，所以在执行序号为 7 的 return 语句后，32 位浮点数被转换成了 32 位无符号整数。函数 float2unsign() 的过程体中主要的指令就是 "movl 8(%ebp)，%eax"，它实现了将存放在地址 R[ebp]+8 处的入口参数 f 送到返回值所在寄存器 EAX 的功能。请思考函数调用 float2unsign(10.0) 的值是多少。

从上述例子可以看出，机器级代码在很多时候并不区分所处理对象的数据类型，不管高级语言中将其说明成 float 型还是 int 型或 unsigned 型，都把它当成一个 0/1 序列来处理。明白这一点非常重要。

3.5.4 数据的对齐方式

可以把存储器看作由连续的位（cell）构成，每 8 位为一字节，每字节有一个地址编号，称为按字节编址。假定计算机系统中规定主存存取单位为 64 位=8 字节，则第 0~7 字节同时读写，第 8~15 字节同时读写，以此类推。若一条指令要访问的数据不在地址为 $8i$~ $8i+7$($i=0,1,2,\cdots$) 之间的存储单元内，则需要多次访存，因而延长了指令的执行时间。例如，若访问的数据在第 6、7、8、9 这 4 字节中，则需要访存两次。因此，数据在存储器中的存放需要进行对齐，以避免多次访存而带来指令执行效率的降低。

当然，对于机器级代码来说，它应该能够支持按任意地址访存的功能，因此，无论数据是否对齐，IA-32 都能正常工作，只是在对齐方式下程序的执行效率更高。为此，编译器通常按对齐方式分配空间。

最简单的对齐策略是，要求不同的基本类型按照其数据长度进行对齐，例如，int 型长度是 4B，因此规定 int 型数据的地址是 4 的倍数，称为 4 字节边界对齐，简称 4 字节对齐。同理，short 型数据的地址是 2 的倍数，double 和 long long 型数据的地址是 8 的倍数，float 型数据的地址是 4 的倍数，char 型数据则无须对齐。Windows 采用的就是这种对齐策略，这在 Windows 遵循的 ABI 规范中有明确定义。这种情况下，对于存取单位为 8 B 宽的存储器来说，所有基本类型数据都仅需访存一次。

例如，对于以下 C 语言程序：

```
#include <stdio. h>
void main( ) {
    int a;
    char b;
```

```
    int c;
    printf("0x%08x\n",&a);
    printf("0x%08x\n",&b);
    printf("0x%08x\n",&c);
}
```

在 IA – 32 + Windows 系统中，VS 编译器下打印结果为 0x0012ff7c、0x0012ff7b 和 0x0012ff80；Dev-C++编译器下打印结果为 0x0022ff7c、0x0022ff7b 和 0x0022ff74。可以看出，这两种编译器下，变量 a 和 c 的地址都是 4 的倍数，而变量 b 没有对齐。VS 编译器下，调整了变量的分配顺序，并没有将 a、b、c 的地址按小地址→大地址（或大地址→小地址）进行分配，而是将无须对齐的变量 b 先分配一个字节，然后再依次分配 a 和 c 的空间。

需要注意的是，ABI 规范只定义了变量的对齐方式，并没有定义变量的分配顺序，编译器可以自由决定使用何种顺序来分配变量。

Linux 使用的对齐策略更为宽松一点，i386 System V ABI 中定义的对齐策略规定：short 数据的地址是 2 的倍数，其他的如 int、float、double 和指针等类型数据的地址都是 4 的倍数。这种情况下，对于存取单位为 8 B 宽的存储器来说，double 型数据就可能需要进行两次访存。对于扩展精度浮点数，IA-32 中规定长度是 80 位，即 10 字节，为了使随后的相同类型数据能够落在 4 字节地址边界上，i386 System V ABI 规范定义 long double 型数据长度为 12 B，因而 GCC 遵循该定义，为其分配 12 字节。

对于由基本数据类型构造而成的 struct 结构体数据，为了保证其中每个字段都满足对齐要求，i386 System V ABI 对 struct 结构体数据的对齐方式有如下几条规则：①整个结构体变量的对齐方式与其中对齐方式最严格的成员相同；②每个成员在满足其对齐方式的前提下，取地址最小的可用位置作为成员在结构体中的偏移量，这可能导致内部插空；③结构体大小应为对齐边界长度的整数倍，这可能会导致尾部插空。前两条规则是为了保证结构体中的任意成员都能以对齐的方式访问。

例如，考虑下面的结构定义：

```
struct SD {
    int      i;
    short    si;
    char     c;
    double   d;
};
```

如果不按照对齐方式分配空间，那么，SD 所占的存储空间大小为（4+2+1+8）字节 = 15 字节，每个成员的首地址偏移如图 3.22a 所示，成员 i、si、c 和 d 的偏移地址分别是 0、4、6 和 7，因此，即使 SD 的首地址按 4 字节边界对齐，成员 d 也不满足 4 字节或 8 字节对齐要求。如果按对齐方式分配的话，根据上述第②条规则，需要在成员 c 后面插入一个空字节，以使成员 d 的偏移从 8 开始，此时，每个成员的首地址偏移如图 3.22b 所示。根据上述第①条规则，应保证 SD 首地址按 4 字节边界对齐，这样所有成员都能按要求对齐。而且，因为 SD 所占空间大小为 16 字节，因此，当定义一个数据元素为 SD 类型的结构数组时，每个数组元素也都能在 4 字节边界上对齐。

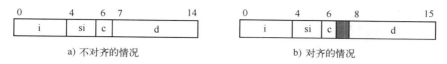

图 3.22 结构 SD 的存储分配情况

上述第③条规则是为了保证结构体数组中的每个元素都能满足对齐要求，例如，对于下面的结构体数组定义：

```
struct SDT {
    int      i;
    short    si;
    double   d;
    char     c;
} sa[10];
```

如果按照图 3.23a 的方式在字段中插空，那么对于第一个元素 sa[0] 来说，能够保证每个成员的对齐要求，但是，因为 SDT 所占总长度为 17 字节，所以，对于 sa[1] 来说，其首地址就不是 4 字节对齐，因而导致 sa[1] 中各成员不能满足对齐要求。若编译器遵循上述第③条规则，在 SDT 结构的最后成员后面插入 3 字节的空间，如图 3.23b 所示。此时，SDT 总长度变为 20 B，从而保证结构体数组中所有元素的首地址都是 4 的倍数。

图 3.23 结构 SDT 的存储分配情况

例 3.11 假定 C 语言程序中定义了以下结构体数组。

```
1    struct {
2        char    a;
3        int     b;
4        char    c;
5        short   d;
6    } record[100];
```

在对齐方式下该结构体数组 record 占用的存储空间为多少字节？每个成员的偏移量为多少？如何调整成员变量的顺序使得 record 占用空间最少？

解：数组 record 的每个元素是结构类型，在对齐方式下，不管是在 Windows 还是 Linux 系统中，该结构占用的存储空间都为 12 字节，因此，数组 record 共占 1200 字节。为了保证每个数组元素都能对齐存放，该数组的起始地址一定是 4 的倍数，并且成员 a、b、c、d 的偏移量分别为 0、4、8、10。

为了使得 record 占用空间最少，可以按照从短→长（或从长→短）调整成员变量的声明顺序。从短→长调整后的声明如下：

```
1    struct {
2        char   a;
3        char   c;
4        short  d;
5        int    b;
6    } record[100];
```

调整后每个数组元素占 8 字节，数组共占 800 字节空间，比原来节省 400 字节。

3.6　兼容 IA-32 的 64 位系统

随着计算机技术及应用领域的不断发展，32 位处理器逐步被 64 位处理器代替，最早的 64 位微处理器架构是 Intel 提出的采用全新指令集的 IA-64，而最早兼容 IA-32 的 64 位架构是 AMD 提出的 x86-64。

目前，AMD 的 64 位处理器架构 AMD 64 和 Intel 的 64 位处理器架构 Intel 64 都支持 x86-64 指令集，因而，通常人们直接使用 x86-64 代表 64 位 Intel 指令集架构。x86-64 有时也简称为 x64。

3.6.1　x86-64 的基本特点

对于 Intel 架构机器中的编译器来说，可以有两种选择，一种是按 IA-32 指令集将目标编译成 IA-32 代码，一种是按 x86-64 指令集将目标编译成 x86-64 代码。通常，在 IA-32 架构上运行的是 32 位操作系统，GCC 默认生成 IA-32 代码；在 x86-64 架构上运行的是 64 位操作系统，GCC 默认生成 x86-64 代码。Linux 和 GCC 将前者称为"i386"平台，将后者称为"x86-64"平台。

与 IA-32 代码相比，x86-64 代码主要有以下几个方面的特点。

1）比 IA-32 具有更多的通用寄存器个数。新增的 8 个 64 位通用寄存器名称分别为 R8~R15。它们可以作为 8 位寄存器（R8B~R15B）、16 位寄存器（R8W~R15W）或 32 位寄存器（R8D~R15D）使用，以访问其中的低 8、低 16 或低 32 位。

2）比 IA-32 具有更长的通用寄存器位数，从 32 位扩展到 64 位。在 x86-64 中，所有通用寄存器都从 32 位扩充到了 64 位，名称也发生了变化。8 个 32 位通用寄存器 EAX、EBX、ECX、EDX、EBP、ESP、ESI 和 EDI 对应的 64 位寄存器分别被命名为 RAX、RBX、RCX、RDX、RBP、RSP、RSI 和 RDI。

在 IA-32 中，寄存器 EBP、ESP、ESI 和 EDI 的低 8 位不能使用，而在 x86-64 架构中，可以使用这些寄存器的低 8 位，对应寄存器名称为 BPL、SPL、SIL 和 DIL。

整数操作不仅支持 8、16、32 位数据类型，还支持 64 位数据类型。所有算术逻辑运算、寄存器与内存之间的数据传输，都能以最多 64 位为单位进行操作。栈的压入和弹出操作都以 8 字节为单位进行。

3）字长从 32 位变为 64 位，因而逻辑地址从 32 位变为 64 位。指针（如 char* 型）和长整数（long 型）数据从 32 位扩展到 64 位，与 IA−32 平台相比，理论上其数据访问的空间大小从 2^{32} B = 4 GB 扩展到了 2^{64} B = 16 EB。不过，目前仅支持 48 位逻辑地址空间，即逻辑地址从 4 GB 增加到了 256 TB。

4）对于 long double 型数据，虽然还是采用与 IA−32 相同的 80 位扩展精度格式，但是，所分配的存储空间从 IA−32 的 12 字节大小扩展为 16 字节大小。也即，此类数据的边界从 4 字节对齐改为 16 字节对齐，不管是分配 12 字节还是 16 字节，都只会用到低 10 字节。

5）过程调用时，对于整型入口参数只有 6 个以内的情况，用通用寄存器而不是用栈来传递，因而，很多过程可以不访问栈，使得大多数情况下执行时间比 IA−32 代码更短。

6）128 位的 XMM 寄存器从原来的 8 个增加到 16 个，浮点操作采用基于 SSE 的面向 XMM 寄存器的指令集，浮点数存放在 128 位的 XMM 寄存器中。

3.6.2 x86−64 的过程调用

在 x86−64 中，过程调用通过寄存器传送参数，寄存器的使用约定主要包括以下方面：①可以不用帧指针寄存器 RBP 作为栈帧底部，此时，使用 RSP 作为基址寄存器来访问栈帧中的信息，而 RBP 可作为普通寄存器使用；②传送入口参数的寄存器依次为 RDI、RSI、RDX、RCX、R8 和 R9，返回参数存放在 RAX 中；③调用者保存的寄存器为 R10 和 R11，被调用者保存的寄存器为 RBX、RBP、R12、R13、R14 和 R15；④RSP 用于指向栈顶元素；⑤RIP 用于指向正在执行或即将执行的指令。

如果入口参数是整数类型或指针类型且少于等于 6 个，则无须用栈来传递参数，如果同时该过程无须在栈中存放局部变量和被调用者保存寄存器的值，那么，该过程就不需要栈帧。传递参数时，如果参数是 32 位、16 位或 8 位，则参数被置于对应宽度的寄存器部分。例如，若第一个入口参数是 char 型，则放在 RDI 中对应字节宽度的寄存器 DIL 中；若返回参数是 short 型，则放在 RAX 中对应 16 位宽度的寄存器 AX 中。表 3.9 给出了每个入口参数和返回参数所在的对应寄存器。

表 3.9 过程调用时参数对应的寄存器

操作数宽度/字节	入口参数						返回参数
	1	2	3	4	5	6	
8	RDI	RSI	RDX	RCX	R8	R9	RAX
4	EDI	ESI	EDX	ECX	R8D	R9D	EAX
2	DI	SI	DX	CX	R8W	R9W	AX
1	DIL	SIL	DL	CL	R8B	R9B	AL

在 x86−64 中，最多可以有 6 个整型或指针型入口参数通过寄存器传递，超过 6 个入口参数时，后面的通过栈来传递，在栈中传递的参数若是基本类型数据，则不管是什么基本类型都分配 8 B 空间。当入口参数少于 6 个或者当入口参数已经被用过而不再需要时，存放对应参数的寄存器可以被函数作为临时寄存器使用。对于存放返回结果的 RAX 寄存器，在产生最终结果之前，也可以作为临时寄存器被函数重复使用。关于 x86−64 的调用约定的详细内容，可以参考 AMD64 System V ABI 手册。

在 x86−64 中，调用指令 callq 将一个 64 位返回地址保存在栈中并执行 R[rsp]←

R[rsp]−8。返回指令 ret 也是从栈中取出 64 位返回地址并执行 R[rsp]←R[rsp]+8。

3.6.3　x86-64 的基本指令和对齐

x86-64 指令集在兼容 IA-32 的基础上支持 64 位数据操作指令，大部分操作数指示符与 IA-32 一样，所不同的是，当指令中的操作数为存储器操作数时，其基址寄存器或变址寄存器都必须是 64 位寄存器；此外，在运算类指令中，除了支持原来 IA-32 中的寻址方式以外，x86-64 还支持 PC 相对寻址方式。

1. 数据传送指令

在 x86-64 中，提供了一些在 IA-32 中没有的数据传送指令，例如，movabsq 指令用于将一个 64 位立即数送到一个 64 位通用寄存器中；movq 指令用于传送一个 64 位的四字；movsbq、movswq、movslq 用于将源操作数进行符号扩展并传送到一个 64 位寄存器中；movzbq、movzwq 用于将源操作数进行零扩展后传送到一个 64 位寄存器中；leaq 用于将有效地址加载到 64 位寄存器；pushq 和 popq 分别是四字压栈和四字出栈指令。汇编指令中指令助记符结尾处的"q"表示操作数长度为四字（64 位）。

在 x86-64 中，movl 指令的功能与在 IA-32 中不同，它在传送 32 位寄存器内容的同时，还会将目的寄存器的高 32 位自动清 0，因此，在 x86-64 中，movl 指令的功能相当于 movzlq 指令，因而在 x86-64 中不需要 movzlq 指令。

例 3.12　以下是一个 C 语言函数，其功能是将类型为 source_type 的参数转换为 dest_type 类型的数据并返回。

```
dest_type convert( source_type x) {
        dest_type y = ( dest_type) x;
        return y;
}
```

根据过程调用时的参数传递约定可知，x 存放在寄存器 RDI 对应的适合宽度的寄存器（如 RDI、EDI、DI 和 DIL）中，y 存放在 RAX 对应的寄存器（RAX、EAX、AX 或 AL）中，填写表 3.10 中的汇编指令，以实现 convert 函数中的赋值语句。

表 3.10　例 3.12 中 source_type 和 dest_type 的类型

source_type	dest_type	汇　编　指　令
char	long	
int	long	
long	long	
long	int	
unsigned int	unsigned long	
unsigned long	unsigned int	
unsigned char	unsigned long	

解：根据 x86-64 数据传输指令的功能，得到本例中的汇编指令（见表 3.11，表中汇编指令为 AT&T 格式）。将 long 型数据转换为 int 型数据时，可以用两种不同的指令 movslq 和

movl。虽然执行这两种指令得到的 RAX 中高 32 位内容可能不同，但是，EAX 中的结果是一样的。因为函数返回的是 int 型数据，所以 RAX 中高 32 位的值没有意义，只要 EAX 中的 32 位值正确即可。

表 3.11　例 3.12 的答案

source_type	dest_type	汇 编 指 令	
char	long	movsbq %dil, %rax	
int	long	movslq %edi, %rax	
long	long	movq %rdi, %rax	
long	int	movslq %edi, %rax	#符号扩展 64 位，RAX 中高 32 位为符号
		movl %edi, %eax	#零扩展到 64 位，RAX 中高 32 位为 0
unsigned int	unsigned long	movl %edi, %eax	#零扩展到 64 位，RAX 中高 32 位为 0
unsigned long	unsigned int	movl %edi, %eax	#零扩展到 64 位，RAX 中高 32 位为 0
unsigned char	unsigned long	movzbq %dil, %rax	#零扩展到 64 位，RAX 中高 56 位为 0

2. 算术逻辑运算指令

在 x86-64 中，增加了操作数长度为四字的运算类指令（长度后缀为 q），例如，addq（四字相加）、subq（四字相减）、imulq（带符号整数四字相乘）、mulq（无符号整数四字相乘）、orq（64 位相或）、incq（增 1）、decq（减 1）、negq（取负）、notq（各位取反）、salq（算术左移）等。

例 3.13 以下是 C 语言赋值语句 "x=a*b+c*d;" 对应的 x86-64 汇编代码，已知 x、a、b、c 和 d 分别在寄存器 RAX、RDI、RSI、RDX 和 RCX 对应宽度的寄存器中。根据以下汇编代码，推测变量 x、a、b、c 和 d 的数据类型。

```
1    movslq  %ecx, %rcx
2    imulq   %rdx, %rcx
3    movsbl  %sil, %esi
4    imull   %edi, %esi
5    movslq  %esi, %rsi
6    leaq    (%rcx, %rsi), %rax
```

解： 根据第 1 行可知，在 ECX 中的变量 d 从 32 位符号扩展为 64 位，因此，变量 d 的数据类型为 int 型；根据第 2 行可知，在 RDX 中的变量 c 为 64 位整型，即 c 的数据类型为 long 型；根据第 3 行可知，在 SIL 中的变量 b 为 char 型数据；根据第 4 行可知，在 EDI 中的 a 是 int 型数据；根据第 5 行和第 6 行可知，存放在 RAX 中的 x 是 long 型数据。

3. 数据对齐

与 IA-32 一样，x86-64 中各种类型数据应该遵循一定的对齐规则，而且要求更加严格。因为 x86-64 中存储器的访问接口被设计成按 8 字节或 16 字节为单位进行存取，其对齐规则是，任何 K 字节宽的基本数据类型和指针类型数据的起始地址一定是 K 的倍数。因此，long 型、double 型数据和指针型变量都必须按 8 字节边界对齐；long double 型数据必须按 16 字节边界对齐。具体的对齐规则可以参考 AMD64 System V ABI 手册。

本 章 小 结

编译器在将高级语言源程序转换为机器级代码时，必须对目标代码对应的指令集体系结构有充分的了解。编译器需要决定高级语言程序中的变量和常量应该使用哪种数据表示格式，需要为高级语言程序中的常数和变量合理地分配寄存器或存储空间，需要确定哪些变量应该分配在静态数据区，哪些变量应该分配在动态的堆区或栈区，需要选择合适的指令序列来实现选择结构和循环结构。对于过程调用，编译器需要按调用约定实现参数传递、保存和恢复寄存器的状态等。

如果一个应用程序员能够熟练掌握应用程序所运行的平台与环境，包括指令集体系结构、操作系统和编译工具，并且能够深刻理解高级语言程序与机器级程序之间的对应关系，那么，就能更容易理解程序的行为和执行结果，更容易编写出高效、安全、正确的程序，并在程序出现问题时能够较快地定位错误发生的根源。

习　　题

1. 给出以下概念的解释说明。

机器语言程序	汇编指令	汇编语言程序	汇编助记符
汇编程序	反汇编程序	机器级代码	CISC
RISC	通用寄存器	变址寄存器	基址寄存器
栈指针寄存器	指令指针寄存器	标志寄存器	条件标志（条件码）
寻址方式	立即寻址	寄存器寻址	相对寻址
存储器操作数	实地址模式	保护模式	有效地址
比例变址	非比例变址	比例系数（比例因子）	MMX 指令
SSE 指令集	SIMD	多媒体扩展通用寄存器	栈（Stack）
调用者保存寄存器	被调用者保存寄存器	帧指针寄存器	当前栈帧
按值传递参数	按地址传递参数	嵌套调用	递归调用

2. 简单回答下列问题。

（1）一条机器指令通常由哪些字段组成？各字段的含义分别是什么？

（2）将一个高级语言源程序转换成计算机能直接执行的机器代码通常需要哪几个步骤？

（3）IA-32 中的逻辑运算指令如何生成条件标志？移位指令可能会改变哪些条件标志？

（4）执行条件跳转指令时所用到的条件标志信息从何而来？请举例说明。

（5）无条件跳转指令和调用指令的相同点和不同点是什么？

（6）按值传递参数和按地址传递参数两种方式有哪些不同点？

（7）为什么在递归深度较深时递归调用的时间开销和空间开销都会较大？

（8）为什么数据在存储器中最好按地址对齐方式存放？

3. 对于以下 AT&T 格式汇编指令，根据操作数的长度确定对应指令助记符中的长度后缀，并说明每个操作数的寻址方式。

（1）mov　8(%ebp, %ebx, 4), %ax

（2）mov　%al, 12(%ebp)

（3）add　(, %ebx,4), %ebx

（4）or　(%ebx), %dh

（5）push $0xF8

（6）mov　$0xFFF0, %eax

（7）test　%cx, %cx

（8）lea　8(%ebx, %esi), %eax

4. 使用汇编器处理以下各行 AT&T 格式代码时都会产生错误，请说明每一行存在什么错误。

（1）movl　0xFF, (%eax)

（2）movb　%ax, 12(%ebp)

（3）addl　%ecx, $0xF0

（4）orw　$0xFFFF0, (%ebx)

（5）addb　$0xF8, (%dl)

（6）movl　%bx, %eax

（7）andl　%esi, %esx

（8）movw　8(%ebp, , 4), %ax

5. 假设变量 x 和 ptr 的类型声明如下：

src_type x;	
dst_type *ptr;	

这里，src_type 和 dst_type 是用 typedef 声明的数据类型。有以下一个 C 语言赋值语句：

*ptr=(dst_type) x;	

若 x 存储在寄存器 EAX 或 AX 或 AL 中，ptr 存储在寄存器 EDX 中，则对于表 3.12 中给出的 src_type 和 dst_type 的类型组合，写出实现上述赋值语句的机器级代码。要求用 AT&T 格式表示机器级代码。

表 3.12　题 5 用表

src_type	dst_type	机器级表示
char	int	
int	char	
int	unsigned	
short	int	
unsigned char	unsigned	
char	unsigned	
int	int	

6. 假设某个 C 语言函数 func 的原型声明如下：

void func(int *xptr, int *yptr, int *zptr);	

函数 func 的过程体对应的机器级代码用 AT&T 汇编形式表示如下：

```
1   movl    8(%ebp), %eax
2   movl    12(%ebp), %ebx
3   movl    16(%ebp), %ecx
4   movl    (%ebx), %edx
5   movl    (%ecx), %esi
6   movl    (%eax), %edi
7   movl    %edi, (%ebx)
8   movl    %edx, (%ecx)
9   movl    %esi, (%eax)
```

回答下列问题或完成下列任务。

（1）在过程体开始时三个入口参数对应实参所存放的存储单元地址是什么（提示：当前栈帧底部由帧指针寄存器 EBP 指示）？

（2）根据上述机器级代码写出函数 func 的 C 语言代码。

7. 假设变量 x 和 y 分别存放在寄存器 EAX 和 ECX 中，给出以下每条指令执行后寄存器 EDX 中的结果。

（1）leal　（%eax），%edx

（2）leal　4(%eax，%ecx)，%edx

（3）leal　(%eax，%ecx，8)，%edx

（4）leal　0xc(%ecx，%eax，2)，%edx

（5）leal　（，%eax，4），%edx

（6）leal　（%eax，%ecx），%edx

8. 假设以下地址以及寄存器中存放的机器数如表 3.13 所示。

表 3.13　题 8 用表

地　　址	机　器　数	寄　存　器	机　器　数
0x0804 9300	0xffff fff0	EAX	0x0804 9300
0x0804 9400	0x8000 0008	EBX	0x0000 0100
0x0804 9384	0x80f7 ff00	ECX	0x0000 0010
0x0804 9380	0x908f 12a8	EDX	0x0000 0080

分别说明执行以下指令后，哪些地址或寄存器中的内容会发生改变？改变后的内容是什么？条件标志 OF、SF、ZF 和 CF 会发生什么改变？

（1）addl　（%eax），%edx

（2）subl　(%eax，%ebx)，%ecx

（3）orw　4(%eax，%ecx，8)，%bx

（4）testb　$0x80，%dl

（5）imull　$32，(%eax，%edx)，%ecx

（6）mulw　%bx

（7）decw　%cx

9. 假设函数 operate 的部分 C 代码如下：

```
1    int operate( int x, int y, int z, int k ) {
2        int v = _____;
3        return v;
4    }
```

以下汇编代码用来实现第 2 行语句的功能，请写出每条汇编指令的注释，并根据以下汇编代码，填写 operate 函数缺失的部分。

```
1    movl    12(%ebp), %ecx
2    sall    $8, %ecx
3    movl    8(%ebp), %eax
4    movl    20(%ebp), %edx
5    imull   %edx, %eax
6    movl    16(%ebp), %edx
7    andl    $65520, %edx
8    addl    %ecx, %edx
9    subl    %edx, %eax
```

10. 假设函数 product 的 C 语言代码如下，其中 num_type 是用 typedef 声明的数据类型。

```
1    void product( num_type * d, unsigned x, num_type y ) {
2        *d = x * y;
3    }
```

函数 product 的过程体对应的主要汇编代码如下：

```
1    movl    12(%ebp), %eax
2    movl    20(%ebp), %ecx
3    imull   %eax, %ecx
4    mull    16(%ebp)
5    leal    (%ecx, %edx), %edx
6    movl    8(%ebp), %ecx
7    movl    %eax, (%ecx)
8    movl    %edx, 4(%ecx)
```

请给出上述每条汇编指令的注释，并说明 num_type 是什么类型。

11. 已知 IA-32 是小端方式处理器，根据给出的 IA-32 机器代码的反汇编结果（部分信息用 x 表示）回答问题。

（1）已知 je 指令的操作码为 0111 0100，je 指令的跳转目标地址是什么？call 指令中的跳转目标地址 0x80483b1 是如何反汇编出来的？

```
804838c:    74 08              je      xxxxxxx
804838e:    e8 1e 00 00 00     call    0x80483b1<test>
```

（2）已知 jb 指令的操作码为 0111 0010，jb 指令的跳转目标地址是什么？movl 指令中的目的地址是如何反汇编出来的？

```
8048390:     72 f6                          jb      xxxxxxx
8048392:     c6 05 00 a8 04 08 01           movl    $0x1, 0x804a800
8048399:     00 00 00
```

（3）已知 jle 指令的操作码为 01111110，mov 指令的地址是什么？

```
xxxxxxx:     7e 16                          jle     0x80492e0
xxxxxxx:     89 d0                          mov     %edx, %eax
```

（4）已知 jmp 指令的跳转目标地址采用相对寻址方式，jmp 指令操作码为 1110 1001，其跳转目标地址是什么？

```
8048296:     e9 00 ff ff ff                 jmp     xxxxxxx
804829b:     29 c2                          sub     %eax, %edx
```

12. 已知函数 comp 的 C 语言代码及其过程体对应的汇编代码如图 3.24 所示。

```
1    void comp(char x, int *p)
2    {
3        if (p && x<0)
4            *p += x;
5    }
```

```
1    movb   8(%ebp), %dl
2    movl   12(%ebp), %eax
3    testl  %eax, %eax
4    je     .L1
5    testb  $0x80, %dl
6    je     .L1
7    addb   %dl, (%eax)
8  .L1:
```

图 3.24　题 12 图

回答下列问题或完成下列任务。

（1）给出每条汇编指令的注释并说明为何 C 代码只有一个 if 语句而汇编代码有两条条件跳转指令。

（2）按照图 3.18 给出的 "if（）goto …" 语句形式写出汇编代码对应的 C 语言代码。

13. 已知函数 func 的 C 语言代码框架及其过程体对应的汇编代码如图 3.25 所示，根据对应的汇编代码填写 C 代码中缺失的表达式。

14. 已知函数 do_loop 的 C 语言代码如下。

```
1    short do_loop( short x, short y, short k )  {
2        do {
3            x * = ( y%k ) ;
4            k-- ;
5        } while ( ( k>0 ) && ( y>k ) );
6        return x ;
7    }
```

函数 do_loop 的过程体对应的汇编代码如下。

```
1    int func(int x, int y)
2    {
3        int z = _____ ;
4        if (_____) {
5            if ( _____ )
6                z = _____ ;
7            else
8                z = _____ ;
9        } else if ( _____ )
10           z = _____ ;
11       return z;
12   }
```

```
1    movl    8(%ebp), %eax
2    movl    12(%ebp), %edx
3    cmpl    $-100, %eax
4    jg      .L1
5    cmpl    %eax, %edx
6    jle     .L2
7    addl    %edx, %eax
8    jmp     .L3
9    .L2:
10   subl    %edx, %eax
11   jmp     .L3
12   .L1:
13   cmpl    $16, %eax
14   jl      .L4
15   andl    %edx, %eax
16   jmp     .L3
17   .L4:
18   imull   %edx, %eax
19   .L3:
```

图 3.25　题 13 图

```
1    movw     8(%ebp), %bx
2    movw     12(%ebp), %si
3    movw     16(%ebp), %cx
4    .L1:
5    movw     %si, %dx
6    movw     %dx, %ax
7    sarw     $15, %dx
8    idiv     %cx
9    imulw    %dx, %bx
10   decw     %cx
11   testw    %cx, %cx
12   jle      .L2
13   cmpw     %cx, %si
14   jg       .L1
15   .L2:
16   movswl   %bx, %eax
```

回答下列问题或完成下列任务。

（1）给每条汇编指令添加注释，并说明每条指令执行后，目的寄存器中存放的是什么内容？

（2）上述函数过程体中用到了哪些被调用者保存寄存器和哪些调用者保存寄存器？在该函数过程体前面的准备阶段哪些寄存器必须保存到栈中？

（3）为什么第 7 行中的 DX 寄存器需要算术右移 15 位？

15. 已知函数 f1( ) 的 C 语言代码框架及其过程体对应的汇编代码如图 3.26 所示，根据对应的汇编代码填写 C 代码中缺失部分，并说明函数 f1( ) 的功能。

```
1   int f1(unsigned x)
2   {
3          int y = 0 ;
4          while (_____) {
5                 _____ ;
6          }
7          return _____ ;
8   }
```

```
1    movl    8(%ebp), %edx
2    movl    $0, %eax
3    testl   %edx, %edx
4    je      .L1
5  .L2:
6    xorl    %edx, %eax
7    shrl    $1, %edx
8    jne     .L2
9  .L1:
10   andl    $1, %eax
```

图 3.26   题 15 图

16. 已知函数 sw( )的 C 语言代码框架如下：

```
int sw( int x ) {
    int v = 0;
    switch ( x ) {
        /*  switch 语句中的处理部分省略  */
    }
    return v;
}
```

对函数 sw( )进行编译，得到函数过程体中开始部分的汇编代码以及跳转表如图 3.27
所示。

```
1    movl    8(%ebp), %eax
2    addl    $3, %eax
3    cmpl    $7, %eax
4    ja      .L7
5    jmp     *.L8( , %eax, 4)
6  .L7:
7    ......
8    ......
```

```
1  .L8:
2        .long    .L7
3        .long    .L2
4        .long    .L2
5        .long    .L3
6        .long    .L4
7        .long    .L5
8        .long    .L7
9        .long    .L6
```

图 3.27   题 16 图

请问：函数 sw( )中的 switch 语句处理部分标号的取值情况如何？标号的取值在什么情
况下执行 default 分支？哪些标号的取值会执行同一个 case 分支？

17. 已知函数 test( )的入口参数有 a、b、c 和 p，C 语言程序中过程体代码如下。

```
*p = a;
return b * c;
```

函数 test( )过程体对应的汇编代码如下。

```
1    movl    20(%ebp), %edx
2    movsbw  8(%ebp), %ax
3    movw    %ax, (%edx)
```

```
4    movzwl    12(%ebp),%eax
5    movzwl    16(%ebp),%ecx
6    mull      %ecx
```

写出函数 test( ) 的原型，给出返回参数的类型以及入口参数 a、b、c 和 p 的类型和顺序。

18. 函数 lproc 的过程体对应的汇编代码如下。

```
1    movl      8(%ebp),%edx
2    movl      12(%ebp),%ecx
3    movl      $255,%esi
4    movl      $-2147483648,%edi
5    .L3:
6    movl      %edi,%eax
7    andl      %edx,%eax
8    xorl      %eax,%esi
9    movl      %ecx,%ebx
10   shrl      %bl,%edi
11   testl     %edi,%edi
12   jne       .L3
13   movl      %esi,%eax
```

上述代码根据以下 lproc 函数的 C 代码编译生成：

```
1    int lproc(int x, int k){
2        int val =_____;
3        int i;
4        for (i=_____; i_____; i=_____) {
5            val ^=_____;
6        }
7        return val;
8    }
```

回答下列问题或完成下列任务。

(1) 给每条汇编指令添加注释。

(2) 参数 x 和 k 分别存放在哪个寄存器中？局部变量 val 和 i 分别存放在哪个寄存器中？

(3) 局部变量 val 和 i 的初始值分别是什么？

(4) 循环终止条件是什么？循环控制变量 i 是如何被修改的？

(5) 填写 C 代码中缺失的部分。

19. 已知递归函数 refunc 的 C 语言代码框架如下。

```
1    int refunc(unsigned x) {
2        if (_____)
3            return _____;
```

```
4        unsigned nx = _____;
5        int rv = refunc(nx);
6        return _____;
7    }
```

上述递归函数过程体对应的汇编代码如下。

```
1    movl      8(%ebp), %ebx
2    movl      $0, %eax
3    testl     %ebx, %ebx
4    je        .L2
5    movl      %ebx, %eax
6    shrl      $1, %eax
7    movl      %eax, (%esp)
8    call      refunc
9    movl      %ebx, %edx
10   andl      $1, %edx
11   leal      (%edx, %eax), %eax
12   .L2:
     ......
     ret
```

根据对应的汇编代码填写 C 代码中缺失部分，并说明函数的功能。

20. 填写表 3.14，说明每个数组的元素大小、整个数组的大小以及第 i 个元素的地址。

表 3.14　题 20 用表

数　　组	元素大小（B）	数组大小（B）	起　始　地　址	元素 i 的地址
char A[10]			&A[0]	
int B[100]			&B[0]	
short * C[5]			&C[0]	
short * * D[6]			&D[0]	
long double E[10]			&E[0]	
long double * F[10]			&F[0]	

21. 假设 short 型数组 S 首地址 A_S 和数组下标变量 i（int 型）分别存放在寄存器 EDX 和 ECX 中，表达式的结果存放在 EAX 或 AX 中，仿照例子填写表 3.15，说明表达式的类型、值和相应的汇编代码。

表 3.15　题 21 用表

表　达　式	类　　型	值	汇编代码
S			
S+i			
S[i]	short	$M[A_S+2*i]$	movw (%edx, %ecx, 2), %ax
&S[10]			

（续）

表 达 式	类 型	值	汇 编 代 码
&S[i+2]	short *	$A_S+2*i+4$	leal 4(%edx, %ecx, 2), %eax
&S[i]−S			
S[4*i+4]			
*(S+i−2)			

22. 假设结构类型 node 的定义、函数 np_init( )的部分 C 代码及其对应的部分汇编代码如图 3.28 所示。

```
struct node {
    int *p;
    struct {
        int x;
        int y;
    } s;
    struct node *next;
};
```

```
void np_init(struct node *np)
{
    np->s.x = _____ ;
    np->p = _____ ;
    np->next= _____ ;
}
```

```
movl   8(%ebp), %eax
movl   8(%eax), %edx
movl   %edx, 4(%eax)
leal   4(%eax), %edx
movl   %edx, (%eax)
movl   %eax, 12(%eax)
```

图 3.28　题 22 图

回答下列问题或完成下列任务。

（1）结构 node 所需存储空间有多少字节？成员 p、s.x、s.y 和 next 的偏移地址分别为多少？

（2）根据汇编代码填写 np_init 中缺失的表达式。

23. 给出下列各个结构类型中每个成员的偏移量、结构总大小以及在 IA−32+Linux 下结构起始位置的对齐要求。

（1）struct S1 {short s; char c; int i; char d;};

（2）struct S2 {int i; short s; char c; char d;};

（3）struct S3 {char c; short s; int i; char d;};

（4）struct S4 {short s[3]; char c;};

（5）struct S5 {char c[3]; short *s; int i; char d; double e;};

（6）struct S6 {struct S1 c[3]; struct S2 *s; char d;};

24. 以下是结构 test 的声明：

```
struct {
    char        c;
    double      d;
    int         i;
    short       s;
    char        *p;
    long        l;
    long long   g;
    void        *v;
} test;
```

假设在 IA-32+Windows 平台上编译，则这个结构中每个成员的偏移量是多少？结构总大小为多少字节？如何调整成员的先后顺序使得结构所占空间最小？

25. 假定函数 abc( ) 的入口参数有 a、b 和 c，每个参数都可能是带符号整数或无符号整数类型且长度也可能不同。该函数具有如下过程体。

```
*b += c;
*a += *b;
```

在 x86-64 机器上编译后的汇编代码如下。

```
1    abc：
2      addl      (%rdx)，%edi
3      movl      %edi，(%rdx)
4      movslq    %edi，%rdi
5      addq      %rdi，(%rsi)
6      ret
```

分析上述汇编代码，以确定三个入口参数的顺序和可能的数据类型，写出函数 abc( ) 可能的 4 种合理的函数原型。

第4章 可执行文件的生成与加载执行

一个大的程序往往会分成多个源程序文件来编写，因而需要对各个不同源程序文件分别进行编译和汇编，以生成多个不同的目标代码文件。为了生成一个可执行文件，需要将所有关联的目标代码文件，包括用到的标准库函数目标文件，按照某种形式组合在一起，形成一个具有统一地址空间的可被加载到存储器直接执行的程序。这种将一个程序的所有关联模块对应的目标代码文件结合在一起，以形成一个可执行文件的过程称为**链接**，由专门的**链接程序**（Linker，也称为**链接器**）来实现。链接生成的可执行文件可以被加载并在计算机中执行，计算机能自动逐条取出程序中的指令并执行。

本章主要内容包括链接的基本概念、目标文件格式、符号解析和重定位的基本概念、可执行文件的生成过程、指令执行过程、CPU 的基本功能和基本组成、数据通路的工作原理和设计方法，以及流水线方式下指令的执行过程。

4.1 可执行文件生成概述

链接概念早在高级编程语言出现前就已存在。在汇编语言代码中，可以用一个标号表示某个跳转目标指令的地址（即给定了一个标号的定义），而在另一条跳转指令中引用该标号；也可以用一个标号表示某个操作数的地址，而在某条使用该操作数的指令中引用该标号。因而，在对汇编语言源程序进行汇编的过程中，需要对每个标号的引用，找到该标号对应的定义，建立每个标号的引用和其定义之间的关联关系，从而在引用标号的指令中正确地填入对应的地址码字段，以保证能访问到所引用的符号定义处的信息。

在高级编程语言出现之后，程序功能越来越复杂，程序规模越来越大，需要多人开发不同的程序模块。在每个程序模块中，包含一些变量和子程序（函数）的定义。这些被定义的变量和子程序的起始地址就是符号定义，子程序（函数或过程）的调用或者在表达式中使用变量进行计算就是符号引用。某一个模块中定义的符号可以被另一个模块引用，因而最终必须通过链接将程序包含的所有模块合并起来，合并时须在符号引用处填入定义处的地址。

4.1.1 预处理、编译和汇编

在第 1 章和第 3 章中都提到过，将高级语言源程序转换为可执行文件通常分为预处理、编译、汇编和链接 4 步。前三步用来对每个模块（即源程序文件）生成**可重定位目标文件**（Relocatable Object File）。GCC 生成的可重定位目标文件后缀为 .o，VS 输出的可重定位目标文件扩展名为 .obj。最后一步为链接，用来将若干可重定位目标文件（可能包括若干标准库函数目标模块）组合起来，生成一个**可执行目标文件**（Executable Object File）。本书将可重定位目标文件和可执行目标文件分别简称为**可重定位文件**和**可执行文件**。

下面以 GCC 处理 C 语言程序为例说明处理过程。可以通过 -v 选项查看 GCC 每一步的

处理结果。如果想得到每个处理过程的结果，则可以分别使用-E、-S 和-c 选项来进行预处理、编译和汇编，对应的处理工具分别为 cpp、cc1 和 as，处理后得到文件的文件名后缀分别是 .i、.s 和 .o。

1. 预处理

预处理是从源程序变成可执行文件的第一步，C 预处理程序为 cpp（即 C Preprocessor），主要用于 C 语言编译器对各种预处理命令进行处理，包括对头文件的包含、宏定义的扩展、条件编译的选择等，例如，对于#include 指示的处理结果，就是将相应 .h 文件的内容插入源程序文件中。

GCC 中的预处理命令是"gcc -E"或"cpp"，例如，可用命令"gcc -E main.c -o main.i"或"cpp main.c-o main.i"将 main.c 转换为预处理后的文件 main.i。

2. 编译

C 编译器在进行具体的程序翻译前，会先对源程序进行词法分析、语法分析和语义分析，然后根据分析的结果进行代码优化和存储分配，最终把 C 语言源程序翻译成汇编语言程序。编译器通常采用对源程序进行多次扫描的方式进行处理，每次扫描集中完成一项或几项任务，也可以将一项任务分散到几次扫描去完成。例如，可以按照以下四趟扫描进行处理：第一趟扫描进行词法分析；第二趟扫描进行语法分析；第三趟扫描进行代码优化和存储分配；第四趟扫描生成代码。

GCC 可以直接产生机器语言代码，也可以先产生汇编语言代码，然后再通过汇编程序将汇编语言代码转换为机器语言代码。GCC 中的编译命令是"gcc -S"或"cc1"，例如，可使用命令"gcc -S main.i -o main.s"或"cc1 main.i -o main.s"对 main.i 进行编译并生成汇编代码文件 main.s，也可以使用命令"gcc -S main.c -o main.s"或"gcc -S main.c"直接对 main.c 预处理并编译生成汇编代码文件 main.s。

3. 汇编

汇编的功能是将编译生成的汇编语言代码转换为机器语言代码。因为通常最终的可执行文件由多个不同模块对应的机器语言目标代码组合而成，所以，在生成单个模块的机器语言目标代码时，不可能确定每条指令或每个数据最终的地址，即单个模块的机器语言目标代码需要重新定位，因此，通常把汇编生成的机器语言目标文件称为可重定位目标文件。

GCC 中的汇编命令是"gcc -c"或"as"命令。例如，可用命令"gcc -c main.s -o main.o"或"as main.s -o main.o"对汇编语言代码文件 main.s 进行汇编，以生成可重定位文件 main.o。也可以使用命令"gcc -c main.c -o main.o"或"gcc -c main.c"直接对 main.c 进行预处理并编译生成可重定位文件 main.o。

4.1.2 程序的链接过程

链接的功能是将所有关联的可重定位目标文件组合起来，以生成一个可执行目标文件。例如，对于图 4.1 所示的两个模块 main.c 和 test.c，假定通过预处理、编译和汇编，分别生成了可重定位目标文件 main.o 和 test.o，则可以用命令"gcc -o test main.o test.o"或"ld -o test main.o test.o"来生成可执行文件 test。这里，ld 是静态链接器命令。

也可以用一个命令"gcc -o test main.c test.c"来实现对源程序文件 main.c 和 test.c 的预处理、编译和汇编，并将两个可重定位文件 main.o 和 test.o 进行链接，最终生成可执行文件 test。命令 "gcc -o test main. c test. c" 的处理过程如图4.2所示。

```
1    int a=4, b=0;
2    int add(int, int);
3    int main( ) {
4        return add(20, 13);
5    }
```
a) main.c文件

```
1    int add(int i, int j ) {
2        int x = i + j;
3        return x;
4    }
```
b) test.c文件

图 4.1　两个源程序文件组合成一个可执行目标文件示例

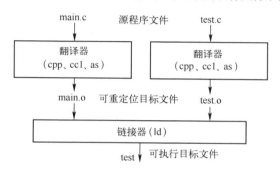

图 4.2　生成可执行文件 test 的过程

可重定位文件和可执行文件都是机器语言目标文件，所不同的是前者是单个模块生成的，而后者是多个模块组合而成的。因而，对于前者，代码总是从 0 开始，而对于后者，代码在 ABI 规范规定的虚拟地址空间中产生。有关虚拟地址空间的概念在第 5 章介绍。

例如，通过 "objdump -d test. o" 命令显示的可重定位文件 test. o 的结果如下。

```
00000000 <add>:
   0:   55              push    %ebp
   1:   89 e5           mov     %esp, %ebp
   3:   83 ec 10        sub     $0x10, %esp
   6:   8b 45 0c        mov     0xc(%ebp), %eax
   9:   8b 55 08        mov     0x8(%ebp), %edx
   c:   8d 04 02        lea     (%edx,%eax,1), %eax
   f:   89 45 fc        mov     %eax, -0x4(%ebp)
  12:   8b 45 fc        mov     -0x4(%ebp), %eax
  15:   c9              leave
  16:   c3              ret
```

通过 "objdump -d test" 命令显示的可执行文件 test 的结果如下。

```
080483d4 <add>:
 80483d4:   55              push    %ebp
 80483d5:   89 e5           mov     %esp,%ebp
 80483d7:   83 ec 10        sub     $0x10,%esp
 80483da:   8b 45 0c        mov     0xc(%ebp),%eax
 80483dd:   8b 55 08        mov     0x8(%ebp),%edx
```

80483e0:	8d 04 02	lea	(%edx,%eax,1),%eax
80483e3:	89 45 fc	mov	%eax,-0x4(%ebp)
80483e6:	8b 45 fc	mov	-0x4(%ebp),%eax
80483e9:	c9	leave	
80483ea:	c3	ret	

上述给出的通过 objdump 命令输出的结果包括指令的地址、机器代码和反汇编出来的汇编代码。可以看出，在可重定位文件 test. o 中 add 函数的起始地址为 0；而在可执行文件 test 中 add 函数的起始地址为 0x80483d4。

实际上，可重定位文件和可执行文件都不是可以直接显示的文本文件，而是不可显示的二进制文件，它们都按照一定的格式以二进制字节序列构成一种目标文件，其中包含二进制代码区、只读数据区、初始化数据区和未初始化数据区等，每个信息区称为一个**节**（Section），如代码节（. text）、只读数据节（. rodata）、已初始化全局数据节（. data）和未初始化全局数据节（. bss）等。

链接器在将多个可重定位文件组合成一个可执行文件时，主要完成符号解析和重定位两个任务。

1. 符号解析

符号解析的目的是将每个**符号的引用**与一个确定的**符号定义**建立关联。符号包括全局静态变量名和函数名，而非静态局部变量名则不是符号。例如，对于图 4.1 所示的两个源程序文件 main. c 和 test. c，在 main. c 中定义了符号 main，并引用了符号 add；在 test. c 中则定义了符号 add，而入口参数 i、j 和非静态局部变量 x 都不是符号。链接时需要将 main. o 中引用的符号 add 和 test. o 中定义的符号 add 建立关联。再例如，全局变量声明 "int * xp = &x;" 中，通过引用符号 x 来对符号 xp 进行了定义。编译器将所有符号存放在可重定位文件的**符号表**（Symbol Table）中。

2. 重定位

可重定位文件中的代码区和数据区都是从地址 0 开始的，链接器需要将不同模块中相同的节合并起来生成一个新的单独的节，并将合并后的代码区和数据区按照 ABI 规范确定的**虚拟地址空间划分**（也称**存储器映像**）来重新确定位置。例如，对于 IA-32+Linux 系统存储器映像，其只读代码段总是从地址 0x8048000 开始，而可读可写数据段总是在只读代码段后面的第一个 4 KB 对齐的地址处开始。因而链接器需要重新确定每条指令和每个数据的地址，并且在指令中需要明确给定所引用符号的地址，这种重新确定代码和数据的地址并更新指令中被引用符号地址的操作称为**重定位**（Relocation）。

使用链接的第一个好处就是"**模块化**"，它能使一个程序被划分成多个模块，由不同的程序员进行编写，并且可以构建公共的函数库（如数学函数库、标准 I/O 函数库等）以提供给不同的程序进行重用。采用链接的第二个好处是"效率高"，每个模块可以分开编译，在程序修改时只须重新编译那些修改过的源程序文件，然后再重新链接，因而从时间上来说，能够提高程序开发的效率；同时，因为源程序文件中无须包含共享库的所有代码，只要直接调用即可，而且在可执行文件运行时的内存中，也只需要包含所调用函数的代码而不需要包含整个共享库，因而链接也有效地提高了空间利用率。

4.2 目标文件格式

目标代码（Object Code）指编译器或汇编器处理源代码后所生成的机器语言目标代码。**目标文件**（Object File）指存放目标代码的文件。

4.2.1 ELF 目标文件格式

目标文件中包含可直接被 CPU 执行的机器代码以及代码在运行时使用的数据，还有其他的如重定位信息和调试信息等，不过，目标文件中唯一与运行时相关的要素是机器代码及其使用的数据，例如，用于嵌入式系统的目标文件可能仅仅含有机器代码及所用数据。

最初，不同的计算机都拥有自身独特的目标文件格式，但随着 UNIX 和其他可移植操作系统的问世，人们定义了一些标准目标文件格式，并在不同的系统上使用它们。最简单的是 DOS 的 COM 文件格式，它仅由代码和数据组成，而且始终被加载到某个固定位置。其他的目标文件格式（如 COFF 和 ELF）都比较复杂，由一组严格定义的数据结构序列组成，这些复杂格式的规范说明书一般会有许多页。System V UNIX 的早期版本使用的是**通用目标文件格式**（Common Object File Format，COFF）。Windows 使用的是 COFF 的一个变种，称为**可移植可执行格式**（Portable Executable，PE）。现代 UNIX 操作系统，如 Linux、BSD Unix 等，主要使用**可执行可链接格式**（Executable and Linkable Format，ELF），本章采用 ELF 标准二进制文件格式进行说明。

ELF 目标文件既可用于程序的链接，也可用于程序的执行。图 4.3 说明了 ELF 目标文件格式的基本框架。

图 4.3a 是**链接视图**，主要由不同的**节**组成，节是 ELF 文件中具有相同特征的最小可处理信息单位，不同的节描述了目标文件中不同类型的信息及其特征，例如，代码节（.text）、只读数据节（.rodata）、已初始化的全局数据节（.data）、未初始化的全局数据节（.bss）等。图 4.3b 是**执行视图**，主要由不同的**段**（Segment）组成，描述了目标文件中的节如何映射到存储空间的段中，可以将多个节合并后映射到同一个段，例如，可以合并节 .data 和节 .bss 的内容，并映射到一个可读可写的数据段中。

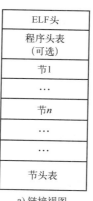

a) 链接视图　　b) 执行视图

图 4.3　ELF 目标文件的两种视图

前面提到通过预处理、编译和汇编三个步骤后，可生成可重定位目标文件，多个关联的可重定位目标文件经过链接后生成可执行目标文件。这两类目标文件对应的 ELF 视图不同，显然，可重定位目标文件对应链接视图，而可执行目标文件对应执行视图。

ELF 文件中的**节头表**包含其中各节的说明信息，每个节在该表中都有一个与之对应的项，每一项都指定了节名和节大小之类的信息。用于链接的目标文件必须具有节头表，例如，可重定位文件就一定要有节头表。**程序头表**用来指示系统如何创建进程的存储器映像，用于创建进程存储映像的可执行文件和共享库文件必须具有程序头表，而可重定位目标文件无需程序头表。

4.2.2 可重定位目标文件格式

可重定位文件主要包含代码部分和数据部分，它可以与其他可重定位文件链接，从而创建可执行文件或共享库文件。如图 4.4 所示，ELF 可重定位文件由 ELF 头、节头表以及各个不同的节组成。

ELF 头
.text 节
.rodata 节
.data 节
.bss 节
.symtab 节
.rel.text 节
.rel.data 节
.debug 节
.line 节
.strtab 节
节头表

图 4.4　ELF 可重定位目标文件

1. ELF 头

ELF 头位于目标文件的起始位置，包含文件结构说明信息。ELF 头的数据结构分 32 位系统对应结构和 64 位系统对应结构。以下是 32 位系统对应的数据结构，共占 52 B。

```
#define EI_NIDENT        16
typedef struct {
        unsigned char    e_ident[EI_NIDENT];
        Elf32_Half       e_type;
        Elf32_Half       e_machine;
        Elf32_Word       e_version;
        Elf32_Addr       e_entry;
        Elf32_Off        e_phoff;
        Elf32_Off        e_shoff;
        Elf32_Word       e_flags;
        Elf32_Half       e_ehsize;
        Elf32_Half       e_phentsize;
        Elf32_Half       e_phnum;
        Elf32_Half       e_shentsize;
        Elf32_Half       e_shnum;
        Elf32_Half       e_shstrndx;
} Elf32_Ehdr;
```

64 位系统对应的数据结构为 Elf64_Ehdr，占 64 B，其中描述的成员与 Elf32_Ehdr 类似。文件开头几个字节称为**魔数**，通常用来确定文件的类型或格式。在加载或读取文件时，可用魔数确认文件类型是否正确。在 32 位 ELF 头的数据结构中，字段 e_ident 是一个长度为 16 的字节序列，其中，最开始的 4 B 为魔数，用来标识是否为 ELF 文件，第一字节为 0x7F，后面三字节分别为 "E" "L" "F"。再后面的 12 B 中，主要包含一些标识信息，如标识是 32 位还是 64 位格式、标识数据按小端还是大端方式存放、标识 ELF 头的版本号等；e_type 用于说明目标文件的类型是可重定位文件、可执行文件、共享库文件，还是其他类型文件；e_machine 用于指定机器结构类型，如 IA-32、SPARC V9、AMD64 等；e_version 用于标识目标文件版本；e_entry 用于指定程序的起始虚拟地址（入口点），如果文件没有关联的入口点，则为零，对于可重定位文件此字段为 0；e_ehsize 用于说明 ELF 头的大小（以字节为单位）；e_shoff 指出节头表在文件中的偏移量（以字节为单位）；e_shentsize 表示节头表中一个表项的大小（以字节为单位），所有的表项大小相同；e_shnum 表示节头表中的项数，e_shentsize 和 e_shnum 共同确定节头表大小（以字节为单位）。

仅 ELF 头在文件中具有固定位置，即总是在最开始的位置，其他部分的位置由 ELF 头和节头表指出，不需要具有固定的顺序。

可以使用 readelf-h 命令对 ELF 头进行解析。例如，以下是通过 "readelf -h main.o" 对某 main.o 文件进行解析的结果。

```
ELF Header：
    Magic： 7f 45 4c 46 01 01 01 00 00 00 00 00 00 00 00 00
    Class： ELF32
    Data： 2's complement, little endian
    Version： 1（current）
    OS/ABI： UNIX - System V
    ABI Version： 0
    Type： REL（Relocatable file）
    Machine： Intel 80386
    Version： 0x1
    Entry point address： 0x0
    Start of program headers： 0（bytes into file）
    Start of section headers： 516（bytes into file）
    Flags： 0x0
    Size of this header： 52（bytes）
    Size of program headers： 0（bytes）
    Number of program headers： 0
    Size of section headers： 40（bytes）
    Number of section headers： 15
    Section header string table index： 12
```

从上述解析结果可以看出，该 main.o 文件中，ELF 头长度（e_ehsize）为 52 B，因为是可重定位文件，所以字段 e_entry（Entry point address）为 0，无程序头表（Size of program headers=0）。节头表离文件起始处的偏移（e_shoff）为 516 B，每个表项大小（e_shentsize）占 40 B，表项数（e_shnum）为 15 个。字符串表（.strtab 节）在节头表中的索引（e_shstrndx）为 12。

2. 节

节是 ELF 文件中的主体信息，包含了链接过程所用的目标代码信息，包括指令、数据、符号表和重定位信息等。一个典型的 ELF 可重定位目标文件中包含下面几个节。

- .text：目标代码部分。
- .rodata：只读数据，如 printf 语句中的格式串、开关语句（如 switch‑case）的跳转表等。
- data：已初始化且初值不为 0 的全局变量和静态变量。
- .bss：所有未初始化或初始化为 0 的全局变量和静态变量。因为未初始化变量没有具体的值，所以无须在目标文件中分配用于保存值的空间，即它在目标文件中不占据实际的盘空间，仅是一个占位符。运行时在存储器中再为这些变量分配空间，并设定初始值为 0。目标文件中区分初始化和未初始化变量是为了提高盘空间利用率。

对于 auto 型局部变量，它们在运行时被分配在栈中，因此既不出现在 .data 节，也不出现在 .bss 节。

- .symtab：符号表（Symbol Table）。在程序中被定义的函数名和全局静态变量名都属于**符号**，与这些符号相关的信息被保存在符号表中。每个可重定位目标文件都有一个 .symtab 节。
- .rel.text：.text 节相关的可重定位信息。当链接器将某个目标文件和其他目标文件组合时，.text 节中的代码被合并后，一些指令中引用的操作数地址信息或跳转目标指令位置信息等都可能要被修改，因此需要说明指令如何进行重定位。
- .rel.data：.data 节相关的可重定位信息。当链接器将某个目标文件和其他目标文件组合时，.data 节被合并后，一些全局变量的地址可能被修改，因此需要说明数据如何进行重定位。
- .debug：调试用符号表，有些表项对定义的局部变量和类型定义进行说明，有些表项对定义和引用的全局静态变量进行说明。只有使用带‑g 选项的 gcc 命令才会得到这张表。
- .line：C 源程序中的行号和 .text 节中机器指令之间的映射。只有使用带‑g 选项的 gcc 命令才会得到这张表。
- .strtab：字符串表，包括 .symtab 节和 .debug 节中的符号以及节头表中的节名。字符串表就是以 null 结尾的字符串序列。

3. 节头表

节头表由若干个表项组成，每个表项描述相应节的节名、在文件中的偏移、大小、访问属性、对齐方式等，目标文件中的每个节都有一个表项与之对应。除 ELF 头之外，节头表是 ELF 可重定位目标文件中最重要的一部分内容。

以下是 32 位系统对应的数据结构，节头表中每个表项占 40 B。

```
typedef struct {
    Elf32_Word          sh_name;        //节名字符串在 . strtab 中的偏移
    Elf32_Word          sh_type;        //节类型：无效/代码或数据/符号/字符串/…
    Elf32_Word          sh_flags;       //该节在存储空间中的访问属性
    Elf32_Addr          sh_addr;        //若可被加载，则对应虚拟地址
    Elf32_Off           sh_offset;      //在文件中的偏移，. bss 节则无意义
    Elf32_Word          sh_size;        //节在文件中所占的长度
    Elf32_Word          sh_link;
    Elf32_Word          sh_info;
    Elf32_Word          sh_addralign;   //节的对齐要求
    Elf32_Word          sh_entsize;     //节中每个表项的长度
} Elf32_Shdr;
```

64 位系统对应的数据结构为 Elf64_Shdr，占 64 B，其中描述的成员与 Elf32_Shdr 类似。

可以使用 readelf –S 命令对某个可重定位目标文件的节头表进行解析。例如，以下是通过"readelf – Stest. o"对某 test. o 文件进行解析的结果。根据每个节在文件中的偏移地址和长度，可以画出可重定位目标文件 test. o 的结构，如图 4.5 所示。

There are 11 section headers, starting at offset 0x120:
Section Headers:

[Nr] Name	Off	Size	ES	Flg	Lk	Inf	Al
[0]	000000	000000	00		0	0	0
[1] . text	000034	00005b	00	AX	0	0	4
[2] . rel. text	000498	000028	08		9	1	4
[3] . data	000090	00000c	00	WA	0	0	4
[4] . bss	00009c	00000c	00	WA	0	0	4
[5] . rodata	00009c	000004	00	A	0	0	1
[6] . comment	0000a0	00002e	00		0	0	1
[7] . note. GNU–stack	0000ce	000000	00		0	0	1
[8] . shstrtab	0000ce	000051	00		0	0	1
[9] . symtab	0002d8	000120	10		10	13	4
[10] . strtab	0003f8	00009e	00		0	0	1

Key to Flags:
W (write), A (alloc), X (execute), M (merge), S (strings)
I (info), L (link order), G (group), x (unknown)
....

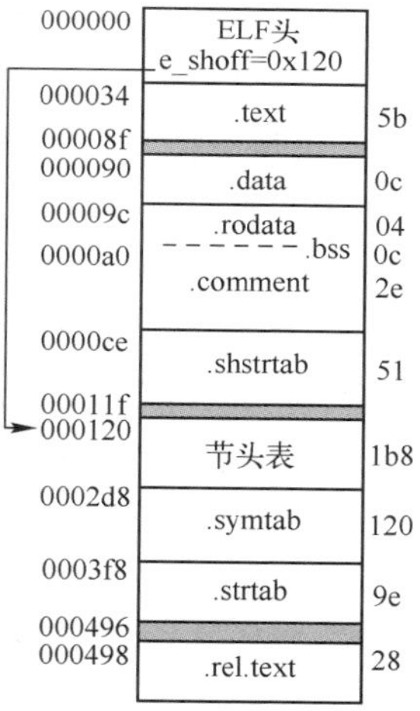

图 4.5　test. o 文件结构

从上述解析结果可以看出，该 test. o 文件中共有 11 个节，节头表从 120 B 处开始。其中，. text、. data、. bss 和 . rodata 节需要在存储器中分配空间（Flg 中有 A），. text 节是可执行的（Flg 中有 X），. data 和 . bss 两个节是可读/写的（Flg 中有 W），而 . rodata 节则是只读不可写的（Flg 中无 W）。图 4.5 中左边是对应节的偏移地址，右边是对应节的长度。例如，. text 节从文件的第 0x34 = 52 B 开始，共占 0x5b = 91 B。从节头表的解析结果看，. bss 节和

. rodata 节的偏移地址都是 0x00009c，占用区域重叠，因此可推断出 . bss 节在文件中不占用空间，但节头表中记录了 . bss 节的长度为 0x0c = 12，因而，操作系统在程序加载时需在主存中为 . bss 节分配 12 B 空间。

4.2.3 可执行目标文件格式

链接器将相互关联的可重定位目标文件中相同的代码数据节（如 . text 节、. rodata 节、. data 节和 . bss 节）合并，以形成可执行目标文件中对应的节。因为相同的代码数据节合并后，在可执行目标文件中各条指令之间、各个数据之间的相对位置就可以确定，因而所定义的函数（过程）和变量的起始位置就可以确定，也即每个符号的定义（即符号所在的首地址）即可确定，从而在符号的引用处可以根据确定的符号定义进行重定位。

ELF 可执行目标文件由 ELF 头、程序头表、节头表以及各个不同的节组成，如图 4.6 所示。

可执行文件格式与可重定位文件格式类似，例如，这两种格式中，ELF 头的数据结构一样，. text 节、. rodata 节和 . data 节中除了有些重定位地址不同以外，大部分都相同。与 ELF 可重定位文件格式相比，ELF 可执行文件的不同点主要有以下几个方面。

1）ELF 头中字段 e_entry 给出**程序执行入口地址**，可重定位文件中此字段为 0。

2）通常会有 . init 节和 . fini 节，其中 . init 节定义一个_init 函数，用于可执行文件开始执行时的初始化工作，当程序开始运行时，系统会在进程进入主函数 main 之前，先执行这个节中的指令代码。. fini 节中包含进程终止时要执行的指令代码，当程序退出时，系统会执行这个节中的指令代码。

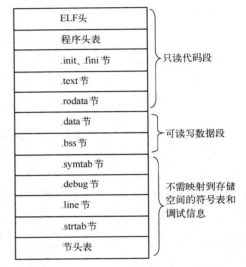

图 4.6　ELF 可执行目标文件

3）少了 . rel. text 和 . rel. data 等重定位信息节。因为可执行文件中的指令和数据已被重定位，故可去掉用于重定位的节。

4）多了一个**程序头表**，也称**段头表**（Segment Header Table），它是一个结构数组。

可执行文件中所有代码位置连续，所有只读数据位置连续，所有可读可写数据位置连续。如图 4.6 所示，因而在可执行文件中，ELF 头、程序头表、. init 节、. fini 节、. text 节和 . rodata 节合起来可构成一个**只读代码段**（Read-only Code Segment）；. data 节和 . bss 节合起来可构成一个**可读/写数据段**（Read/Write Data Segment）。显然，在可执行文件启动运行时，这两个段必须分配存储空间并装入内存，因而称为**可装入段**。

为了在可执行文件执行时能够在内存中访问到代码和数据，必须将可执行文件中这些连续的具有相同访问属性的代码和数据段映射到存储空间中。程序头表就用于描述这种映射关系，一个表项对应一个连续的**存储段**或**特殊节**。程序头表的表项大小和表项数分别由 ELF 头中 e_phentsize 和 e_phnum 字段指定。

32 位系统的程序头表中每个表项具有以下数据结构：

```
typedef struct {
        Elf32_Word      p_type;
        Elf32_Off       p_offset;
        Elf32_Addr      p_vaddr;
        Elf32_Addr      p_paddr;
        Elf32_Word      p_filesz;
        Elf32_Word      p_memsz;
        Elf32_Word      p_flags;
        Elf32_Word      p_align;
} Elf32_Phdr;
```

64 位系统对应的数据结构为 Elf64_Phdr，其中描述的成员与 Elf32_Phdr 类似，出于对齐考虑，Elf64_Phdr 将 p_flags 移到了 p_offset 之前。

p_type 描述存储段的类型或特殊节的类型。例如，是否为**可装入段**（PT_LOAD），是否是特殊的**动态节**（PT_DYNAMIC），是否是特殊的**解释程序节**（PT_INTERP）。p_offset 指出本段的首字节在文件中的偏移地址。p_vaddr 指出本段首字节的虚拟地址。p_paddr 指出本段首字节的物理地址，因为物理地址由操作系统根据情况动态确定，因而该信息通常是无效的。p_filesz 指出本段在文件中所占的字节数，可以为 0。p_memsz 指出本段在存储器中所占字节数，也可以为 0。p_flags 指出存取权限。p_align 指出对齐方式，用一个模数表示，为 2 的正整数幂，通常模数与页面大小相关，若页面大小为 4 KB，则模数为 2^{12}。

图 4.7 给出了使用 "readelf-l main" 命令显示的可执行文件 main 的程序头表中的部分信息

```
Program Headers:
 Type         Offset    VirtAddr    PhysAddr    FileSiz    MemSiz    Flg   Align
 PHDR         0x000034  0x08048034  0x08048034  0x00100    0x00100   R E   0x4
 INTERP       0x000134  0x08048134  0x08048134  0x00013    0x00013   R     0x1
        [Requesting program interpreter: /lib/ld-linux.so.2]
 LOAD         0x000000  0x08048000  0x08048000  0x004d4    0x004d4   R E   0x1000
 LOAD         0x000f0c  0x08049f0c  0x08049f0c  0x00108    0x00110   RW    0x1000
 DYNAMIC      0x000f20  0x08049f20  0x08049f20  0x000d0    0x000d0   RW    0x4
 NOTE         0x000148  0x08048148  0x08048148  0x00044    0x00044   R     0x4
 GNU_STACK    0x000000  0x00000000  0x00000000  0x00000    0x00000   RW    0x4
 GNU_RELRO    0x000f0c  0x08049f0c  0x08049f0c  0x000f4    0x000f4   R     0x1
```

图 4.7　可执行文件 main 的程序头表中部分信息

图 4.7 给出的程序头表中有 8 个表项，其中有两个是可装入段（Type=LOAD）对应的表项信息。

第一个可装入段对应可执行目标文件中第 0x00000~0x004d3 字节的内容（包括 ELF 头、程序头表以及 .init、.text 和 .rodata 节等），被映射到虚拟地址 0x8048000 开始的长度为 0x004d4 字节的区域，按 $0x1000 = 2^{12} = 4$ KB 对齐，具有只读/执行权限（Flg=RE），它是一个只读代码段。

第二个可装入段对应可执行目标文件中第 0x000f0c 开始的长度为 0x00108 字节的内容（即 .data 节），被映射到虚拟地址 0x8049f0c 开始的长度为 0x00110 字节的存储区域，在 0x00110=272 字节的存储区中，前 0x00108=264 B 用 .data 节的内容来初始化，而后面的 272-264=8 B 对应 .bss 节，被初始化为 0，该段按 0x1000=4 KB 对齐，具有可读可写权限

（Flg＝RW），因此，它是一个可读/写数据段。

从这个例子可以看出，.data 节在可执行目标文件中占用了相应的盘空间，在存储器中也需要给它分配相同大小的空间；而.bss 节在文件中不占用盘空间，但在存储器中需要给它分配相应大小的空间。

4.2.4 可执行文件的存储器映像

对于特定系统，可执行文件与虚拟地址空间之间的**存储器映像**（Memory Mapping）由ABI 规范定义。例如，对于 IA-32+linux 系统，i386 System V ABI 规范规定，只读代码段总是映射到虚拟地址为 0x8048000 开始的一段区域；可读/写数据段映射到只读代码段后面按4KB 对齐的高地址上，其中.bss 节所在存储区在运行时被初始化为 0。**运行时堆**（Run-Time Heap）则在可读/写数据段后面 4KB 对齐的高地址处，通过调用 malloc()库函数动态向高地址分配空间，而运行时**用户栈**（User Stack）则从用户空间的最大地址往低地址方向增长。堆区和栈区中间有一块空间保留给共享库目标代码，用户栈区以上的高地址区是操作系统内核的虚拟存储区。对于图 4.7 所示的可执行文件 main，对应的存储器映像如图 4.8 所示。

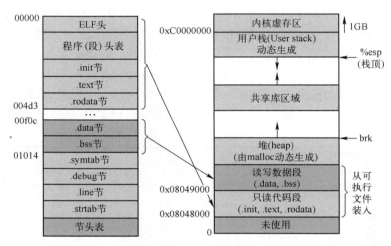

图 4.8　Linux 下可执行目标文件运行时的存储器映像

图 4.8 中左边为可执行文件 main 中的存储信息，右边为虚拟地址空间中的存储信息。可以看出，可执行文件最开始长度为 0x004d4 的可装入段映射到虚拟地址 0x8048000 开始的只读代码段；可执行文件中从 0x00f0c 到 0x01013 之间为.data 节和.bss 节（实际上都是.data 节信息，而.bss 节不占盘空间），映射到虚拟地址 0x8049000 开始的可读/写数据段，其中.data 节从 0x8049f0c 开始，共占 0x00108＝264 字节，随后的 8B 空间分配给.bss 节中定义的变量，初值为 0。

4.3　符号解析与重定位

4.3.1　符号和符号表

目标文件中有一个符号表，表中包含了在程序模块中定义的所有符号的相关信息。对于某个 C 程序模块 m 来说，包含在符号表中的符号有以下三种不同类型。

1）在 m 中定义并被其他模块引用的**全局符号**（Global Symbol）。这类符号包括非静态的函数名和全局变量名。

2）由其他模块定义并被 m 引用的全局符号，称为 m 的**外部符号**（External Symbol），包括在 m 中引用的在其他模块定义的外部函数名和外部变量名。

3）在 m 中定义并在 m 中引用的**本地符号**（Local Symbol）。这类符号包括带 static 属性的函数名和全局变量名。这类在模块内部定义的带 static 属性的本地变量不在栈中管理，而是分配在**静态数据区**，即编译器为它们在节 .data 或 .bss 中分配空间。如果在 m 内有两个函数使用了同名 static 本地变量，则需要为这两个变量都分配空间，并作为两个不同的符号记录到符号表中。

注意，上述三类符号不包括分配在栈中的非静态局部变量（auto 变量），链接器不需要这类变量的信息，因而它们不包含在由节 .symtab 定义的符号表中。

例如，对于图 4.9 给出的两个源程序文件 main.c 和 swap.c 来说，在 main.c 中的全局符号有 buf 和 main，外部符号有 swap；在 swap.c 中的全局符号有 bufp0、bufp1 和 swap，外部符号有 buf。swap.c 中的 temp 是局部变量，是在运行时动态分配的，因此，它不是符号，不会被记录在符号表中。

```
1   extern  void swap(void);
2
3   int buf[2] = {1, 2};
4
5   int main(){
6       swap();
7       return 0;
8   }
```

a) main.c 文件

```
1   extern int buf[];
2
3   int *bufp0 = &buf[0];
4   int *bufp1;
5
6   void swap(){
7       int temp;
8       bufp1 = &buf[1];
9       temp = *bufp0;
10      *bufp0 = *bufp1;
11      *bufp1 = temp;
12  }
```

b) swap.c 文件

图 4.9　两个源程序文件模块

ELF 文件中包含的符号表中每个表项具有以下数据结构。

```
typedef struct {
    Elf32_Word      st_name;
    Elf32_Addr      st_value;
    Elf32_Word      st_size;
    unsigned char   st_info;
    unsigned char   st_other;
    Elf32_Half      st_shndx;
} Elf32_Sym;
```

64 位系统对应的数据结构为 Elf64_Sym，其中成员的描述与 Elf32_Sym 类似。

字段 st_name 给出符号在字符串表中的索引（字节偏移量），指向在**字符串表**（.strtab

节）中的一个以 null 结尾的字符串，即符号。st_value 给出符号的值，在可重定位文件中，是指符号所在位置相对于所在节起始位置的字节偏移量。例如，图 4.9 中 main. c 的符号 buf 在 . data 节中，其偏移量为 0。在可执行目标文件和共享目标文件中，st_value 则是符号所在的虚拟地址。st_size 给出符号所表示对象的字节个数。若符号是函数名，则是指函数所占字节个数；若符号是变量名，则是指变量所占字节个数。如果符号表示的内容没有大小或大小未知，则值为 0。

字段 st_info 指出符号的类型和绑定属性，从以下定义的宏可以看出，符号类型占低 4 位，符号绑定属性占高 4 位。

```
#define ELF32_ST_BIND(info)        ((info) >> 4)
#define ELF32_ST_TYPE(info)        ((info) & 0xf)
#define ELF32_ST_INFO(bind, type)  (((bind)<<4)+((type)&0xf))
```

符号类型可以是未指定（NOTYPE）、变量（OBJECT）、函数（FUNC）、节（SECTION）等。当类型为"节"时，其表项主要用于重定位。绑定属性可以是本地（LOCAL）、全局（GLOBAL）、弱（WEAK）等。其中，本地符号指在包含其定义的目标文件的外部是不可见的，名称相同的本地符号可存在于多个文件中而不会相互干扰。全局符号对于合并的所有目标文件都可见。**弱符号**是通过 GCC 扩展的属性指示符_attribute_((weak))指定的符号，它与全局符号一样，对于所有被合并目标文件都可见。

字段 st_other 指出符号的可见性。通常在可重定位文件中指定可见性，它定义了当符号成为可执行文件或共享目标库的一部分后访问该符号的方式。

字段 st_shndx 指出符号所在节在节头表中的索引，有些符号属于三种特殊伪节（Pseudo Section）之一，伪节在节头表中没有相应的表项，无法表示其索引值，因而用以下特殊的索引值表示：ABS 表示该符号不会被重定位；UNDEF 表示未定义符号，即在本模块引用而在其他模块定义的外部符号；COMMON 表示未被分配位置的未初始化的变量，称为 **COMMON 符号**，对应 st_value 字段给出其对齐要求，st_size 字段给出其最小长度。

可通过 GNU READELF 工具显示符号表。例如，对于图 4.9 中 main. c 和 swap. c，可使用命令"readelf −s main. o"查看 main. o 中的符号表，其最后三个表项显示结果如图 4.10 所示。

Num	Value	Size	Type	Bind	Ot	Ndx	Name
8:	0	8	OBJECT	GLOBAL	0	3	buf
9:	0	17	FUNC	GLOBAL	0	1	main
10:	0	0	NOTYPE	GLOBAL	0	UND	swap

图 4.10　main. o 中部分符号表信息

可看出，main 模块的三个全局符号中，buf 是变量（Type = OBJECT），位于节头表中第三个表项（Ndx = 3）对应的 . data 节中偏移量为 0（Value = 0）处，占 8 B（Size = 8）；main 是函数（Type = FUNC），位于节头表中第一个表项对应的 . text 节中偏移量为 0 处，占 17 B；swap 是未指定（NOTYPE）且无定义（UND）的符号，说明 swap 是在 main 中被引用的由外部模块定义的符号。

swap. o 符号表中最后 4 个表项结果如图 4.11 所示。

Num:	Value	Size	Type	Bind	Ot	Ndx	Name
8:	0	4	OBJECT	GLOBAL	0	3	bufp0
9:	0	0	NOTYPE	GLOBAL	0	UND	buf
10:	0	39	FUNC	GLOBAL	0	1	swap
11:	4	4	OBJECT	GLOBAL	0	COM	bufp1

图 4.11 swap. o 中部分符号表信息

可看出，swap 模块的 4 个符号都是全局符号，其中，bufp0 位于节头表中第三个表项对应的 . data 节中偏移量为 0 处，占 4 B；buf 是未指定的且无定义的全局符号，说明 buf 是在 swap 中被引用的由外部模块定义的符号；swap 是函数，位于节头表中第一个表项对应的 . text 节中偏移量为 0 处，占 39 B；bufp1 是未分配位置且未初始化（Ndx = COM）的全局变量，按 4 B 边界对齐，至少占 4 B。注意，swap 模块中的变量 temp 是自动变量，因而不在符号表中说明。

4.3.2 符号解析和静态链接

符号解析的目的是将每个模块中引用的符号与某个目标模块中的定义符号建立关联。每个定义符号在代码段或数据段中都被分配了存储空间，因此，将引用符号与对应的定义符号建立关联后，就可以在重定位时将引用符号的地址重定位为相关联的定义符号的地址。

对于在同一个模块中定义且引用的本地符号的符号解析比较容易，因为编译器会检查每个模块中的本地符号是否具有唯一的定义，所以只要找到第一个本地定义符号与之关联即可。本地符号在可重定位文件的符号表中特指绑定属性为 LOCAL 的符号，包括所有在 . text 节中定义的带 static 属性的函数，以及在 . data 节和 . bss 节中定义的所有被初始化或未被初始化的带 static 属性的静态变量。

对于跨模块的全局符号，因为在多个模块中可能会出现对同名全局符号进行多重定义，所以链接器需要确认以哪个定义为准来进行符号解析。

1. 全局符号的解析规则

编译器在对源程序编译时，会把每个全局符号的定义输出到汇编代码文件中，汇编器通过对汇编代码文件的处理，在可重定位文件的符号表中记录全局符号的特性，以供链接时全局符号的符号解析所用。

一个全局符号可能是函数，或者是 . data 节中具有特定初始值的全局变量（如图 4.1 中 main. c 的全局变量 a），或者是 . bss 节中被初始化为 0 的全局变量（如图 4.1 中 main. c 的全局变量 b），或者是说明为 COMMON 伪节的未初始化全局变量（即 COMMON 符号），还可能是绑定属性为 WEAK 的**弱符号**。为便于说明全局符号的多重定义问题，本书将前三类全局符号（即函数、. data 节和 . bss 节中的全局变量）统称为**强符号**。

在 Linux 系统中，GCC 链接器根据以下规则处理多重定义的同名全局符号。

- 规则 1：强符号不能多次定义，否则链接错误。
- 规则 2：若出现一次强符号定义和多次 COMMON 符号或弱符号定义，则按强符号定义为准。

- 规则3：若同时出现 COMMON 符号定义和弱符号定义，则按 COMMON 符号定义为准。
- 规则4：若一个 COMMON 符号出现多次定义，则以其中占空间最大的一个为准。因为符号表中仅记录 COMMON 符号的最小长度，而不会记录变量的类型，因此在链接器确定多重 COMMON 符号的唯一定义时，以最小长度中的最大值为准进行符号解析，能够保证满足所有同名 COMMON 符号的空间要求。
- 规则5：若使用编译选项-fno-common，则不考虑 COMMON 符号，相当于将 COMMON 符号作为强符号处理。

例如，对于图4.12所示例子，x 在两个模块中都被定义为强符号，y 在 main 模块定义为 COMMON 符号，而在 p1 模块是定义在 .bss 节的强符号，因此，链接器会由于 x 的两次强符号定义而输出一条出错信息。

```
int x=10; y;
int p1(void);
int main() {
    x=p1();
    return x;
}
```
a) main.c文件

```
int x=20;
int y=0;
int p1(){
    return x;
}
```
b) p1.c文件

图 4.12　两个强定义符号的例子

考察图4.13所示例子中的符号 y 和符号 z 的情况。

```
#include <stdio.h>
int y=100, z;
void p1(void);
int main() {
    z=1000;
    p1();
    printf("y=%d, z=%d\n", y, z);
    return 0;
}
```
a) main.c文件

```
int y;
short z;

void p1()
{
    y=200;
    z=2000;
}
```
b) p1.c文件

图 4.13　COMMON 符号定义的例

图4.13中，符号 y 在 main.c 中是强符号，在 p1.c 中是 COMMON 符号，根据规则2可知，链接器将 main.o 符号表中的符号 y 作为其唯一定义符号，而在 p1 模块中的 y 作为引用符号，其地址等于 main 模块中定义符号 y 的地址，也即这两个 y 是同一个变量。在 main 函数调用 p1 函数后，y 的值从初始化的100被修改为200，因而，在 main 函数中用 printf 打印出来后 y 的值为200，而不是100。

符号 z 在 main 和 p1 模块中都没有初始化，在两个模块中都是 COMMON 符号，根据规则4可知，链接器将其中占空间较大的符号作为唯一定义符号，因此，链接器将 main 模块中定义符号 z 作为唯一定义符号，而在 p1 模块中的 z 作为引用符号，符号 z 的地址为 main 模块中定义的地址。在 main 函数调用 p1 函数后，z 的值从1000被修改为2000，因而，在 main 函数中用 printf 打印出来后 z 的值为2000，而不是1000。

上述例子说明，如果在两个不同模块定义相同变量名，那么很可能会发生程序员意想不到的结果。特别当两个重复定义的变量具有不同类型时，更容易出现难以理解的结果。例如，对于图 4.14 所示的例子，全局变量 d 在 main 模块中为 int 型强符号，在 p1 中是 double 型 COMMON 符号。根据规则 2 可知，链接器将 main.o 符号表中的符号 d 作为其唯一定义符号，其地址和所占字节数等于 main 模块中定义符号 d 的地址和字节数，因此长度为 4 B，而不是 double 型变量的 8 B。

由于 p1.c 中的 d 为引用，因而其地址与 main 中变量 d 的地址相同，在 main 函数调用 p1 函数后，地址 &d 中存放的是 double 型浮点数 1.0 对应的低 32 位机器数 00000000H，地址 &x 中存放的是 double 型浮点数 1.0 对应的高 32 位机器数 3FF0 0000H（对应真值为 1072693248），如图 4.14c 所示。因而，在 main( ) 函数中用 printf 打印出来后 d 的值为 0，x 的值是 1072693248。可见 x 的值被 p1.c 中的变量 d 给冲掉了。这里，double 型浮点数 1.0 的机器数为 3FF0 0000 0000 0000H，以小端方式存放。

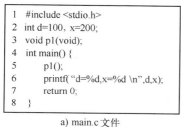

a) main.c 文件　　　　b) p1.c 文件　　　　c) p1 执行后变量 d 和 x 中的内容

图 4.14　不同类型定义符号例子

上述由于多重定义变量引起的值的改变往往是在没有任何警告的情况下发生的，而且通常是在程序执行了一段时间后才表现出来，并且远离错误发生源，甚至错误发生源在另一个模块。对于由成千上万个模块组成的大型程序的开发，这种问题将更加麻烦，如果变量定义不规范，那将很难避免这类错误的发生。最好使用相应的选项命令-fno-common，告诉链接器在遇到多重定义的全局符号时，触发一个错误，或者使用-Werror 选项命令，将所有警告变为错误。

解决上述问题的办法是，尽量避免使用全局变量，一定需要用的话，可以定义为 static 属性的静态变量。此外，尽量要给全局变量赋初值使其变成强符号，而外部全局变量则尽量使用 extern。对于程序员来说最好能了解链接器是如何工作的，并养成良好的编程习惯。

2. 与静态库的链接

编译系统通常会提供一种将多个目标模块打包成一个单独的库文件的机制，这个库文件就是**静态库**（Static Library）。在构建可执行文件时只需指定静态库文件名，链接器会自动到库中寻找那些在应用程序中用到的目标模块，并且只把用到的模块从库中提取出来，和应用程序模块进行链接。

在类 UNIX 系统中，静态库文件采用一种称为**存档档案**（Archive）的特殊文件格式，使用 .a 后缀。例如，标准 C 函数库文件名为 libc.a，其中包含一组广泛使用的标准 I/O 函数、字符串处理函数和整数处理函数，如 atoi、printf、scanf、strcpy 等，libc.a 是默认的用于静态链接的库文件，无须在链接命令中显式指出。还有其他的函数库，例如浮点数运算函数库，文件名为 libm. a，其中包含 sin、cos 和 sqrt 函数等。

用户可以自定义一个静态库文件。以下通过一个简单例子来说明如何生成自己的静态库文件。假定有两个源文件 myproc 1. c 和 myproc2. c，如图 4. 15 所示。

```
#include <stdio.h>
void myfunc1(){
    printf("%s","This is myfunc1 from mylib! \n");
}
```

a) myproc1.c文件

```
#include <stdio.h>
void  myfunc 2() {
    printf("%s","This is myfunc2 from mylib! \n");
}
```

b) myproc2.c文件

图 4.15   静态库 mylib 中包含的函数的源文件

可以使用 AR 工具生成静态库，在此之前需要用"gcc -c"命令将静态库中包含的目标模块先生成可重定位目标文件。以下两个命令可以生成静态库文件 mylib. a，其中包含两个目标模块 myproc1. o 和 myproc2. o。

```
gcc -c myproc1. c
gcc -c myproc2. c
ar rcs mylib. a myproc1. o myproc2. o
```

假定有一个 main. c 程序，其中调用了静态库 mylib. a 中的函数 myfunc1。

```
1    void myfunc1( void) ;
2    int main( ) {
3        myfunc1( ) ;
4        return 0;
5    }
```

为了生成可执行文件 myproc，可以先将 main. c 编译并汇编为可重定位目标文件 main. o，然后再将 main. o 和 mylib. a 以及标准 C 函数库 libc. a 进行链接。以下两条命令可以完成上述功能。

```
gcc -c main. c
gcc -static -o myproc main. o ./mylib. a
```

命令中使用-static 选项指示链接器生成一个完全链接的可执行文件，即生成的可执行文件应能直接加载到存储器执行，而不需要在加载或运行时再动态链接其他目标模块。

图 4.16 给出了可重定位目标文件与静态库进行静态链接生成完全链接的可执行目标文件的过程。

链接器进行符号解析时会根据命令中指定的输入文件顺序进行处理。例如，对于命令"gcc -static -o myproc main. o ./mylib. a"，链接器首先处理输入文件 main. o，确定其引用了符号 myfunc1，然后按顺序处理 mylib. a 文件，在其中的 myproc1. o 模块中找到符号 myfunc1 的定义，从而建立符号 myfunc1 的引用和定义之间的关联。在对 myproc1. o 模块处理时，又发现了 myfunc1 的定义需要引用符号 printf，因此，链接器又进一步处理默认的 C 标准库文件 libc. a，在其中的 printf. o 模块中找到 printf 的定义，从而又可以建立符号 printf 的引用和定义之间的关联。关于链接器中符号解析的详细过程请参见相关资料。

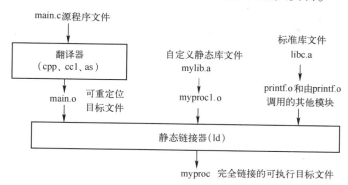

图 4.16　可重定位目标文件与静态库的链接

4.3.3　重定位过程

重定位的目的是在符号解析的基础上将所有关联的目标模块合并，并确定每个定义符号在 ABI 规范规定的虚拟地址空间中的地址，在定义符号的引用处重定位引用的地址。例如，对于图 4.16 中的例子，因为编译 main.c 时，编译器还不知道函数 myproc1 的地址，所以编译器只是将一个"临时地址"放到可重定位文件 main.o 的 call 指令中，在链接阶段，这个"临时地址"将被修改为正确的引用地址，这个过程叫**重定位**。具体来说，重定位有以下两方面工作。

（1）节和定义符号的重定位

链接器将相互关联的所有可重定位文件中相同类型的节合并，生成一个同一类型的新节，并根据合并后的新节在虚拟地址空间中的起始位置以及新节中定义的每个符号的位置，确定每个符号的存储地址。例如，将所有模块中的 .data 节合并后作为可执行文件中的 .data 节，并重新确定其中每个定义符号在虚拟地址空间中的位置。

（2）引用处符号的重定位

链接器对合并后的新代码节（.text）和新数据节（.data）中所有符号引用处进行重定位，使其指向对应的定义符号的起始位置。为了实现这一步工作，链接器需要知道可重定位目标文件中存在哪些需要重定位的符号引用、所引用的是哪个定义符号等，这些称为**重定位信息**，放在重定位节（.rel.text 和 .rel.data）的重定位表项中。重定位过程中，根据重定位节 .rel.text 和 .rel.data 中的重定位表项，分别对新的 .text 节和 .data 节中的符号引用进行重定位处理。

例如，图 4.9 所示两个程序模块中，main.o 的 .rel.text 节中有一个重定位表项：$r\_offset = 0x7$，$r\_sym = 10$，$r\_type = R\_386\_PC32$，该表项说明，需要在其 .text 节中偏移量为 0x7 的地方按照 R_386_PC32 方式进行重定位，所引用的符号为 main.o 的符号表中第 10 个表项代表的符号，根据图 4.10 可知，该符号为 swap。同时，swap.o 的 .rel.data 节中有一个表项：$r\_offset = 0x0$，$r\_sym = 9$，$r\_type = R\_386\_32$，该表项说明，需要在其 .data 节中偏移量为 0 的地方按 R_386_32 方式进行重定位，所引用的符号为 swap.o 的符号表中第 9 个表项代表的符号，根据图 4.11 可知，该符号为 buf。

1. R_386_PC32 方式的重定位

对于图 4.9 所示例子，模块 main. o 的 . text 节中主要是 main( ) 函数的机器代码，其中有一处需要重定位，就是与 main. c 中第 7 行 swap( ) 函数对应的调用指令中的目标地址。

图 4.17 给出了 main. o 中 . text 节和 . rel. text 节的内容通过 OBJDUMP 工具反汇编出来的结果。

```
1    Disassembly of section .text:
2    00000000 <main>:
3    0:      55                  push    %ebp
4    1:      89 e5               mov     %esp, %ebp
5    3:      83 e4 f0            and     $0xfffffff0, %esp
6    6:      e8 fc ff ff ff      call    7 <main+0x7>
7            7: R_386_PC32 swap
8    b:      b8 00 00 00 00      mov     $0x0, %eax
9    10:     c9                  leave
10   11:     c3                  ret
```

图 4.17 main. o 中 . text 节和 . rel. text 节内容

从图 4.17 可以看出，符号 main 的定义从 . text 节中偏移量为 0 处开始，共占 18（0x12）字节；. rel. text 节中有一个重定位表项：r_offset = 0x7，r_sym = 10，r_type = R_386_PC32，被 OBJDUMP 工具以 "7：R_386_PC32 swap" 的可重定位信息显示在需重定位的 call 指令的下一行（第 7 行），说明需重定位的是离 . text 节起始处偏移量为 0x7 的地方，采用 PC 相对地址方式（R_386_PC32），重定位后指向符号 swap 的定义处（swap 过程首地址）。也就是说，上述 text 节中第 6 行 call 指令的最后 4 字节（fc ff ff ff）需要重定位，使得 call 指令的目标跳转地址为 swap 过程的首地址。

假定链接后在可执行文件中 main 过程的机器代码从虚拟地址空间中的 0x8048380 开始，紧跟在 main 后面的是 swap 过程的机器代码，因为 0x8048380 + 0x12 = 0x8048392，而 swap 过程首地址应按 4 字节对齐，因此 swap 过程将从 0x8048394 开始。

IA-32 中跳转目标地址（即有效地址）计算公式为跳转目标地址 = PC + 偏移地址。这里 PC 是 call 指令的下一条指令的地址，偏移地址则是 call 指令的最后 4 字节，即重定位值，因此重定位值 = 跳转目标地址 - PC。这里的跳转目标地址为 swap 过程首地址 0x8048394，而 PC 内容为 0x8048380 + 0x7 + 4 = 0x804838b，故重定位值为 0x8048394 - 0x804838b = 0x00 00 00 09。因为 IA-32 中偏移地址按小端方式排列，所以 main 过程中 call 指令的代码为 "e8 09 00 00 00"。

根据图 4.17 中 call 指令的机器代码 "e8 fc ff ff ff" 可知，需重定位的 4 字节初值（init）为 0xffff fffc，即 -4。汇编器用 -4 作为偏移量，其原因是，在 call 指令的跳转目标地址计算中所用的 PC 指向的是 call 指令的下一条指令，此处相对于需重定位的位置偏移为 4 个字节。

从上面分析过程可以看出，PC 相对地址方式下的重定位值计算公式如下：

$$重定位值 = ADDR(r\_sym) - ((ADDR(.text) + r\_offset) - init)$$

其中 ADDR(r_sym) 表示符号 r_sym 的首地址，ADDR(. text) 表示 . text 节的起始地址，它加上偏移量 r_offset 后得到需重定位处的地址，再减初值 init（相当于加 4）后，便得到

PC 值。ADDR（r_sym）减 PC 值就是重定位值。例如，在上述例子中，ADDR（swap）＝0x8048394，ADDR（.text）＝0x8048380，r_offset＝0x7，init＝−4。

2. R_386_32 方式的重定位

对于图 4.9 所示例子，因为 main.c 中只有一个已初始化的全局定义符号 buf，并且 buf 的定义没有引用其他符号，因此 main.o 中的 .data 节对应的重定位节 .rel.data 中没有任何重定位表项。main.o 中的 .data 节和 .rel.data 节的内容通过 OBJDUMP 工具反汇编出来的结果如图 4.18a 所示。

对于图 4.9 所示例子中的 swap.c，其中第 3 行有一个对全局变量 bufp0 赋初值的语句，bufp0 被初始化为外部数组变量 buf 的首地址。因而，在 swap.o 的 .data 节中有相应的对 bufp0 的定义，在 .rel.data 节中有对应的重定位表项。图 4.18b 给出了 swap.o 中 .data 节和 .rel.data 节的内容通过 OBJDUMP 工具反汇编出来的结果。

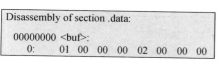

a) main.o中.data节和.rel.data节内容

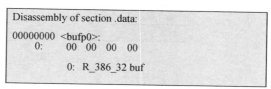

b) swap.o中.data节和.rel.data节内容

图 4.18 main.o 和 swap.o 中 .data 节和 .rel.data 节内容

从图 4.18b 中可以看出，目标模块 swap 中全局符号 bufp0 的定义在 .data 节中偏移量 0 处，占 4 个字节，初始值（init）为 0x0（00 00 00 00）。对应重定位节 .rel.data 中有一个重定位表项：r_offset＝0x0，r_sym＝9，r_type＝R_386_32，OBJDUMP 工具解释后显示为 "0:R_386_32 buf"。重定位类型是 R_386_32，即绝对地址方式，因而重定位值应是初始值加所引用符号地址。假定所引用符号 buf 的地址为 ADDR（buf）＝0x8049620，则在可执行目标文件中重定位后的 bufp0 的内容变为 0x8049620，即 "20 96 04 08"。

可执行目标文件中的 .data 节是将 main.o 中的 .data 节和 swap.o 中的 .data 节合并后生成的，经过重定位后得到合并后可执行文件中的 .data 节的内容，如图 4.19 所示。

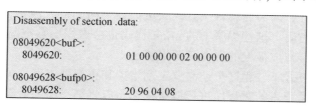

图 4.19 可执行目标文件中的 .data 节内容

从图 4.19 可以看出，链接器进行重定位后，确定了可执行文件中 .data 节在虚拟存储空间中的首地址为 0x8049620，该地址处定义了从 main.o 中合并过来的 buf 符号，也即 buf 数组的第一个元素的地址为 0x8049620，buf 数组有两个 int 型元素，因而占用 8 B 空间。从地址 0x8049620+8＝0x8049628 开始，定义的是从 swap.o 的 .data 节合并过来的符号 bufp0，其内容为 buf 的首地址 0x8049620。

图 4.20 给出了图 4.9 所示例子中两个可重定位模块 main.o 和 swap.o 合并成可执行文件

的过程。从图中可以看出，在可执行目标文件的 .text 节和 .data 节中还分别包含了系统代码和系统数据。

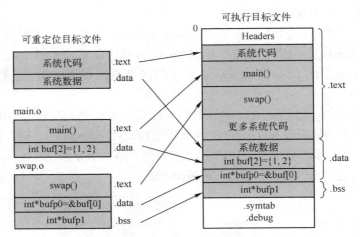

图 4.20　main.o 和 swap.o 合并成可执行文件

4.3.4　动态链接

4.2 节介绍了可重定位和可执行两种目标文件，还有一类目标文件是**共享目标文件**（Shared Object File），也称为**共享库文件**。它是一种特殊的可重定位目标文件，其中记录了相应的代码、数据、重定位和符号表信息，能在可执行文件装入或运行时被动态地装入内存并自动被链接，这个过程称为**动态链接**（Dynamic Link），由一个称为**动态链接器**（Dynamic Linker）的程序来完成。类 UNIX 系统中共享库文件扩展名为 .so，Windows 系统中为**动态链接库**（Dynamic Link Libraries，DLLs），文件扩展名为 .dll。

对于 4.3.2 节介绍的静态链接方式，因为库函数代码被合并在可执行文件中，因而会造成盘空间和主存空间的浪费。例如，静态库 libc.a 中的 printf 模块会在静态链接时合并到每个引用 printf 的可执行文件中，其中的 printf 代码会各自占用不同的盘空间。通常硬盘上存放有数千个可执行文件，因而静态链接方式会造成盘空间的极大浪费；在引用 printf 的应用程序同时在系统中运行时，这些程序中的 printf 代码也会占用内存空间，对于并发运行几十个进程的系统来说，会造成极大的主存资源浪费。

此外，静态链接方式下，程序员还需要定期维护和更新静态库，关注它是否有新版本出现，在出现新版本时需要重新对程序进行链接操作，以将静态库中最新的目标代码合并到可执行文件中。因此，静态链接方式更新困难、使用不便。

针对上述静态链接方式下的这些缺点，提出了一种共享库的动态链接方式。共享库以动态链接的方式被正在加载或执行中的多个应用程序共享，因而，共享库的动态链接有两个方面的特点：一是"共享性"；二是"动态性"。

"共享性"是指共享库中的代码段在内存只有一个副本，当应用程序在其代码中需要引用共享库中的符号时，在引用处通过某种方式确定指向共享库中对应定义符号的地址即可。例如，对于动态共享库 libc.so 中的 printf 模块，内存中只有一个 printf 副本，所有应用程序都可以通过动态链接 printf 模块来使用它。因为内存中只有一个副本，硬盘中也只有共享库中一份代码，因此能节省主存资源和硬盘空间。

"动态性"是指共享库只在使用它的程序被加载或执行时才加载到内存，因而在共享库更新后并不需要重新对程序进行链接，每次加载或执行程序时所链接的共享库总是最新的。可以利用共享库的这个特性来实现软件分发或生成动态 Web 网页等。

动态链接有两种方式，一种是在程序加载过程中加载和链接共享库，另一种是在程序执行过程中加载并链接共享库。

4.4　可执行文件的加载

启动一个可执行目标文件执行时，首先会通过某种方式调出常驻内存的一个称为**加载器**（Loader）的操作系统程序来进行处理。例如，UNIX/Linux 系统中程序的加载执行通过调用 execve 系统调用函数，在当前进程的上下文中启动加载器进行。

4.4.1　程序和进程的概念

任何一个高级语言源程序被编译、汇编、链接转换为可执行文件后，就可以被计算机直接执行。对计算机来说，**程序**（Program）就是代码和数据的集合，程序的代码是一个机器指令序列，因而程序是一种静态的概念，它可以作为文件存放在硬盘中。

进程（Process）可以看成是程序的一次运行过程，因此进程是一个具有一定独立功能的程序关于某个数据集合的一次运行活动，因而进程具有动态的含义。计算机处理的所有**任务**实际上是由进程完成的。

每个应用程序在系统中运行时均有属于它自己的存储空间，用来存储它自己的程序代码和数据，包括只读区（代码和只读数据）、可读/写数据区（初始化数据和未初始化数据）、动态的堆区和栈区等。

进程是操作系统对处理器中程序运行过程的一种抽象。进程有自己的生命周期，它由于任务的启动而创建，随着任务的完成（或终止）而消亡，它所占用的资源也随着进程的终止而释放。

一个可执行文件可以被多次加载执行，也就是说，一个程序可能对应多个不同的进程。例如，在 Windows 系统中用 word 程序编辑一个文档时，相应的进程就是 winword.exe，如果多次启动同一个 word 程序，就得到多个 winword.exe 进程。

小提示

计算机系统中的**任务**通常指进程。例如，Linux 内核中把进程称为任务，每个进程主要通过一个称为**进程描述符**（Process Descriptor）的结构来描述，其结构类型定义为 task_structure，包含了一个进程的所有信息。所有进程通过一个双向循环链表实现的**任务列表**（Task List）来描述，任务列表中每个元素是一个进程描述符。IA-32 中的任务状态段（TSS）、任务门（Task Gate）等概念中所称的任务，实际上也是指进程。

对于现代多任务操作系统，通常一段时间内会有多个不同的进程在系统中运行，这些进程轮流使用处理器并共享同一个主存。程序员在开发应用程序时，并不用考虑如何和其他程序一起共享处理器和存储器资源，而只要考虑自己的程序代码和所用数据如何组织在一个独立的虚拟存储空间中。也就是说，程序员可以把一台计算机的所有资源看成由自己的程序所独占，可以认为自己的程序是在处理器上执行的和在存储空间中存放的唯一的用户程序。显然，这是一种"错觉"。这种"错觉"带来了极大的好处，它简化了编程、编译、链接和加载等整个过程。

4.4.2 进程的虚拟地址空间

在4.2.3节和4.2.4节中提到，可执行文件中的程序头表描述了其中的只读代码段和可读/写数据段与虚拟地址空间之间的映射关系。当可执行文件被启动加载成为进程后，可执行文件中的只读代码段和可读/写数据段等信息变成进程中的存储区域，操作系统把进程中所有存储区域信息记录在进程描述符中。

例如，Linux内核为每个进程维护了一个数据类型为task_struct结构的**进程描述符**，task_struct中记录了进程的描述信息，如进程的PID、指向用户栈的指针、可执行目标文件名等。图4.21给出了Linux系统中进程的虚拟地址空间中区域的描述，进程虚拟地址空间中的只读代码区对应可执行文件中的只读代码段，进程虚拟地址空间中的可读/写数据区对应可执行文件中的可读/写数据段。

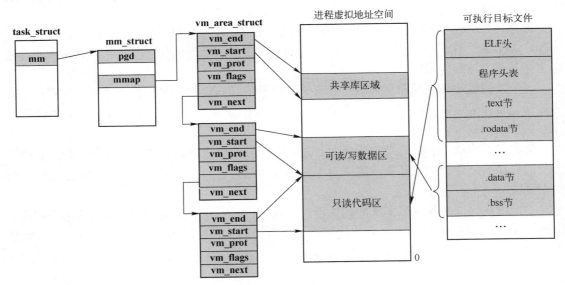

图 4.21　Linux 进程虚拟地址空间中区域的描述

task_struct结构中有个指针mm指向一个mm_struct结构。mm_struct描述了对应进程虚拟存储空间的当前状态，其中，有一个字段是pgd，它指向对应进程的第一级页表的首地址。mm_struct中还有一个字段mmap，它指向一个由vm_area_struct结构构成的链表表头。

每个vm_area_struct结构描述了对应进程虚拟地址空间中的一个区域，可执行文件被启动加载时，操作系统通过读取可执行文件中的程序头表，来生成vm_area_struct结构内容。vm_area_struct中部分字段的含义如下。

● vm_start：指向区域的开始处。

- vm_end：指向区域的结束处。
- vm_prot：描述区域包含的所有页面的访问权限。
- vm_flags：描述区域包含页面是否与其他进程共享等。
- vm_next：指向链表下一个 vm_area_struct。

4.4.3 execve 函数和 main 函数

execve 函数的功能是在当前进程的上下文中加载并运行一个新程序。execve 函数的用法如下。

```
int execve( char * filename, char * argv[ ], * envp[ ] );
```

该函数用来加载并运行可执行目标文件 filename，可带参数列表 argv 和环境变量列表 envp。若出现错误，如找不到指定的文件 filename，则返回-1 并将控制权返回给调用程序；若函数功能执行成功，则不返回，而是跳转到可执行文件 ELF 头中由字段 e_entry 定义的入口点（即符号_start 处）执行。符号_start 在启动例程模块 crtl.o 中定义，每个 C 语言程序的_start 定义都一样。

符号_start 处定义的启动代码主要是一系列过程调用。例如，可以先依次调用__libc_init_first 和_init 两个初始化过程；随后通过调用 atexit 过程对程序正常结束时需要调用的函数进行登记注册，这些函数被称为**终止处理函数**，将由 exit 函数自动调用执行；然后，再调用可执行目标文件中的主函数 main；最后调用_exit 过程，以结束进程的执行，返回到操作系统内核。因此，启动代码中的过程调用顺序可以是__libc_init_first →_init → atexit→ main（其中可能会调用 exit 函数）→_exit。

通常，主函数 main 的原型有如下两种形式：

```
int main( int argc, char * * argv, char * * envp );
int main( int argc, char * argv[ ], char * envp[ ] );
```

其中，参数列表 argv 可用一个以 null 结尾的指针数组表示，每个数组元素都指向一个用字符串表示的参数。通常，argv[0]指向可执行目标文件名，argv[1]是命令（以可执行文件名作为命令名）第一个参数的指针，argv[2]是命令第二个参数的指针，以此类推。参数个数由 argc 指定。参数列表结构如图 4.22 所示。图中显示了命令行"ld -o test main.o test.o"对应的参数列表结构。

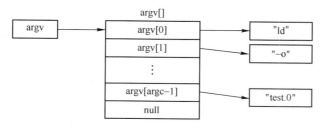

图 4.22　参数列表 argv 的组织结构

环境变量列表 envp 的结构与参数列表结构类似。也用一个以 null 结尾的指针数组表示，每个数组元素都指向一个用字符串表示的环境变量串。其中每个字符串都是一个形如 "NAME＝VALUE" 的名—值对。

当 IA-32+Linux 系统开始执行 main 函数时，在虚拟地址空间的用户栈中具有如图 4.23 所示的组织结构。

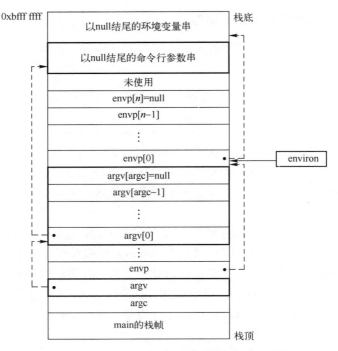

图 4.23　main( )函数执行时用户栈中的典型结构

如图 4.23 所示，用户栈的栈底是一系列环境变量串，然后是命令行参数串，每个串以 null 结尾，连续存放在栈中，串 i 在栈中的位置由相应的 envp[i] 和 argv[i] 中的指针指示。在命令行参数串后面是指针数组 envp 的数组元素，全局变量 environ 指向这些指针中的第一个指针 envp[0]。然后是指针数组 argv 的数组元素。在栈的顶部是 main( ) 函数的三个参数：envp、argv 和 argc。在这三个参数所在单元的后面将生成 main( ) 函数的栈帧。

4.4.4　fork 函数和程序的启动加载

在父进程中可通过 fork 函数创建一个子进程，fork 函数的原型如下：

```
pid_t fork(void);
```

在 Linux 系统中，返回值类型 pid_t 在头文件 sys/types. h 中定义为 int 型，fork 函数原型在头文件 unistd. h 中定义。通常用一个唯一的正整数标识一个进程，称为**进程 ID**，简写为 **PID**。这里的返回值实际上就是一个 PID。

通过 fork 函数新创建的子进程和父进程几乎一样，通过复制父进程的相关数据结构，使得子进程具有与父进程完全相同但独立的虚拟地址空间，也即只读代码段、可读/写数据段、堆、用户栈、共享库区域都完全相同。此外，子进程还继承了父进程的**打开文件描述符表**，也即子进程可以读/写父进程中打开的任何文件。新创建的子进程和父进程之间最大的差别是它们的 PID 不同。有关打开文件描述符表的概念参见 6.3.1 节中的文件系统概述。

以下说明通过 shell 命令行输入可执行文件名 a.out 进行程序加载的过程，大致如下。

1）shell 命令行解释器输出一个命令行提示符（如：unix>），并开始接受用户输入的命令行。

2）当用户在命令行提示符后输入命令行 "./a.out[enter]" 后，shell 命令行程序开始对命令行进行解析，获得各个命令行参数并构造传递给函数 execve 的参数列表 argv 和参数个数 argc。

3）调用 fork 函数，创建一个子进程。

4）以第 2）步命令行解析得到的参数个数 argc、参数列表 argv 以及全局变量 environ 作为参数，调用函数 execve，从而实现在当前进程（用 fork 新创建的子进程）的上下文中加载并运行 a.out 程序。在函数 execve 中，通过启动加载器执行加载任务并启动程序运行。

这里的"加载"实际上并没有将 a.out 文件中的代码和数据（除 ELF 头、程序头表等信息）从硬盘读入主存，而是根据可执行文件中的程序头表等，对当前进程描述符中的一些数据结构进行初始化，也即生成上述 task_struct 结构中 vm_area_struct 等信息。

当加载器执行完加载任务后，便将 PC 设定指向程序入口点（即符号_start 处），从而开始转到 a.out 程序执行，从此，a.out 程序开始在新进程的上下文中运行。在运行过程中，一旦 CPU 检测到所访问的指令或数据不在主存（即缺页），则调用操作系统内核中的缺页处理程序执行。在处理过程中才将代码或数据真正从 a.out 文件装入主存。

4.5　程序的执行和中央处理器

可执行文件被启动加载后，CPU 就会按照可执行文件只读代码段中指令给定的顺序执行。从前面介绍的有关机器级代码的表示和生成可以看出，指令按顺序存放在存储空间的连续单元中，正常情况下，指令按其存放顺序执行，遇到跳转、过程调用或按条件分支执行时，CPU 则会根据相应的跳转类指令（包括无条件跳转指令、条件跳转指令、调用指令和返回指令等）来改变程序执行流程。

4.5.1　程序及指令的执行过程

CPU 取出并执行一条指令的时间称为**指令周期**。不同指令所要完成的功能不同，因而不同指令所用的指令周期可能不同。例如，对于 4.3.1 节图 4.9 中的例子，其链接生成的可执行目标文件的 .text 节中的 main() 函数包含的指令序列如下。

1	08048380<main>:			
2	8048380:	55	push	%ebp
3	8048381:	89 e5	mov	%esp,%ebp
4	8048383:	83 e4 f0	and	$0xfffffff0,%esp
5	8048386:	e8 09 00 00 00	call	8048394<swap>
6	804838b:	b8 00 00 00 00	mov	$0x0,%eax
7	8048390:	c9	leave	
8	8048391:	c3	ret	

可以看出，指令按顺序存放在地址 0x08048380 开始的存储空间中，每条指令的长度不同，如 push、leave 和 ret 指令各占 1 B，第 3 行的 mov 指令占 2 B，第 4 行 and 指令占 3 B，第 5 行和第 6 行指令各占 5 B。每条指令对应的 0/1 序列含义不同，如"push %ebp"指令为 55H = 01010101 B，其中高 5 位 01010 为 push 指令操作码，后三位 101 为 EBP 的编号，"leave"指令为 C9H = 11001001 B，没有显式操作数，8 位都是指令操作码。指令执行的顺序如下：第 2~5 行指令按顺序执行，第 5 行指令执行后跳转到 swap 过程执行，执行完 swap 过程后回到第 6 行指令执行，然后顺序执行到第 8 行指令，执行完第 8 行指令后，再转到另一处开始执行。

CPU 为了能完成指令序列的执行，必须解决以下一系列问题：如何判定每条指令有多长？如何判定指令操作类型、寄存器编号、立即数等？如何区分第 3 行和第 6 行的两条 mov 指令有何不同？如何确定操作数是在寄存器中还是在存储器中？一条指令执行结束后如何正确地读取到下一条指令？

通常，CPU 执行一条指令的大致过程如图 4.24 所示，分成取指令、指令译码、计算源操作数地址并取操作数、执行数据操作、计算目的操作数地址并存结果、计算下条指令地址这几个步骤。

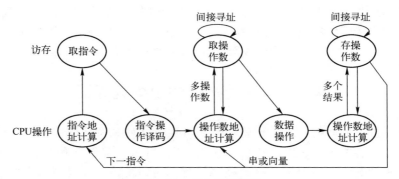

图 4.24　指令执行过程

1）取指令。马上将要执行的指令的地址总是在程序计数器（PC）中，因此，取指令的操作就是从 PC 所指出的存储单元中取出指令送到指令寄存器（IR）。例如，对于上述 main 函数的执行，刚开始时，PC（即 IA-32 中的 EIP）中存放的是首地址 0x0804 8380，因此，CPU 根据 PC 的值取到一串 0/1 序列送 IR，可以每次总是取最长指令字节数，假定最长指令占 4 B，即 IR 为 32 位，此时，从 0x0804 8380 开始取 4 个字节到 IR 中，也即，将 55H、89H、E5H 和 83H 送到 IR 中。

2）对 IR 中的指令操作码进行译码。不同指令其功能不同，即指令涉及的操作过程不同，因而需要不同的操作控制信号。例如，上述第 6 行指令"mov $0x0,%eax"要求将立即数 0x0 送寄存器 EAX 中；而上述第 3 行指令"mov %esp,%ebp"则要求从寄存器 ESP 中取数，然后送寄存器 EBP 中。因而，CPU 应该根据不同的指令操作码译出不同的控制信号。例如，对取到 IR 中的 5589 E583H 进行译码时，可根据对最高 5 位（01010）的译码结果得到 push 指令的控制信号。

3）源操作数地址计算并取操作数。根据寻址方式确定源操作数地址计算方式，若是存储器数据，则需要一次或多次访存，例如，当指令为间接寻址或两个操作数都在存储器的双目运算时，就需要多次访存；若是寄存器数据，则直接从寄存器取数后，转到下一步进行数据操作。

4）执行数据操作。在 ALU 或加法器等运算部件中对取出的操作数进行运算。

5）目的操作数地址计算并存结果。根据寻址方式确定目的操作数地址计算方式，若是存储器数据，则需要一次或多次访存（间接寻址时）；若是寄存器数据，则在进行数据操作时直接将结果存到寄存器。

如果是串操作或向量运算指令，则可能会并行执行或循环执行第 3）~5）步多次。

6）指令地址计算并将其送 PC。顺序执行时，下条指令地址的计算比较简单，只要将 PC 加上当前指令长度即可，例如，当对 IR 中的 5589E583H 进行操作码译码时，得知是 push 指令，指令长度为 1 B，因此，指令译码生成的控制信号会控制使 PC 加 1（即 0x0804 8380+1），得到即将执行的下条指令的地址为 0x08048381。如果译码结果是跳转类指令时，则需要根据条件标志、操作码和寻址方式等确定下条指令地址。

对于上述过程的第 1）步和第 2）步，所有指令的操作都一样；而对于第 3）~5）步，不同指令的操作可能不同，它们完全由第 2）步译码得到的控制信号控制。也即指令的功能由第 2）步译码得到的控制信号决定。对于第 6）步，若是定长指令字，处理器会在第 1）步取指令的同时计算出下条指令地址并送 PC，然后根据指令译码结果和条件标志决定是否在第 6）步修改 PC 的值，因此，在顺序执行时，实际上是在取指令时计算下条指令地址，第 6）步什么也不做。

根据对上述指令执行过程的分析可知，每条指令的功能总是通过对以下 4 种基本操作进行组合来实现的，也即，每条指令的执行可以分解成若干个以下基本操作。

1）读取某存储单元内容（可能是指令或操作数或操作数地址），并将其装入某个寄存器。

2）把某个寄存器中的数据存储到给定的存储单元中。

3）把一个数据从某个寄存器传送到另一个寄存器或者 ALU 的输入端。

4）在 ALU 中进行某种算术运算或逻辑运算，并将结果传送到某个寄存器。

4.5.2 CPU 的基本功能和组成

CPU 的基本职能是周而复始地执行指令，4.5.1 节介绍的机器指令执行过程中的全部操作都是由 CPU 中的控制器控制执行的。随着超大规模集成电路技术的发展，更多的功能逻辑被集成到 CPU 芯片中，包括 cache、MMU、浮点运算逻辑、异常和中断处理逻辑等，因而 CPU 的内部组成越来越复杂，甚至可以在一个 CPU 芯片中集成多个处理器核。但是，不管 CPU 多复杂，它最基本的部件是数据通路（Datapath）和控制部件（Control Unit）。控制部件根据每条指令功能的不同生成对数据通路的控制信号，并正确控制指令的执行流程。

为了在教学上遵循由易到难的原则，我们首先从 CPU 最基本的组成开始了解。CPU 的基本功能决定了 CPU 的基本组成，图 4.25 所示是 CPU 的基本组成原理图。

图 4.25 中的**地址线**、**数据线**和**控制线**并不属于 CPU，构成系统总线的这三组线主要用来使 CPU 与 CPU 外部的部件（如主存储器）交换信息，交换的信息包括地址、数据和控制信号三类，分别通过地址线、数据线和控制线进行传送，这里的数据信息包含指令，即数据和指令都看成是数据信息，因为对总线和存储器来说，指令和数据在形式上没有区别，而且

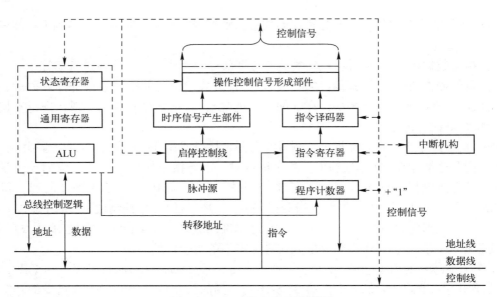

图 4.25　CPU 基本组成原理图

数据和指令的访存过程也完全一样。除了地址和数据（包括指令）以外的所有信息都属于控制信息。地址线是单向的，由 CPU 送出地址，用于指定需要访问的指令或数据信息所在的存储单元地址。

图 4.25 所示的 CPU 中只包括最基本的执行部件，如 ALU、通用寄存器和状态寄存器等，其余都是控制逻辑或与其密切相关的逻辑，主要包括以下几个部分。

1）程序计数器（PC）。PC 又称**指令计数器**或**指令指针寄存器**（IP），用来存放即将执行指令的地址。顺序执行时，PC + "1" 形成下一条指令地址（这里的 "1" 是指一条指令的字节数）；需要改变程序执行顺序时，CPU 根据跳转类指令提供的信息生成跳转目标指令的地址，并将其作为下一条指令地址送 PC。

2）**指令寄存器**（IR）。IR 用以存放现行指令。上文提到，每条指令总是先从存储器取出后才能在 CPU 中执行，指令取出后存放在指令寄存器中，以便送指令译码器进行译码。

3）**指令译码器**（ID）。ID 对 IR 中的操作码部分进行译码，产生的译码信号提供给操作控制信号形成部件，以产生控制信号。

4）启停控制逻辑。脉冲源产生一定频率的脉冲信号作为 CPU 的**时钟信号**。**启停控制逻辑**在需要时能保证可靠地开放或封锁时钟信号，实现对机器的启动与停机。

5）时序信号产生部件。该部件以时钟信号为基础，产生不同指令对应的时序信号，以实现机器指令执行过程的时序控制。

6）操作控制信号形成部件。该部件综合时序信号、指令译码信号和执行部件反馈的条件标志（如 CF、SF、ZF 和 OF）等，形成不同指令操作所需要的控制信号。

7）**总线控制逻辑**。实现对总线传输的控制，包括对数据和地址信息的缓冲与控制。CPU 对于存储器的访问通过总线进行，CPU 将存储访问命令（即读/写控制信号）送到控制线，将要访问的存储单元地址送到地址线，并通过数据线取指令或者与存储器交换数据信息。

8）中断机构。实现对异常情况和外部中断请求的处理。

4.5.3　打断程序正常执行的事件

从开机后 CPU 被加电开始，到断电为止，CPU 自始至终就一直重复做一件事情：读出 PC 所指存储单元的指令并执行它。每条指令的执行都会改变 PC 的内容，因而 CPU 能够不断地执行新的指令。

正常情况下，CPU 按部就班地按照程序规定的顺序一条指令接着一条指令执行，或者按顺序执行，或者跳转到跳转类指令设定的跳转目标指令处执行，这两种情况都属于正常执行顺序。

当然，程序并不总是能按正常顺序执行，有时 CPU 会遇到一些特殊情况而无法继续执行当前程序。例如，以下事件可能会打断程序正常执行。

- 对指令操作码进行译码时，发现是不存在的"非法操作码"，因此，CPU 不知道如何实现当前指令而无法继续执行。
- 在访问指令或数据时，发现**页故障**，如段错误（Segmentation Fault）、缺页（Page Fault）等，因此，CPU 没有访问到正确的指令或数据而无法继续执行当前指令。
- 在 ALU 中运算的结果发生溢出，或者整数除法指令的除数为 0 等，因此，CPU 发现运算结果不正确而无法继续执行程序。
- 在程序执行过程中，CPU 接收到外部发送来的中断请求信号。

因此，CPU 除了能够正常地不断执行指令以外，还必须具有程序正常执行被打断时的处理机制，这种机制称为**异常控制**，也称为**中断机制**，CPU 中相应的异常和中断处理逻辑称为**中断机构**，如图 4.24 中所示。

计算机中很多事件的发生都会中断当前程序的正常执行，使 CPU 转到操作系统中预先设定的与所发生事件相关的处理程序执行，有些事件处理完后可回到被中断的程序继续执行，此时相当于执行了一次过程调用，有些事件处理完后则不能回到原被中断的程序继续执行。所有这些打断程序正常执行的事件被分成两大类：内部异常和外部中断。

（1）内部异常

内部异常（Exception）是指由 CPU 在执行某条指令时引起的与该指令相关的意外事件。如除数为 0、结果溢出、断点、单步跟踪、寻址错、访问超时、非法操作码、栈溢出、缺页、地址越界（段错误）等。

（2）外部中断

程序执行过程中，若 CPU 外部发生了采样计时时间到、网络数据包到达、用户按下〈Ctrl+C〉等外部事件，要求 CPU 中止当前程序的执行，则会向 CPU 发中断请求信号，要求 CPU 对这些情况进行处理。通常，每条指令执行完后，CPU 都会主动去查询有没有中断请求，有的话，则将下一条指令地址作为**断点**保存，然后转到用来处理相应中断事件的**中断服务程序**去执行，结束后回到断点继续执行。这类事件与执行的指令无关，由 CPU 外部的 I/O 子系统发出，所以，称为 **I/O 中断**或**外部中断**（Interrupt），需要通过外部中断请求线向 CPU 发请求信号。

4.5.4 异常和中断的响应过程

每种指令集架构都会各自定义它所处理的异常和中断类型，而且对于异常和中断的处理方式也有所不同，不过其基本原理相同。

在 CPU 执行指令过程中，如果发生了内部异常事件或外部中断请求，则 CPU 必须进行相应处理。CPU 从检测到异常或中断事件，到调出相应的**异常/中断处理程序**准备执行，其过程称为**异常和中断的响应**。CPU 对异常和中断的响应过程可分为三个步骤：保护断点和程序状态、关中断、识别异常和中断事件并转相应处理程序。

1. 保护断点和程序状态

为了 CPU 在异常和中断处理后能正确返回原被中断的程序继续执行，在异常/中断响应时 CPU 必须能正确保存回到被中断程序执行的返回地址（即**断点**），可以将断点保存在栈中或特定寄存器中。不同异常事件对应的断点不同，如页故障的断点是发生页故障的指令的地址。对于中断，因为 CPU 总是在每条指令执行结束时查询中断请求，因此所有中断的断点都是中断响应时的 PC 值。

异常/中断处理后可能要回到原被中断的程序继续执行，因此必须保存并恢复被中断时原程序的状态（如产生的各种标志信息、允许中断标志等）。每个正在运行程序的状态信息称为**程序状态字**（Program Status Word，PSW），通常存放在**程序状态字寄存器**（PSWR）中。如在 IA-32 中程序状态字寄存器就是**标志寄存器 EFLAGS**。与断点一样，PSW 也要被保存到栈或特定寄存器中，在异常/中断返回时，将保存的 PSW 恢复到 PSWR 中。

2. 关中断

如果中断处理程序在保存原被打断程序现场的过程中又发生了新的中断，那么，就会因为要处理新的中断，而破坏原被打断程序的现场以及已保存的断点和程序状态等，因此，需要有一种机制来禁止在处理中断时再响应新的中断。通常通过设置**中断使能位**来实现。当中断使能位被置 1，则为**开中断**，表示允许响应中断；若中断使能位被清 0，则为**关中断**，表示不允许响应中断。例如，IA-32 中的中断使能位就是 EFLAG 寄存器中的中断标志位 IF。

为了避免已保存断点和程序状态等被破坏，通常在异常和中断响应过程中由 CPU 将中断使能位清 0，以进行关中断操作。除了在异常和中断响应阶段由 CPU 对中断使能位清 0 以关中断外，也可以在异常/中断处理程序中，执行相应指令设置或清除中断使能位。在 IA-32/x86-64 架构中，可通过执行指令 sti 或 cli，将标志寄存器 EFLAGS 中的 IF 位置 1 或清 0，以使 CPU 处在开中断或关中断状态。

3. 识别异常和中断事件并转相应的处理程序

在调出异常/中断处理程序之前，必须知道发生了什么异常或哪个 I/O 设备发出了中断请求。一般来说，内部异常事件和外部中断源的识别方式不同，大多数处理器会将两者分开来处理。

内部异常事件的识别很简单。CPU 在执行指令时把检测到的事件对应的异常类型号或标识异常类型的信息记录到特定的内部寄存器中即可。外部中断源的识别比较复杂，通常是由中断控制器根据 I/O 设备的中断请求和中断屏蔽情况，结合中断响应优先级来识别当前请求的中断类型号，并通过数据总线将中断类型号送到 CPU。有关中断响应处理的详细内容参见 6.4.5 节。

异常和中断源的识别可以采用软件识别或硬件识别两种方式。

软件识别通常是在 CPU 中设置一个原因寄存器，该寄存器中有一些标识异常原因或中断类型的标志信息。操作系统使用一个统一的**异常/中断查询程序**，该程序按一定的优先级顺序查询原因寄存器。如 MIPS 架构就采用软件识别方式，有一个 cause 寄存器，位于 0x8000 0180 处有专门的异常/中断查询程序，它通过查询 cause 寄存器来跳转到操作系统内核中具体的处理程序去执行。

硬件识别称为**向量中断方式**。这种方式下，通常将不同异常/中断处理程序的首地址称为**中断向量**，所有中断向量存放在一个表中，称为**中断向量表**。每种异常和中断类型都被设定一个**中断类型号**，中断向量存放的位置与对应的中断类型号相关，例如，类型 0 对应的中断向量存放在第 0 表项，类型 1 对应的中断向量存放在第 1 表项，…，以此类推，因而可以根据中断类型号快速跳转到对应的异常/中断处理程序去执行。

4.5.5　指令流水线的基本概念

机器指令的执行是在 CPU 中完成的，通常将指令执行过程中数据所经过的路径，包括路径上的部件称为**数据通路**。如图 4.24 中的 ALU、通用寄存器、状态寄存器等都是指令执行过程中数据流经的部件，都属于数据通路的一部分。整数运算数据通路的宽度就是指其中通用寄存器和 ALU 的位数，它们总是一致的，因此机器字长就等于整数运算数据通路的宽度。

通常把数据通路中专门进行数据运算的部件称为**执行元件**（Execution Unit）或**功能元件**（Function Unit），数据通路由**控制元件**（也称**控制器**）进行控制。CPU 中最基本的电路主要有数据通路和控制器两部分组成。

自从 1946 年冯·诺依曼及同事在普林斯顿高级研究院开始设计存储程序计算机（被称为 IAS 计算机，它是后来通用计算机的原型）以来，从 IAS 计算机中 CPU 内部的分散连接结构，到基于单总线、双总线或三总线的总线式 CPU 结构，再到基于简单流水线和超标量/动态调度的流水线 CPU 结构、多核 CPU 结构等，CPU 结构发生了较大变化。在 CPU 设计中最关键的思路之一是让指令在 CPU 中按流水线方式执行。

以下以 1.1.3 节中给出的 8 位模型机为例，对流水线 CPU 的基本工作原理和流水线 CPU 结构进行简要介绍。由图 1.2 可知，该模型机中每条指令的长度都是 8 位，即下一条指令地址等于 PC+1，指令中操作码 op 固定在指令码的高 4 位，寄存器编号 rt 和 rs 各占 2 位，主存地址 addr 占 4 位，它们都固定在指令码的低 4 位。

该模型机支持的基本指令包括运算类指令、寄存器传送指令、装入和存储类指令。例如，指令"add r0, r1"的功能为 R[r0]←R[r0]+R[r1]，指令"mov r1, r0"的功能为 R[r1]←R[r0]，装入指令"load r0, 6#"的功能为 R[r0]←M[6]，存储指令"store 8#, r0"的功能为 M[8]←R[r0]。

所有这些指令的处理过程可以归纳为以下 4 个阶段。

1）取指令并 PC 加 1（IF）：根据 PC 的值从存储器取出指令，并 PC←PC+1。

2）译码并读寄存器（ID）：对指令操作码进行译码并生成控制信号，同时读取寄存器 rs 和 rt 的内容。

3）运算或读存储器（EX）：在 ALU 中对寄存器操作数进行运算，或者根据 addr 读存储器。

4）结果写回（WB）：将结果写入目的寄存器 rt，或写入主存单元 addr 中。

显然，对于 add 这种运算类指令和取数指令 load，其处理过程将包含上述 4 个阶段，而对于寄存器传送指令 mov 和存数指令 store，其处理过程仅包含 IF、ID 和 WB 三个阶段。

如果将各阶段看成相应的流水段，则指令的执行过程就构成了一条**指令流水线**。为了规整指令流水线，指令的流水段个数通常取最复杂指令所需的阶段数，其他指令通过加入"空"段向最复杂指令靠齐。例如，上述模型机的指令流水线可以有 4 个流水段，mov 和 store 指令的 EX 阶段为空操作阶段。

进入流水线的指令流，由于后一条指令的第 i 步与前一条指令的第 $i+1$ 步同时进行，从而使一串指令的总处理时间大为缩短。如图 4.26 所示，在理想状态下，完成 4 条指令的执行只用了 7 个时钟周期，若采用非流水线方式的串行执行处理，则最多需要 16 个时钟周期。

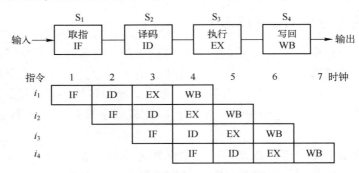

图 4.26　4 段指令流水线示例

从图 4.26 可看出，理想情况下，每个时钟都有一条指令进入流水线；从第 5 时钟周期开始，每个时钟周期都有一条指令完成。由此可以看出，理想情况下，每条指令执行的时钟周期数（即 CPI）都为 1。下面用一个简单的例子对指令串行执行方式和流水线方式进行比较。

假设上述 8 位模型机指令执行时主要操作所用时间分别如下：指令译码—60 ps；存储器读或存储器写—200 ps；PC 加 1—40 ps；寄存器读或寄存器写—50 ps；ALU—100 ps，则串行执行方式下，mov 指令执行时间约为 200 ps+60 ps+50 ps＝310 ps，add 指令执行时间约为 200 ps+60 ps+100 ps+50 ps＝410 ps，load 指令执行时间约为 200 ps+60 ps+200 ps+50 ps＝510 ps，store 指令执行时间约为 200 ps+60 ps+200 ps＝460 ps。

在指令的流水线执行方式下，流水线 CPU 设计的原则是：指令流水段个数以最复杂指令所用的阶段数为准；流水段执行时间以最复杂操作所用时间为准。对于上述例子，最复杂指令为 load 指令，最复杂操作为存储器读/写，因而指令流水段个数为 4，每个流水段长度为 200 ps。在流水线 CPU 中，每条指令的执行时间为 4×200 ps＝800 ps，反而比串行执行时所有指令的执行时间都长，因此流水线方式并不能缩短一条指令的执行时间。但是，对于整个程序来说，流水线方式可以大大增加指令执行的吞吐率。

若流水段数为 M，每个流水段的执行时间为 T，则理想情况下，N 条指令的执行总时间为 $(M-1+N)×T$。例如，对于上述模型机对应的 4 段流水线，假定某程序有 N 条指令，在不考虑任何其他额外开销和冲突的情况下，流水线处理器所用时间为 $(3+N)×200$ ps。当 N 很大时，流水线方式比串行执行方式要快很多。

本 章 小 结

可执行文件的生成涉及预处理、编译、汇编和链接等过程，第 3 章主要介绍了编译和汇编过程中涉及的高级语言程序的机器级表示，因而本章主要介绍链接过程涉及的知识点，除此以外，本章还介绍了可执行文件的加载与执行，以及执行指令的中央处理器（CPU）相关的基本概念。

链接处理涉及目标文件格式，ELF 目标文件格式有链接视图和执行视图两种，前者是可重定位目标格式，后者是可执行目标格式。链接视图中包含 ELF 头、各个节以及节头表；执行视图中包含 ELF 头、程序头表（段头表）以及各种节组成的段。

链接过程需要完成符号解析和重定位两方面的工作，符号解析的目的就是将符号的引用与符号的定义关联起来，重定位的目的是分别合并代码和数据，并根据代码和数据在虚拟地址空间中的位置，确定每个符号的最终存储地址，然后根据符号的确切地址来修改符号的引用处的地址。

在不同的目标模块中可能会定义相同的符号，因为相同的多个符号只能分配一个地址，因而链接器需要确定以哪个符号为准。链接器根据一套规则来确定多重定义符号中哪个是唯一的定义符号，如果不了解这些规则，则可能无法理解程序执行的有些结果。

加载器在加载可执行文件时，实际上只是把其中的只读代码段和可读/写数据段映射到了虚拟地址空间中某个确定的位置，并没有真正把代码和数据装入主存。

CPU 的基本功能是周而复始地执行指令，并处理内部异常和外部中断。指令执行过程主要包括取指、译码、取数、运算、存结果。现代计算机的数据通路都采用流水线方式实现，将每条指令的执行过程分解成阶段相同的几个流水段，每个流水段的执行时间也被设置成完全相同。流水线方式下，同时有多条指令重叠执行，因此程序的执行时间比串行执行方式下缩短很多。

习 题

1. 给出以下概念的解释说明。

链接	可重定位文件	可执行文件	符号解析	重定位
ELF 头	节头表	程序头表	只读代码段	可读/写数据段
全局符号	外部符号	本地符号	强符号	COMMON 符号
静态链接	共享库文件	动态链接	动态链接器	动态链接库
进程	进程描述符	命令行解释程序	指令周期	指令译码器
内部异常	外部中断	数据通路	执行部件	功能部件
控制器	时钟信号	指令流水线		

2. 简单回答下列问题。

（1）如何将多个 C 程序模块组合生成可执行文件？简述从源程序到可执行文件的转换过程。

（2）可重定位目标文件和可执行目标文件的主要差别是什么？

（3）链接器主要完成哪两方面的工作？

（4）可重定位文件的 .text 节、.rodata 节、.data 节和 .bss 节中分别主要包含什么信息？

（5）可执行目标中有哪两种可装入段？哪些节组合成只读代码段？哪些节组合成可读/写数据段？

（6）加载可执行文件时，加载器根据其中哪个表的信息对可装入段进行映射？

（7）静态链接和动态链接的差别是什么？

（8）在可执行文件中将可装入段映射到虚拟地址空间，以形成每个进程独立的虚拟地址空间，这种做法有什么好处？

（9）简述通过 shell 命令行解释程序进行程序加载的过程。

（10）CPU 的基本组成和基本功能各是什么？

（11）如何控制一条指令执行结束后能够接着另一条指令执行？

（12）通常一条指令的执行要经过哪些步骤？每条指令的执行步骤都一样吗？

（13）流水线方式下，一条指令的执行时间缩短了还是加长了？程序的执行时间缩短了还是加长了？

（14）具有什么特征的指令系统易于实现指令流水线？

3. 假设一个 C 语言程序有两个源文件：main.c 和 test.c，它们的内容如图 4.27 所示。

```
1    /* main.c */
2    int sum(void);
3    int a[4]={1, 2, 3, 4};
4    extern int val;
5    int main(){
6       val=sum();
7       return val;
8    }
```

```
1     /* test.c */
2     extern int a[];
3     int *ptr,val=0;
4     int sum(){
5       int i;
6       for (i=0; i<4; i++)
8          val += a[i];
9       return val;
10    }
```

图 4.27 题 3 图

对于编译生成的可重定位目标文件 test.o，填写表 4.1 中各符号的情况，说明每个符号是否出现在 test.o 的符号表（.symtab 节）中，如果是的话，则定义该符号的模块是 main.o 还是 test.o、该符号的类型相对于 test 模块是全局、外部还是本地符号、该符号出现在 test.o 中的哪个节（.text、.data 或 .bss）或哪个特殊伪节（ABS、UNDEF 或 COMMON）中。

表 4.1 题 3 用表

符号	在 test.o 的符号表中？	定义模块	符号类型	节
a				
ptr				
val				
sum				
i				

4. 假设一个 C 语言程序有两个源文件：main. c 和 swap. c，其中，main. c 的内容如图 4.9a 所示，而 swap. c 的内容如下：

```
1    extern int buf[ ];
2    int * bufp0 = &buf[0];
3    int * bufp1;
4
5    static void incr( ) {
6        static int count = 0;
7        count++;
8    }
9    void swap( ) {
10       int temp;
11       incr( );
12       bufp1 = &bufp[1];
13       temp = * bufp0;
14       * bufp0 = * bufp1;
15       * bufp1 = temp;
16   }
```

对于编译生成的可重定位目标文件 swap. o，填写表 4.2 中各符号的情况，说明每个符号是否出现在 swap. o 的符号表（. symtab 节）中，如果是，定义该符号的模块是 main. o 还是swap. o、该符号的类型相对于 swap. o 是全局、外部还是本地符号、该符号出现在 swap. o 中的哪个节（. text、. data 或 . bss）或哪个特殊伪节（ABS、UNDEF 或 COMMON）中。

表 4.2 题 4 用表

符号	在 swap. o 的符号表中？	定义模块	符号类型	节
buf				
bufp0				
bufp1				
incr				
count				
swap				
temp				

5. 假设一个 C 语言程序有两个源文件：main. c 和 proc1. c，它们的内容如图 4.28 所示。若编译器将已初始化全局变量 x 和 z 按序从小地址到大地址连续分配，而未初始化变量 y 紧随其后分配。回答下列问题。

（1）在上述两个文件中出现的符号哪些是强符号？哪些是 COMMON 符号？

（2）程序执行后打印的结果是什么？分别画出执行 main. c 第 6 行的 proc1( ) 函数调用前、后，在地址 &x 和 &z 中存放的内容。若 main. c 第 3 行改为 "short y = 1, z = 2;"，则打印结果又是什么？

（3）修改文件 proc1，使得 main.c 能输出正确的结果（即 x = 257，z = 2）。要求修改时不能改变任何变量的数据类型和变量名。

```
1    #include <stdio.h>
2    unsigned x=257;
3    short y, z=2;
4    void proc1(void);
5    void main() {
6        proc1();
7        printf("x=%u,z=%d\n", x, z);
8        return 0;
9    }
```
a) main.c 文件

```
1    double x;
2
3    void proc1()
4    {
5        x=-1.5;
6    }
```
b) proc1.c 文件

图 4.28　题 5 图

6. 以下每一小题给出了两个源程序文件，它们被分别编译生成可重定位目标模块 m1.o 和 m2.o。在模块 mj 中对符号 x 的任意引用与模块 mi 中定义的符号 x 关联记为 REF($mj.x$)→DEF($mi.x$)。请在下列空格处填写模块名和符号名，以说明给出的引用符号所关联的定义符号，若发生链接错误则说明其原因；若从多个定义符号中任选则给出全部可能的定义符号，若是局部变量则说明不存在关联。

（1）

```
/* m1.c */                    /* m2.c */
int p1(void);                 static int main=1;
int main()                    int p1()
{                             {
    int p1 = p1();                main++;
    return p1;                    return main;
}                             }
```

① REF(m1.main)→DEF(_____ . _____)
② REF(m2.main)→DEF(_____ . _____)
③ REF(m1.p1)→DEF(_____ . _____)
④ REF(m2.p1)→DEF(_____ . _____)

（2）

```
/* m1.c */                    /* m2.c */
int x=100;                    float x=100.0;
int p1(void);                 int main=1;
int main()                    int p1()
{                             {
    x=p1();                       main++;
    return x;                     return main;
}                             }
```

① REF(m1. main)→DEF(_____ . _____)
② REF(m2. main)→DEF(_____ . _____)
③ REF(m1. x)→DEF(_____ . _____)

（3）

```
/ * m1. c */          / * m2. c */
int p1( void);         int x = 10;
int p1;                int main;
int p1()               int main()
{                      {
   int x = p1();            main = 1;
   return x;               return x;
}                      }
```

① REF(m1. main)→DEF(_____ . _____)
② REF(m2. main)→DEF(_____ . _____)
③ REF(m1. p1)→DEF(_____ . _____)
④ REF(m1. x)→DEF(_____ . _____)
⑤ REF(m2. x)→DEF(_____ . _____)

（4）

```
/ * m1. c */          / * m2. c */
int p1( void);         double x = 10;
int x, y;              int y;
int main()             int p1()
{                      {
   x = p1();               y = 1;
   return x;               return y;
}                      }
```

① REF(m1. x)→DEF(_____ . _____)
② REF(m2. x)→DEF(_____ . _____)
③ REF(m1. y)→DEF(_____ . _____)
④ REF(m2. y)→DEF(_____ . _____)

7. 以下由两个目标模块 m1 和 m2 组成的程序，经编译、链接后在计算机上执行，结果发现即使 p1 中没有对数组变量 main 进行初始化，最终也能打印出字符串 "0x5589\n"。为什么？要求解释原因。

```
1      / * m1. c */        1      / * m2. c */
2   void p1( void);         2   #include <stdio. h>;
3                           3   char main[2];
4     int main()            4
5   {                       5   void p1()
```

6	p1( );	6	}
7	return 0;	7	printf("0x%x%x\n", main[0], main[1]);
8	}	8	}

8. 图 4.29 中给出了用 OBJDUMP 显示的某个可执行目标文件的程序头表（段头表）的部分信息，其中，可读/写数据段（Read/Write Data Segment）的信息表明，该数据段对应虚拟存储空间中起始地址为 0x8049448、长度为 0x104 个字节的存储区，其数据来自可执行文件中偏移地址 0x448 开始的 0xe8 个字节。这里，可执行文件中的数据长度和虚拟地址空间中的存储区大小之间相差了 28 B。请解释可能的原因。

```
Read -only code segment
    LOAD off     0x00000000 vaddr 0x08048000 paddr 0x08048000 align 2**12
             filesz 0x00000448 memsz 0x00000448 flags r-x

Read/write data segment
    LOAD off     0x00000448 vaddr 0x08049448 paddr 0x08049448 align 2**12
             filesz 0x000000e8 memsz 0x00000104 flags rw-
```

图 4.29　某可执行目标文件程序头表的部分内容

9. 图 4.17 给出了图 4.9a 所示的 main.c 源代码模块对应的 main.o 中 .text 节和 .rel.text 节的内容，图中显示其 .text 节中有一处需重定位。假定链接后 main() 函数代码起始地址是 0x8048386，紧跟在 main 后的是 swap() 函数的代码，且首地址按 4 B 边界对齐。要求根据对图 4.17 的分析，指出 main.o 的 .text 节中需重定位的符号名、位置（相对于 .text 节起始位置的偏移地址）、所在指令行号、重定位类型、重定位前的内容、重定位后的内容，并给出重定位值的计算过程。

10. 假定在一个如图 4.26 所示的 4 级流水线中，每个流水段功能部件的操作时间如下：指令译码—50 ps；PC 加 1—40 ps；存储器读或写—200 ps；ALU—150 ps；寄存器读口或写口—50 ps。回答下列问题。

（1）若执行阶段 EX 所用的 ALU 操作时间缩短 20%，则能否加快流水线执行速度？如果能，能加快多少？如果不能，为什么？

（2）若 ALU 操作时间增加 20%，对流水线的性能有何影响？

（3）若 ALU 操作时间增加 40%，对流水线的性能又有何影响？

第 5 章　程序的存储访问

计算机采用"存储程序"工作方式，意味着在程序执行时所有指令和数据都是从存储器中取出来执行的。存储器是计算机系统中的重要组成部分，相当于计算机的"仓库"，用来存放各类程序及其处理的数据。计算机中所用的存储元件有多种类型，如触发器构成的寄存器、半导体静态 RAM 和动态 RAM、闪存、磁盘、磁带和光盘等，它们各自有不同的速度、容量和价格，各类存储器按照层次化结构构成计算机存储系统。

本章主要介绍几类存储器的基本工作原理和基本结构。主要包括：半导体随机存取存储器、只读存储器、硬盘存储器等不同类型存储器的特点，内存芯片和 CPU 的连接，高速缓存的基本原理，以及虚拟存储器系统等。

5.1　存储器概述

5.1.1　存储器的分类

存储元件必须具有两个截然不同的物理状态，才能被用来表示二进制代码 0 和 1。目前使用的存储元件主要有半导体器件、磁性材料和光介质。用半导体器件构成的存储器称为**半导体存储器**；磁性材料存储器主要是磁表面存储器，如磁盘存储器和磁带存储器；光介质存储器称为光盘存储器。

随机存取存储器（Random Access Memory，RAM）的特点是通过对地址译码来访问存储单元，因为每个地址译码时间相同，所以，在不考虑芯片内部缓冲的前提下，每个单元的访问时间是一个常数，与地址无关。不过，现在的动态 RAM（Dynamic RAM，DRAM）芯片内都具有行缓冲，因而有些数据可能因为已经在行缓冲中而缩短了访问时间。半导体存储器属于随机存取存储器。

存储器按信息的可更改性分为**读/写存储器**（Read/Write Memory）和**只读存储器**（Read-Only Memory，ROM）。读/写存储器中的信息可以读出和写入，RAM 芯片是一种读/写存储器；ROM 芯片中的信息一旦确定，通常情况下只读不写，但在某些情况下也可重新写入。RAM 芯片和 ROM 芯片都采用随机存取方式进行信息的访问。

指令直接面向的存储器是**主存储器**，简称**主存**，由 DRAM 芯片组成。高速缓存（Cache）由静态 RAM（Static RAM，SRAM）芯片组成，位于主存和 CPU 之间，存取速度接近 CPU 的工作速度，用来存放当前 CPU 经常使用到的指令和数据。

存储器按断电后信息的可保存性分成非易失（不挥发）性存储器（Nonvolatile Memory）和易失（挥发）性存储器（Volatile Memory）。**非易失性存储器**的信息可一直保留，不需电源维持。ROM、磁表面存储器、光存储器等都属于非易失性存储器。**易失性存储器**在电源关闭时信息自动丢失，如主存和高速缓存都属于易失性存储器。

CPU 执行指令时给出的存储器地址是主存地址（在采用虚拟存储器的系统中，需要将指令给出的逻辑地址转换成主存地址，关于虚拟存储器请参见 5.5 节）。因此，主存是存储器层次结构中的核心存储器，用来存放系统中被启动运行的程序代码及其数据。

系统运行时直接和主存交换信息的存储器称为**外部辅助存储器**，简称**辅存**或**外存**。磁盘存储器相对于磁带和光盘存储器速度快，因此，目前大多用磁盘存储器或固态硬盘作为辅存，辅存的内容需要调入主存后才能被 CPU 访问。磁带存储器和光盘存储器的容量大、速度慢，主要用于信息的备份和脱机存档，因此被用作**海量后备存储器**。

5.1.2 主存储器的组成和基本操作

如图 5.1 所示是主存储器的基本框图。由存储 0 或 1 的记忆单元（Cell）构成的存储阵列是存储器的核心部分。这种记忆单元也称为**存储元**或**位元**，它是具有两种稳态的能表示二进制 0 和 1 的物理器件。**存储阵列**（Bank）也称为**存储体**、**存储矩阵**。为了存取存储体中的信息，必须对存储单元编号，所编号码就是地址。对各存储单元进行编号的方式称为**编址方式**（Addressing Mode），可以按字节编址，也可以按字编址。**编址单位**（Addressing Unit）指具有相同地址的那些位元构成的一个单位，可以是一个字节（**按字节编址**）或一个字（**按字编址**）。现在大多数通用计算机都采用按字节编址方式，即存储体内一个地址中有一个字节。也有一些专用于科学计算的大型计算机采用 64 位编址，这是因为科学计算中数据大多是 64 位浮点数。

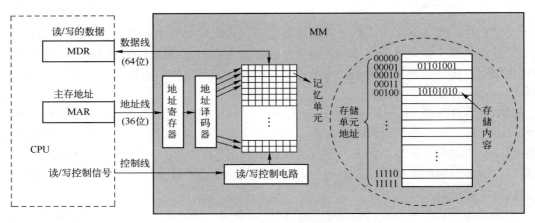

图 5.1　主存储器基本框图

图 5.1 仅是主存基本结构及其与 CPU 连接的示意图，图中的**存储器数据寄存器**（Memory Data Register，MDR）和**存储器地址寄存器**（Memory Address Register，MAR）属于 CPU 中的**总线接口部件**。实际上，CPU 并非与主存芯片直接交互，而是先与**主存控制器**（Memory Controller）交互，再由主存控制器来控制主存芯片进行读/写。现代处理器一般采用 DRAM 作为主存，因此主存控制器也称为 **DRAM 控制器**。

图 5.1 中连到主存的数据线有 64 位，在字节编址方式下，每次最多可存取 8 个单元。地址线的位数决定了主存地址空间的**最大可寻址范围**，如 36 位地址的最大寻址范围为 $0 \sim 2^{36}-1$，地址从 0 开始编号。

5.1.3 存储器的层次化结构

存储器容量指它能存放的二进制位数或字节数。存储器的访问时间也称**存取时间**（Access Time），是指访问一次数据所用的时间。存储器容量和访问时间应能随着处理器速度的提高而同步提高，以保持系统性能的平衡。然而，随着时间的推移，处理器和存储器在性能上的差异越来越大。为了缩小存储器和处理器两者之间的差距，通常在计算机系统中采用层次化存储结构。

一种元件制造的存储器很难同时满足大容量、高速度和低成本的要求。例如，半导体存储器的存取速度快，但是难以构成大容量存储器。而大容量、低成本的磁表面存储器的存取速度又远低于半导体存储器，并且难以实现随机存取。因此，在计算机中把各种不同容量和不同存取速度的存储器按一定的结构有机结合，以形成层次化存储结构，使得整个存储系统在速度、容量和价格等方面具有较好的综合指标。图 5.2 是存储系统层次结构示意图。

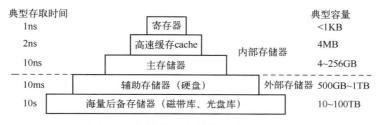

图 5.2　存储器层次化体系结构示意图

图 5.2 中给出的典型存取时间和存储容量虽然会随时间变化，但这些数据仍能反映速度和容量之间的关系，以及层次化结构存储器的构成思想。速度越快则容量越小、越靠近 CPU。CPU 可以直接访问内部存储器，而外部存储器的信息则要先取到主存，然后才能被 CPU 访问。

在层次结构存储系统中，数据只能在相邻两层之间传送，读数据时总是从慢速存储器按固定单位传送到快速存储器，且靠近 CPU 的相邻层之间的传送单位小，远离 CPU 的相邻层之间的传送单位更大。例如，在 cache 和主存之间传送的**主存块**（Block）大小通常为几十字节；而在主存与硬盘之间传送的**页**（Page）大小通常为几千字节以上。

在层次结构存储系统中，CPU 需要访问存储器时，先访问 cache，若不在 cache，再访问主存，若不在主存，则访问硬盘，此时，从硬盘中读出信息送主存，然后再从主存送 cache。

因为程序访问的局部性特点，使得当前访问单元所在的一块信息（如主存块）从慢速存储器装入快速存储器后的一段时间内，CPU 总能在快速存储器中访问到需要的信息，而无须访问慢速存储器，从而提升 CPU 执行程序的性能。因此，层次结构存储系统可以在速度、容量和价格方面达到较好的综合指标。

5.1.4 程序访问的局部性

对大量典型程序运行情况分析的结果表明，在较短时间间隔内，程序产生的访存地址往往集中一个很小的范围，这种现象称为**程序访问的局部性**，包括时间局部性和空间局部性。

时间局部性指被访问的存储单元在较短时间内很可能被重复访问，**空间局部性**指被访问的存储单元的邻近单元在较短时间内很可能被访问。

程序访问局部性的原因不难理解。因为程序由指令和数据组成，指令在主存连续存放，循环程序段或子程序段常被重复执行，因此，指令的访问具有明显的局部化特性；而数据在主存也是连续存放，如数组元素常被按序重复访问，因此，数据也具有明显的局部化特征。

例如，对于以下 C 程序段：

```
1   sum = 0;
2   for (i = 0; i < n; i++)
3       sum += a[i];
4   *v = sum;
```

上述程序段对应的目标代码可由以下 10 条指令组成。

```
I0            sum ← 0
I1            ap ← A                        ;A 是数组 a 的起始地址
I2            i ← 0
I3            if (i >= n) goto done
I4    loop:   t← (ap)                       ;数组元素 a[i] 的值
I5            sum ← sum + t                 ;累加值在 sum 中
I6            ap ← ap + 4                   ;计算下一个数组元素的地址
I7            i ← i + 1
I8            if (i < n) goto loop
I9    done:   V ← sum                       ;累加结果保存至地址 V
```

上述目标代码描述中的 sum、ap、i、n 和 t 均为通用寄存器，A 和 V 为主存地址。假定每条指令占 4 B，每个数组元素占 4 B，主存按字节编址，指令和数组首地址分别为 0x0FC 和 0x400，则指令和数组元素的存放情况如图 5.3 所示。

从图 5.3 可看出，在程序执行过程中，首先指令按 I0~I3 的顺序执行，然后，指令 I4~I8 按顺序被循环执行 n 次。只要 n 足够大，程序将在一段时间内一直在该局部区域内执行。对于指令访问来说，程序对主存的访问过程为：0x0FC(I0)→0x108(I3) →0x10C(I4)→0x11C(I8) →0x120(I9)，体现了时间局部性和空间局部性。

上述程序在指令 I4 中访问数组，数组下标每次加 4，按每次 4 B 连续访问主存。因为数组在主存中连续存放，因此，该程序对数据的访问过程如下：0x400→0x404→0x408→0x40C→…由此可见，程序将在一段时间内连续访问该局部区域中的数据，体现了空间局部性。

为了更好地利用程序访问的局部性，通常把当前访问单元以

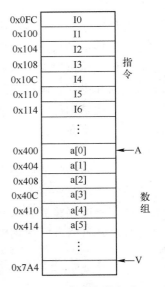

图 5.3 指令和数组在主存的存放

及邻近单元作为一个主存块一起调入 cache。主存块的大小以及程序对数组元素的访问顺序等都对程序的性能有一定影响。

例 5.1 假定数组元素按行优先存放，以下两段伪代码程序段 A 和 B 中：（1）对于数组 a 的访问，哪一个空间局部性更好？哪一个时间局部性更好？（2）变量 sum 的空间局部性和时间局部性各如何？（3）对于指令访问来说，for 循环体的空间局部性和时间局部性如何？

程序段 A

```
1    int sum_array_rows(int a[M][N])
2    {
3        int i, j, sum=0;
4        for (i=0; i<M;i++)
5            for (j=0; j<N;j++)
6                sum+=a[i][j];
7        return sum;
8    }
```

程序段 B

```
1    int sum_array_cols(int a[M][N])
2    {
3        int i, j, sum=0;
4        for (j=0; j<N; j++)
5            for (i=0; i<M; i++)
6                sum+=a[i][j];
7        return sum;
8    }
```

解： 假定 M、N 为 2048，主存按字节编址，指令和数据在主存的存放情况如图 5.4 所示。

（1）对于数组 a，程序段 A 和 B 的空间局部性相差较大。A 对数组 a 的访问顺序为 a[0][0]，a[0][1]，…，a[0][2047]；a[1][0]，a[1][1]，…，a[1][2047]；…，访问顺序与存放顺序一致，故空间局部性好。B 对数组 a 的访问顺序为 a[0][0]，a[1][0]，…，a[2047][0]；a[0][1]，a[1][1]，…，a[2047][1]；…，访问顺序与存放顺序不一致，每次访问都要跳过 2048 个元素，即 8192 个主存单元，因而没有空间局部性。

时间局部性在程序 A 和 B 中都差，因为每个数组元素都只被访问一次。

（2）对于变量 sum，在程序段 A 和 B 中的访问局部性一样。空间局部性对单个变量来说没有意义；而时间局部性在 A 和 B 中都较好，因为 sum 变量在 A 和 B 的每次循环中都要被访问。不过，通常编译器都将其分配在寄存器中，循环执行时只要取寄存器内容进行运算，最后再把寄存器的值写回到存储单元中。

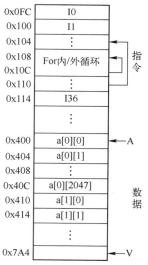

图 5.4 指令和二维数组在主存的存放

（3）对于 for 循环体，程序段 A 和 B 中的访问局部性一样。因为循环体内指令按序连续存放，所以空间局部性好；内循环体被连续重复执行 2048×2048 次，因此时间局部性也好。

从上述分析可看出，虽然程序 A 和 B 的功能相同，但因为内、外两重循环的顺序不同而导致两者访问数组 a 的空间局部性相差较大，从而导致执行时间也相差较大。在 2 GHz Pentium 4 上执行这两个程序（M = N = 2048），程序 A 只需要 59 393 288 个时钟周期，而 B 则需要 1 277 877 876 个时钟周期，程序 A 的执行速率约是程序 B 的 21.5 倍！

5.2　主存与 CPU 的连接及读/写操作

5.2.1　主存芯片技术

动态 RAM 主要用作主存，目前主存常用的是基于 **SDRAM**（Synchronous DRAM）芯片技术的内存条，包括 DDR SDRAM、DDR2 SDRAM 和 DDR3 SDRAM 等。SDRAM 是一种与当年 Intel 推出的芯片组中北桥芯片的前端总线同步的 DRAM 芯片，因此，称为**同步 DRAM**。

SDRAM 的工作方式与传统的 DRAM 有很大不同。传统 DRAM 与 CPU 之间采用异步方式交换数据，CPU 发出地址和控制信号后，经过一段延迟时间，数据才读出或写入。在这段时间里，CPU 不断采样 DRAM 的完成信号，在没有完成之前，CPU 插入等待状态而不能做其他工作。而 SDRAM 芯片则不同，其读/写受外部系统时钟（即前端总线时钟 CLK）控制，因此与 CPU 之间采用同步方式交换数据。它将 CPU 或其他主设备发出的地址和控制信息锁存起来，经过确定的几个时钟周期后给出响应。因此，主设备在这段时间内，可以安全地进行其他操作。

SDRAM 的每一步操作都在外部存储器总线时钟的控制下进行，支持**突发传输**（Burst）方式。只要在第一次存取时给出首地址，以后按地址顺序读/写即可，而不再需要地址建立时间和行、列预充电时间，就能连续快速地从行缓冲器中输出一连串数据。内部的工作方式寄存器（也称模式寄存器）可用来设置传送数据的长度以及从收到读命令（与列地址选通信号 CAS 同时发出）到开始传送数据的延迟时间等，前者称为**突发长度**（Burst Lengths，BL），后者称为 **CAS 延迟**（CAS Latency，CL）。根据所设定的 BL 和 CL，CPU 可以确定何时开始从总线上取数以及连续取多少个数据。在开始的第一个数据读出后，同一行的所有数据都被送到**行缓冲**（Row Buffer）中，如果存储器总线所需访问的数据已经在行缓冲中，则可以直接访问行缓冲，无须访问存储体，体现了程序访存的时间局部性。此外，由于行缓冲存放了同一行的数据，这些数据的主存地址连续，因此后续可从行缓冲快速读出主存地址相邻的数据，体现了程序访存的空间局部性。

DDR（Double Data Rate）SDRAM 是对标准 SDRAM 的改进设计，通过芯片内部的预取缓冲区提供的双字预取功能，并利用存储器总线上时钟信号的上升沿与下降沿，实现一个时钟内传送两个存储字的功能。例如，采用 DDR SDRAM 技术的 PC3200（DDR400）存储芯片内部时钟频率为 200 MHz，意味着存储器总线上的时钟频率也为 200 MHz，而存储器总线的数据线位宽为 64，即每次传送 64 位，因而 PC3200（DDR400）芯片所连接的存储器总线**最大数据传输率**（即带宽）为 200 MHz×2×64 bit/8 = 3.2 GB/s。PC2100（DDR133）芯片对应的带宽为 133 MHz×2×64 bit/8 = 2.1 GB/s。

与 DDR SDRAM 类似，DDR2 SDRAM 内存条芯片内部预取缓冲区采用 4 位预取、存储器总线时钟频率为芯片内部的 2 倍；而 DDR3 SDRAM 芯片内部缓冲则采用 8 位预取、存储器总线时钟频率为芯片内部的 4 倍；同样地，存储器总线每个时钟内传送两次数据。例如，若 DDR3 存储芯片内部时钟频率为 200 MHz，每次存储器总线传送 64 位，则其最大数据传输率为 200 MHz×8×64 bit/8 = 800 MHz×2×64 bit/8 = 12.8 GB/s。

5.2.2 主存与 CPU 的连接

主存与 CPU 之间的连接如图 5.5 所示。CPU 通过总线接口部件与处理器总线相连，然后再通过总线之间的 I/O 桥接器、存储器总线连接到主存。

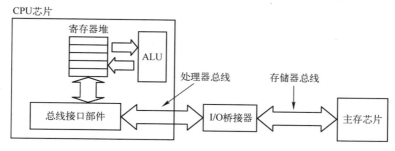

图 5.5　主存与 CPU 的连接

总线是连接其上的各部件共享的传输介质，通常总线由控制线、数据线和地址线构成。如图 5.5 所示，计算机中各部件之间通过总线相连，例如，CPU 通过处理器总线和存储器总线与主存相连。在 CPU 和主存之间交换信息时，CPU 通过总线接口部件把地址信息和总线控制信息分别送到地址线和控制线，CPU 和主存之间交换的数据则通过数据线传输。

受集成度和功耗等因素的限制，单个芯片的容量不可能很大，所以往往通过存储器芯片的扩展技术，将多个芯片集成在**内存条**（也称**主存模块**，一种特殊的电路板）上，然后由多个内存条以及主板或扩充板上的 RAM 芯片和 ROM 芯片组成一台计算机所需的主存空间，再通过总线、桥接器等和 CPU 相连，如图 5.6 所示。图 5.6a 是内存条和内存条插槽（Slot）示意图，图 5.6b 是**主存控制器**（Memory Controller）、存储器总线、内存条和 DRAM 芯片之间的连接示意图。主存控制器可以包含在图 5.5 所示的 I/O 桥接器中。

内存条插槽就是存储器总线，内存条中的信息通过内存条的引脚以及插槽内的引线连接到主板上，再通过主板上的导线连接到位于北桥芯片内或 CPU 芯片内的主存控制器。现代计算机支持多条存储器总线同时传输数据，支持两条总线同时传输的内存条插槽为**双通道内存插槽**，还有三通道、四通道内存插槽，其总线传输带宽可以分别提高到单通道的两倍、三倍和四倍。例如，图 5.6a 所示为双通道内存插槽，相同颜色的插槽可并行传输，若只有两个内存条，则应插在相同颜色的两个插槽上，其传输带宽可增大一倍。

○ 国内教材中系统总线通常指连接 CPU、存储器和各种 I/O 模块等主要部件的总线统称，而 Intel 公司推出的芯片组中，对系统总线赋予了特定的含义，特指 CPU 连接到北桥芯片的总线，也称为处理器总线或前端总线（Front Side Bus，FSB）。

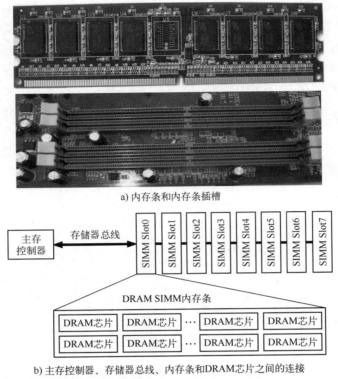

图 5.6 DRAM 芯片在系统中的位置及其连接关系

　　由若干存储器芯片构成一个存储器时，需要在字方向和位方向上进行扩展。**位扩展**指用若干片位数较少的存储器芯片构成给定字长的存储器。例如，用 8 片 4K×1 位的芯片构成 4K×8 位的存储器，需在位方向上扩展 8 倍，字方向上无须扩展。**字扩展**是容量的扩充，位数不变。例如，用 16K×8 位的存储芯片在字方向上扩展 4 倍，可构成一个 64K×8 位的存储器。当芯片在容量和位数都不满足存储器要求时，需要对字和位同时扩展。例如，用 16K×4 的存储芯片在字方向上扩展 4 倍、位方向上扩展 2 倍，可构成一个 64K×8 位的存储器。

　　图 5.7 是用 8 个 16M×8 位的 DRAM 芯片扩展构成一个 128 MB 内存条的示意图。每片 DRAM 芯片中有一个 4096×4096×8 位的存储阵列，行地址和列地址各 12 位（$2^{12}=4096$），有 8 个位平面。

　　内存条通过存储器总线连接到主存控制器，CPU 通过主存控制器对内存条中的 DRAM 芯片进行读/写，CPU 要读/写的存储单元地址通过系统总线送到主存控制器，然后由主存控制器将存储单元地址转换为 DRAM 芯片的**行地址** i 和**列地址** j，分别在行地址选通信号和列地址选通信号的控制下，通过 DRAM 芯片的地址引脚，分时送到 DRAM 芯片内部的**行地址译码器**和**列地址译码器**，以选择行、列地址交叉点（i, j）的 8 位数据同时进行读/写，8 个芯片可同时读取 64 位，通过存储器总线将 64 位数据返回给主存控制器，再由主存控制器通过系统总线将该数据返回给 CPU。

　　现代通用计算机大多按字节编址，因此，在图 5.7 所示的存储器结构中，同时读出的

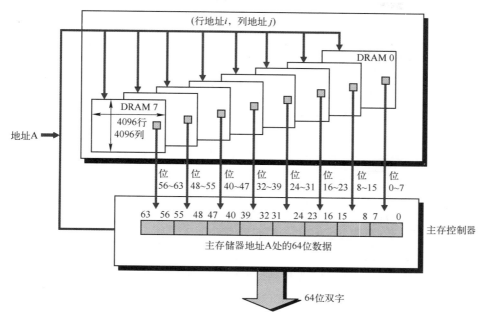

图 5.7　DRAM 芯片的扩展

64 位可能是第 0~7 单元、第 8~15 单元、…第 $8k$~ $8k+7$ 单元，以此类推。因此，若访问的一个 int 型数据不对齐，假定在第 6、7、8、9 这 4 个单元中，则需要访问两次存储器。若数据对齐，即起始地址是 4 的倍数，则 CPU 只要访问一次主存控制器，主存控制器也只要访问一次存储器芯片。

5.2.3　装入/存储指令的操作过程

访存指令主要有两类：**取数指令**（Load）用于将存储单元内容装入 CPU 的寄存器中，如 1.1.3 节给出的 8 位模型机中的 "load r0, 6#" 指令，IA-32 中的 "movl 8(%ebp),%eax" 指令等；**存数指令**（Store）用于将 CPU 寄存器的内容存储到存储单元中，如 1.1.3 节给出的 8 位模型机中的 "store 10#, r0" 指令，IA-32 中的 "movl %eax, 8(%ebp)" 指令等。

对于上述指令 "load r0, 6#"，取数操作的大致过程如图 5.8 所示。

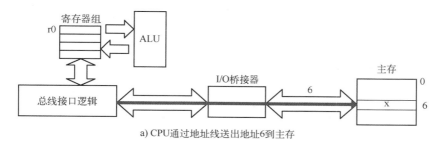

a) CPU通过地址线送出地址6到主存

图 5.8　从主存单元取数到寄存器的操作过程

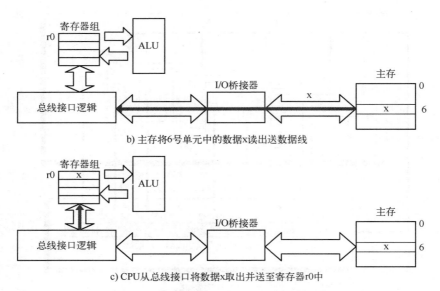

b) 主存将6号单元中的数据x读出送数据线

c) CPU从总线接口将数据x取出并送至寄存器r0中

图 5.8　从主存单元取数到寄存器的操作过程（续）

图 5.8a 为第一步，CPU 将主存地址 6 通过总线接口送到地址线，然后由主存控制器将地址 6 分解成行、列地址按分时方式送至 DRAM 芯片；图 5.8b 为第二步，主存将地址 6 中的数据 x 通过数据线送到主存控制器，再由主存控制器将数据送到 CPU 的总线接口部件中；图 5.8c 为第三步，CPU 从总线接口中取出 x 存到寄存器 r0 中。实际上，上述过程的第一步同时还会把"存储器读"等控制命令通过控制线送到主存控制器，再由主存控制器将控制命令转换为发往 DRAM 芯片的控制命令，这在图中没有表示出来。

对于上述指令"store 10#，r0"，存数操作的大致过程如图 5.9 所示。

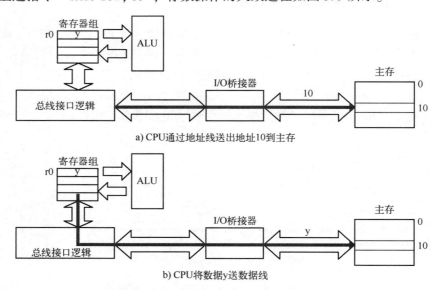

a) CPU通过地址线送出地址10到主存

b) CPU将数据y送数据线

图 5.9　将寄存器内容存储到主存单元的操作过程

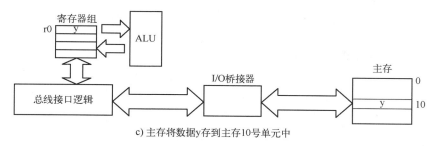

c) 主存将数据y存到主存10号单元中

图 5.9　将寄存器内容存储到主存单元的操作过程（续）

图 5.9a 为第一步，其过程与图 5.8a 相同；图 5.9b 为第二步，CPU 将寄存器 r0 中的数据 y 通过总线接口部件送到数据线，并通过主存控制器将数据送到 DRAM 芯片；图 5.9c 为第三步，主存将主存控制器从数据线上送来的 y 存入 10 号单元。实际上，上述过程的第一步同时还会把"存储器写"控制命令通过主存控制器送到主存，这在图中没有表示出来，而且，第二步将数据 y 送数据线也可以和第一步并行进行。

5.3　硬盘存储器

5.3.1　磁盘存储器的结构

磁盘存储器主要由磁记录介质、磁盘驱动器、磁盘控制器三大部分组成。**磁盘控制器**（Disk Controller）包括控制逻辑、时序电路、"并→串"转换和"串→并"转换电路。**磁盘驱动器**包括读/写电路、读/写转换开关、读/写磁头与磁头定位伺服系统。图 5.10 是磁盘驱动器的物理组成示意图。

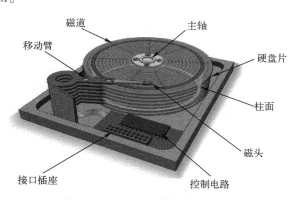

图 5.10　磁盘驱动器的物理组成

如图 5.10 所示，磁盘驱动器主要由多个硬盘片、主轴、主轴电机、移动臂、磁头和控制电路等部分组成，通过接口与磁盘控制器连接，每个盘片的两个面上各有一个**磁头**，因此，**磁头号**就是**盘面号**。磁头和盘片相对运动形成的圆构成一个**磁道**（Track），磁头位于不同的半径上，则得到不同的磁道。多个盘片上相同磁道形成一个**柱面**（Cylinder），所以，**磁道号**就是**柱面号**。信息存储在盘面的磁道上，而每个磁道被分成若干**扇区**（Sector），以扇区为单位进行磁盘读/写。在读/写磁盘时，总是写完一个柱面上所有的磁道后，再移到下一个柱面。磁道从外向里编址，最外面的为磁道0。

图5.11所示是磁盘驱动器的内部逻辑。

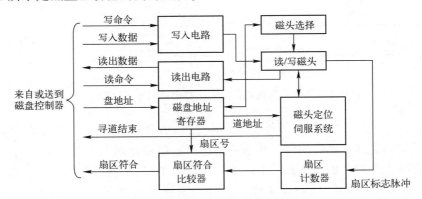

图5.11 磁盘驱动器的内部逻辑结构

磁盘读/写是指根据主机访问控制字中的**盘地址**（柱面号、磁头号、扇区号）读/写目标磁道中的指定扇区。因此，其操作包含寻道、旋转等待和读/写三个步骤。

1）**寻道**操作：磁盘控制器把盘地址送到盘驱动器的磁盘地址寄存器后，便产生寻道命令，启动磁头定位伺服系统，根据磁头号和柱面号，选择指定的磁头移动到指定的柱面。此操作完成后，发出寻道结束信号给磁盘控制器，并转入旋转等待操作。

2）**旋转等待**操作：盘片旋转时，首先将扇区计数器清零，以后每来一个扇区标志脉冲，扇区计数器加1，把计数内容与磁盘地址寄存器中的扇区地址进行比较，如果一致，则输出扇区符合信号，说明要读/写的信息已经转到磁头下方。

3）**读/写**操作：扇区符合信号送给磁盘控制器后，磁盘控制器的读/写控制电路开始动作。如果是写操作，就将数据送到写入电路，写入电路根据记录方式生成相应的写电流脉冲；如果是读操作，则由读出放大电路读出内容送磁盘控制器。

数据在磁盘上的记录格式分定长记录格式和不定长记录格式两种。目前大多采用定长记录格式。最早的硬盘由IBM公司开发，称为**温切斯特盘**，简称**温盘**，它是几乎所有现代硬盘产品的原型。图5.12是温切斯特磁盘的磁道格式示意图，它采用定长记录格式。

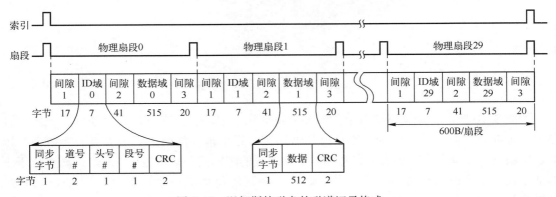

图5.12 温切斯特磁盘的磁道记录格式

如图 5.12 所示，每个磁道由若干个扇区（也称**扇段**）组成，每个扇区记录一个数据块，每个扇区有头空（间隙 1）、ID 域、间隙 2、数据域和尾空（间隙 3）组成。头空占 17 B，不记录数据，用全 1 表示，磁盘转过该区域的时间是留给磁盘控制器做准备用的；ID 域由同步字节、磁道号、磁头号、扇段号和相应的 CRC 码组成，同步字节标志 ID 域的开始；数据域占 515 B，由同步字节、数据和相应的 CRC 码组成，其中真正的数据区占 512 B；尾空是在数据块的 CRC 码后的区域，占 20 B，也用全 1 表示。

5.3.2 磁盘存储器的性能指标

磁盘存储器的性能指标包括记录密度、存储容量、数据传输率和平均存取时间等。

1. 记录密度

记录密度可用道密度和位密度来表示。**道密度**指在沿磁道分布方向上单位长度内的磁道数。**位密度**指在沿磁道方向上单位长度内存放的二进制信息量。采用低密度存储方式时，所有磁道的扇区数相同、位数相同，因而内道的位密度比外道高；采用高密度存储方式时，每个磁道的位密度相同，因而外道的扇区数比内道多。高密度磁盘的容量比低密度磁盘高得多。

2. 存储容量

存储容量指整个存储器存放的二进制信息量，它与磁表面大小和记录密度密切相关。磁盘的未格式化容量指按道密度和位密度计算出来的容量，它包括头空、ID 域、CRC 码等信息，是可使用的所有磁化单元总数。格式化后的实际容量只包含数据区，故小于未格式化容量。通常，记录面数为盘片数的两倍。若按每扇区 512 B 大小算，则磁盘实际数据容量（格式化容量）的计算公式如下。

磁盘实际数据容量 = 2×盘片数×磁道数/面×扇区数/磁道×512 B/扇区

早期扇区大小一直是 512 B，目前扇区大小通常为更大、更高效的 4096 B。注意，在表示磁盘容量和文件大小时，可用 Ki、Mi、Gi 等表示 2 的幂，如 4KiB 表示 4096 B。

3. 数据传输速率

数据传输速率（Data Transfer Rate）指磁盘存储器完成磁头定位和旋转等待以后，单位时间内读/写存储介质的二进制信息量。为区别于外部数据传输率，通常称之为**内部传输速率**（Internal Transfer Rate），也称为**持续传输率**（Sustained Transfer Rate）。而**外部传输速率**（External Transfer Rate）指主机中的外设控制接口读/写外存储器缓存的速度，由外设采用的接口类型决定，也称为**突发数据传输率**（Burst Data Transfer Rate）或**接口传输率**。

4. 平均存取时间

磁盘响应读/写请求的过程如下：首先将读/写请求在队列中排队，出队列后由磁盘控制器解析请求命令，然后进行寻道、旋转等待和读/写数据三个过程。因此，总响应时间的计算公式如下：

响应时间=排队延迟+控制器时间+寻道时间+旋转等待时间+数据传输时间

磁盘上的信息以扇区为单位进行读写，上式中后面三个时间之和称为**存取时间 T**。即：

存取时间=寻道时间+旋转等待时间+数据传输时间

寻道时间为磁头移动到指定磁道所需时间；**旋转等待时间**指指定扇区旋转到磁头下方所需时间；**数据传输时间**（Transfer Time）指传输一个扇区的时间（大约 0.01 ms /扇区）。由于磁头原有位置与要寻找的目的位置之间远近不一，故寻道时间和旋转等待时间只能取平均值。磁盘的**平均寻道时间**一般为 5~10 ms，**平均等待时间**取磁盘旋转一周所需时间的一半，大约 4~6 ms。假如磁盘转速为 6000 r/min，则平均等待时间约为 5 ms。因为数据传输时间相对于寻道时间和旋转等待时间来说非常短，所以，磁盘的**平均存取时间**通常近似等于平均寻道时间和平均等待时间之和。而且，磁盘第一位数据的读/写延时非常长，相当于平均存取时间，而以后各位数据的读/写则几乎没有延迟。

5.3.3　磁盘存储器的连接

现代计算机中，通常将复杂的磁盘物理扇区抽象成固定大小的**逻辑块**，物理扇区和逻辑块之间的映射由磁盘控制器来维护。磁盘控制器是主机与磁盘驱动器之间的接口，其中的内置固件能将 CPU 送来的请求**逻辑块号**转换为盘地址，并控制磁盘驱动器工作。

图 5.13 是磁盘驱动器（简称磁盘）通过磁盘控制器与 CPU、主存连接的示意图。磁盘控制器连接在 I/O 总线上，**I/O 总线**与其他系统总线（如处理器总线、存储器总线）之间用桥接器连接。

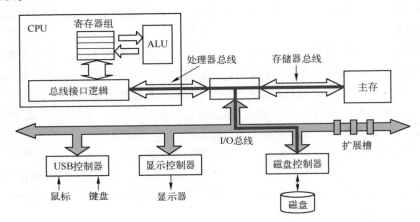

图 5.13　磁盘与 CPU、主存的连接

磁盘与主机交换数据的最小单位是一个扇区，因此，磁盘总是按**成批数据交换方式**进行读/写，这种高速批数据交换设备通常采用**直接存储器存取**（Direct Memory Access，DMA）方式进行数据的输入/输出。通过专门的 DMA 接口硬件控制外设与主存间的直接数据交换，数据不通过 CPU。通常把专门用来控制总线进行 DMA 传送的接口硬件称为 **DMA 控制器**。有关 DMA 方式的实现参见 6.3.2 节。

*5.3.4　闪速存储器和 U 盘

计算机中有一些相对固定的信息，需要存放在只读存储器（ROM）中，如系统启动时用到的 BIOS（Basic Input/Output System，基本输入/输出系统）。早期的 BIOS 芯片通过烧录器写入，一旦安装在计算机主板中，便不能更改，除非更换芯片；而现在主板都用 Flash 存储器芯片来存储 BIOS，可在计算机中运行主板厂商提供的擦写程序进行擦除，再重新写入。

早期使用烧录器写入方式的只读存储器有掩膜 ROM（Mask ROM，MROM）、可编程 ROM（Programmable ROM，PROM）、可擦除可编程 ROM（Erasable Programmable ROM，

EPROM）和电可擦除可编程 ROM（Electrically Erasable Programmable ROM，EEPROM）等类型。**MROM** 在芯片生产过程中制造，生产后不可编程，故可靠性高，但生产周期长、不灵活；**PROM** 只可编程一次，不灵活；**EPROM** 可擦除可编程多次，但采用 MOS 工艺，且擦除时只能抹除所有信息，不灵活且速度慢；**EEPROM** 可以字为单位擦除，擦除次数可达数千次，且数据可保持一二十年。

闪速存储器也称**闪存**或 **Flash 存储器**，是一种非易失性读/写存储器，兼有 RAM 和 ROM 的优点，且功耗低、集成度高，无需后备电源。这种器件沿用了 EPROM 的简单结构和浮栅/热电子注入的编程写入方式，又兼备 EEPROM 的可擦除特点，且可在计算机内进行擦除和编程写入，因此又称为快擦型 EEPROM。目前广泛使用的 U 盘和存储卡等都属于闪存。

1. 闪存存储元

如图 5.14 所示是一个**闪存存储元**，每个存储元由单个 MOS 管组成，包括漏极 D、源极 S、控制栅和浮空栅。当控制栅加上足够的正电压时，浮空栅将存储大量电子，即带有许多负电荷，可将存储元的这种状态定义为 0；当控制栅不加正电压，则浮空栅少带或不带负电荷，将这种状态定义为 1。

2. 闪存的基本操作

闪存有 3 种基本操作：编程（充电）、擦除（放电）、读取。

编程操作：最初所有存储元都是 1 状态，编程指在需要改写为 0 的存储元的控制栅加正电压 U_P，如图 5.15a 所示。一旦某存储元被编程，则数据可保持上百年且无需外电源。

图 5.14　Flash 存储元

擦除操作：采用电擦除。在所有存储元的源极 S 加正电压 U_E，吸收浮空栅中的电子，从而使所有存储元都变成 1 状态，如图 5.15b 所示。

因此，写入过程实际上是先通过放电擦除一个存储块，使其存储元都变成 1 状态，后再对需要写 0 的存储元充电进行编程。

读取操作：在控制栅加上正电压 U_R，若存储元为 0，则读出电路检测不到电流，如图 5.16a 所示；若存储元为 1，则浮空栅不带负电荷，控制栅上的正电压足以导通晶体管，电源 U_d 提供从漏极 D 到源极 S 的电流，读出电路检测到电流，如图 5.16b 所示。

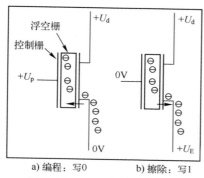

图 5.15　Flash 存储元的写入

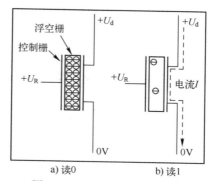

图 5.16　Flash 存储元的读出

从上述基本原理可看出，闪存读和写操作速度相差很大，其读取速度与半导体 RAM 芯片相当，而写数据（快擦-编程）的速度则比 RAM 芯片慢。

*5.3.5　固态硬盘

近年来**固态硬盘**（Solid State Disk，SSD）越来越流行，也称为**电子硬盘**。它并不是一种磁表面存储器，而是使用 NAND 闪存组成的外存，与 U 盘没有本质差别，只是容量更大，存取性能更好。它用闪存颗粒代替了磁盘作为存储介质，以区块写入和擦除的方式进行数据的读取和写入。

固态硬盘的接口规范和定义、功能及使用方法与传统磁盘完全相同，在产品外形和尺寸上也与普通磁盘一致。接口标准有 USB、SATA 等，因此 SSD 可通过标准磁盘接口与 I/O 总线互连，也有 SDD 使用 PCI-e 接口标准来提供更高的性能。在 SSD 中有一个**闪存翻译层**，它将来自 CPU 的逻辑块读/写请求翻译成对底层 SSD 物理设备的读/写控制信号。因此，闪存翻译层的功能相当于磁盘控制器。

SSD 中一个闪存芯片由若干**区块**（Block）组成，每个区块由若干**页**（Page）组成，通常，页大小为 512 B~4 KB，每个区块由 32~128 页组成，因而区块大小为 16~512 KB，数据按页为单位进行读/写。SSD 有三个限制：①写某一页信息之前，必须先擦除该页所在的整个区块；②擦除后区块内的页必须按顺序写入信息；③擦除/编程次数有限。某一区块进行了几千到几万次重复写之后将发生磨损，擦除操作所残留的电子积累过多，将会使存储元永久处于 1 状态而无法编程，此时该存储元将失效，不能继续使用。因此，闪存翻译层中的软件实现了**磨损均衡**（Wear Leveling）算法，试图将擦除操作平均分布在所有区块上，从而尽可能延长 SSD 的使用寿命。

SSD 随机读取时间约为几十微秒，而随机写入时间约为几百微秒。磁盘的寻道和旋转等待属于机械操作，其访问时间约为几毫秒到几十毫秒，因此 SSD 随机读写延时比磁盘小两个数量级。除性能高外，固态硬盘还具有抗振动好、安全性高、无噪声、能耗低和发热量低的特点。此外，固态硬盘的工作温度范围很大（-40~85℃），因此，其适应性也远高于常规磁盘。

5.4　高速缓冲存储器

由于 CPU 和主存所使用的半导体器件工艺不同，两者速度上的差距导致快速的 CPU 等待慢速的主存储器，为此需要想办法提高 CPU 访问主存的速度。除了提高 DRAM 芯片本身的速度和采用并行结构技术以外，加快 CPU 访存速度的主要方式之一是在 CPU 和主存之间增加**高速缓冲存储器**（简称高速缓存或 **cache**）。

5.4.1　cache 的基本工作原理

cache 是一种小容量高速缓冲存储器，由快速的 SRAM 存储元组成，直接集成在 CPU 芯片内，速度几乎与 CPU 一样快。在 CPU 和主存之间加入 cache，可以把程序频繁访问的活跃主存块复制到 cache 中。由于程序访问的局部性特点，大多数情况下，CPU 能直接从

cache 中取得指令和数据，而不必访问慢速的主存。

为便于 cache 和主存交换信息，一般将 cache 和主存空间划分为大小相等的区域。主存中的区域称为块（Block），也称为**主存块**，它是 cache 和主存之间的信息交换单位；cache 中存放一个主存块的区域称为**行**（Line）或**槽**（Slot）。

1. cache 的有效位

在系统启动或复位时，每个 cache 行都为空，其中的信息无效，只有装入了主存块后信息才有效。为了说明 cache 行中的信息是否有效，每个 cache 行需要一个**有效位**（Valid Bit）。有了有效位，就可通过将有效位清 0 来淘汰某 cache 行中的主存块，称为**冲刷**（Flush），装入一个新主存块时，再将有效位置 1。

2. CPU 在 cache 中的访问过程

CPU 执行程序时需要从主存取指令或读/写数据，此时先检查 cache 中是否有要访问的信息。图 5.17 给出了带 cache 的 CPU 执行一次访存操作的过程。

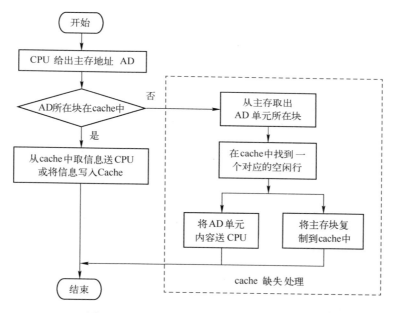

图 5.17　带 cache 的 CPU 的访存操作过程

如图 5.17 所示，整个访存过程如下：判断信息是否在 cache，若是，则直接从 cache 取信息；若否，则从主存取一个主存块到 cache，如果对应 cache 行已满，则需要替换 cache 中的信息，因此，cache 中的内容是主存中部分内容的副本。这些工作要求在一条指令执行过程中完成，因而只能由硬件实现，因此程序员无须了解 cache 结构及其处理过程即可编写出正确的程序。但为了编写出高效的程序，程序员也需要了解 cache 的工作原理和处理过程。

3. cache-主存层次的平均访问时间

根据图 5.16 可知，在访存过程中需要判断所访问信息是否在 cache 中。若 CPU 访问单元所在的块在 cache 中，则称 **cache 命中**（Hit），命中概率称为**命中率** p（Hit Rate），它等于命中次数与访问总次数之比；若不在 cache 中，则为**不命中**或**缺失**（Miss）[⊖]，其概率称为**缺失率**（Miss Rate），它等于不命中次数与访问总次数之比。命中时，CPU 在 cache 中直接存取信息，所用时间即为 cache 访问时间 T_c，称为**命中时间**（Hit Time）；缺失时，需要从主存读取一个主存块送 cache，并同时将所需信息送 CPU，因此，所用时间为主存访问时间 T_m 和 cache 访问时间 T_c 之和。通常把 T_m 称为**缺失损失**（Miss Penalty）。

CPU 在 cache-主存层次的**平均访问时间**为 $T_a = p \times T_c + (1-p) \times (T_m + T_c) = T_c + (1-p) \times T_m$。

由于程序访问的局部性特点，cache 的命中率可以很高，接近于 1。因此，虽然 $T_m \gg T_c$，但最终的平均访问时间仍可接近 T_c。

例 5.2 假定处理器时钟周期为 2 ns，某程序有 3000 条指令组成，每条指令执行一次，其中 4 条指令在取指令时发生 cache 缺失，其余指令都在 cache 中命中。在执行指令过程中，该程序需要 1000 次主存数据访问，其中 6 次发生 cache 缺失。问：

① 执行该程序的 cache 命中率是多少？

② 若 cache 命中时间为 1 个时钟周期，缺失损失为 10 个时钟周期，则 CPU 在 cache-主存层次的平均访问时间为多少？

解： ① 执行该程序时的总访问次数为 3000+1000 = 4000，未命中次数为 4+6 = 10，故 cache 命中率为 (4000-10)/4000 = 99.75%。

② cache-主存层次的平均访问时间为 1+(1-99.75%)×10 = 1.025 个时钟周期，即 1.025×2 ns = 2.05 ns，与 cache 访问时间相近。

5.4.2 cache 行和主存块之间的映射方式

cache 行中的信息取自主存中的某块。在将主存块复制到 cache 行时，主存块和 cache 行之间必须遵循一定的映射规则，这样，CPU 要访问某个主存单元时，可以依据映射规则，直接到 cache 对应行中查找要访问的信息，而不用在整个 cache 中查找。

根据不同的映射规则，主存块和 cache 行之间有以下三种映射方式。

- 直接映射（Direct-Mapped）：每个主存块映射到 cache 的固定行中。
- 全相联（Full Associate）：每个主存块映射到 cache 的任意行中。
- 组相联（Set Associate）：每个主存块映射到 cache 的固定组的任意行中。

以下分别介绍三种映射方式。

1. 直接映射

直接映射的基本思想是将一个主存块映射到固定的 cache 行中，也称**模映射**，其映射关系如下。

$$\text{cache 行号} = \text{主存块号 mod cache 行数}$$

例如，若 cache 有 16 行，根据 100 mod 16 = 4 可知，主存第 100 块映射到 cache 第 4 行。

通常 cache 行数是 2 的幂，如图 5.18 所示，cache 有 2^c 行，主存有 2^m 块，以 2^c 为模映射到 cache 固定行中。由映射函数可看出，m 位主存块号中低 c 位正好是它要装入的 cache 行号，且主存块号低 c 位相同的主存块都会映射到同一个 cache 行。为了让 cache 记录每行装

入了哪个主存块，需要给每行分配一个 t 位长的标记（tag），此处 $t=m-c$，主存某块调入 cache 后，则将其块号的高 t 位填入对应 cache 行的标记中。

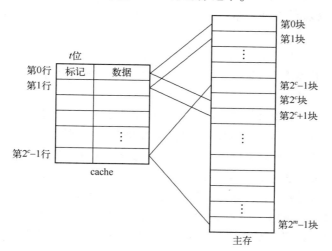

图 5.18　cache 和主存间的直接映射关系

根据以上分析可知，主存地址被分成三个字段，其中，高 t 位为**标记**，中间 c 位为 **cache 行号**（也称**行索引**），剩下的低位地址为**块内地址**。若一个主存块占 2^b B，则块内地址占 b 位。

图 5.19 给出了直接映射方式下 CPU 的访存过程。

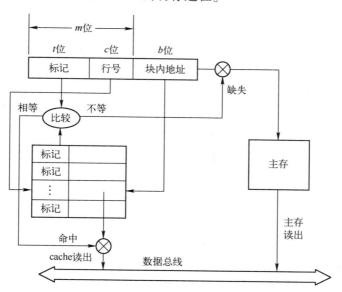

图 5.19　直接映射方式下 CPU 访存过程

如图 5.19 所示，CPU 首先根据访存地址中间 c 位，直接找到对应的 cache 行，将该 cache 行中的标记与主存地址高 t 位比较，若相等并有效位为 1，则访问 cache 命中，此时，根据主存地址中最低 b 位的块内地址，在该 cache 行中存取信息；若不相等或有效位为 0，则缺失，此时，CPU 从主存中读出该地址所在主存块，根据块内地址存取信息后，写入该 cache 行，将有效位置 1，并将地址高 t 位填入该 cache 行的标记中。因此，若该 cache 行中已经存放了其他主存块的数据，将会造成 cache 行的替换，新的主存块数据将覆盖原有数据。

访问 cache 行时，读操作比写操作简单。针对写操作，由于 cache 行中的信息是主存某块的副本，故需要考虑如何使 cache 行中的数据和主存中数据保持一致，具体在第 5.4.4 节中介绍。

例 5.3 假定 cache 采用直接映射方式，主存块大小为 64 B，按字节编址。cache 数据区大小为 1 KB，主存空间大小为 256 KB。问：主存地址如何划分？要求用图表示主存块和 cache 行之间的映射关系，假定 cache 当前为空，说明 CPU 对主存单元 0240CH 的访问过程。

解：cache 数据区容量为 1 KB = 2^{10} B = 2^4 行×64 B/行 = 16 行× 64 B/行。因为主存每 16 块和 cache 的 16 行一一对应，所以可将主存每 16 块看成一个块群，因而，得到主存空间划分为 256 KB = 2^{18} B = 2^{12} 块×64 B/块 = 2^8 块群×2^4 块/块群×2^6 B/块。所以，主存地址位数为 18，其中，标记位数为 8，行号位数为 4，块内地址位数为 6。主存地址划分以及主存块和 cache 行的对应关系如图 5.20 所示。

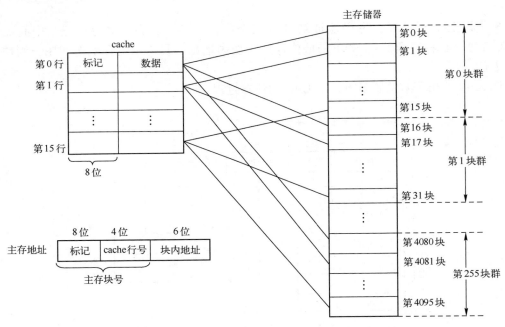

图 5.20　直接映射方式下主存块和 cache 行对应关系

主存地址 0240CH 展开为二进制数为 00 0010 0100 0000 1100，主存地址划分如下。

00 0010 01	00 00	00 1100

根据主存地址划分可知：该地址所在主存块号为 00 0010 0100 00（第 144 块），是第 9 块群中的第 0 块，映射到的 cache 行号为 0000（第 0 行）。

假定 cache 为空，访问 0240CH 单元的过程如下：首先根据地址中间 4 位 cache 行号

0000，找到 cache 第 0 行，因为 cache 当前为空，所以，每个 cache 行的有效位都为 0，因此，不管第 0 行的标志是否等于 00 0010 01，都不命中。此时，将 0240CH 单元所在的主存第 144 块复制到 cache 第 0 行，并置有效位为 1，置标记为 00 0010 01（表示信息取自主存第 9 块群）。

直接映射的优点是容易实现，命中时间短，但由于多个主存块会映射到同一个 cache 行，当访问集中在这些主存块时，就会引起频繁的调进调出，即使其他 cache 行都空闲，也无法充分利用。例如，对于例 5.3，若主存第 0 块已经在 cache 第 0 行中，现在要将主存第 16 块调入 cache，由于它们都只能映射到 cache 第 0 行，即使其他行空闲，也总有一个主存块不能调入 cache。显然，直接映射方式不够灵活，无法充分利用 cache 空间，在某些访存模式下命中率较低。

2. 全相联映射

全相联的基本思想是主存块可装入任意 cache 行中。因此，全相联 cache 需比较所有 cache 行标记才能判断是否命中，同时，主存地址中无需 cache 行索引，只有标记和块内地址两个字段。全相联方式下，只要有空闲 cache 行，就不会发生冲突，因而块冲突概率低。

例 5.4 假定 cache 采用全相联方式，主存块大小为 64 B，按字节编址。cache 数据区大小为 1 KB，主存空间大小为 256 KB。问：主存地址如何划分？要求用图表示主存块和 cache 行之间的映射关系，并说明 CPU 对主存单元 0240CH 的访问过程。

解：cache 数据区大小为 1 KB = 2^{10} B = 2^4 行×64 B/行 = 16 行×64 B/行。

主存地址空间为 256 KB = 2^{18} B = 2^{12} 块×2^6 B/块。

18 位的主存地址划分为两个字段：标记位数为 12，块内地址位数为 6。

主存地址划分以及主存块和 cache 行之间的对应关系如图 5.21 所示。

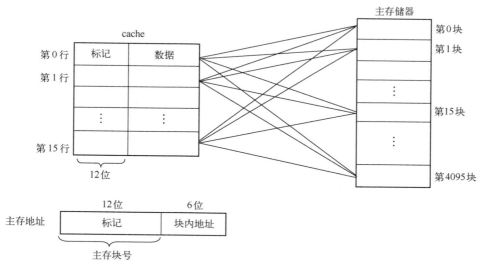

图 5.21 全相联映射方式下主存块和 cache 行对应关系

主存地址 0240CH 展开成二进制数为 00 0010 0100 0000 1100，主存地址划分如下：

00 0010 0100 00	00 1100

访问 0240CH 单元的过程如下：首先将高 12 位标记 00 0010 0100 00 与每个 cache 行标记进行比较，若有一个相等且有效位为 1，则命中，此时，CPU 根据块内地址 00 1100 从该行中取出信息；若都不相等，则不命中，此时，需要将 0240CH 单元所在主存第 00 0010 0100 00 块（即第 144 块）读出，并装入任意一个空闲 cache 行中，置有效位为 1，置标记为 00 0010 0100 00（表示信息取自主存第 144 块）。

为判断是否命中，通常为每个 cache 行分别设置一个比较器，其位数等于标记字段的位数。全相联 cache 访存时根据标记字段的内容来查找 cache 行，因而是一种按内容访问方式，相应电路是一种**相联存储器**，其时间开销和所用元件开销都较大，因此全相联方式不适合容量较大的 cache。

3. 组相联映射

直接映射和全相联的优缺点正好相反，二者结合可以取长补短，从而形成组相联方式。

组相联的主要思想是，将 cache 所有行分成 2^q 个大小相等的组，每组有 2^s 行。每个主存块映射到 cache 固定组中的任意一行，即采用组间模映射、组内全映射的方式，映射关系如下。

cache 组号＝主存块号 mod cache 组数

例如，若 1 KB 的 cache 划分为 2^3 组×2^1 行/组×64 B/行，则主存第 100 块应映射到 cache 第 4 组的任意一行中，因为 100 mod 2^3＝4。

上述这种 2^q 组×2^s 行/组的 cache 映射方式称为 2^s 路组相联，即 $s=1$ 为 **2 路组相联**；$s=2$ 为 **4 路组相联**；以此类推。通过对主存块号按 cache 组数取模，使得每 2^q 个主存块与 2^q 个 cache 组一一对应，主存地址空间实际上分成了若干组群，每个组群中有 2^q 个主存块对应于 cache 的 2^q 个组。假设主存地址有 n 位，块内地址占 b 位，有 2^t 个组群，则 $n=t+q+b$，主存地址被划分为以下三个字段。

标记	cache 组号	块内地址

其中，高 t 位为标记，中间 q 位为**组号**（也称**组索引**），剩下的 b 位为块内地址。

例 5.5 假定 cache 采用 2 路组相联方式，主存块大小为 64 B，按字节编址。cache 数据区大小为 1 KB，主存地址空间大小为 256 KB。问：主存地址如何划分？要求用图表示主存块和 cache 行之间的映射关系，并说明 CPU 对主存单元 0240CH 的访问过程。

解：cache 数据区大小为 1 KB＝2^{10} B＝2^3 组×2^1 行/组×64 B/行。

主存地址空间大小为 256 KB＝2^{18} 字＝2^{12} 块×64 B/块＝2^9 组群×2^3 块/组群×2^6 B/块。

因此，主存地址位数为 18，其中，标记位数为 9，组号位数为 3，块内地址位数为 6。

主存地址划分以及主存块和 cache 行的对应关系如图 5.22 所示。

主存地址 0240CH 展开为二进制数 00 0010 0100 0000 1100，主存地址划分如下：

00 0010 010	0 00	00 1100

访问 0240CH 单元的过程如下：首先根据地址中间 3 位 cache 组号 000，找到 cache 第 0 组，将标记 00 0010 010 与第 0 组中两个 cache 行的标记进行比较，若有一个相等且有效位为 1，则命中。此时，根据低 6 位块内地址从对应行中取出单元内容送 CPU；若都不相等或有一个相等但有效位为 0，则不命中。此时，将 0240CH 单元所在的主存第 00 0010 0100 00

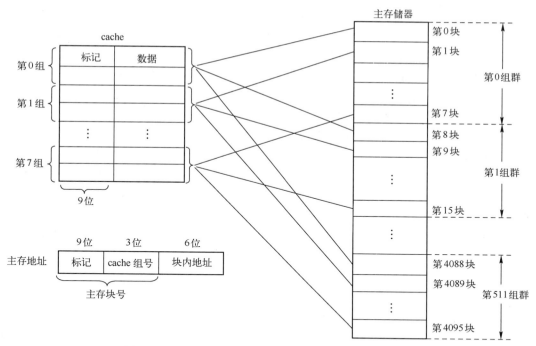

图 5.22 组相联映射方式下主存块和 cache 行对应关系

块（即第 144 块）复制到 cache 第 0 组的任意一个空行中，并置有效位为 1，置标记为 00 0010 010（表示信息取自主存第 18 组群）。

组相联方式结合了直接映射和全相联的优点。当 cache 组数为 1 时，变为全相联方式；当每组只有一个 cache 行时，则变为直接映射。组相联的冲突概率比直接映射低，由于只有组内各行采用全相联映射，所以比较器的位数和个数都比全相联少，易于实现，查找速度也快得多。

5.4.3 cache 中主存块的替换算法

cache 行数比主存块数少得多，因此，往往多个主存块会映射到同一个 cache 行中。当新的一个主存块复制到 cache 时，cache 中的对应行可能已经全部被占满，此时，必须选择淘汰掉一个 cache 行中的主存块。例如，对于例 5.5 中的 2 路组相联 cache，假定第 0 组的两个行分别被第 0 和第 8 主存块占满，此时若需调入主存块 16，根据映射关系，它只能装入 cache 第 0 组，因此，已经在第 0 组的第 0 和第 8 主存块中，必须选择淘汰一块。具体如何选择称为**淘汰策略**问题，也称**替换算法**或**替换策略**。

常用的替换算法有先进先出（First In First Out，FIFO）、最近最少用（Least Recently Used，LRU）、最不经常用（Least Frequently Used，LFU）和随机替换算法等。可以根据实现的难易程度以及是否能获得较高的命中率两方面来决定采用哪种算法。

先进先出算法的基本思想是：总是选择最早装入 cache 的主存块被替换掉。这种算法实现起来较方便，但不能正确反映程序的访问局部性，因为最先进入的主存块也可能是目前经常要用的，因此，这种算法有可能产生较大的缺失率。

最近最少用算法的基本思想是：总是选择近期最少使用的主存块被替换掉。这种算法能比较正确地反映程序的访问局部性，因为当前最少使用的块一般来说也是将来最少被访问的。但是，它的实现比 FIFO 算法要复杂一些。**LRU 算法**用计数值来记录主存块的使用情况，通过硬件修改计数值，并根据计数值选择淘汰某个 cache 行中的主存块。这个计数值称为 **LRU 位**，其位数与 cache 组的大小有关，2 路时占 1 位，4 路时占 2 位，8 路时占 3 位。为降低 LRU 位计数器的硬件实现成本，通常采用**伪 LRU**（Pseudo-LRU，PLRU）算法。伪 LRU 算法的思想是，仅记录 cache 组内每个主存块的近似使用情况，以区分哪些是新装入的主存块，哪些是较长时间未用的主存块，替换时在那些较长时间未用的主存块中选择一个换出。

最不经常用算法的基本思想是：替换掉 cache 中引用次数最少的块。LFU 也用与每个行相关的计数器来实现。这种算法与 LRU 有点类似，但不完全相同。

随机替换算法从候选行的主存块中随机选取一个淘汰掉，与使用情况无关。模拟试验表明，随机替换算法在性能上只稍逊于基于使用情况的算法，而且代价低。

5.4.4 cache 的写策略

因为 cache 中的内容是主存块副本，当更新 cache 中的内容时，就要考虑何时更新主存中的相应内容，使两者保持一致，这称为**写策略**（Write Policy）问题。写策略有以下两种。

1. 通写法

通写法（Write Through）也称**全写法**、**直写法**或**写直达法**，其基本做法是，若写命中，则同时写 cache 和主存，以保持两者一致；若写缺失，则先写主存，并有以下两种处理方式。

1）**写分配法**（Write Allocate）。分配一个 cache 行并装入更新后的主存块。这种方式可以充分利用空间局部性，但每次写缺失时都要装入主存块，因此增加了写缺失的处理开销。

2）**非写分配法**（Not Write Allocate）。不将主存块装入 cache。这种方式可以减少写缺失的处理时间，但没有充分利用空间局部性。

显然，采用通写法能充分保证 cache 和主存内容一致。但是，这种方法会大大增加写操作的开销。例如，假定一次写主存需要 100 个 CPU 时钟周期，那么 10% 的存数指令就使得 CPI 增加 100×10% = 10 个时钟周期。

为了减少写主存的开销，通常在 cache 和主存之间加一个**写缓冲**（Write Buffer）。在 CPU 写 cache 的同时，也将内容写入写缓冲，此时 CPU 可继续工作，不必等待内容真正写入主存，而是由写缓冲将其内容写入主存。写缓冲是一个 FIFO 队列，一般有 4 项，在写操作频率不高的情况下效果较好；若写操作频繁，则会使写缓冲饱和而阻塞，此时 CPU 需要等待。

2. 回写法

回写法（Write Back）也称**一次性写**、**写回法**，其基本做法是，若写命中，则只将内容写入 cache 而不写入主存；若写缺失，则分配一个 cache 行并装入主存块，然后更新该行的内容。因此，回写法通常与写分配法组合使用。

CPU 执行写操作时，回写法不会更新主存单元，只有在替换 cache 行中的主存块时，才将该块内容一次性写回主存。回写法的好处是减少了写主存的次数，因而可大大降低主存带宽需求。此外，若 cache 行的主存块未被写过，替换时则无须将其写回主存。为记录该信息，每个 cache 行会关联一个**修改位**（Dirty Bit，也称**脏位**）。向 cache 行装入新主存块时，将该位清 0；CPU 写入 cache 行时，还需要将该位置 1。替换 cache 行时检查其修改位，若为 1，则需要将该主存块写回主存；若为 0，则无须写回主存。

由于回写法未及时将内容写回主存，此时，若系统中的其他模块（如外设、其他 CPU 等）访问该主存块，则将读出过时的内容，进而影响程序的正确性，通常需要其他同步机制来解决该问题。

5.4.5 cache 和程序性能

早期采用的是 CPU 芯片外的单级 cache，而目前多级片内 cache 已成为主流，cache 都在 CPU 芯片内，且使用 L1（Level 1）和 L2（Level 2）等**多级 cache**，甚至有 L3 cache，CPU 访问 cache 的顺序为 L1、L2 和 L3 cache。L1 cache 采用**分离 cache**，即**数据 cache** 和**指令 cache** 分开设置，分别存放数据和指令。L2 cache 和 L3 cache 为**联合 cache**，即数据和指令放在一个 cache 中。

显然，程序的性能与程序执行时访问指令和数据所用的时间有很大关系，而指令和数据的访问时间与相应的 cache 命中率、命中时间和缺失损失有关。对于给定的计算机系统而言，命中时间和缺失损失是确定的，因此，指令和数据的访存时间主要由 cache 命中率决定，而 cache 命中率则主要由程序的空间局部性和时间局部性决定。因此，为了提高程序的性能，程序员须编写出具有良好访问局部性的程序。

考虑程序的访问局部性通常是在数据的访问局部性上下工夫，而数据的访问局部性又主要是指数组、结构等类型数据访问时的局部性，这些数据结构的数据元素访问通常是通过循环语句进行的，所以，如何合理地处理循环，特别是内循环，对于数据访问局部性来说非常重要。下面通过几个例子来说明不同的循环处理将带来不同的程序性能。

例 5.6 某计算机的主存空间大小为 256 MB，按字节编址。指令 cache 和数据 cache 分离，两种 cache 均有 8 个 cache 行，主存与 cache 交换的块大小为 64 B，数据 cache 采用 2 路组相联、通写法和 LRU 替换算法。现有两个功能相同的程序 A 和 B，其伪代码如图 5.23 所示。

```
程序 A：
    int a[256][256];
    ……
    int sum_array1 ( ){
        int i, j, sum = 0;
        for ( i = 0; i < 256; i++)
            for (j = 0; j < 256; j++)
                sum += a[i][j];
        return sum；
    }
```

```
程序 B：
    int a[256][256];
    ……
    int sum_array2 ( ){
        int i, j, sum = 0;
        for (j = 0; j < 256; j++)
            for ( i = 0; i < 256; i++)
                sum += a[i][j];
        return sum；
    }
```

图 5.23 例 5.6 中的伪代码程序

假定 i、j、sum 均分配在寄存器中，数组 a 按行优先方式存放，其首地址为 320（十进制数）。请回答下列问题，要求说明理由或给出计算过程。

　　① 数据 cache 的总容量（包括标记和有效位等）为多少？

　　② 数组元素 a[0][30] 和 a[1][16] 各自所在主存块对应的 cache 组号分别是多少（组号从 0 开始）？

　　③ 程序 A 和 B 的数据访问命中率各是多少？哪个程序的执行时间更短？

　　解：① 每个 cache 行除用于存放主存块外，还有有效位、标记以及修改位和使用位（如 LRU 位）等控制位。主存空间大小为 256 MB，按字节编址，故主存地址占 28 位；主存块大小为 64B，故块内地址占 6 位；数据 cache 共 8 行，每组两行，故有 8/2=4 组，cache 组号（组索引）为 2 位。因此，标志占 28−6−2=20 位。通写法无须修改位，2 路组相联 LRU 位占 1 位，故数据 cache 的总容量为 8×(20+1+64×8+1)=4272 位=534 B。

　　② 对于某个数组元素所在主存块对应的 cache 行号的计算方法有以下两种。

　　方法一：先计算该数组元素的地址，然后根据地址求出主存块号，用主存块号除以组数 4 再取余数。每个数组元素占 4 B，a[0][30] 的地址为 320+4×30=440，对应主存块号为 $\lfloor 440/64 \rfloor=6$（取整），故 cache 组号为 6 mod 4=2。

　　方法二：将地址转换为 28 位二进制数，然后取出组号（即组索引）字段的值，得到对应 cache 组号。地址 440 转换为二进制表示为 0000 0000 0000 0000 0001 1011 1000，按①中给出的主存地址划分结果 0000 0000 0000 0000 0001 **10** 111000 可知，cache 组号（组索引）为 10，即对应 cache 组号为 2。

　　同理，数组元素 a[1][16] 对应的 cache 组号为 $\lceil (320+4×(1×256+16))/64 \rceil$ mod 4=2。

　　数组元素 a[1][16] 的地址为 320+4×(1×256+16)=$2^8+2^6+2^{10}+2^6$=0000 0000 0000 0000 0101 1000 0000B，按①中给出的主存地址划分结果 0000 0000 0000 0000 0101 **10** 000000 可知，cache 组号（组索引）为 10，即对应 cache 组号为 2。

　　③ 编译时 i、j、sum 均分配在寄存器中，故数据访问命中率仅需要考虑数组 a 的访问情况。

　　程序 A 中数组访问顺序与存放顺序相同，故依次访问的数组元素位于相邻单元；程序共访问 256×256 次=64K 次，占 64K×4 B/64 B=4K 个主存块；因为首地址 320/64=5，正好位于一个主存块的起始位置，故每次将一个主存块装入 cache 时，总是第一个数组元素缺失，其他都命中，共缺失 4K 次，因此，数据访问的命中率为 (64K−4K)/64K=93.75%。也可以按以下思路考虑：因为每个主存块的命中情况都一样，因此，可按每个主存块的命中率计算。主存块大小为 64 B，包含有 16 个数组元素，共访存 16 次，其中第一次不命中，以后 15 次全命中，因而命中率为 15/16=93.75%。

　　程序 B 中的数组访问顺序与存放顺序不同，每次内循环总是访问第 j 列的 256 个数组元素，依次访问的两个数组元素分布在相隔 256×4=1024 的单元处，即 a[i][j] 和 a[i+1][j] 之间的存储地址相差 1024 B，即 16 块，因为 16 mod 4=0，因此，它们映射到同一个 cache 组，即第 j 列的 256 次内循环所访问的所有数组元素所在主存块（共 256 个主存块）都映射到同一个 cache 组，而每个 cache 组仅有两个 cache 行，因此共替换了 256/2=128 次，每次总是后面访问的两个主存块依次替换掉前面的两个主存块，使得每次都不能命中，命中率为 0。

　　因为程序 A 比程序 B 的命中率高，因此，程序 A 的执行时间比程序 B 的执行时间短。

例 5.7　通过对方格中每个点设置相应的 CMYK 值就可以将方格涂上相应的颜色。图 5.24 中的三个程序段都可实现对一个 8×8 的方格中涂上黄颜色的功能。

```
struct pt_color {
        int c;
        int m;
        int y;
        int k;
}
struct pt_color sq[8][8];
int i, j;
for (i=0; i<8; i++) {
    for (j=0; j<8; j++) {
    sq[i][j].c = 0;
    sq[i][j].m = 0;
    sq[i][j].y = 1;
    sq[i][j].k = 0;
    }
}
```

a) 程序段A

```
struct pt_color {
        int c;
        int m;
        int y;
        int k;
}
struct pt_color sq[8][8];
int i, j;
for (i=0; i<8; i++) {
    for (j=0; j<8; j++) {
    sq[j][i].c = 0;
    sq[j][i].m = 0;
    sq[j][i].y = 1;
    sq[j][i].k = 0;
    }
}
```

b) 程序段B

```
struct pt_color {
        int c;
        int m;
        int y;
        int k;
}
struct pt_color sq[8][8];
int i, j;
for (i=0; i<8; i++)
    for (j=0; j<8; j++)
    sq[i][j].y = 1;
for (i=0; i<8; i++)
    for (j=0; j<8; j++) {
    sq[i][j].c = 0;
    sq[i][j].m = 0;
    sq[i][j].k = 0;
    }
```

c) 程序段C

图 5.24　例 5.7 中的伪代码程序

假设 cache 数据区大小为 512 B，采用直接映射方式，块大小为 32 B，按字节编址，sizeof(int) = 4。编译时变量 i 和 j 分配在寄存器中，数组 sq 按行优先方式存放在 0000 0C80H 开始的连续区域中，主存地址为 32 位。要求：

① 对三个程序段 A、B、C 中数组访问的时间局部性和空间局部性进行分析比较。

② 画出主存中的数组元素和 cache 行的对应关系图。

③ 计算三个程序段 A、B、C 中数组访问的写操作次数、写不命中次数和写缺失率。

解： ① 程序段 A、B 和 C 中，都是每个数组元素只被访问一次，所以都没有时间局部性；程序段 A 中数组元素的访问顺序和存放顺序一致，所以空间局部性好；程序段 B 中数组元素的访问顺序和存放顺序不一致，所以空间局部性不好；程序段 C 中数组元素的访问顺序和存放顺序部分一致，所以空间局部性的优劣介于程序 A 和 B 之间。

② cache 行数为 512 B/32 B = 16；数组首地址为 0000 0C80H，因为 0000 0C80H 正好是主存第 110 0100B（100）块的起始地址，所以数组从主存第 100 块开始存放，一个数组元素占 4×4 B = 16 B，所以每 2 个数组元素占一个主存块。8×8 的数组共占 32 个主存块，正好是 cache 数据区大小的 2 倍。因为 100 mod 16 = 4，所以主存第 100 块映射的 cache 行号为 4。主存中的数组元素与 cache 行的映射关系如图 5.25 所示。

③ 对于程序段 A：每两个数组元素（共涉及 8 次写操作）装入一个 cache 行，总是第一次未命中，后面 7 次都命中，因而写缺失率为 1/8 = 12.5%。

对于程序段 B：每两个数组元素（共涉及 8 次写操作）装入一个 cache 行，总是只有一个数组元素（涉及 4 次写操作）在淘汰之前被访问，并且总是第一次不命中，后面 3 次命

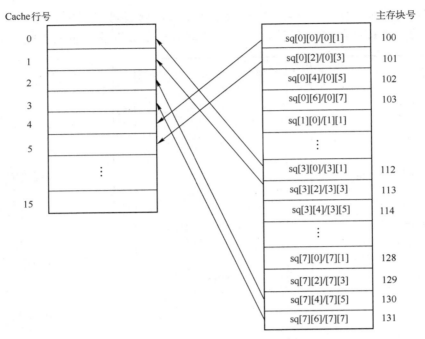

图 5.25　主存中数组元素与 cache 行的映射关系

中，因而写缺失率为 $1/4 = 25\%$。

对于程序段 C：第一个循环共访问 64 次，每次装入两个数组元素，第一次不命中，第二次命中；第二个循环共访问 $64×3$ 次，每两个数组元素（共涉及 6 次写操作）装入一个 cache 行，并且总是第一次不命中，后面 5 次命中。所以总的写缺失次数为 $32+(3×64)×1/6 = 64$，因而总写缺失率为 $64/(64×4) = 25\%$。

5.5　虚拟存储器

由于技术和成本等原因，早期计算机的主存容量受限，而设计程序时人们不希望受特定计算机物理内存大小的制约，因此提出了虚拟存储器技术。此外，现代操作系统都支持多任务，如何让多个程序有效而安全地共享主存是虚拟存储器技术需要解决的另一个问题。

5.5.1　虚拟存储器的基本概念

在不采用虚拟存储机制的计算机系统中，CPU 执行指令时，取指令和存取操作数所用的地址都是主存的物理地址，无须进行地址转换，因而计算机硬件结构比较简单，指令执行速度较快。实时性要求较高的嵌入式微控制器大多不采用虚拟存储机制。

目前，在服务器、台式机和笔记本等各类通用计算机系统中都采用**虚拟存储器**技术。在采用虚拟存储技术的计算机中执行指令时，CPU 通过**存储管理部件**（Memory Management Unit，**MMU**）将指令中的**逻辑地址**（也称**虚拟地址**或**虚地址**，简写为 **VA**）转换为主存的**物理地址**（也称**主存地址**或**实地址**，简写为 **PA**）。

在地址转换过程中，MMU 还会检查访问信息是否在主存、地址是否越界或访问越权等情况。若发现信息不在主存，则通知操作系统将数据从外存读到主存。若地址越界或访问越权，则通知操作系统进行相应的异常处理。由此可见，虚拟存储技术既解决了编程空间受限的问题，又解决了多个程序共享主存带来的安全等问题。

图 5.26 是具有虚拟存储器机制的 CPU 与主存的连接示意图，如图所示，CPU 执行指令时给出的是指令或操作数的虚拟地址，需要通过 MMU 转换为主存的物理地址才能访问主存，MMU 包含在 CPU 芯片中。图中显示 MMU 将一个虚拟地址 5600 转换为物理地址 4，从而将第 4、5、6、7 这 4 个主存单元组成 4 B 数据送到 CPU。该图仅是简单示意图，并未考虑 cache 访问等情况。

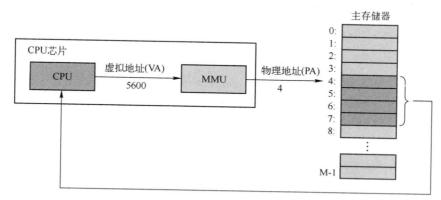

图 5.26　具有虚拟存储器机制的 CPU 和主存的连接

虚拟存储器机制由硬件与操作系统共同协作实现，涉及计算机系统许多层面，包括操作系统中的进程、存储器管理、虚拟地址空间、缺页处理等。

5.5.2　虚拟地址空间

4.2.4 节中提到，进程的虚拟地址空间划分由 ABI 规范规定，因此，在对若干个可重定位目标文件进行链接生成可执行目标文件时，链接器会根据 ABI 规范，把合并生成的可执行文件中的只读代码段和可读/写数据段映射到一个统一的**虚拟地址空间**（参见图 4.8）。所谓"统一"是指不同的可执行文件所映射的虚拟地址空间大小一样，地址空间中的区域划分结构也相同。

4.4.2 节介绍了 Linux 系统如何在加载可执行文件时，通过 ELF 文件程序头表生成进程描述符（task_struct 结构）中关于进程虚拟地址空间的描述。

图 5.27 给出了在 IA-32+Linux 系统中一个进程（如 hello 程序对应的进程）的虚拟地址空间映像。虚拟地址空间分为两大部分：**操作系统内核区**和**用户虚拟存储空间**，分别简称为**内核空间**（Kernel Space）和**用户空间**（User Space）。

内核空间在 0xc000 0000 以上的高端地址上，映射到操作系统内核代码和数据、物理存储区，包括与每个进程相关的系统级上下文数据结构（如进程标识信息、进程现场信息、页表等进程控制信息以及内核栈等）。内核空间大小在每个进程的地址空间中都相同，用户程序无权限访问。

用户空间映射到用户进程的代码、数据、堆和栈等用户级上下文信息，分为以下几个

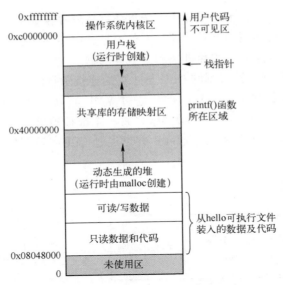

图 5.27　IA-32+Linux 虚拟地址空间映像

区域。

1）**用户栈**（User Stack）。对应程序运行时过程调用的参数、返回地址、过程局部变量等所在空间，随着程序的执行，该区会不断动态地从高地址向低地址增长或向反方向减退（参见第 3 章相关内容）。

2）**共享库**（Shared Libraries）。用来存放共享函数库代码，如 hello 程序中的 printf( ) 函数等标准库函数代码。

3）**堆**（Heap）。用于动态申请存储区，如 C 语言中用 malloc( ) 函数分配的存储区，或 C++ 中用 new 操作符分配的存储区。申请一块内存时，动态地从低地址向高地址增长，可用 free( ) 函数或 delete 操作符释放相应的一块内存区。

4）**可读/写数据区**。对应进程中的静态全局变量，堆区从该区域的结尾处开始向高地址增长。

5）**只读数据和代码区**。对应进程中的代码和只读数据，如 hello 进程中的程序代码和字符串 "hello, world\n"。

每个区域都有相应的起始位置，堆区和栈区相向生长，栈区从内核起始位置 0xc000 0000 开始向低地址增长，栈区和堆区合起来称为**堆栈**，其中的共享库代码区从 0x4000 0000 开始向高地址增长。只读代码区（代码和只读数据）从 0x0804 8000 开始向高地址增长。

为了方便对存储空间的管理和存储保护，在确定存储映像时，通常将内核空间和用户空间分在两端。在用户空间中又把动态区域和静态区域分在两端，动态区域中把过程调用时的动态局部信息（栈区）和动态分配的存储区（堆区）分在两端，静态区中把可读/写数据区和只读代码区分开。这样的存储映像，便于对每个区域设置相应的访问权限，有利于存储保护和存储管理。

虚拟存储管理机制为程序提供了一个极大的虚拟地址空间（也称**逻辑地址空间**），它是主存和硬盘存储器的抽象。虚存机制带来了一个假象，使得每个进程好像都独占使用主存，并且主存空间极大。这带来三个好处：①每个进程具有一致的虚拟地址空间，从而可以简化存储管理，简化链接器的设计和实现，也简化了程序的加载过程；②把主存看成是硬盘存储器的一个缓存，在主存中仅保存当前活动的程序段和数据区，并根据需要在硬盘和主存之间进行信息交换，通过这种方式，使有限的主存空间得到了有效利用；③每个进程的虚拟地址空间是私有的、独立的，因此，可以保护各自进程不被其他进程破坏。

5.5.3 虚拟存储器的实现

虚拟存储器分成三种不同类型：段式、页式和段页式。

1. 段式虚拟存储器

根据程序的模块化特性，可按程序的逻辑结构将其划分成多个相对独立的部分，这些相对独立的部分称为**段**（Segment）。分段方式下，将主存空间按实际程序中的段来划分，并通过**段表**中的**段表项**记录每个段在主存中的基址、段长、访问权限、使用和装入情况等。每个进程有一个段表，指令给出的虚拟地址即为段内偏移，可将其加上对应段的基址得到实际访问的主存物理地址。

段式虚拟存储器实现机制较简单，硬件实现成本低，适合简单的嵌入式系统和实时系统。由于段的粒度较大，不易管理，且易产生主存碎片，因此现代操作系统通常不使用段式虚拟存储管理方式。

2. 页式虚拟存储器

现代操作系统主要采用页式虚拟存储管理方式。在**页式虚拟存储系统**中，虚拟地址空间被划分成大小相等的页，外存和主存之间按**页**（Page）为单位交换信息。虚拟地址空间中的页称为**虚拟页**、**逻辑页**或**虚页**，简称 **VP**（Virtual Page）；主存空间也被划分成同样大小的**页框**（**页帧**），也称为**物理页**或**实页**，简称 **PF**（Page Frame）或 **PP**（Physical Page）。在虚拟存储系统中，生成可执行文件时会通过可执行文件中的程序头表，将可执行文件中具有相同访问属性的代码和数据段映射到虚拟地址空间中。分页方式下，虚拟地址空间中每个区域的长度应为页大小的整数倍，而可执行文件中的只读代码区和可读写数据区长度并非正好是页大小的整数倍，因而，剩余部分将补足 0，以使其正好占用一个主存页框。

如图 5.28 所示，每个进程都有各自独立的虚拟地址空间，以可执行文件的方式存在硬盘中。假定某一时刻用户程序 1 和用户程序 k 都已加载到系统中运行，那么，在这一时刻主存中就会同时有这些用户程序对应的进程代码和相应的数据。CPU 在执行某进程中的指令时，只知道所访问的指令和数据在虚拟地址空间中的地址，CPU 如何知道到主存哪个单元去取指令或访问数据呢？可执行文件中的指令代码和数据都在硬盘中，如何建立硬盘物理空间中的代码和数据与主存物理空间之间的关联呢？

页式虚拟存储管理采用**请求分页**思想，仅将当前需要的页从外存调入主存，而其他不活跃的页保留在外存。当访问信息所在页不在主存时，CPU 抛出**缺页异常**，此时操作系统从外存将缺失页装入主存。

虚拟地址空间中有一些没有内容的"空洞"。如图 5.27 所示，堆和栈动态生长，因而在栈和共享库区域之间、堆和共享库区域之间均无内容，这些没有和任何内容关联的页称为**未分配页**；对于代码和数据等有内容的区域所关联的页，称为**已分配页**。已分配页中又有两类：已调入主存而被缓存在 DRAM 中的页称为**缓存页**；未调入主存而存在外存的页称为**未**

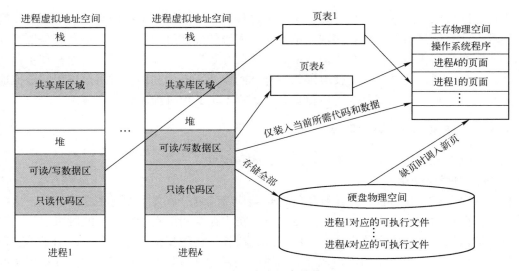

图 5.28 页式虚拟存储管理

缓存页。因此，任何时刻一个进程中所有页都被划分成三个不相交的页集合：未分配页、缓存页和未缓存页。

虚拟存储机制采用全相联映射，每个虚拟页可以存放到主存任何一个空闲页框中。因此，与 cache 一样，必须要有一种方法来建立各虚拟页与所存放的主存页框或硬盘上存储位置之间的关系，通常用**页表**（Page Table）来描述这种对应关系。

（1）页表

进程中每个虚拟页在页表中都有一个对应表项，称为**页表项**。如图 5.29 所示，页表项内容包括该虚拟页的存放位置、装入位（Valid）、修改位（Dirty）、使用位、访问权限位和禁止缓存位等。

页表项中的存放位置用来建立虚拟页和物理页框之间的映射，用于进行虚拟地址到物理地址的转换；**装入位**也称为**有效位**或**存在位**，用来表示对应页面是否在主存，若为 1，表示已调入主存，是一个缓存页，此时，存放位置字段中记录主存**物理页号**（即**页框号**或**实页号**）；若为 0，则表示未调入主存，此时，若存放位置字段为 null，则说明是一个未分配页，否则是一个未缓存页，其存放位置字段给出该页在外存的起始地址；**修改位**（**脏位**）用来说明对应页是否被修改过，虚存机制中采用回写策略，利用修改位可判断替换时是否需写回外存；**使用位**用来说明页的使用情况，配合替换策略设置，也称**替换控制位**，如是否最先调入（FIFO 位），是否最近最少用（LRU 位）等；**访问权限位**用来说明对应页是可读可写、只读还是只可执行等，用于存储保护；**禁止缓存位**用来说明对应页是否可装入 cache，通常与存储器映射 I/O 编址方式配合使用。存储器映射 I/O 编址方式参见 6.4.4 节。

图 5.29 给出了一个页表的示例，其中，有 4 个缓存页：VP1、VP2、VP5 和 VP7。两个未分配页：VP0 和 VP4。两个未缓存页：VP3 和 VP6。

对于图 5.29 所示页表，假如 CPU 执行一条指令要求访问某个数据，若该数据正好在虚拟页 VP1 中，则根据页表得知，VP1 对应的装入位为 1，该页的信息存放在物理页 PP0 中，因此，可通过地址转换部件将虚拟地址转换为物理地址，然后到 PP0 中访问该数据；若该

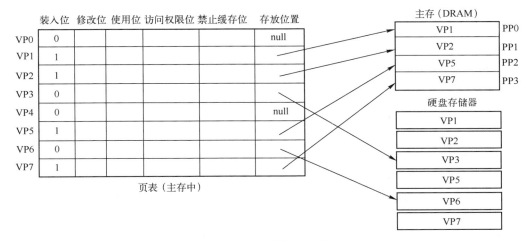

图 5.29　主存中的页表示例

数据在 VP6 中，则根据页表得知，VP6 对应的装入位为 0，表示页缺失，发生缺页异常，需要调出操作系统的缺页异常处理程序进行处理。**缺页异常处理程序**根据页表中 VP6 对应表项的存放位置字段，从外存中将所缺失的页读出，然后找一个空闲的物理页框存放该页信息。若主存中没有空闲的页框，则还要选择一个页从某页框淘汰到外存中，再将缺失页从外存读入该页框中。因为采用回写策略，所以在进行页替换时，需根据修改位确定是否要将所淘汰的页写回外存。缺页处理过程中需要对页表进行相应的更新，缺页异常处理结束后，程序回到原来发生缺页的指令继续执行。

对于图 5.29 所示页表，虚拟页 VP0 和 VP4 是未分配页，随着进程的动态执行，可能会使这些未分配页中有了具体的数据。例如，调用 malloc 函数会使堆区增长，若新增的堆区正好与 VP4 对应，则操作系统内核就在外存分配一个存储空间给 VP4，用于存放新增堆区中的内容，同时，对应 VP4 的页表项中的存放位置字段被填上该外存起始地址，VP4 从未分配页转变为未缓存页。

系统中每个进程都有一个页表，如图 5.28 所示，页表 1 为进程 1 对应的页表，页表 k 为进程 k 对应的页表。操作系统在加载程序时，根据可执行文件中的程序头表，确定每个可分配段（如只读代码段、可读/写数据段）所在的虚页号及其在外存中的存放位置，在主存生成一个初始页表，初始页表中对应的装入位都是 0。在程序执行过程中，通过缺页异常处理程序，将存储在外存的代码或数据所在页装入分配的主存页框中，并修改相应页表项，如将存放位置改为主存页框号，将装入位设置为 1。

在主存和 cache 之间的交换单位为主存块，在外存和主存之间的交换单位为一个页。与主存块大小相比，页大小要大得多。考虑到缺页代价的巨大和磁盘访问第一个数据的开销，通常将主存和磁盘之间交换的页的大小设定得比较大，典型的有 4 KB 和 8 KB 等，而且有越来越大的趋势。

页表属于**进程控制信息**，位于虚拟地址空间的内核空间，页表在主存的首地址记录在**页表基址寄存器**中。页表的项数由虚拟地址空间大小决定，前面提到，虚拟地址空间是一个用户编程不受其限制的足够大的地址空间。因此，页表项数会很多，因而会带来页表过大的问题。例如，在 IA-32 系统中，虚拟地址为 32 位，页大小为 4 KB，因此，一个进程有 $2^{32}/2^{12}$

=2²⁰页，也即每个进程的页表可达 2²⁰个页表项。若每个页表项占 32 位，则一个页表的大小为 4 MB。显然，这么大的页表全部放在主存中是不适合的。

解决页表过大的方法有很多，可以采用限制大小的一级页表，或者两级页表或多级页表方式，也可以采用哈希方式的倒置页表等方案。如何实现页表是指令集体系结构设计时需要考虑的问题。

（2）地址转换

对于采用虚存机制的系统，指令中给出的地址是虚拟地址，因此，CPU 执行指令时，首先要将虚拟地址转换为主存物理地址，才能到主存取指令和数据。**地址转换**（Address Translation）工作由 CPU 中的存储器管理部件（MMU）完成。

虚拟地址分两个字段：高位字段为**虚拟页号**（即**虚页号**或**逻辑页号**），低位字段为**页内偏移地址**（简称**页内地址**）。主存物理地址也分两个字段：高位字段为**物理页号**，低位字段为**页内偏移地址**。由于虚拟页和物理页大小一样，所以两者的页内偏移地址相等。

分页式虚存方式下，地址转换过程如图 5.30 所示。首先根据页表基址寄存器的内容，找到主存中对应的页表起始位置，然后将虚拟页号作为索引，找到对应页表项，若装入位为 1，则取出物理页号和虚拟地址中的页内地址拼接，形成访问主存时实际的物理地址；若装入位为 0，则说明缺页，需要操作系统进行缺页处理。

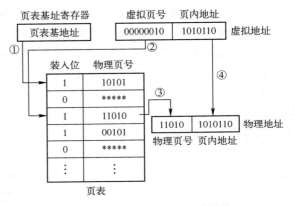

图 5.30　分页式虚存的地址转换

（3）快表

从地址转换过程可看出，访存时首先要到主存查页表，然后才能根据转换得到的物理地址再访问主存。如果缺页，则还要进行页面替换、页表修改等，访问主存的次数就更多。显然，采用虚拟存储器机制后，CPU 执行一条指令的访存次数反而增加了。为了减少访存次数，通常利用程序访问的局部性特性，将页表中最活跃的几个页表项复制到高速缓存中，这种在高速缓存中的页表项组成的页表称为**转换后备缓冲器**（Translation Lookaside Buffer，TLB）或**快表**，相应地称主存中的页表为**慢表**。

这样，MMU 进行地址转换时，首先查询快表，若命中，则直接取出快表中的页表项进行地址转换；若缺失，则访问主存中的慢表。因此，快表是加速地址转换的有效方法。

快表比页表小得多，为提高命中率，快表通常具有较高的关联度，大多采用全相联或组相联方式。每个表项的内容由页表项内容加上一个 TLB 标记字段组成，**TLB 标记字段**用来表示该表项取自页表中哪个虚拟页对应的页表项，因此，TLB 标记字段的内容在全相联方式下就是该页表项对应的虚拟页号；组相联方式下则是对应虚拟页号的高位部分，而虚拟页号的低位部分作为 **TLB 组索引**用于选择 TLB 组。

图 5.31 是一个具有 TLB 和 cache 的多级层次化存储系统示意图，图中 TLB 和 cache 都采用组相联映射方式。

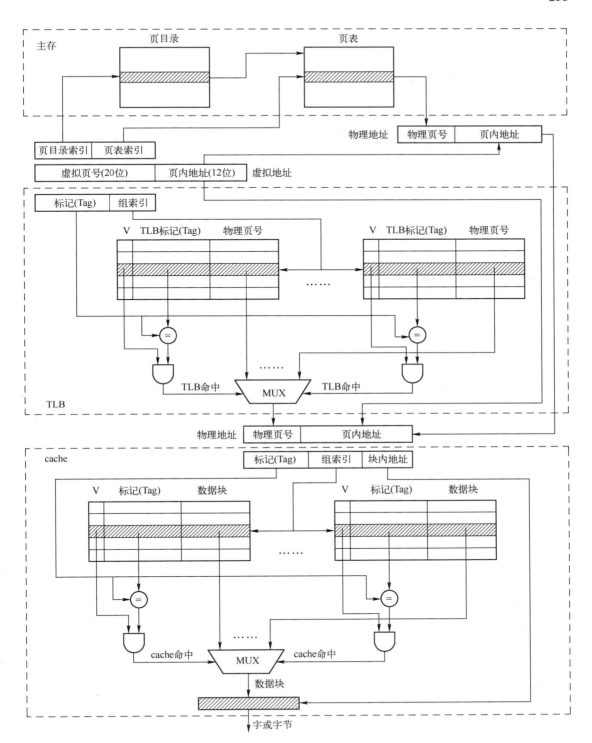

图 5.31 TLB 和 cache 的访问过程

在图 5.31 中，指令给出一个 32 位虚拟地址，首先，由 CPU 中的 MMU 进行虚拟地址到物理地址的转换；然后，根据物理地址访问 cache。

MMU 对 TLB 查表时，20 位的虚拟页号被分成**标记**（Tag）和**组索引**两部分，首先由组索引确定在 TLB 的哪一组查找。查找时将虚拟页号的标记部分与 TLB 中该组每个标记字段同时进行比较，若有某个相等且对应有效位 V 为 1，则 TLB 命中，此时，可直接通过 TLB 进行地址转换；否则 TLB 缺失，此时，需要访问主存中的慢表。图 5.30 所示是**两级页表方式**，虚拟页号被分成**页目录索引**和**页表索引**两部分，根据这两部分可得到对应的页表项，从而进行地址转换，并将对应页表项的内容装入 TLB 形成一个新 TLB 表项，同时，将虚拟页号的高位部分作为 TLB 标记填入新 TLB 表项中。若 TLB 已满，还要进行 TLB 替换，为降低替换算法开销，TLB 常采用随机替换策略。

在 MMU 完成地址转换后，cache 根据映射方式将转换得到的物理地址划分成多个字段，根据 cache 索引，找到对应的 cache 行或 cache 组，将对应各 cache 行中的标记与物理地址中高位地址进行比较，若相等且对应有效位为 1，则 cache 命中，此时，根据块内地址取出对应的字，如果需要，再根据字节偏移量从字中取出相应字节送 CPU。

与 cache 不同，存数指令不会将数据写入 TLB，因此 TLB 的设计无须考虑写策略。目前 TLB 的一些典型指标为：TLB 大小为 16~512 项，块大小为 1~2 项（每个表项 4~8 B），命中时间为 0.5~1 个时钟周期，缺失损失为 10~100 个时钟周期，命中率为 90%~99%。

（4）CPU 访存过程

在一个具有 cache 和虚拟存储器的系统中，CPU 的一次访存操作涉及 TLB、页表、cache、主存和磁盘的访问，其访问过程如图 5.32 所示。

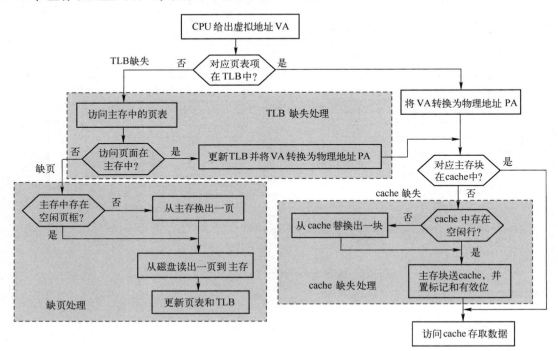

图 5.32　CPU 访存过程

从图 5.32 可看出，CPU 访存过程中存在以下三种缺失情况。

1）TLB 缺失（TLB Miss）：要访问的虚拟页对应的页表项不在 TLB 中。

2）cache 缺失（Cache Miss）：要访问的主存块不在 cache 中。

3）缺页（Page Miss）：要访问的虚拟页不在主存中。

表 5.1 给出了三种缺失的几种组合情况。

表 5.1　TLB、page、cache 三种缺失组合

序号	TLB	page	cache	说　明
1	hit	hit	hit	可能，TLB 命中则页一定命中，信息在主存，就可能在 cache 中
2	hit	hit	miss	可能，TLB 命中则页一定命中，信息在主存，但可能不在 cache 中
3	miss	hit	hit	可能，TLB 缺失但页可能命中，信息在主存，就可能在 cache 中
4	miss	hit	miss	可能，TLB 缺失但页可能命中，信息在主存，但可能不在 cache 中
5	miss	miss	miss	可能，TLB 缺失，则页也可能缺失，信息不在主存，一定也不在 cache
6	hit	miss	miss	不可能，页缺失，说明信息不在主存，TLB 中一定没有该页表项
7	hit	miss	hit	不可能，页缺失，说明信息不在主存，TLB 中一定没有该页表项
8	miss	miss	hit	不可能，页缺失，说明信息不在主存，cache 中一定也没有该信息

很显然，最好的情况是第 1 种组合，此时，无须访问主存；第 2 和第 3 两种组合都需要访问一次主存；第 4 种组合要访问两次主存；第 5 种组合会发生缺页异常，需访问外存，并至少访问主存两次。

cache 缺失由硬件处理；缺页由软件处理，操作系统通过缺页异常处理程序来实现；而对于 TLB 缺失，根据指令集架构设计的不同，可由硬件处理，也可由软件处理。

3. 段页式虚拟存储器

在段页式虚拟存储器中，程序按模块分段，段内再分页，用段表和页表（每段一个页表）进行两级定位管理。段表中每个表项对应一个段，每个段表项中包含一个指向该段页表起始位置的指针，以及该段其他的控制和存储保护信息，由页表指明该段各页在主存中的位置以及是否装入、修改等状态信息。

程序的调入调出按页进行，但它又可以按段实现共享和保护。因此，它兼有页式和段式的优点。它的缺点是在地址映像过程中需要多次查表，而且实现机制比较复杂，因而绝大多数架构都不支持段页式虚拟存储器，Intel x86 架构因为历史的原因，沿用了段页式虚拟存储机制，但是操作系统在对架构进行封装时也简化了分段过程，将整个虚拟地址空间作为一个完整的段来处理。有关 Intel 架构的段页式虚拟存储管理机制请参考相关资料。

5.5.4　存储保护

为了支持操作系统实现存储保护，指令集架构和硬件必须具有以下三种基本功能。

1）使部分 CPU 状态只能由操作系统内核程序访问而用户进程只能读不能写，或者根本不能访问。

例如，对于页表基址寄存器、TLB 内容等，只有操作系统内核程序才能用**特权指令**（也称**管态指令**）访问。常用的特权指令有退出异常/中断处理、刷新 TLB、停止处理器执行等，若用户进程执行这些特权指令，CPU将抛出非法指令异常或保护错异常。

2）支持至少两种特权模式。操作系统内核程序比用户程序具有更多的特权，例如，内核程序可以执行用户程序不能执行的特权指令，内核程序可以访问用户程序不能访问的存储空间等，为此，需要让内核程序和用户程序运行在不同的**特权级别**或**特权模式**。

运行内核程序时处理器所处的模式称为**监管模式**（Supervisor Mode）、**内核模式**（Kernel Mode）、**超级用户模式**或**管理程序状态**，简称**管态**、**管理态**、**内核态**或核心态；执行用户程序时处理器所处的模式称为**用户模式**（User Mode）、**用户状态**或目标程序状态，简称为**目态**或用户态。

需要说明的是，这里的特权模式与IA-32处理器的工作模式不是一回事，但是两者之间具有非常密切的关系。IA-32工作在实地址模式下不区分特权级，只有在保护模式下才区分特权级。IA-32支持4个特权级，但操作系统通常只使用第0级（内核态）和第3级（用户态）。

3）提供在不同特权模式之间相互切换的机制。通常，用户模式下可以通过**系统调用**（执行**陷阱/自陷指令**）转入更高特权模式执行。异常/中断处理程序中最后的**返回指令**（Return From Exception）可使处理器从更高特权模式转到用户模式。

ISA和硬件通过提供相应的控制状态寄存器、专门的自陷指令以及各种特权指令等，和操作系统一起实现上述三个功能。操作系统把页表保存在内核地址空间，禁止用户进程访问和修改页表，从而确保用户进程只能访问由操作系统分配的存储空间。

存储保护包括以下两种情况：访问权限保护和存储区域保护。

1. 访问权限保护

访问权限保护检查是否发生了**访问越权**。若实际访问操作与访问权限不符，则发生存储保护错。通常，通过在页表或段表中设置访问权限位实现这种保护。一般来说，各程序对本程序所在的存储区可读可写；对共享区或已获授权的其他用户信息可读不可写；而对未获授权的信息（如OS内核、页表等）不可访问。通常数据段可指定为可读可写或只读；程序段可指定只可执行或只读。

2. 存储区域保护

存储区域保护检查是否发生了**地址越界**，也即是否访问了不该访问的区域。例如，程序是否访问了"空洞"区域，访问区间是否超越了最大段长规定的地址。

*5.6 实例：Intel Core i7+Linux 存储系统

本节以一个具体的实例系统Intel Core i7+Linux结尾，以对本章介绍的层次结构存储系统进行总结，主要介绍64位Intel处理器架构Core i7的层次化存储器结构、Core i7的地址转换机制以及Linux系统的虚拟存储管理机制。

5.6.1 Core i7 的层次化存储器结构

图5.33给出了Intel Core i7中的存储器层次结构。该型号处理器芯片中包含4个核（Core），每个核内各自有一套寄存器、L1数据cache和L1指令cache、L1数据TLB和L1指令TLB，以及L2联合cache和L2联合TLB。所有核共享同一个L3联合cache和同一个

DDR3 存储器控制器。所有 L1 和 L2 高速缓存都是 8 路组相联，L3 高速缓存为 16 路组相联，L1、L2 和 L3 三类高速缓存大小分别为 32 KB、256 KB 和 8 MB，主存块大小为 64 B；所有 L1 和 L2 快表（TLB）都是 4 路组相连，L1 数据 TLB、L1 指令 TLB 和 L2 联合 TLB 的大小分别为 64 项、64 项和 512 项。系统启动时页大小可被配置为 4 KB、2 MB 或 1 GB，Linux 系统采用 4 KB 的页大小，故页内偏移量占 12 位。

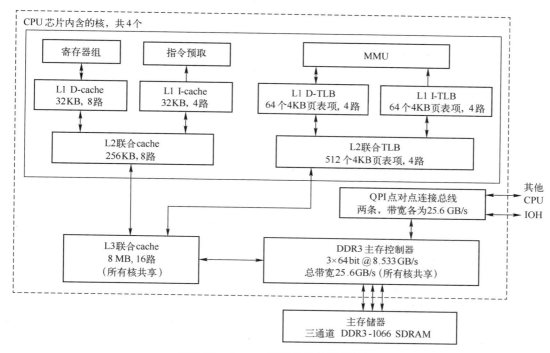

图 5.33　Core i7 的层次化存储器结构

5.6.2　Core i7 的地址转换机制

Core i7 的每个核内都有各自的存储器管理部件（MMU），用于实现虚拟地址（VA）向物理地址（PA）的转换。CPU 通过分段方式得到相应的线性地址，这里线性地址就是虚拟地址。图 5.34 给出了 Core i7 中根据虚拟地址进行存储访问的过程。

前面提到，根据虚拟地址进行存储访问的过程分两个步骤：①先通过 MMU 将虚拟地址转换为物理地址；②根据物理地址访问 cache 和主存。为了并行执行这两个步骤，Core i7 中采用了一种巧妙的设计。Core i7 的 L1 cache 数据区共有 32 KB，主存块大小为 64 B，8 路组相联，因此，共有 32 KB/64 B = 512 行，分成 512 行/8 路 = 64 组，因而 cache 组索引（CI）占 6 位，块内偏移量（CO）占 6 位，CI 和 CO 合起来为 12 位，它们实际上就是物理页内偏移量（PPO），即虚拟页内偏移量（VPO）。因而，在 CPU 需要将虚拟地址转换为物理地址时，只要将高 36 位虚拟页号（VPN）送到 MMU，而将低 12 位 VPO 直接作为 CI 和 CO 送到 L1 cache。在 MMU 对 TLB 查找页表项的同时，L1 cache 根据 CI 查找对应的 cache 组，并读出该组中的 8 个标志（Tag）。当 MMU 从 TLB 得到物理页号（PPN）时，L1 cache 正准备比较标志信息，此时，L1 cache 只要把 PPN 作为 CT，与已经读出的 8 个标志同时进行比较，并将标志相等的那一行中由 CO 指出的信息作为结果即可，若 8 个标志都不相等，则再根据物理地址访问 L2 cache、L3 cache 或主存。由此可见，访存过程中，TLB 和 L1 cache 的部分操作是并行的。上述这种 cache 称为 **VIPT**（Virtually Indexed Physically Tagged）cache。相应地，用物理地址作为索引和标记进行访问的 cache 称为 **PIPT** cache，用虚拟地址作为索引和标记进行访问的 cache 称为 **VIVT** cache。不过，由于 VIVT 方式下虚拟页与物理页之间的映射关系灵活且可变，需额外解决一些问题。

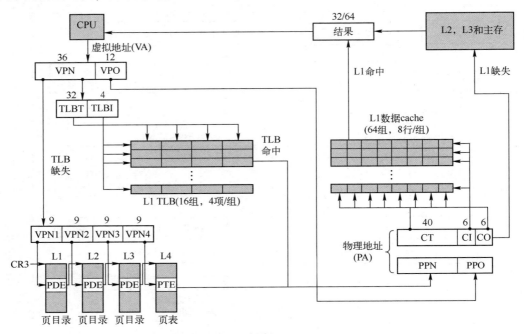

图 5.34　Core i7 中根据虚拟地址进行存储访问的过程

Core i7 采用 4 级页表结构。如图 5.34 所示，MMU 将 36 位 VPN 分解成 4 个字段：VPN1、VPN2、VPN3 和 VPN4，每个占 9 位，分别由全局页目录表（一级页表 L1）、上层页目录表（二级页表 L2）、中层页目录表（三级页表 L3）和最后一级页表（四级页表 L4）组成。控制寄存器 CR3 中存放的是全局页目录表的主存物理地址，每个进程有各自的 4 级页表，因而 CR3 的内容是进程上下文的一部分。每次上下文切换时，CR3 中的内容被保存到进程的上下文中，并将 CR3 重置为新进程中相应的内容。

4 级页表中前三级为页目录表，页目录表项（PDE）结构如图 5.35 所示。当 P=1 时，由位 51~12 指出下级页表的主存物理基址高 40 位（即页框号）。当 P=0 时，硬件将忽略 PDE 中其他位的信息，由 OS 在其他位中保存下级页表在硬盘上的位置信息，该信息由 OS 使用。

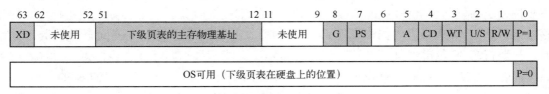

图 5.35　Core i7 中前三级页目录项（PDE）的结构

图 5.35 中页目录项信息的含义说明如下。

- P：存在位，P=1 表示对应的下级页表在主存中。
- R/W：所涵盖范围内所有信息的读/写访问权限。当页大小为 4 KB 时，一级页表各表项涵盖范围为 512×512×512×4 KB=512 GB；二级页表各表项涵盖范围为 512×512×4 KB=1 GB；三级页表各表项涵盖范围为 512×4 KB=2 MB。
- U/S：涵盖范围内所有信息是否可被用户进程访问，为 0 表示不能访问；为 1 允许访问。该位可以保护操作系统所使用的页表不受用户进程的破坏。
- WT：用来控制下级页表对应的 cache 写策略是通写（Write Through）还是回写（Write Back）。
- CD：用来控制下级页表能否被缓存到 cache 中。
- A：A=1 表示下级页表被访问过，初始化时操作系统将其清 0。利用该标志，操作系统可清楚地了解哪些页表正被使用，一般选择长期未用或近来最少使用的页表调出主存。由 MMU 在进行地址转换时将该位置 1，由软件清 0。
- PS：设置页大小为 4 KB、2 MB 或 1 GB，仅在二级页表或三级页表的表项中有定义。
- G：设置是否为全局页表。全局页表在进程切换时不会从 TLB 中替换出去。

页目录项的位 51~12：用来表示下级页表在主存中的页框号，即主存地址的高 40 位，因此，这里默认每一级页表在主存中的起始地址低 12 位为全 0，即各级页表在主存都按 4 KB 对齐。

四级页表为真正的页表，页表项（PTE）结构如图 5.36 所示。当 P=1 时，指出对应虚拟页在主存的物理基址高 40 位（即页框号）。当 P=0 时，硬件将忽略 PTE 中其他位的信息，由 OS 在其他位中保存对应虚拟页在硬盘上的位置信息，该信息由 OS 使用。

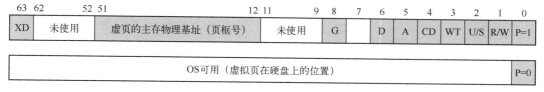

图 5.36　Core i7 中最后一级页表项（PTE）的结构

图 5.36 中页表项信息的含义说明如下。

- P：存在位，P=1 表示对应的虚拟页在主存中。
- R/W：对应页内所有信息的读/写访问权限。对于页大小为 4 KB 的情况，所涵盖范围为 4 KB。
- U/S：对应页内所有信息是否可被用户进程访问，为 0 表示用户进程不能访问；为 1 允许用户进程访问。该位可以保护操作系统所使用的页不受用户进程的破坏。若用户进程欲访问操作系统代码页或数据页，则会发生访问越级。
- WT：用来控制对应页的 cache 写策略是全写（Write Through）还是回写（Write Back）。
- CD：用来控制对应页能否被缓存到 cache 中。
- A：A=1 表示对应页被访问过，初始化时操作系统将其清 0。利用该标志，操作系统可清楚地了解哪些页正被使用，一般选择长期未用的页或近来最少使用的页调出主存。由 MMU 在进行地址转换时将该位置 1，由软件清 0。

- D：脏位（或称修改位），进行写操作时由 MMU 将该位置 1，由软件清 0。
- G：设置是否为全局页。全局页在进程切换时不会从 TLB 中替换出去。

页表项的位 51~12：用来表示对应页在主存中的页框号，即主存地址的高 40 位，因此，所有页在主存中的起始地址的低 12 位为全 0，即所有页面在主存都按 4 KB 对齐。

每次存储器访问，MMU 都要进行地址转换，在地址转换过程中，首先应在对应页表项中设置 A 位，也称为**使用位**或**引用位**（Reference Bit）。每次在页面中进行写操作时，都要设置 D 位。内核可以根据 A 位实现替换算法，在选择某个页面被替换出主存时，如果对应页表项中的 D 位为 1，则必须把该页写回外存，否则，可以不写回。内核可以使用一个特殊的特权指令来使 A 位和 D 位清 0。同样，在 MMU 进行地址转换的过程中，MMU 还会根据 R/W 位和 U/S 位，判断当前指令是否发生了访问违例，包括访问越权和访问越级。

5.6.3　Linux 系统的虚拟存储管理

在 4.4 节中提到，进程的引入为应用程序提供了一个私有的地址空间，使得程序员以为自己的程序在执行过程中独占存储器。这个独占的存储器就是虚拟地址空间。

1. Linux 中进程的虚拟地址空间

图 5.37 给出了在 Intel 架构下 Linux 操作系统中的一个进程对应的虚拟地址空间。

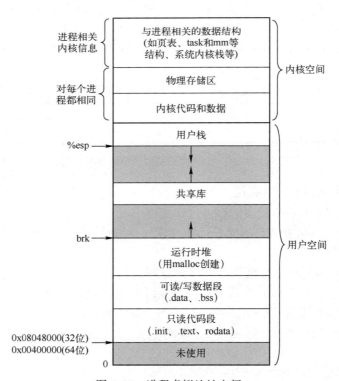

图 5.37　进程虚拟地址空间

整个虚拟地址空间分为两大部分：内核空间和用户空间。在采用虚拟存储器机制的系统中，每个程序的可执行目标文件都被映射到同样的虚拟地址空间上，即所有进程的虚拟地址空间是一致的，只是在相应的只读区域和可读写数据区域中映射的信息不同而已，它们分别映射到对应可执行目标文件中的只读段（节 .init、.text 和 .rodata 组成的段）和可读/写数据段（节 .data 和 .bss 组成的段）。

对于 IA-32，内核虚拟存储空间在 0xc000 0000 以上的高端地址上，用户栈区从起始位置 0xbfff ffff 开始向低地址增长，堆栈区中的共享库映射区从 0x4000 0000 开始向高地址增长，只读代码区从 0x0804 8000 开始向高地址增长，只读代码区后面跟着可读/写数据区，起始地址通常要求按 4 KB 对齐。

对于 x86-64，最开始的只读代码区从 0x40 0000 开始，用户空间的最大地址为 0x7fff ffff ffff，通常，共享库映射区在 0x7fff f000 0000H～0x7fff ffff ffff 的区域内，从 0x7fff f000 0000 向下是用户运行时栈（Runtime Stack），一般限定栈大小为 8 MB，整个用户空间大小为 2^{47} 字节（128 TB）。内核空间在 0x8000 0000 0000 以上的高端地址上，最大地址为 0xffff ffff ffff，整个内核空间大小也是 2^{47} 字节（128 TB）。

小提示

目前比较新的 Linux 发行版，如 ubuntu17.04 等，其 gcc 默认会生成位置无关可执行文件（Position Independent Executables，PIE），用 objdump 去查看这些可执行文件的反汇编代码，会发现其代码起始地址并不是 0x804 8000（IA-32）或者 0x40 0000（x86-64），而是在地址 0 附近。这主要是为了提高代码的安全性而采用了 ASLR（Address Space Layout Randomization）技术，即地址空间随机化技术。

2. Linux 虚拟地址空间中的区域

Linux 将进程对应的虚拟地址空间组织成若干区域（Area）的集合，这些区域是指在虚拟地址空间中的一个有内容的连续区块（即已分配的页），例如，图 5.37 中的只读代码段、可读/写数据段、运行时堆、用户栈、共享库等区域。每个区域可被划分成若干个大小相等的虚拟页，每个存在的虚拟页一定属于某个区域。

正如在 4.4.2 节中提到的那样，Linux 内核为每个进程维护了一个进程描述符（用 task_struct 数据结构表示）。如图 4.21 所示，task_struct 结构中的 mm_struct 描述了对应进程虚拟存储空间的当前状态，其中，有一个字段是 pgd，它指向对应进程的第一级页表的首地址，因此，当处理器运行对应的进程时，内核会将它传送到 CR3 控制寄存器中。mm_struct 中还有一个字段 mmap，它指向一个由 vm_area_struct 构成的链表表头。Linux 采用链表方式管理用户空间中的区域，使得内核不用记录那些不存在的"空洞"（见图 5.37 中的灰色区），因而这种区域不占用主存、硬盘或内核本身任何额外资源。

在 vm_area_struct 结构中每个区域的描述信息包括区域的开始地址 vm_start、结束地址 vm_end、访问权限 vm_prot 等。

3. Linux 中页故障处理

当 CPU 中的 MMU 在对某地址 VA 进行地址转换时，若检测到页故障，则转入操作系统内核进行页故障处理。Linux 内核可根据上述对虚拟地址空间中各区域的描述，将 VA 与 vm_ area_struct 链表中每个 vm_start 和 vm_end 进行比较，以判断 VA 是否属于"空洞"。若是，则发生段故障（Segmentation Fault）；若不是，则再判断所进行的操作是否和所在区域的访问权限（由 vm_prot 描述）相符。若不相符，例如，假定 VA 属于代码区，访问权限为 PROT_EXE（可执行），但对地址 VA 进行的是写操作，那么就发生了访问越权；假定在用户态下访问属于内核的区域，访问权限为 PROT_NONE（不可访问），那么就发生了访问越级。段故障、访问越权和访问越级都会导致终止当前进程。

若不是上述几种情况，则内核判断发生了正常的缺页异常，此时，只要在主存中找到一个空闲的页框，从外存将缺失页装入主存页框中。若主存中没有空闲页框，则根据页替换算法，选择某个页框中的页交换出去，然后从外存装入缺失页到该页框中。

本 章 小 结

因为每一类存储器都不可能又快、又大、又便宜，为了构建有效的存储器系统，计算机内部采用层次化结构。按照速度从快到慢、容量从小到大、价格从贵到便宜、与 CPU 连接的距离由近到远的顺序，将不同类型的存储器设置在计算机中，其设置的顺序为寄存器→cache→主存→硬盘→光盘和磁带。

利用程序访问的局部性特点，通常把主存中的一块数据复制到靠近 CPU 的 cache 中。cache 和主存间的映射有直接映射、全相联和组相联三种方式；替换算法主要有 FIFO 和 LRU；写策略有回写法和通写法。

虚拟存储机制的引入，使得每个进程具有一个一致的、极大的、私有的虚拟地址空间。虚拟地址空间按等长的页划分，主存也按等长的页框划分。进程执行时将当前用到的页装入主存，暂时不用的部分放在外存，通过页表建立虚拟页和主存页框之间的对应关系。每个页表项由有效（装入）位、使用位、修改位、访问权限位、禁止缓存位、存放位置字段（主存页框号或外存地址）等组成。在指令执行过程中，由特殊硬件（MMU）和操作系统一起实现存储访问。虚拟存储器有段式、页式和段页式三类，现代操作系统多采用页式虚拟存储管理。虚拟地址需转换成物理地址，为减少访问主存中页表的次数，通常将活跃页的页表项放到一个特殊的高速缓存 TLB（快表）中。虚拟存储器机制能实现存储保护，通常有地址越界、访问越权和访问越级等内存保护错。

习 题

1. 给出以下概念的解释说明。

随机存取存储器(RAM)	只读存储器（ROM）	易失性存储器	记忆单元(Cell)
存储阵列（Bank）	编址单位	编址方式	存储周期
静态 RAM（SRAM）	动态 RAM（DRAM）	闪存（Flash 存储器）	SDRAM
行地址选通信号（RAS）	列地址选通信号（CAS）	磁盘驱动器	磁盘控制器
寻道时间	旋转（等待）时间	数据传输率	平均存取时间
固态硬盘（SSD）	时间局部性	空间局部性	主存块
cache 行（槽）	命中率	命中时间	缺失损失

直接映射	全相联映射	组相联映射	替换策略
回写法（Write Back）	LRU 算法	LRU 位	cache 写策略
物理地址	页框（页帧）	物理页号	未分配页
快表（TLB）	请求分页	页故障（Page Fault）	页表
页表基址寄存器	有效位（装入位）	修改位（脏位）	访问权限
快表（TLB）	特权指令	特权模式	内核态
用户态	存储保护	地址越界	访问越权

2. 简单回答下列问题。

（1）计算机内部为何要采用层次结构存储体系？层次结构存储体系如何构成？

（2）为什么采用地址对齐方式能减少访问 DRAM 中数据的时间？

（3）为什么在 CPU 和主存之间引入 cache 能提高 CPU 的访存效率？

（4）为什么直接映射方式不需要考虑替换策略？

（5）为什么要考虑 cache 的写策略问题？

（6）什么是物理地址？什么是逻辑地址？地址转换由硬件还是软件实现？为什么？

（7）在存储器层次化结构中，"cache-主存""主存-外存"这两个层次有哪些不同？

3. 某计算机主存最大寻址空间为 4 GB，按字节编址，假定用 64 M×8 位的具有 8 个位平面的 DRAM 芯片组成容量为 512 MB、传输宽度为 64 位的内存条（主存模块）。回答下列问题。

（1）每个内存条需要多少个 DRAM 芯片？

（2）构建容量为 2 GB 的主存时，需要几个内存条？

（3）主存地址共有多少位？其中哪几位用作 DRAM 芯片内地址？哪几位为 DRAM 芯片内的行地址？哪几位为 DRAM 芯片内的列地址？哪几位用于选择芯片？

4. 某计算机按字节编址，其中已配有 0000H~7FFFH 的 ROM 区，现再用 16 K×4 位的 RAM 芯片形成 32 K×8 位的存储区，CPU 地址线为 A_{15}~A_0。回答下列问题。

（1）RAM 区地址范围是什么？共需多少 RAM 芯片？地址线中哪一位用来区分 ROM 区和 RAM 区？

（2）假定 CPU 地址线改为 24 根，地址范围 00 0000H~00 7FFFH 为 ROM 区，剩下的所有地址空间都用 16 K×4 位的 RAM 芯片配置，则需要多少个这样的 RAM 芯片？

5. 假设一个程序重复完成将磁盘上一个 4 KB 的数据块读出，进行相应处理后，写回到磁盘的另外一个数据区。各数据块内信息在磁盘上连续存放，数据块随机位于磁盘的一个磁道上。磁盘转速为每分钟 7200 转，平均寻道时间为 10 ms，磁盘最大内部数据传输率为 40 MB/s，磁盘控制器的开销为 2 ms，没有其他程序使用磁盘和处理器，并且磁盘读/写操作和磁盘数据的处理时间不重叠。若程序对磁盘数据的处理需要 20000 个时钟周期，处理器时钟频率为 500 MHz，则该程序完成一次数据块"读出—处理—写回"操作所需的时间为多少？每秒钟可以完成多少次这样的数据块操作？

6. 现代计算机中，SRAM 一般用于实现快速小容量的 cache，而 DRAM 用于实现慢速大容量的主存。以前超级计算机通常不提供 cache，而是用 SRAM 来实现主存（如 Cray 巨型机），请问：如果不考虑成本，你还这样设计高性能计算机吗？为什么？

7. 对于数据的访问，分别给出具有下列要求的程序或程序段的示例。

（1）几乎没有时间局部性和空间局部性。

（2）有很好的时间局部性，但几乎没有空间局部性。

（3）有很好的空间局部性，但几乎没有时间局部性。

（4）空间局部性和时间局部性都好。

8. 假设某计算机主存地址空间大小为1GB，按字节编址，cache的数据区（即不包括标记、有效位等存储区）有64KB，块大小为32B，采用直接映射和通写（Write-Through）方式。回答下列问题。

（1）主存地址多少位？如何划分？要求说明每个字段的含义、位数和在主存地址中的位置。

（2）cache的总容量为多少位？

9. 假设某计算机的cache共16行，开始为空，主存块大小为1个字，采用直接映射方式，按字编址。CPU执行某程序时，依次访问以下地址序列：2，3，11，16，21，13，64，48，19，11，3，22，4，27，6和11。回答下列问题。

（1）访问上述地址序列得到的命中率是多少？

（2）若cache数据区容量不变，而块大小改为4个字，则上述地址序列的命中情况又如何？

10. 假设数组元素在主存按从左到右的下标顺序存放，N是用#define定义的常量。试改变下列函数中循环的顺序，使得其数组元素的访问与排列顺序一致，并说明为什么在N较大的情况下修改后的程序比原来的程序执行时间更短。

```
int sum_array (int a[N][N][N])
{
    int i, j, k, sum=0;
    for (i=0; i < N; i++)
        for (j=0; j < N; j++)
            for (k=0; k < N; k++)   sum+=a[k][i][j];
    return sum;
}
```

11. 分析比较图5.38给出的三个函数的数组访问的空间局部性，并指出哪个最好，哪个最差？

12. 以下是计算两个向量点积的程序段：

```
float dotproduct (float x[8], float y[8])
{
    float sum = 0.0;
    int i,;
    for (i = 0; i < 8; i++)   sum += x[i] * y[i];
    return sum;
}
```

```
# define N 1000                    # define N 1000                    # define N 1000
typedef struct {                   typedef struct {                   typedef struct {
        int vel[3];                        int vel[3];                        int vel[3];
        int acc[3];                        int acc[3];                        int acc[3];
    } point;                           } point;                           } point;
point p[N];                        point p[N];                        point p[N];
void clear1(point *p, int n)       void clear2(point *p, int n)       void clear3(point *p, int n)
{                                  {                                  {
    int i, j;                          int i, j;                          int i, j;
    for (i = 0; i < n; i++) {           for (i=0; i<n; i++) {               for (j=0; j<3; j++) {
        for (j = 0; j<3; j++)               for (j=0; j<3; j++) {               for (i=0; i<n; i++)
            p[i].vel[j] = 0;                    p[i].vel[j] = 0;                    p[i].vel[j] = 0;
        for (j = 0; j<3; j++)               p[i].acc[j] = 0;               for (i=0; i<n; i++)
            p[i].acc[j] = 0;                }                                   p[i].acc[j] = 0;
    }                                  }                                  }
}                                  }                                  }
```

图 5.38   题 11 图

回答下列问题或完成下列任务。

（1）试分析该段代码中访问数组 x 和 y 的时间局部性和空间局部性，并推断命中率的高低。

（2）假设该段程序运行的计算机中的数据 cache 采用直接映射方式，其数据区容量为 32 B，主存块大小为 16 B；编译程序将变量 sum 和 i 分配给寄存器，数组 x 存放在 0x40 开始的主存区域，数组 y 紧跟在 x 后。试计算该程序数据访问的命中率，要求说明每次访问时 cache 的命中情况。

（3）将（2）中的数据 cache 改用 2 路组相联映射方式，主存块大小改为 8 B，其他条件不变，则该程序数据访问的命中率是多少？

（4）在（2）中条件不变的情况下，将数组 x 定义为 float x[12]，则数据访问的命中率又是多少？

13. 以下是对矩阵进行转置的程序段：

```
typedef int array[4][4];
void transpose(array dst, array src)
{
    int i, j;
    for (i = 0; i < 4; i++)
        for (j = 0; j < 4; j++) dst[j][i] = src[i][j];
}
```

假设该段程序运行的计算机中 sizeof(int) = 4，且只有一级 cache，其中 L1 data cache 的数据区大小为 32 B，采用直接映射、回写方式，块大小为 16 B，初始为空。数组 dst 从主存地址 0xc000 开始存放，数组 src 从主存地址 0xc040 开始存放。仿照例子填写表 5.2，以说明数组元素 src[row][col] 和 dst[row][col] 各自映射到 cache 哪一行，访问是命中（Hit）还是缺失（Miss）。若 L1 data cache 的数据区容量改为 128 B 时，重新填写表中内容。

表 5.2　题 13 用表

	src 数组				dst 数组			
	col = 0	col = 1	col = 2	col = 3	col = 0	col = 1	col = 2	col = 3
row = 0	0/miss							
row = 1								
row = 2								
row = 3								

14. 假设某计算机的主存地址空间大小为 64 MB，按字节编址。其 cache 数据区容量为 4 KB，采用 4 路组相联映射、LRU 替换算法和回写（Write Back）策略，块大小为 64 B。请问：

（1）主存地址字段如何划分？要求说明每个字段的含义、位数和在主存地址中的位置。

（2）该 cache 的总容量有多少位？

（3）假设 cache 初始为空，CPU 依次从 0 号地址单元顺序访问到 4344 号单元，重复按此序列共访问 16 次。若 cache 命中时间为 1 个时钟周期，缺失损失为 10 个时钟周期，则 CPU 访存的平均时间为多少时钟周期？

15. 假定某处理器可通过软件对高速缓存设置不同的写策略，那么，在下列两种情况下，应分别设置成什么写策略？为什么？

（1）处理器主要运行包含大量存储器写操作的数据访问密集型应用。

（2）处理器运行程序的性质与（1）相同，但安全性要求很高，不允许有任何数据不一致的情况发生。

16. 已知 cache 1 采用直接映射方式，共 16 行，块大小为 1 个字，缺失损失为 8 个时钟周期；cache 2 也采用直接映射方式，共 4 行，块大小为 4 个字，缺失损失为 11 个时钟周期。假定开始时 cache 为空，采用字编址方式。要求找出一个访问地址序列，使得 cache 2 具有更低的缺失率，但总的缺失损失反而比 cache 1 大。

17. 假定某处理器带有一个数据区容量为 256 B 的 cache，其主存块大小为 32 B。以下 C 语言程序段运行在该处理器上，设 sizeof(int) = 4，编译器将变量 i，j，c，s 都分配在通用寄存器中，因此，只要考虑数组元素的访存情况。为简化问题，假定数组 a 从一个主存块开始处存放。若 cache 采用直接映射方式，则当 s = 64 和 s = 63 时，缺失率分别为多少？若 cache 采用 2 路组相联映射方式，则当 s = 64 和 s = 63 时，缺失率又分别为多少？

```
int  i, j, c, s, a[128];
......
for ( i = 0; i < 10000; i++ )
    for ( j = 0; j <128; j=j+s )
        c = a[j];
```

18. 假定一个虚拟存储系统的虚拟地址为 40 位，物理地址为 36 位，页大小为 16 KB。若页表中有有效位、访问权限位、修改位、使用位，共占 4 位，磁盘地址不记录在页表中，则该存储系统中每个进程的页表大小为多少？如果按计算出来的实际大小构建页表，则会出现什么问题？

19. 假定一个计算机系统中有一个 TLB 和一个 L1 data cache。该系统按字节编址，虚拟地址 16 位，物理地址 12 位，页大小为 128 B；TLB 采用 4 路组相联方式，共有 16 个页表项；L1 data cache 采用直接映射方式，块大小为 4 B，共 16 行。在系统运行到某一时刻时，TLB、页表和 L1 data cache 中的部分内容如图 5.39 所示。

组号	标记	页框号	有效位	标记	页框号	有效位	标记	页框号	有效位	标记	页框号	有效位
0	03	–	0	09	0D	1	00	–	0	07	02	1
1	13	2D	1	02	–	0	04	–	0	0A	–	0
2	02	–	0	08	–	0	06	–	0	03	–	0
3	07	–	0	63	0D	1	0A	34	1	72	–	0

a) TLB（4路组相联）：4组、16个页表项

虚页号	页框号	有效位
00	08	1
01	03	1
02	14	1
03	02	1
04	–	0
05	16	1
06	–	0
07	07	1
08	13	1
09	17	1
0A	09	1
0B	–	0
0C	19	1
0D	–	0
0E	11	1
0F	0D	1

b) 部分页表：（开始16项）

行索引	标记	有效位	字节3	字节2	字节1	字节0
0	19	1	12	56	C9	AC
1	–	0	–	–	–	–
2	1B	1	03	45	12	CD
3	–	0	–	–	–	–
4	32	1	23	34	C2	2A
5	0D	1	46	67	23	3D
6	–	0	–	–	–	–
7	16	1	12	54	65	DC
8	24	1	23	62	12	3A
9	–	0	–	–	–	–
A	2D	1	43	62	23	C3
B	–	0	–	–	–	–
C	12	1	76	83	21	35
D	16	1	A3	F4	23	11
E	33	1	2D	4A	45	55
F	–	0	–	–	–	–

c）L1 data cache：直接映射，共16行，块大小为4B

图 5.39　题 19 图

请问（假定图中数据都为十六进制形式）：

（1）虚拟地址中哪几位表示虚拟页号？哪几位表示页内偏移量？虚拟页号中哪几位表示 TLB 标记？哪几位表示 TLB 组索引？

（2）物理地址中哪几位表示物理页号？哪几位表示页内偏移量？

（3）物理地址如何划分成标记字段、行索引字段和块内地址字段？

（4）若从虚拟地址 067AH 中读取一个 short 型变量，则这个变量的值为多少？说明 CPU 读取虚拟地址 067AH 中内容的过程。

第6章　程序中 I/O 操作的实现

使用高级语言编写应用程序时，通常利用专门的 I/O 库函数来实现外设的 I/O 功能，而 I/O 库函数通常将具体的 I/O 操作功能通过相应的陷阱指令（自陷指令，有时也称软中断指令）以系统调用的方式转换为由操作系统内核来实现。也就是说，任何 I/O 操作过程最终都是由操作系统内核控制完成的。

本章主要介绍与 I/O 操作相关的软件和硬件方面的相关内容。主要包括：文件的概念，与 I/O 系统调用相关的函数，基本的 C 标准 I/O 库函数，常用外设控制器（I/O 接口）的基本功能和结构，I/O 端口的编址方式，外设与主机之间的 I/O 控制方式以及如何利用陷阱指令将用户 I/O 请求转换为操作系统的 I/O 处理过程。

6.1　I/O 子系统概述

I/O 子系统主要解决信息的输入和输出问题，即解决如何将所需信息（文字、图表、声音、视频等）通过不同外设输入到计算机中，或者计算机内部处理的结果如何通过相应外设输出给用户。

所有高级语言的**运行时系统**都提供了执行 I/O 功能的高级机制，例如，C 语言中提供了像 printf( ) 和 scanf( ) 等这样的标准 I/O 库函数，C++语言中提供了如<<（输入）和>>（输出）这样的重载 I/O 操作符。从用户在高级语言程序中通过 I/O 函数或 I/O 操作符提出 I/O 请求，到 I/O 设备响应并完成 I/O 请求，整个过程涉及多个层次的 I/O 软件和 I/O 硬件的协调工作。

小提示

运行时系统（Run-time System，Runtime System）也称为**运行时环境**（Runtime Environment）或简称**运行时**（Runtime），它实现了一种计算机语言的核心行为。不管是被编译转换的语言，还是被解释执行的语言，或者是嵌入式领域特定的语言等，每一种计算机语言都实现了某种形式的运行时系统。一个运行时系统除了要支持语言基本的低级行为之外，还要实现更高层次的行为，如库函数等，甚至提供类型检查、调试以及代码生成与优化等功能。

与计算机系统一样，I/O 子系统也采用层次结构。图 6.1 是 I/O 子系统层次结构示意图。

I/O 子系统包含 I/O 软件和 I/O 硬件两大部分。**I/O 软件**包括最上层提出 I/O 请求的**用户空间 I/O 软件**（称为**用户 I/O 软件**）和在底层操作系统中对 I/O 进行具体管理和控制的**内核空间 I/O 软件**（称为**系统 I/O 软件**）。系统 I/O 软件又分三个层次，分别是与设备无关的 I/O 软件层、设备驱动程序层和中断服务程序层。**I/O 硬件**在操作系统内核空间 I/O 软件的控制下完成具体的 I/O 操作。

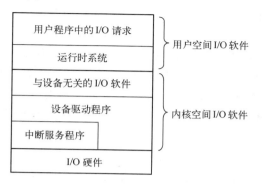

图 6.1 I/O 子系统层次结构

操作系统在 I/O 子系统中承担极其重要的作用，这主要是由 I/O 子系统以下三个特性决定的。

- 共享性。I/O 子系统被多个进程共享，因此必须由操作系统对共享的 I/O 资源统一调度管理，以保证用户程序只能访问自己有权访问的那部分 I/O 设备或文件，并使系统的吞吐率达到最佳。
- 复杂性。I/O 设备控制的细节比较复杂，如果由最上层的用户程序直接控制，会给广大的应用程序开发人员带来麻烦，因而需操作系统提供专门的驱动程序进行控制，这样可以对应用程序开发人员屏蔽设备控制的细节，简化应用程序的开发。
- 异步性。I/O 子系统的速度较慢，而且不同设备之间的速度也相差较大，因而，I/O 设备与主机之间的信息交换方式通常使用异步的中断 I/O 方式，中断导致从用户态向内核态转移，因此，I/O 处理须在内核态完成，通常由操作系统提供中断服务程序来处理 I/O。

用户程序总是通过某种 I/O 函数或 I/O 操作符请求 I/O 操作。例如，用户程序需要读一个磁盘文件中的记录时，可以通过调用 C 语言标准 I/O 库函数 fread()，也可以直接调用 read 系统调用的封装函数 read() 来提出 I/O 请求。不管用户程序中调用的是 C 库函数还是系统调用封装函数，最终都通过操作系统内核提供的系统调用来实现 I/O。

图 6.2 给出了用户程序调用 printf 来调出内核提供的 write 系统调用的过程。

图 6.2 用户程序、C 语言函数库和内核之间的关系

如图 6.2 所示，若在 C 程序中调用了 printf，则执行到调用 printf 的语句时，便会转到对应的 I/O 标准库函数 printf 去执行，而 printf 最终又会转到 write 函数调用；write() 函数对应一个指令序列，其中有一条**陷阱指令**，通过这条陷阱指令，CPU 从用户态转到内核态执行，在内核空间中转到 write 对应的**系统调用服务例程**来执行具体的打印显示任务。

每个系统调用的封装函数都会被转换为一组与具体机器架构相关的指令序列，这个指令序列中，至少有一条陷阱指令，在陷阱指令之前可能还有若干条传送指令用于将 I/O 操作的参数送入相应的寄存器。

例如，在 IA-32 中，陷阱指令就是 INT n 指令，也称为**软中断指令**。在早期 IA-32 架构中，Linux 系统将 int $0x80 指令用作系统调用，在系统调用指令之前会有一串传送指令，用来将系统调用号等参数传送到相应的寄存器。系统调用号通常在 EAX 寄存器中，内核程序可根据系统调用号选择执行一个系统调用服务例程。这样，用户进程的 I/O 请求通过调出操作系统中相应的系统调用服务例程来实现。

I/O 子系统工作的大致过程如下：首先，CPU 在用户态下运行用户进程，当 CPU 执行到系统调用封装函数对应的指令序列中的陷阱指令时，会从用户态陷入内核态；转到内核态执行后，CPU 会根据陷阱指令执行时 EAX 寄存器中的系统调用号，选择执行相应的系统调用服务例程；在系统调用服务例程的执行过程中，可能需要调用具体设备的驱动程序；在**设备驱动程序**执行过程中启动外设工作，外设准备好数据或准备好接收数据后，就发出中断请求；CPU 响应中断后，就调出**中断服务程序**执行，在中断服务程序中控制主机与设备进行具体的数据交换。

图 6.3 是 Linux 系统中 write 操作的执行过程示意图。

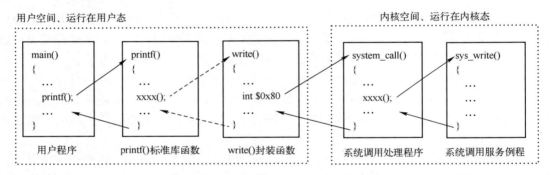

图 6.3　在 Linux 系统中 write 操作的执行过程

如图 6.3 所示，假定用户程序中调用了库函数 printf，在 printf 函数中又通过一系列的函数调用，最终转到调用 write 函数。在 write 函数对应的指令序列中，一定有一条用于系统调用的陷阱指令，在 IA-32+Linux 系统中就是指令 int $0x80 或 sysenter。该陷阱指令执行后，进程就从用户态陷入内核态执行。Linux 中有一个系统调用的统一入口，即**系统调用处理程序** system_call。CPU 执行陷阱指令后，便转到 system_call 的第一条指令执行。在 system_call 中，将根据 EAX 寄存器中的系统调用号跳转到当前系统调用对应的系统调用服务例程 sys_write 去执行。system_call 执行结束时，从内核态返回到用户态下的陷阱指令后面一条指令继续执行。

Linux 系统下 write 函数的用法如下：

```
ssize_t write( int fd, const void * buf, size_t n );
```

这里的类型 size_t 和 ssize_t 分别是 unsigned int 和 int。write 函数中的参数 n 表示要写的字节数，返回值是实际写的字节数，其类型通常都是 unsigned 型，但因为返回值还可能是

−1（表示执行错误），因此返回类型只能是带符号整数类型 int。

在 IA−32 系统中，write 封装函数的源代码编译后生成如图 6.4 所示的汇编代码。按照过程调用参数压栈顺序可知，在某函数中调用 write 函数时，最先压入栈中的参数是 n，其次是 buf，最后是 fd，参数压栈后执行调用指令 call，此时，再将返回地址压栈。在执行完 call 指令后，便跳转到图 6.4 所示的 write 过程执行。执行第 2 行的 push 指令后，当前栈指针寄存器内容 R[esp] 指向刚保存的 R[ebx]，R[esp]+4 指向返回地址，R[esp]+8 指向参数 fd，R[esp]+12 指向参数 buf，R[esp]+16 指向参数 n。

```
1    write:
2           pushl   %ebx              //将 EBX 入栈
3           movl    $4, %eax          //将系统调用号送 EAX
4           movl    8(%esp), %ebx     //将第 1 个参数 fd 送 EBX
5           movl    12(%esp), %ecx    //将第 2 个参数 buf 送 ECX
6           movl    16(%esp), %edx    //将第 3 个参数 n 送 EDX
7           int     $0x80             //进入系统调用处理程序 system_call 执行
8           cmpl    $ −125, %eax      //检查返回值
9           jbe     .L1               //若无错误，则跳转至 .L1
10          negl    %eax              //将返回值取负送 EAX
11          movl    %eax, error       //将 EAX 的值送 error
12          movl    $−1, %eax         //将 write 函数返回值置−1
13   .L1:   popl    %ebx
```

图 6.4 write( ) 封装函数对应的汇编代码

图 6.4 给出的汇编代码中，第 3 行到第 6 行用来将系统调用的参数送到不同的寄存器，其中，系统调用号 4 保存在寄存器 EAX 中。第 7 行是陷阱指令 int $0x80，CPU 执行到该指令时，将从用户态切换到内核态，调出系统调用处理程序 system_call 执行。在 system_call 中，根据系统调用号为 4，再跳转到相应的系统调用服务例程 sys_write 执行，以完成将一个字符串写入文件的功能，其中，字符串的首地址由 ECX 指定，字符串的长度由 EDX 指出，写入文件的文件描述符由 EBX 指出。system_call 执行结束时，从内核返回的参数存放在 EAX 中。若返回参数表明系统调用发生错误，则将 EAX 取负后得到错误码，存放在 error 中，并将 write 函数的返回值置−1；若没有发生错误，则 write 函数的返回值就是从内核系统调用返回的值，它通常是真正写入文件的字节数。

6.2 用户空间 I/O 软件

I/O 软件包括图 6.1 所示的最上层提出 I/O 请求的用户空间 I/O 软件和在底层操作系统中具体进行 I/O 操作控制的内核空间 I/O 软件。

6.2.1 用户程序中的 I/O 函数

在用户空间 I/O 软件中，用户程序可以通过调用特定的 I/O 函数的方式提出 I/O 请求。

在 UNIX/Linux 系统中，用户程序使用的 I/O 函数可以是 C 标准 I/O 库函数或系统调用封装函数，前者如文件 I/O 函数 fopen、fread、fwrite 和 fclose 或控制台 I/O 函数 printf、scanf 等；后者如 open、read、write 和 close 等。

标准 I/O 库函数比系统调用封装函数抽象层次更高，后者属于**系统级 I/O 函数**，前者是基于后者实现的。图 6.5 给出了两者之间的关系。

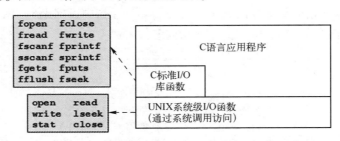

图 6.5 C 标准 I/O 库函数与 UNIX 系统级 I/O 函数之间的关系

通常情况下，C 程序员大多使用较高层次的标准 I/O 库函数，而很少使用底层的系统级 I/O 函数。使用标准 I/O 库函数得到的程序移植性较好，可以在不同体系结构和操作系统平台下运行，而且，因为标准 I/O 库函数中的文件操作使用了在内存中的文件缓存区，使得系统调用以及 I/O 次数显著减少，所以使用标准 I/O 库函数能提高程序执行效率。不过也存在以下不足：①I/O 为同步操作，即程序必须等待 I/O 操作真正完成后才能继续执行；②在一些情况下不适合甚至无法使用标准 I/O 库函数实现 I/O 功能，如 C 标准 I/O 库中不提供读取文件元数据的函数；③标准 I/O 库函数还存在一些问题，用它进行网络编程容易造成缓冲区溢出等风险，同时它也不提供对文件进行加锁和解锁等功能。

很多情况下使用标准 I/O 库函数就能解决问题，特别是对于磁盘和终端设备（键盘、显示器等）的 I/O 操作。但必要时也可以基于底层的系统级 I/O 函数自行构造高层次 I/O 函数，以提供适合网络 I/O 的读操作和写操作函数。

在 Windows 系统中，用户程序同样可以调用 C 标准 I/O 库函数，此外，还可以调用 Windows 提供的 API 函数，如文件 I/O 函数 CreateFile、ReadFile、WriteFile、CloseHandle 和控制台 I/O 函数 ReadConsole、WriteConsole 等。

表 6.1 给出了关于文件 I/O 和控制台 I/O 的部分函数对照列表，其中包含了 C 标准 I/O 库函数、UNIX/Linux 系统级 I/O 函数和用于 I/O 的 Windows API 函数。

表 6.1 关于 I/O 操作的部分函数或宏定义对照表

序号	C 标准库	UNIX/Linux	Windows	功能描述
1	getc，scanf，gets	read	ReadConsole	从标准输入读取信息
2	fread	read	ReadFile	从文件读入信息
3	putc，printf，puts	write	WriteConsole	在标准输出上写信息
4	fwrite	write	WriteFile	在文件上写入信息
5	fopen	open，creat	CreateFile	打开/创建一个文件
6	fclose	close	CloseHandle	关闭一个文件（CloseHandle 不限于文件）

（续）

序号	C 标准库	UNIX/Linux	Windows	功 能 描 述
7	fseek	lseek	SetFilePointer	设置文件读/写位置
8	rewind	lseek(0)	SetFilePointer(0)	将文件指针设置成指向文件开头
9	remove	unlink	DeleteFile	删除文件
10	feof	无对应	无对应	停留到文件末尾
11	perror	strerror	FormatMessage	输出错误信息
12	无对应	stat，fstat，lstat	GetFileTime	获取文件的时间属性
13	无对应	stat，fstat，lstat	GetFileSize	获取文件的长度属性
14	无对应	fcnt	LockFile/UnlockFile	文件的加锁、解锁
15	使用 stdin、stdout 和 stderr	使用文件描述符 0、1 和 2	GetStdHandle	标准输入、标准输出和标准错误设备

从表 6.1 可以看出，C 标准库中提供的函数并没有涵盖所有底层操作系统提供的功能，如表中第 12、第 13 和第 14 项；不同的 C 标准库函数可能调用相同的系统调用，例如，表中第 1 和第 2 项中的 C 库函数都由系统调用 read 实现，同样，表中第 3 和第 4 项中的 C 库函数都由 write 系统调用实现；此外，C 标准 I/O 库函数、UNIX/Linux 和 Windows 的 API 函数所提供的 I/O 操作功能并非一一对应。虽然对于基本的 I/O 操作，它们有大致一样的功能，不过，在使用时还是要注意其不同之处。例如，它们对文件的标识方式不同：函数 read 和 write 指定的文件参数用一个整数类型的文件描述符标识；而 C 标准库函数 fread 和 fwrite 指定的文件参数用一个指向特定结构的指针类型标识。这个特定结构就是 **FILE 结构**。

图 6.6 给出了文件复制功能的一种简单实现方式，它使用 C 标准库函数 fread 和 fwrite 实现。

```
void filecopy(FILE *infp, FILE *outfp) {
    ssize_t len;
    while ((len =fread(buf, 1, BUFSIZ, infp )) > 0) {
        fwrite(buf, 1, len, outfp );
    }
}
```

图 6.6　使用 C 标准库函数示例程序

还可用函数 fgetc 和 fputc 实现上述功能：

```
while（!feof（srcfile））fputc(fgetc(srcfile)，dstfile)；
```

在 Windows 系统中，除了使用 C 标准库函数实现以外，还可使用 API 函数 ReadFile 和 WriteFile 来实现文件复制功能。此外，操作系统还可能会提供一些抽象度更高的 API 函数，它由若干基本 API 函数组合实现，用于完成特定功能。如 Windows 系统提供 CopyFile 函数，它通过调用基本 API 函数 CreateFile、ReadFile、WriteFile 和 CloseHandle 实现，用户程序可以直接使用 CopyFile 函数实现文件复制功能。

6.2.2　文件的基本概念

Linux 操作系统是一个类 UNIX 系统，其文件格式和文件操作相关的系统调用等与 UNIX 类似。在 UNIX 系统中，所有 I/O 操作都通过读写文件实现，所有外设，包括网络（套接字 socket）、终端设备（键盘和显示器）等，都被看成文件。把不同物理设备抽象成逻辑上统一的"文件"后，对于用户程序来说，访问一个物理设备与访问一个真正的磁盘文件完全一致，从而为用户程序和外设之间的信息交换提供了统一的处理接口。

在 UNIX 操作系统中，**文件**就是一个字节序列，因此，可将键盘看成是可读取字节序列的输入设备文件，显示器看成是可写入字节序列的输出设备文件，而**网络套接字**则是可读取字节序列和写入字节序列的输入/输出设备文件。通常将键盘和显示器构成的设备称为**终端**（Terminal），对应**标准输入文件**和**标准输出文件**。像磁盘、光盘等外存储器上的文件则是**普通文件**（或称**常规文件**）。

根据文件中的每个字节是否为可读的 ASCII 码，可将文件分成 **ASCII 文件**和**二进制文件**两类。ASCII 文件也称为**文本文件**，由多个正文行组成，每行以换行符（'\n'）结束，其中每个字节是一个字符。通常，终端设备上的标准输入文件和标准输出文件是 ASCII 文件；硬盘上的普通文件则可能是文本文件或二进制文件，如可重定位文件和可执行文件都是二进制文件，而源程序文件则是 ASCII 文件。

对于系统中的文件，用户程序可以对其进行创建、打开、读/写和关闭等操作。

1. 创建文件

通常，用户程序在读写一个文件前，必须告知系统将要对该文件进行何种操作，是读、写、添加还是可读可写，该告知操作通过打开或创建一个文件来实现。

可以直接打开一个已存在的文件，若文件不存在，则应先创建。创建一个新文件时，用户应指定其文件名和访问权限，系统将返回一个非负整数，称为**文件描述符**（File Descriptor）。文件描述符是进程中被打开文件的唯一标识，可用于后续读/写等操作。

2. 打开文件

打开文件时，系统会检测文件是否存在、用户是否有访问权限等。若成功，则系统会返回一个非负整数作为文件描述符。

创建每个进程时，都会预先打开三个标准文件：**标准输入**（描述符为 0）、**标准输出**（描述符为 1）和**标准错误**（描述符为 2）。键盘和显示器可以分别抽象成标准输入文件和标准输出文件。

3. 设置文件读/写位置

每个文件都有一个**当前读/写位置**，表示相对于文件最开始处的字节偏移量，初始时为 0。用户程序中可通过系统调用封装函数 lseek() 设置文件读/写位置。

4. 读文件和写文件

用户程序可以向被创建的新文件中写入信息，也可以从一个已存在且打开后的文件中读或写信息。写文件操作将从当前读/写位置 k（$k \geq 0$）处写入 n（$n>0$）个字节，因而写入后文件当前读/写位置为 $k+n$。

读文件操作将从文件当前读/写位置 k（$k \geq 0$）处读出 n（$n>0$）个字节，因而读出后文件当前读/写位置为 $k+n$。假设文件大小为 m 字节，若执行读文件操作时 $k=m$，则当前位置为结尾处，这种情况称为**文件结束**（End Of File，EOF）。

5. 关闭文件

完成文件读/写等操作后，用户程序需要通知系统关闭文件，表示用户程序不再对该文件进行任何操作。关闭文件时，系统将释放文件创建或打开相关的数据结构所在存储区，并回收文件描述符。无论一个进程因为何种原因终止，系统都会关闭其打开的所有文件，以释放相应的存储资源。

6.2.3　系统级 I/O 函数

前面提到，与 I/O 操作相关的系统调用封装函数属于系统级 I/O 函数。在 UNIX/Linux 系统中，常用的这类函数有 creat、open、read、write、lseek、stat/fstat、close 等，它们的调用形式及其功能说明如下。使用以下函数时必须包含相应的头文件（如 unistd. h 等）。

1. creat 函数

用法：int creat(char ＊name，mode_t perms)；

第一个参数 name 为需创建的文件路径；第二个参数 perms 用于指定所创建文件的**访问权限**，共有 9 位，分别指定**文件拥有者**、**拥有者所在组成员**以及**其他用户**所拥有的读、写和执行权限。通常用一位八进制数字同时表示读、写和执行权限，例如，perms = 0755 表示拥有者具有读、写和执行权限（八进制的 7，即 111B），而拥有者所在组成员和其他用户都只有读和执行权限，没有写权限（八进制的 5，即 101B）。若创建成功，该函数返回一个文件描述符，若出错，则返回-1。若文件已存在，则把文件长度截断为 0，即将原文件的内容全部丢弃，因此，创建一个已存在的文件不会发生错误。

2. open 函数

用法：int open(char ＊name，int flags，mode_t perms)；

除了默认的标准输入、标准输出和标准错误三个文件是自动打开以外，其他文件必须用相应的函数显式创建或打开后才能读/写，例如，可以用 open 函数显式打开文件。

open 函数成功时返回一个文件描述符，若出错，则返回-1。第一个参数 name 为需打开文件的路径名；第二个参数 flags 指出用户程序将会如何访问这个打开文件，例如，

- O_RDONLY：只读。
- O_WRONLY：只写。
- O_RDWR：可读可写。
- O_WRONLY ｜ O_APPEND：可在文件末尾添加并且只写。
- O_RDWR ｜ O_CREAT：若文件不存在则创建一个空文件并且可读可写。
- O_WRONLY ｜ O_CREAT ｜ O_TRUNC：若文件不存在则创建一个空文件，若文件存在则截断为空文件，并且只写。

上述带 O_的常数在某个头文件中定义，例如，在 System V UNIX 系统的头文件 fcntl. h 或 BSD 版本的头文件 sys/file. h 中都定义了这些常数。

假定用户程序将以只读方式访问文件 test. txt，则可以用以下语句打开文件：

```
fd = open( " test. txt" , O_RDONLY, 0);
```

第三个参数 perms 用于指定所创建文件的访问权限，通常在 open 函数中该参数总是 0，除非以创建方式打开，此时，参数 flags 中应带有 O_CREAT 标志。不以创建方式打开一个文件时，若文件不存在，则发生错误。对于不存在的文件，可用 creat 函数打开。

3. read 函数

用法：ssize_t read(int fd, void * buf, size_t n);

该函数功能是从文件 fd 的当前读/写位置 k 开始读取 n 个字节到 buf 中，读取成功后文件当前读/写位置为 $k+n$。假定文件长度为 m，当 $k+n>m$ 时，则真正读取的字节数为 $m-k<n$，并且读取后文件当前读/写位置为文件尾。函数返回值为实际读取字节数，因此，当 $m=k$（EOF）时，返回值为 0；出错时返回值为-1。

4. write 函数

用法：ssize_t write(int fd, const void * buf, size_t n);

该函数功能是将 buf 中的 n 字节写到文件 fd 的当前读/写位置 k 处。返回值为实际写入字节数 m，写入成功后文件当前读/写位置为 $k+m$。对于普通的硬盘文件，实际写入字节数 m 等于指定写入字节数 n。出错时返回值为-1。

对于 read 和 write 函数，可以一次读或写任意个字节，如 1 字节、一个物理块大小、一个磁盘扇区（512 字节）或一个记录等。显然，按照一个物理块大小来读/写可以减少系统调用的次数。

有时真正读/写的字节数比用户程序指定的字节数要少，此时并非出错。通常，在读/写磁盘文件时，除非遇到 EOF，否则不会出现上述情况。但是，在读/写终端设备文件、网络套接字文件、UNIX 管道、Web 服务器等特殊文件时，都可能出现上述情况。

5. lseek 函数

用法：long lseek(int fd, off_t offset, int whence);

若当前读/写位置并非用户预期的位置，则需要用 lseek 函数来调整文件的当前读/写位置。第一个参数 fd 指出需调整位置的文件；第二个参数 offset 指出目标位置的相对偏移量；第三个参数 whence 指出 offset 相对的基准，分别是文件开头（SEEK_SET）、当前位置（SEEK_CUR）和文件末尾（SEEK_END）。例如：

```
lseek(fd,0L, SEEK_END);        //定位到文件末尾
lseek(fd,0L, SEEK_SET);        //定位到文件开始
```

若成功，函数返回新位置相对文件开头的偏移量；若发生错误，则返回-1。

6. stat/fstat 函数

用法：int stat(const * name, struct stat * buf);

   int fstat(int fd, struct stat * buf);

文件名、文件大小、创建时间等文件属性信息均由操作系统内核维护，这些信息也称为**文件元数据**（File Metadata）。用户程序可以通过 stat 或 fstat 函数查看文件元数据。stat() 第一个参数是文件路径，而 fstat() 是文件描述符，这两个函数除了第一个参数类型不同外，其他方面全部一样。文件的元数据信息通过如下 stat 数据结构描述。

```
struct stat {
    dev_t            st_dev;          /* 包含该文件的设备 ID */
    ino_t            st_ino;          /* 节点编号, 在给定文件系统中能唯一标识该文件 */
    mode_t           st_mode;         /* 文件访问权限和文件类型 */
    nlink_t          st_nlink;        /* 硬链接的数目 */
    uid_t            st_uid;          /* 文件拥有者的 ID */
    gid_t            st_gid;          /* 文件拥有者所在组的组 ID */
    dev_t            st_rdev;         /* 设备 ID, 仅对于特殊的设备文件有效 */
    off_t            st_size;         /* 文件大小, 仅对于普通文件有效 */
    unsigned long    st_blksize;      /* 块大小 */
    unsigned long    st_blocks;       /* 分配的块数 */
    time_t           st_atime;        /* 最近一次访问的时间 */
    time_t           st_mtime;        /* 最近一次修改的时间 */
    time_t           st_ctime;        /* 最近一次修改元数据的时间 */
};
```

7. close 函数

用法: close(int fd);

该函数用于关闭文件 fd。

6.2.4 C 标准 I/O 库函数

在 6.2.1 小节中提到, 标准 I/O 库函数是基于系统级 I/O 函数实现的。本小节通过若干例子, 介绍如何通过系统级 I/O 函数来实现 C 标准 I/O 库函数。

1. 输入/输出流缓冲区

C 标准 I/O 库函数将一个打开的文件抽象为一个类型为 FILE 的 "流" 模型。上面曾提到, C 标准 I/O 库函数中, 文件是用一个指向特定结构的指针来标识的, 这个特定结构就是 **FILE 结构**, 它描述了包含文件描述符 fd 在内的一组信息。FILE 结构在头文件 stdio. h 中描述, 此外, stdio. h 文件中还对其他与标准 I/O 有关的常量、数据结构、函数和宏等进行了定义。

以下是从一个典型的 stdio. h 文件中摘录的部分内容。

```
#define NULL       0
#define EOF        (-1)
#define BUFSIZ     1024            /* 缓冲区大小为 1024 字节 */
#define OPEN_MAX   20              /* 同时最多可打开的文件数 */

typedef struct   _iobuf{
    int cnt;                       /* 剩余未读/写字节数 */
    char * ptr;                    /* 下一个读/写位置 */
    char * base;                   /* 缓冲区的起始地址 */
    int flag;                      /* 文件的访问模式 */
    int fd;                        /* 文件描述符 */
```

```
        | FILE;
    extern   FILE   _iob[ OPEN_MAX];

    #define stdin    (&_iob[0])
    #define stdout   (&_iob[1])
    #define stderr   (&_iob[2])


    enum  _flags |
        _READ = 01,                    /* 打开的文件可读 */
        _WRITE = 02,                   /* 打开的文件可写 */
        _UNBUF = 04,                   /* 没有缓存区 */
        _EOF = 010,                    /* 文件遇到结束标志 EOF */
        _ERR = 020                     /* 文件发生了错误 */
    |;

    int _fillbuf( FILE * );
    int _flushbuf( int, FILE * );

    #define feof( p )    (((p) ->flag & _EOF) != 0)
    #define ferror( p )  (((p) ->flag & _ERR) != 0)
    #define fileno( p )  ((p) ->fd)

    #define getc( p )    (--(p)->cnt >= 0 ? (unsigned char) *(p)->ptr++ : _fillbuf(p))
    #define putc( x,p )  (--(p)->cnt >= 0 ? *(p)->ptr++ = (x) : _flushbuf((x),p))

    #define getchar( )   getc( stdin)
    #define putchar( x)  putc(( x) , stdout)
```

　　文件 fd 的**流缓冲区** FILE 由缓冲区起始位置 base、下一个可读/写位置 ptr 以及剩下未读/写的字节数 cnt 来描述。标准 I/O 库函数中表示文件的参数通常是一个指向 FILE 结构的指针 fp。

　　对于像 fread 这种读文件的函数，其 FILE 是一个在内存的输入流缓冲区。图 6.7 给出了输入流缓冲区的工作原理。虽然 fread 函数的功能是从文件中读信息，但实际上是从 FILE 缓冲区的 ptr 处开始读信息，而缓冲区中的信息则是从文件 fd 中预先读入的。每次执行读操作时，会先判断当前缓冲区中是否还有可读信息。若没有（即 cnt = 0），则从文件 fd 中读入 1024 字节（缓冲区大小 BUFSIZ = 1024）到缓冲区，并置 ptr 等于 base，cnt 等于 1024。若从缓冲区读出 n 字节，则新的 ptr 等于 ptr 加 n，cnt 等于 cnt 减 n。

　　对于像 fwrite 这种写文件的函数，其 FILE 是一个在内存的输出流缓冲区。图 6.8 给出了输出流缓冲区的工作原理。虽然 fwrite 函数的功能是向文件中写信息，但实际上是先写到 FILE 输出流缓冲的 ptr 处，在满足某种条件时才把缓冲区的信息写到文件 fd 中。

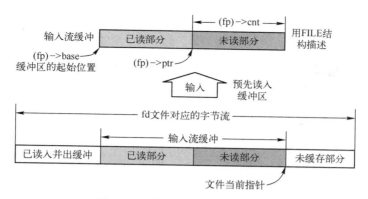

图 6.7　输入流缓冲区的工作原理

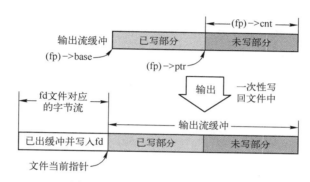

图 6.8　输出流缓冲区的工作原理

输出缓冲区的属性有三种：全缓冲_IOFBF（fully buffered）、行缓冲_IOLBF（line buffered）、非缓冲_IO_NBF（no buffering）。这里，全缓冲的含义是，即使遇到换行符也不会写文件，只有当缓冲区满时才会将缓冲区内容真正写入文件 fd 中；行缓冲的含义是，遇到换行符或者缓冲区满就将缓冲区内容写文件 fd；非缓冲的含义是直接写到文件 fd 中。普通文件的缓冲区属性为全缓冲。

对于全缓冲属性，每次执行写操作时，先判断当前缓冲区是否已写满（即 cnt = 0），对于行缓冲属性，则判断本次写的字节流中是否有换行符\n 或者是否缓冲区已满。若是，则将缓冲区信息一次性写到文件 fd 中，并置 ptr 等于 base，cnt 等于 1024。若写入缓冲区 n 字节，则新的 ptr 等于 ptr 加 n，cnt 等于 cnt 减 n。

2. 标准文件

在上述 stdio. h 文件中，定义了三个特殊的标准文件，分别是**标准输入**（stdin）、**标准输出**（stdout）和**标准错误**（stderr），它们分别定义为打开的文件列表中的前三个文件，对应的文件描述符 fd 分别是 0、1 和 2，它们在结构数组_iob 中前三项的初始化定义如下：

```
FILE _iob[ OPEN_MAX ] = { / * stdin, stdout, stderr: */
    { 0, ( char * ) 0, ( char * ) 0, _READ, 0 },
    { 0, ( char * ) 0, ( char * ) 0, _WRITE, 1 },
    { 0, ( char * ) 0, ( char * ) 0, _WRITE | _UNBUF, 2 },
};
```

这三个标准文件的流缓冲区的初始化信息相同，其起始位置 base、下一个可读/写位置 ptr 以及剩下未读写字节数 cnt 都被初始化为 0。标准输入 stdin 的访问模式是只读（_READ），标准输出 stdout 和标准错误 stderr 的访问模式都为可写（_WRITE），但 stdout 的缓冲区属性为行缓冲，当缓冲区满或遇到换行符 \n 时，将缓冲区数据写文件；而 stderr 为非缓冲（_UNBUF），因此，每个字符直接写文件。

3. 系统级 I/O 函数与标准 I/O 库函数的比较

从 6.2.2 小节和 6.2.3 小节可知，系统级 I/O 函数中对文件的标识是文件描述符 fd，而 C 标准 I/O 库函数中对文件的标识是指向 FILE 结构的指针 fp，FILE 结构将文件 fd 封装成一个文件的流缓冲区，因而可以将文件中一批信息先读入缓存，然后再从缓存中分次读出，或者先写入缓存，写满缓存或遇到换行符后再一次性把缓存信息写到文件中。

系统级 I/O 函数的功能通过执行内核中的系统调用服务例程来实现，在用户程序中每调用一次系统级 I/O 函数，就是进行一次系统调用。每次系统调用都有两次上下文切换，先从用户态切换到内核态，处理结束后再从内核态返回到用户态，因此，系统调用的开销非常高。

例如，在 IA-32 中，系统调用属于陷阱类异常，因此，在从用户态切换到内核态的过程中，CPU 需要在异常响应阶段进行一系列操作，包括访问系统中的中断描述符表（IDT）；将当前特权级与段描述符表中的特权级比较，以检测是否发生存储保护错；从用户栈切换到内核栈；将用户栈顶指针、标志寄存器和断点信息等保存到内核栈中；最后将对应异常处理程序（如 Linux 系统中的 system_call( ) 函数对应程序模块）的首地址（系统启动过程中，OS 已对 IDT 进行了初始化，对应地址信息已填写在 IDT 表中）送到 CS:EIP 寄存器，从而在下个时钟到来后，进入内核态进行处理。

由此可见，每次系统调用会增加许多额外开销，因而，如果能够不用系统调用则应尽量不使用系统调用或尽量减少系统调用次数。

小提示

在 IA-32 的保护模式下，并不是像实地址模式那样将异常处理程序或中断服务程序的入口地址直接填入 00000H~003FFH 存储区，而是借助于**中断描述符表**来获得异常处理程序或中断服务程序的入口地址。每个表项中都包含一个 16 位的段选择符和 32 位的偏移地址。段选择符用来指示异常处理程序或中断服务程序所在段的**段描述符**在**全局描述符表**（GDT）中的位置，偏移地址则给出异常处理程序或中断服务程序第一条指令所在偏移量。关于 Intel 架构的段页式虚拟存储机制和异常/中断机制请参看 Intel 架构的指令系统手册。

在 C 标准 I/O 库函数中引入流缓冲区，可以尽量减少系统调用的次数。使用流缓冲区后，可以使用户程序仅和缓冲区进行信息交换，将文件内容缓存在用户缓冲区中，而不是每次都直接读/写文件，从而减少执行系统调用的次数。

4. 使用流缓冲区来减少系统调用次数

stdio.h 头文件给出了 feof、ferror、fileno、getc、putc、getchar、putchar 等宏定义。以下通过 getc 宏定义来说明如何使用流缓冲区来减少系统调用次数。

从 stdio. h 中的 getc 定义可以看出，通常情况下，getc 只要对文件对应流缓冲区的指针进行修改（如 cnt 减 1，ptr 加 1）并返回缓冲区中当前所指字符即可，只有在流缓冲区的 cnt 减 1 后为负数（说明缓冲区中已经没有字符可读）时，才调用函数_fillbuf( )来填充缓冲区。

通常在第一次调用 getc 时，需要调用_fillbuf 函数进行缓冲区填充。如图 6.9 所示，在_fillbuf 函数中，若发现文件的打开模式不是_READ（对应 mode 为 'r' 的情况）时，就立即返回 EOF；否则，它会通过 malloc 函数试图分配一个缓冲区（如果是带缓冲读写的情况）。一旦缓冲区建立后，_fillbuf 就会执行 read 系统调用，以读入最多 1024（BUFSIZ = 1024）个字节到缓冲区中，并设定读/写指针 ptr 和剩余字节数 cnt 等。图 6.9 中给出的_fillbuf 函数源代码摘自 Brian W. Kernighan 和 Dennis M. Ritchie 编著的 *The C Programming Language*（*Second Edition*）。

```
#include "syscalls.h"

/* _fillbuf: allocate and fill input buffer */
int _fillbuf(FILE *fp)
{
    int bufsize;

    if ((fp ->flag & ( _READ | _EOF | _ERR)) != _READ)
        return EOF;
    bufsize = (fp ->flag & _UNBUF) ? 1 : BUFSIZ;
    if ((fp -> base == NULL)            /* no buffer yet */
        if (( fp -> base = (char *) malloc(bufsize))== NULL)
            return EOF;        /* can't get buffer */
    fp -> ptr = fp -> base;
    fp -> cnt = read (fp ->fd, fp->ptr,bufsize);
    if (-- fp->cnt < 0) {
        if (fp ->cnt == -1) fp->flag | = _EOF;
        else fp ->flag | = _ERR;
        fp -> cnt =0;
        return EOF;
    }
    return (unsigned char ) *fp ->ptr++;
}
```

图 6.9 分配并填充缓冲区函数_fillbuf( )的实现

假定有一个重复调用 getc 共 n 次的应用程序，第一次调用 getc 时，实际上一下子通过 read 读入了 1024 个字节到流缓冲区中，以后每次调用就只要从该流缓冲区读取并返回字符即可。这样，若 $n<1024$，则执行 read 系统调用的次数为 1。如果应用程序直接调用函数 read 且每次只读一个字符，那么，应用程序就要执行 n 次 read 系统调用，从而增加许多额外开销。

例 6.1 假设函数 filecopy 的功能是从一个输入文件复制信息到另一个输出文件，比较以下两种实现方式下系统调用的次数。

```
/ * 方式一: getc/putc 版本 * /
void filecopy( FILE * infp, FILE * outfp)
{
```

```
        int c;
        while ((c=getc(infp)) != EOF)
            putc(c,outfp);
    }
    /* 方式二: read/write 版本 */
    void filecopy(int *infp, int *outfp)
    {
        char c;
        while (read(infp,&c,1) != 0)
            write(outfp,&c,1);
    }
```

解： 显然，方式二的系统调用次数更多，因为每次调用 read 和 write 都只读/写一个字符，因此，当文件长度为 n 字节时，共需执行 $2n$ 次系统调用。方式一用 getc 读取输入文件中的字符，第一次读取文件时会通过 read 系统调用将最多 1024 个字符一次读入流缓冲区，这样，以后每次读取字符时可直接从流缓冲区读入，而无须调用 read 函数，因而，若输入文件长度小于 1024 字节，则 read 和 write 系统调用都仅需 1 次。

前面已经提过，C 标准 I/O 库函数和宏是基于底层的系统调用函数实现的，从上述函数 _fillbuf( ) 的实现也可以看出这一点。

5. C 标准 I/O 库函数的实现

以下用标准库函数 fopen 的实现作为例子来说明如何基于底层的系统级 I/O 函数实现 C 标准 I/O 库函数。fopen 的用法如下：

```
#include <stdio.h>
FILE * fopen(char * name, char * mode);
```

fopen 函数的功能是打开指定文件 name，具体来说，函数将分配一个 FILE 结构，并初始化其中的流缓冲区，返回指向该 FILE 结构的指针，若打开文件失败，则返回 NULL（-1）。

参数 mode 指出用户程序将如何使用文件，可以是"rwab+"中的一个或多个字符构成的字符串，例如，"r""w""a""a+b"等。各字符的含义如下：

- a（append）表示追加写，当前写入位置初始化为文件尾部。
- r（read）表示只读，文件必须存在，且当前读出位置初始化为文件头部。
- w（write）表示只写，若文件不存在，则自动创建该文件，否则将该文件截断到 0 字节。当前写入位置初始化为文件头部。
- +（updata）表示允许读/写该文件。如果和 r 或 w 一起使用，则当前读/写位置初始化为文件头部。如果和 a 一起使用，则当前写入位置初始化为文件尾部；但 C 语言标准和 POSIX 标准均未定义当前读出位置的初始值，对此，不同系统的具体实现可能不同，如 glibc 将该初始值设为文件头部，BSD 则设为文件尾部。
- b（binary）表示文件按二进制形式打开，否则按文本形式打开。但由于包含 Linux 在内的 POSIX 兼容系统不区分文本文件和二进制文件，因此该字符只用于与 C89 语言标准保持兼容，没有实际作用。

假定系统级 I/O 函数定义包含在头文件 syscalls. h 中，C 标准库函数 fopen( ) 的一种实现版本如图 6. 10 所示。

```c
#include <fcntl.h>
#include "syscalls.h"
#define PERMS 0666 /* RW for owner, group, others */

/* fopen: open files, return file ptr */
FILE *fopen(char *name, char *mode)
{
        int fd;
        FILE *fp;

        if (*mode != 'r' && *mode != 'w' && *mode != 'a')
                return NULL;
        for (fp = _iob; fp < _iob + OPEN_MAX; fp++)
                if ((fp->flag & (_READ | _WRITE)) == 0)
                        break;          /* found free slot */
        if (fp >= _iob + OPEN_MAX)  /* no free slots */
                return NULL;

        if (*mode == 'w') fd = creat(name, PERMS);
        else if (*mode == 'a') {
                        if ((fd = open(name, O_WRONLY, 0)) == -1)
                                fd = creat(name, PERMS);
                        lseek(fd, 0L, 2);
                } else fd = open(name, O_RDONLY, 0);
        if (fd == -1)  return NULL;   /* 文件名name不存在 */
        fp->fd = fd;
        fp->cnt = 0;
        fp->base = NULL;
        fp->flag = (*mode == 'r') ? _READ : _WRITE;
        return fp;
}
```

图 6. 10　C 标准库函数 fopen( ) 的一种实现版本

图 6. 10 给出的实现版本没有对所有访问模式进行处理，缺少了针对 "b" 和 "+" 情况的处理。函数首先检查参数 mode 是否合法，若不合法，则返回 NULL 表示打开文件失败。然后从_iob 数组中寻找一个空闲的 FILE 项，若_iob 数组已满，则表示该用户程序打开的文件数量已达到最大值，此时返回 NULL 表示打开文件失败。接下来根据参数 mode 尝试通过不同的方式打开文件，若为 w，则用 creat 函数打开或创建文件，此时若文件已存在，则将其截断到 0 字节；若为 a，则先尝试通过 open 函数打开文件，打开失败时再尝试通过 creat 函数创建文件，在该情况下，若文件已存在，open 函数将打开成功，从而避免被 creat 函数截断文件，再通过 lseek( ) 函数将当前写入位置设为文件末尾，以实现追加写的功能；若为 r，则只尝试通过 open 函数打开文件。若上述函数出错，则返回 NULL，表示打开文件失败。最后在空闲 FILE 结构中填写文件信息，并将该 FILE 结构的指针作为 fopen 的返回值返回。

从图 6. 10 可看出，fopen 通过系统调用 open 和 creat 实现。在用 fopen 打开文件后，就可对其进行读/写。通常，第一次读取一个打开的文件时，会像函数_fillbuf 实现的那样，先将文件中的一块数据读出填充到文件对应的流缓冲区，以后若需要读取这一块数据中的信息，就可以从对应的流缓冲区读取。

6.3　内核空间 I/O 软件

所有用户程序中提出的 I/O 请求，最终都通过系统调用封装函数中的陷阱指令转入内核空间的 I/O 软件执行。内核空间的 I/O 软件由三部分组成，分别是与设备无关的 I/O 软件、设备驱动程序和中断服务程序，后两部分与 I/O 硬件密切相关。

6.3.1　设备无关 I/O 软件层

一旦通过陷阱指令调出系统调用处理程序（如 Linux 中的 system_call）执行，就开始执行内核空间的 I/O 软件。首先执行的是与具体设备无关的 I/O 软件，主要包括文件系统、缓存层以及通用块设备 I/O 层等，它们用于完成所有设备公共的 I/O 功能，并向用户层软件提供统一接口。

1. 文件系统概述

用户空间**应用程序**中任何文件操作或设备 I/O 请求都通过调用 I/O 库函数及其系统级 I/O 函数，并进入操作系统内核中的系统调用服务例程（如 sys_write）进行处理。系统级 I/O 函数中的 creat 和 open 函数将文件名和文件描述符 fd 建立关联，随后 read、write 和 lseek 等函数可通过 fd 找到对应的文件进行具体操作，同时，也可通过文件名或 fd 查看文件元数据信息。那么，操作系统内核如何实现这些系统调用的功能？这就是**文件系统**所要实现的任务。

一方面，文件系统要为上层的用户和应用程序提供文件抽象以及文件的创建、打开、读/写和关闭等所有操作接口；另一方面，文件系统需要将抽象的文件标识（文件名和文件描述符）与具体的硬件设备建立关联，并通过相应的设备驱动程序实现系统调用接口规定的操作。要实现这些功能，文件系统必须提供一套用于存储和管理文件数据及其元数据的机制。

对于普通文件，其数据及元数据信息通常存储在存储设备中，文件系统以特定的存储结构管理存储设备中的所有信息。对于 FAT、NTFS、Ext4 等文件系统，其存储结构各不相同。为了在一个计算机系统中同时支持不同文件系统，Linux 在具体文件系统所在的**逻辑文件系统层**上面增加了**虚拟文件系统**（Virtual File System，**VFS**）**层**，提供基于**索引节点**（Index Node，简称 **inode**）的一系列内存数据结构，实现对下面的逻辑文件系统层的抽象和封装，并为上层应用程序提供统一的文件操作接口。Linux 的 VFS 提供了超级块、目录项、inode 等内存数据结构。

VFS 超级块中保存了文件系统的通用元数据信息，如文件系统的类型、版本等。每个文件系统都有对应的一个 VFS 超级块，VFS 借助超级块中记录的信息管理多个文件系统。

VFS 的**目录项**中保存了文件名和对应 **inode 号**等信息。目录本身是一种文件，称为**目录文件**，因而有其对应的 inode 和数据信息，后者由若干目录项组成，每个目录项对应目录中的一个文件。当应用程序打开一个文件时，VFS 通过目录文件对文件名进行**路径解析**，找到相应的目录项，从而获得对应的 inode 号。当应用程序创建一个文件时，VFS 将会在相应目录中创建一个目录项，该目录项对应创建的新文件。

由 open 或 creat 函数指定的文件名可能是以 "/" 开头的**绝对路径名**，也可能是不以 "/" 开头的**相对路径名**。绝对路径名从**根目录**开始查找，相对路径名从**当前工作目录**开始查找。

VFS 为每个进程维护一个当前工作目录，例如，若当前工作目录为 "/myfiles"，则语句 "fd＝open("test. txt", O_RDONLY, 0);" 所打开的文件名实际上是 "/myfiles/test. txt"，VFS 从当前工作目录对应的目录文件 myfiles 开始进行路径解析，找到该目录文件中文件名 "test. txt" 对应的目录项，从而得到 "test. txt" 的 inode 号，这种情况下，VFS 将返回一个非负整数作为文件描述符 fd。若在 myfiles 目录文件中找不到文件名 "test. txt" 对应的目录项，则返回 "路径不存在" 的错误信息。

VFS 中的 **inode** 用于保存每个文件（包括普通文件、目录文件、套接字文件、字符设备文件、块设备文件等）的元数据信息，如文件大小、文件所有者、文件访问权限，以及文件类型等，也包括文件数据的寻址信息，利用该寻址信息可以找到文件数据本身。每个文件对应一个 inode，系统中所有打开的文件对应的 inode 组成一张所有进程共享的 **inode 表**。

VFS 为系统中所有打开的文件维护了一张**系统文件表**，因此，该表也称为**系统打开文件表**。该表由所有进程共享，每个表项对应一个打开的文件。inode 表中维护的是对应文件在存储设备上的元数据信息，而系统文件表维护的是对应文件的动态信息，即该文件打开的情况，包括 inode 指针（用于指向 inode 表中对应表项）、当前读/写位置、打开模式、引用计数等。同时，VFS 为每个进程维护了一个**打开文件描述符表**，进程所打开的每个文件对应一个表项，其索引就是打开文件的**文件描述符** fd，每个表项中有一个指针，指向系统文件表中对应文件的表项。因此，根据文件描述符 fd 就可获得对应文件的当前读/写位置等动态信息，同时，也可以通过其 inode 指针找到对应 inode 表项，以获得文件的所有元数据信息，包括文件数据的寻址信息，从而从文件的指定位置进行读/写。

图 6.11 所示给出了某一时刻系统中调用 fork 函数后子进程继承父进程的打开文件的情况，子进程的打开文件描述符表是父进程的副本，两个进程中除了自动打开的三个标准文件

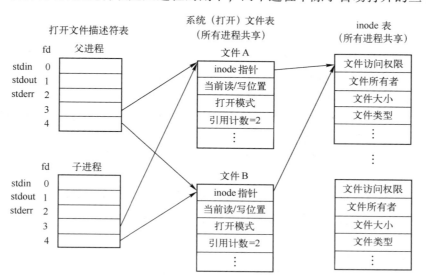

图 6.11　子进程继承父进程的打开文件且两个文件描述符共享同一个文件

外，还打开了其他两个文件 A 和 B，并且两者在系统文件表中的 inode 指针都指向了 inode 表中的同一个 inode 表项，说明在父进程对同一个文件调用了两次 open 函数，返回的文件描述符 fd 分别为 3 和 4。因为不同文件描述符对应的当前读/写位置不同，因而可以通过不同的文件描述符（fd=3 和 fd=4）从同一个文件的不同位置读取数据信息。系统文件表中的引用计数表示当前指向该表项的文件描述符表项数，该例中文件 A 和 B 对应的表项都有两个文件描述符表项（父进程和子进程中各一个）所指向，因而引用计数都为 2。通过调用 close 函数关闭文件时，将根据指定文件描述符释放当前进程的文件描述符表项，同时该表项指向的系统文件表的表项中引用计数减 1，若减 1 后为 0，说明当前没有进程打开该文件，此时系统将释放该表项及相关资源。

例 6.2 在 Linux 系统中，假设当前文件目录中硬盘文件 test. txt 由 4 个 ASCII 码字符"test"组成，下列程序的输出结果是什么？

```
1    #include <stdio. h>
2    #include <fcntl. h>
3    #include <unistd. h>
4
5    int main( ) {
6        int fd1,fd2;
7        char c;
8
9        fd1 = open( "test. txt", O_RDONLY, 0);
10       fd2 = open( "test. txt", O_RDONLY, 0);
11       read( fd1,&c,1);
12       read( fd2,&c,1);
13       printf( "fd1 = %d,fd2 = %d,c = %c\n",fd1,fd2,c);
14       return 0;
15   }
```

解： Linux 中前 3 个文件描述符 0、1、2 分别分配给自动打开的三种标准设备文件 stdin、stdout 和 stderr，而 open 函数的返回值从 3 开始分配，因此 fd1 和 fd2 分别为 3 和 4。每次打开一个文件时，Linux 的 VFS 通过路径解析找到该文件的 inode 后，除了会分配一个文件描述符以外，还会分配一个对应的系统文件表表项，并对其进行初始化，将 inode 指针、打开模式等信息填入相应的字段，将当前读/写位置设为 0。因此，fd1 和 fd2 对应的系统文件表项中当前读/写位置都为 0，都指向字符串"test"中的字符"t"。综上，该例程序输出的结果为"fd1 = 3,fd2 = 4,c = t"。

为了简化对外设的处理，文件系统将所有外设都抽象成文件，**设备名**和**文件名**在形式上没有任何差别，因而统称为**设备文件名**。文件系统负责将不同的设备名和文件名映射到对应的设备驱动程序。

在 UNIX/Linux 系统中，除了普通文件和目录文件外，还有一类**特殊文件**，包括设备文件、链接文件等，设备文件又分为块设备文件和字符设备文件，前者主要用于磁盘类设备，后者主要用于各类输入/输出设备，如终端、打印机和网络等。一个设备名能唯一确定相应设备文件的 inode，其中包含主设备号和次设备号，**主设备号**确定设备类型（如 USB 设备，硬盘设备），用于指定设备驱动程序，**次设备号**作为参数传递给设备驱动程序，用于指定系统中具体的设备。更多细节请参看操作系统方面的资料。

2. 缓存层

I/O 设备的工作速度较慢，为了提升 I/O 请求的处理效率，操作系统充分利用数据访问的局部性特点，在内核空间对应主存区中开辟一块空间作为高速缓存，用于存储最近访问的文件数据。作为高速缓存的主存 RAM 区可称为**高速缓存 RAM**。传统的外部存储器是磁盘，因此上述高速缓存也称为**磁盘高速缓存**（Disk Cache）。虚拟文件系统首先检查用户请求访问的数据是否在该缓存中，若是，则直接访问缓存，无须通过 I/O 请求访问外存中的数据；否则调用逻辑文件系统提供的功能，将该请求翻译成访问外存中若干存储块的 I/O 请求，并提交到通用块设备 I/O 层进行后续处理。缓存中存放的信息包括写入文件的数据、从磁盘读出的磁盘块等信息，缓存通常采用回写策略，操作系统每隔一段时间将缓存内容真正写入设备中，以保证数据的永久存储。

有了磁盘高速缓存，磁盘读/写次数可大幅减少，用户的 I/O 请求能得到快速响应。例如，假定一个磁盘逻辑块的大小为 4 KB，若用户程序首先请求读取某磁盘文件中 80 B 数据，但数据不在缓存中，此时操作系统会读取该数据所在的一个磁盘逻辑块，并将读出的 4 KB 数据存入缓存。根据数据访问的局部性原理，该用户程序随后请求读出的信息很有可能在刚被读出的磁盘逻辑块中，因而随后请求的数据可快速从缓存中读取，而无须读磁盘。同样，用户程序需要写入磁盘文件的数据可先写入缓存，多次写入缓存的数据可一次性写磁盘，而不必每次都写磁盘。

对于像函数 read、write 等常规文件的读/写操作，其指定的数据缓冲区（即参数 buf 所指区域）位于用户空间，而磁盘高速缓存位于内核空间，因此一次文件读写操作需要在用户空间和内核空间之间、内核空间和外存之间进行两次复制传送。

3. 通用块设备 I/O 层

通用块设备 I/O 层提供了所有像磁盘、SSD 和光盘之类块设备的统一抽象，负责调用具体的设备驱动程序向设备发起 I/O 请求。同时，通用块设备 I/O 层为这类设备设置统一的逻辑块大小。例如，无论磁盘扇区和光盘扇区有多大，所有逻辑数据块的大小均相同。高层的文件系统只需与这一抽象设备交互，从而简化了数据定位等处理。

通用块设备 I/O 层还提供了 I/O 请求调度功能，从逻辑文件系统发出的设备 I/O 请求会进入请求队列，I/O 请求调度器可进一步调度请求队列中的 I/O 请求，包括合并多个连续的相邻请求，对请求重排序以优化 I/O 访问时间等。例如，针对磁盘设备，可对若干磁盘访问请求进行重排序，以降低磁盘的寻道时间和旋转等待时间，从而优化磁盘的存取时间。

6.3.2 设备驱动程序

设备驱动程序是与设备相关的 I/O 软件部分。每个设备驱动程序只处理一种外设或一类紧密相关的外设。每个外设或每类外设都有一个**设备控制器**，其中包含各种 **I/O 端口**。通过执行设备驱动程序，CPU 可以向**控制端口**发送控制命令来启动外设，可以从**状态端口**读取外设或其设备控制器的状态，也可以与**数据端口**交换数据等。CPU 通过 **I/O 指令**访问设备中的 I/O 端口，I/O 指令与指令集体系结构相关。Linux 中提供了 readb 和 writeb 等抽象，用于从 I/O 端口中读出或向 I/O 端口写入一个字节。

设备驱动程序的实现方式与设备的 I/O 控制方式相关。**I/O 控制方式**主要有三种：程序直接控制、中断控制和 DMA 控制。

1. 程序直接控制 I/O 方式

程序直接控制 I/O 方式的基本思想是直接通过**查询程序**来控制主机和外设的数据交换，因此，也称为**查询**或**轮询**（Polling）方式。该方式在查询程序中通过 I/O 指令读出外设或其设备控制器的状态后，根据状态来控制外设和主机的数据交换。

下面以打印字符串为例说明其基本原理。假定用户程序 P 中调用了某 I/O 函数，请求打印机打印字符长度为 n 的字符串。显然，P 通过一系列过程调用后，会通过一个系统级 I/O 函数（如 open）来打开设备文件。若打印机空闲，则用户进程可正常使用打印机，可通过另一个系统级 I/O 函数（如 write）对打印机设备文件进行写操作，从而陷入操作系统内核打印字符串。

如图 6.12 所示，假设设备无关的 I/O 软件已将用户进程缓冲区中的字符串复制到内核空间（kernelbuf），驱动程序首先读取打印机状态端口（printer_status_port）查看打印机是否就绪。若未就绪，则等待并重新检测状态端口。打印机就绪后，驱动程序将内核空间缓冲区中的一个字符输出到打印机控制器的数据端口（printer_data_port）中，并向打印机控制器的控制端口（printer_control_port）发出"启动打印"命令，以控制打印机打印数据端口中的字符。上述过程循环执行，直到字符串中所有字符打印结束。

```
for (i=0; i < n; i++) {                           //对于每个打印字符循环执行
    while (readb(printer_status_port) != READY);  //忙等，直到打印机状态"就绪"
    writeb (printer_data_port, kernelbuf[i]);      //向数据端口输出一个字符
    writeb (printer_control_port, START);          //发送"启动打印"命令
}
return;                                            //返回
```

图 6.12 程序直接控制 I/O 的一个例子

打印机的"就绪"和"缺纸"等状态记录在打印机控制器的状态端口中。接收到"启动打印"命令后，打印机控制器自动将"就绪"状态清 0，表示当前正在工作，无法接收新的打印任务；打印完当前数据端口中的字符时，打印机控制器自动将"就绪"状态置 1，表示数据端口已准备就绪，CPU 可以向数据端口送入下一个的欲打印字符。

若采用程序直接控制 I/O 方式，则驱动程序的执行与外设的 I/O 操作完全串行，驱动程序需等待用户进程的全部 I/O 请求完成后，才返回到上层 I/O 软件，最后再返回到用户进程。此方式下，用户进程在 I/O 过程中不会被阻塞，内核空间的 I/O 软件一直代表用户进程在内核态进行 I/O 处理。

程序直接控制 I/O 方式的特点是简单、易控制，设备控制器中的控制电路也简单。但是，CPU 需要从设备控制器中读取状态信息，并在外设未就绪时一直处于**忙等待**。如果外设的速度比 CPU 慢很多，CPU 等待外设完成任务将浪费大量处理器时间。

2. 中断控制 I/O 方式

中断控制 I/O 方式的基本思想是，当需要进行 I/O 操作时，首先启动外设进行第一个数据的 I/O 操作，然后阻塞请求 I/O 的用户进程，并调度其他进程到 CPU 上执行，期间，外设在设备控制器的控制下工作。外设完成 I/O 操作后，向 CPU 发送一个**中断请求信号**，CPU 检测到该信号后，则进行上下文切换，调出相应的**中断服务程序**执行。中断服务程序将启动后续数据的 I/O 操作，然后返回到被打断的进程继续执行。例如，对于上述请求打印字符串的用户进程 P 的例子，如果采用中断控制 I/O 方式，则驱动程序处理 I/O 的过程如图 6.13 所示。

```
enable_interrupts();                              //开中断，允许外设发出中断请求
while (readb(printer_status_port) != READY);      //等待直到打印机状态为"就绪"
writeb (printer_data_port, kernelbuf[i]);         //向数据端口输出第一个字符
writeb (printer_control_port, START);             //发送"启动打印"命令
scheduler();                                      //阻塞用户进程P，调度其他进程执行
```

a)"字符串打印"驱动程序

```
acknowledge_interrupt();                          //中断回答（清除中断请求）
if (n==0) {                                        //若字符串打印完，则
    unblock_user();                               //用户进程P解除阻塞，P进就绪队列
} else {
    writeb (printer_data_port, kernelbuf[i]);     //向数据端口输出一个字符
    writeb (printer_control_port, START);         //发送"启动打印"命令
    n = n-1;                                       //未打印字符数减1
    i = i+1;                                        //下一个打印字符指针加1
}
return_from_interrupt();                           //中断返回
```

b)"字符打印"中断服务程序

图 6.13 中断控制 I/O 的一个例子

从图 6.13a 可看出，驱动程序启动打印机后，就调用**处理器调度程序** scheduler 切换到其他进程执行，而阻塞用户进程 P。在 CPU 执行其他进程的同时，打印机和 CPU 并行工作。若打印机打印一个字符需要 5 ms，则期间其他进程可在 CPU 上执行 5 ms 的时间。对于程序直接控制 I/O 方式，CPU 在这 5 ms 内只是不断地查询打印机状态，因而整个系统效率很低。

小提示

在多道程序（多任务）系统中，单个处理器可以被多个进程共享，即多个进程可以轮流使用处理器。为此，操作系统必须使用某种调度方法决定何时停止一个进程在处理器上的运行，转而使处理器运行另一个进程。操作系统中使用某种调度方法进行处理器调度的程序称为**处理器调度程序**。

简单来说，一个进程有三种基本状态：运行、就绪和阻塞。正在处理器上运行着的进程处于**运行态**；可以被调度到处理器运行但因为时间片到等原因被换下的进程处于**就绪态**；因为某种事件的发生而不能继续在处理器上运行的进程处于**阻塞态**。处于阻塞态

的进程也称为**被挂起**，典型的处于阻塞态进程的例子就是等待 I/O 完成的进程，因为 I/O 操作没有完成的话，进程便无法继续运行下去。处于就绪态的进程可能有多个，为方便选择就绪态进程运行，通常将所有就绪态进程组成一个**就绪队列**，解除阻塞的进程可进入就绪队列。

中断控制 I/O 方式下，外设一旦完成任务，就会向 CPU 发中断请求。对于图 6.13 的例子，当一个字符打印结束后，打印机就会发中断请求，CPU 将暂停正在执行的其他进程，调出"字符打印"中断服务程序执行。如图 6.13b 所示，中断服务程序首先通知打印机控制器中断已收到，清除中断请求，然后判断是否已完成字符串中所有字符的打印，若是，则将用户进程 P 解除阻塞，将其放入就绪队列；否则，就向数据端口送出下一个欲打印字符，并启动打印，将未打印字符数减 1、下一打印字符索引加 1。最后 CPU 从中断服务程序返回，回到被打断的进程继续执行。

图 6.14 和图 6.15 描述了中断控制 I/O 的整个过程。

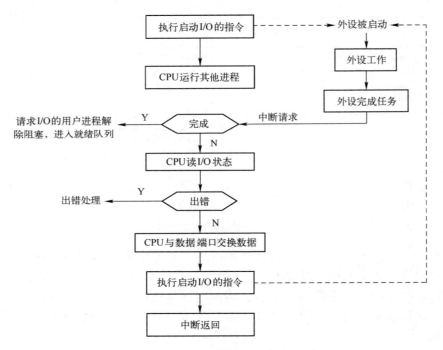

图 6.14　中断控制 I/O 过程

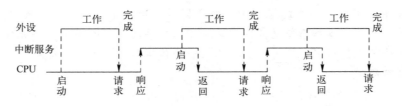

图 6.15　CPU 与外设并行工作

计算机系统中可能会存在多个可发送中断请求信号的设备，甚至一些复杂设备支持发送多种中断，它们称为**中断源**。硬件对不同的中断源编号加以区分，该编号称为**中断号**。驱动程序初始化时向操作系统注册相应的中断服务程序，同时将中断号作为参数，指示将该中断服务程序绑定到该中断号。CPU 响应中断后，可查询触发本次中断的中断号，然后根据中断号查询相应的中断服务程序并调用。

中断控制 I/O 方式下，每次执行中断服务程序仅传送一个数据。例如，对于上述字符串打印的例子，每次中断都只打印一个字符。但是，为了响应中断请求和执行中断服务程序，CPU 额外执行了许多操作，包括保存断点和程序状态字、保存现场、查询中断号、调用中断服务程序等。对于硬盘、网卡等高速设备，若采用中断控制方式，则 CPU 将会由于外设传输数据速度快而频繁响应和处理中断，从而影响整个系统的效率。

以下例子说明中断控制 I/O 方式下，CPU 用于硬盘 I/O 的开销。

例 6.3 假定某字长为 32 位的单核 CPU 主频为 3 GHz，某硬盘传输带宽为 128 MB/s，硬盘控制器中有一个 512 B 的数据缓存。系统中有 A 和 B 两个用户进程，其中 A 为 I/O 密集型程序，不断从硬盘读出数据；B 为计算密集型程序，一直在用户态进行科学计算。假设系统使用中断 I/O 方式进行硬盘数据传输，每次中断传输 512 B 数据，CPU 从硬盘 I/O 端口中读出一个字需要 24 个 CPU 时钟周期。系统的工作过程如下：①A 通过系统调用函数 read 读取 4 KB 数据，从 A 发起系统调用到驱动程序向硬盘发出读命令，需要 3 μs；②驱动程序向硬盘发出读命令，然后阻塞 A 并调度 B，并通过上下文切换返回到 B，需要 1.5 μs；③B 执行一段时间；④硬盘读数据完成后发送中断请求，CPU 响应中断后查询中断源，并调出硬盘中断服务程序，需要 0.5 μs；⑤硬盘中断服务程序从 I/O 端口中依次读出硬盘控制器数据缓存中的 512 B 数据；⑥反复执行第②~⑤步，直到读出总计 4 KB 数据；⑦唤醒 A 后切换到 A 的上下文，并从系统调用返回用户态，需要 3 μs；⑧跳转到第①步，重复上述过程。问：硬盘实际的数据传输率为多少？CPU 运行进程 B 的时间占比为多少？

解： 硬盘采用中断 I/O 方式，每次中断传输 512 B 数据，故传输 4 KB 数据需要处理 8 次中断，每次传输 512 B 数据需要 512 B/（128 MB/s）= 4 μs。由于该 CPU 字长为 32 位，一次最多只能从 I/O 端口中读出 4 B 数据，故从 I/O 端口中读出 512 B 数据需要 512 B/4 B×24 = 3072 个时钟周期，即 3072/3 GHz = 1 μs。综上，从驱动程序发出读命令，到 CPU 从 I/O 端口中读出全部数据，需要 4 μs+0.5 μs+1 = 5.5 μs，上述一轮工作（即 A 从发起系统调用到系统调用完成）需要 3 μs+5.5 μs×8+3 μs = 50 μs。在一轮工作中，硬盘实际工作的时间占比为（4 μs×8）/50 μs = 64%，故硬盘实际的数据传输率为 128 MB/s×64% = 81.92 MB/s；在一次硬盘传输的过程中，进程 B 执行的时间为 4 μs−1.5 μs = 2.5 μs，故 CPU 运行进程 B 的时间占比为（2.5 μs×8）/50 μs = 40%。

对于程序查询方式，在外设准备数据时，CPU 一直在等待外设完成（忙等待），因此 CPU 用于 I/O 的时间为 100%。对于中断 I/O 方式，在外设准备数据时，CPU 可执行其他进程，外设和 CPU 并行工作，因而 CPU 在外设准备数据时没有 I/O 开销，只有在中断响应和处理以及进行数据传送时 CPU 才需要花费时间为 I/O 服务。当外设工作效率较低时，采用中断 I/O 方式可大幅降低 CPU 用于 I/O 的开销。

但对于像硬盘这类高速外设的数据传送，若用中断 I/O 方式，则 CPU 用于 I/O 的开销是无法忽视的。高速外设速度快，中断请求频率高，导致 CPU 被频繁打断，使得中断响应和处理的额外开销很大，因此，高速外设不适合采用中断 I/O 方式，通常采用 **DMA 控制 I/O 方式**。

3. DMA 控制 I/O 方式

直接存储器访问（Direct Memory Access，DMA）控制 I/O 方式使用专门的 DMA 接口硬件直接控制在外设和主存之间交换数据，此时数据不经过 CPU。通常把该接口硬件称为 **DMA 控制器**。

DMA 控制器与设备控制器一样，其中也有若干寄存器，包括**主存地址寄存器**、**设备地址寄存器**、**字计数器**、**控制寄存器**等，还有其他控制逻辑，用于控制设备通过总线与主存直接交换数据。在 DMA 传送前，应先进行 **DMA 初始化**，将需要传送的数据个数、数据所在设备地址以及主存首地址、数据传送方向（从主存到外设还是从外设到主存）等参数写入上述寄存器中。

如图 6.16 所示，DMA 控制 I/O 过程如下：首先进行 DMA 初始化，然后发送 "**启动 DMA 传送**" 命令启动外设工作。之后，CPU 阻塞请求 I/O 的用户进程，转去执行其他进程。在 CPU 执行其他进程的过程中，DMA 控制器控制外设和主存交换数据，此时 CPU 和外设并行工作。DMA 控制器每完成一个数据的传送，就将字计数器减 1，并更新主存地址，其功能可看作使用专用硬件来执行 memcpy 函数。当字计数器为 0 时，完成所有 I/O 操作，此时，DMA 控制器发送 "**DMA 结束**" 中断请求信号，CPU 检测到中断请求后，暂停正在执行的进程并调出 "DMA 结束" 中断服务程序执行。在该中断服务程序中，CPU 解除请求 I/O 的用户进程的阻塞状态，将其放入就绪队列，然后从中断返回，回到被打断的进程继续执行。

```
initialize_DMA( );                          //初始化 DMA 控制器（准备传送参数）
writeb(DMA_control_port, START);            //发送 "启动DMA传送" 命令
scheduler( );                               //阻塞用户进程，调度其他进程执行
```

a) write 系统调用服务例程

```
acknowledge_interrupt();                    //中断回答（清除中断请求）
unblock_user( );                            //用户进程P解除阻塞，进入就绪队列
return_from_interrupt();                    //中断返回
```

b) "DMA 结束" 中断服务程序

图 6.16　DMA 控制 I/O 过程

DMA 控制 I/O 方式下，CPU 只需在最初的 DMA 初始化和最后处理 "DMA 结束" 中断时介入，而无须参与整个数据传送过程，因而 CPU 用于 I/O 的开销非常小。

例 6.4　考虑例 6.3 中的场景，但硬盘采用 DMA 方式传输数据，每次传输的数据量为 4 KB。问：硬盘实际的数据传输率为多少？CPU 运行进程 B 的时间占比为多少？若 DMA 方式每次传输的数据量为 32 KB，且用户进程 A 通过系统调用函数 read 一次读取 32 KB 数据，此时硬盘实际的数据传输率和 CPU 运行进程 B 的时间占比各为多少？

解：由于 DMA 方式每次传输 4 KB 数据，故每次系统调用只需传递一次数据并处理一次中断。每次传输 4 KB 数据需要 4 KB/(128 MB/s) = 32 μs，但由于 DMA 直接将数据传输到主

存，CPU 无须从 I/O 端口中读出数据，故一轮工作（即 A 从发起系统调用到系统调用完成）需要 $3\,\mu s + 32\,\mu s + 0.5\,\mu s + 3\,\mu s = 38.5\,\mu s$。在一轮工作中，硬盘实际工作的时间占比为 $32\,\mu s / 38.5\,\mu s = 83.12\%$，故硬盘实际的数据传输率为 $128\,MB/s \times 83.12\% = 106.39\,MB/s$；在一次硬盘传输过程中，进程 B 可执行的时间为 $32\,\mu s - 1.5\,\mu s = 30.5\,\mu s$，故 CPU 运行进程 B 的时间占比为 $30.5\,\mu s / 38.5\,\mu s = 79.22\%$。

相比于例 6.3 中的中断 I/O 方式，采用 DMA 方式可使硬盘实际的数据传输率提升 29.88%，而 CPU 运行进程 B 的时间占比达到了之前的 1.98 倍。

若 DMA 方式每次传输的数据量为 32 KB，则需要花费 $32\,KB / (128\,MB/s) = 256\,\mu s$，故一轮工作（即 A 从发起系统调用到系统调用完成）需要 $3\,\mu s + 256\,\mu s + 0.5\,\mu s + 3\,\mu s = 262.5\,\mu s$。在一轮工作中，硬盘实际工作的时间占比为 $256\,\mu s / 262.5\,\mu s = 97.52\%$，故硬盘实际的数据传输率为 $128\,MB/s \times 97.52\% = 124.83\,MB/s$；在一次硬盘传输过程中，进程 B 可执行的时间为 $256\,\mu s - 1.5\,\mu s = 254.5\,\mu s$，故 CPU 运行进程 B 的时间占比为 $254.5\,\mu s / 262.5\,\mu s = 96.95\%$。

DMA 方式下，数据传送不消耗任何处理器周期，因此，即使硬盘一直在进行 I/O 操作，CPU 也仅需要初始化 DMA、发送"启动 DMA 传送"命令，以及处理"DMA 结束"中断。在实际场景中，硬盘大多数时间并不工作，因此 CPU 为 I/O 所花费的时间会更少。当然，若 CPU 在 DMA 传送过程中需要访问存储器，则需要与 DMA 竞争存储器带宽，此时 CPU 让出总线，由 DMA 控制器控制总线进行存储访问，DMA 挪用一个存储周期完成存储访问后释放总线，CPU 再使用总线进行存储访问，这称为**周期挪用 DAM 方式**。不过，通过使用 cache，CPU 可避免大多数访存冲突，因为 CPU 的大部分访存请求都在 cache 中命中，因而存储器的大部分带宽都可让给 DMA 使用。

近年来，超高速外设开始流行，包括 SSD、万兆网卡、十万兆网卡等，甚至出现了传输速率接近 1Tb/s 的太网卡。这类外设的工作速度非常快，即使采用 DMA 方式，一次中断处理也会带来不可忽略的开销。有研究工作指出，通过轮询方式访问超高速外设反而可以使 CPU 能在更短的时间内完成 I/O 操作，从而提高 I/O 响应速度。

当系统中引入 DMA 方式时，存储层次结构和 CPU 之间的关系会变得更复杂。没有 DMA 控制器时，所有访存请求都来自 CPU，它们通过 MMU 进行地址转换，并在 cache 缺失时才访问主存。有了 DMA 控制器后，系统中就多出另一条访问主存的路径，它没有通过 MMU 和 cache。这样，在虚拟存储器和 cache 系统中就会产生一些新问题。解决这些问题通常要结合硬件和软件两方面的技术支持。

6.3.3 中断服务程序

中断控制 I/O 和 DMA 控制 I/O 两种方式下，在执行设备驱动程序过程中，都会阻塞当前用户进程并调度其他进程执行；也都会向 CPU 发送中断请求信号，前者由设备在每完成一个数据的 I/O 后发送信号，后者由 DMA 控制器在完成整个数据块的 I/O 后发送信号。CPU 收到中断请求信号后，将调出中断服务程序进行中断处理。

图 6.17 给出了整个**中断过程**，包括**中断响应**和**中断处理**两个阶段。中断响应完全由硬件完成，包括关中断，保存断点，并跳转到预先设定的中断服务程序，进入中断处理阶段。

中断服务程序包含三个阶段：**准备阶段**、**处理阶段**和**恢复阶段**。准备阶段需要将寄存器现场保存到栈上，并根据实际情况决定是否需要在中断处理过程中响应并处理其他中断，若是，则进行以下操作：①保存当前的中断屏蔽字，中断屏蔽字用于指示是否允许响应新的中断源；②设置新的中断屏蔽字，从而指定允许在后续的处理阶段中响应哪些中断源；③开中断，允许CPU响应中断。若否，则可省略上述三步操作。中断屏蔽字寄存器是中断控制器中的一个I/O端口，由CPU通过I/O指令进行设置。有关中断控制器的介绍参见6.4.5节。

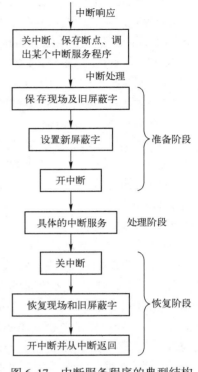

图 6.17　中断服务程序的典型结构

处理阶段需要从中断控制器中读出触发本次中断的中断号，并根据中断号查询相应的中断服务程序，然后调用具体的中断服务。具体的中断服务首先通知设备本次中断已收到，清除中断请求，然后根据设备的具体功能进行处理。由于具体的中断服务与设备紧密相关，因此通常作为设备驱动程序的一部分功能，设备驱动程序在初始化时会向操作系统注册相应的中断服务，同时将中断号作为参数，指示将该中断服务绑定到该中断号。

恢复阶段的工作与准备阶段相反，包括关中断、恢复现场和旧屏蔽字等，最后通过指令集提供的中断返回指令从中断处理过程返回。通常中断返回指令除了返回到程序的断点外，同时还会自动恢复处理器的中断使能位。

在中断处理过程中，若又到来了优先级更高的新中断请求，CPU应立即暂停当前执行的中断服务程序，转去处理新中断，这种情况称为**多重中断**或**中断嵌套**，如图6.18所示。

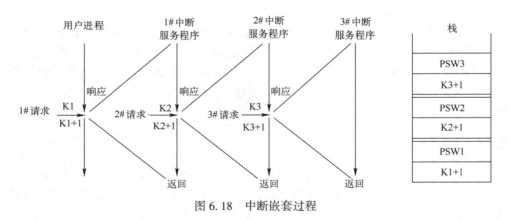

图 6.18　中断嵌套过程

为了正确实现中断嵌套，需要利用栈的特性。如图6.18所示，假定在执行用户进程时，发生了1#中断请求，因为用户进程不屏蔽任何中断，故CPU需响应1#中断，中断响应过程将用户进程的断点K1+1及其程序状态字PSW1保存在栈中，然后调出1#中断服务程序执行。而在处理 1#中断的过程中，又发生了 2#中断，且 2#中断的处理优先级比 1# 高，也即 1#中断服务程序所设置的屏蔽字对 2#中断是开放的（对应屏蔽位为 1），此时 CPU 将暂停 1#中断的处理，而响应 2#中断，中断响应过程将 1#中断的断点 K2+1 及其程序状态字 PSW2 保存在栈中，然后调出 2#中断服务程序执行。同样，若 2#中断未屏蔽 3# 中断，则 3#中断也可以打断 2#中断的处理。当 3#中断处理完返回时，需从栈顶取出断点和程序状态字。因此从 3#中断返回后，首先回到 2#中断的断点 K3+1 处，而不是回到 1# 中断或用户进程执行。

6.4　I/O 硬件与软件的接口

用户 I/O 请求通过陷阱指令转入内核，由内核 I/O 软件控制 I/O 硬件完成。内核空间中底层 I/O 软件的编写与 I/O 硬件的结构密切相关，编写这部分软件的程序员关心的是 I/O 硬件中与软件的接口部分，因此，本节主要介绍与软件相关的 I/O 硬件部分。I/O 硬件通常由机械部分和电子部分组成，并且两部分通常可以分开。机械部分是 I/O 设备本身，而电子部分则称为**设备控制器**或 **I/O 适配器**。

6.4.1　输入/输出设备

I/O 设备又称**外围设备**、**外部设备**，简称**外设**，是计算机系统与人类或其他计算机系统之间交换信息的装置。操作系统为了统一管理 I/O 设备，通常将 I/O 设备分成两类：字符设备和块设备。

字符设备是以字符为单位向主机发送或从主机接收字符流的设备。字符设备传送的字符流不能形成数据块，无法定位和寻址。

通常，大多数输入设备和输出设备都可以看作字符设备。**输入设备**的功能是把数据、命令、字符、图形、图像、声音或电流、电压等信息，以计算机可以接收或识别的二进制编码形式输入计算机中，例如，键盘、鼠标、触摸屏、跟踪球、控制杆、数字化仪、扫描仪、手写笔、光学字符阅读机等都是输入设备；**输出设备**的功能是把计算机处理的结果，变成最终可以被人理解的数据、文字、图形、图像和声音等信息。例如，显示器、打印机和绘图仪等都是输出设备。

还有一类主要用于计算机和计算机之间通信的设备，称为**机-机通信设备**，例如，网络接口、调制解调器、数/模和模/数转换器等。通常，大多数机-机通信设备也可看作字符设备。

块设备以一个固定大小的数据块为单位与主机交换信息。块设备中的数据块大小通常在 512 字节以上，通常按照某种组织方式对其进行读/写，每个数据块都有唯一的位置信息，因而是**可寻址的**。典型的块设备是**外部存储器**，例如，磁盘驱动器、固态硬盘等。

操作系统将所有设备划分成字符设备和块设备两类，主要是为了便于抽象出不同设备的共同特点，从而尽可能多地划分出与设备无关的 I/O 软件部分。例如，对于块设备，文件系统只处理与设备无关的抽象块设备，而把与设备相关的部分放到更低层次的设备驱动程序中实现。

6.4.2 基于总线的互连结构

图 6.19 给出了基于总线互连的传统计算机系统结构示意图，在其互连结构中，除 CPU、主存储器以及各种接插在主板扩展槽上的 I/O 控制卡（如声卡、视频卡）外，还有北桥芯片和南桥芯片，这两个超大规模集成电路芯片组成一个芯片组，是计算机中各个部件相互连接和通信的枢纽。芯片组几乎集成了主板上所有的存储器控制功能和 I/O 控制功能，既实现了总线功能，又提供了各种 I/O 接口及相关控制功能。其中，北桥是一个主存控制器集线器（Memory Controller Hub，MCH）芯片，本质上是一个 DMA 控制器，因此，可通过 MCH 芯片，直接访问主存和显卡中的显存。南桥是一个 I/O 控制器集线器（I/O Controller Hub，ICH）芯片，可集成 USB 控制器、磁盘控制器、以太网控制器等各种外设控制器，也可通过南桥芯片引出若干主板扩展槽，用以接插一些 I/O 控制卡。

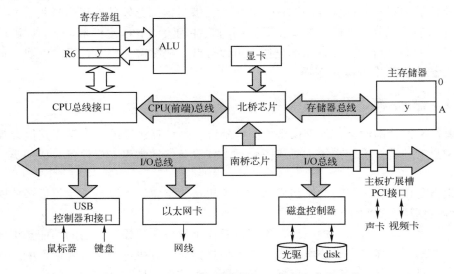

图 6.19　外设、设备控制器和 CPU 及主存的连接

如图 6.19 所示，CPU 与主存之间由处理器总线（也称为前端总线）和存储器总线相连，各类 I/O 设备通过相应的设备控制器（如 USB 控制器、以太网卡、磁盘控制器）连接到 I/O 总线上，而 I/O 总线通过芯片组与主存和 CPU 连接。

传统上，总线分为处理器—存储器总线和 I/O 总线。处理器—存储器总线比较短，通常是高速总线，有的系统将处理器总线和存储器总线分开，中间通过北桥芯片（桥接器）连接，CPU 芯片通过 CPU 插座插在处理器总线上，内存条通过内存条插槽插在存储器总线上。

下面对处理器总线、存储器总线和 I/O 总线进行简单说明。

1. 处理器总线

早期 Intel 微处理器的处理器总线称为**前端总线**（Front Side Bus，FSB），它是主板上最快的总线，主要用于处理器与北桥芯片之间交换信息。

FSB 的传输速率单位实际上是 MT/s，表示每秒钟传输多少兆次。通常所说的总线传输速率单位 MHz 是习惯上的称呼，实质是时钟频率单位。早期的 FSB 每个时钟传送一次数据，因此时钟频率与数据传输速率一致。但是，从 Pentium Pro 开始，FSB 采用 4 倍并发（Quad Pumped）技术，在每个总线时钟周期内传 4 次数据，即总线的数据传输速率等于总线时钟频率的 4 倍，若时钟频率为 333 MHz，则数据传输速率为 1333 MT/s，即 1.333 GT/s，但习惯上称 1333 MHz。若前端总线的工作频率为 1333 MHz（实际时钟频率为 333 MHz），总线的数据宽度为 64 位，则总线带宽为 10.664 GB/s。

Intel 公司推出 Core i7 时，北桥芯片的功能被集成到了 CPU 芯片内，CPU 通过存储器总线（即内存条插槽）直接和内存条相连，而在 CPU 芯片与其他 CPU 芯片之间，以及 CPU 芯片与 IOH（Input/Output Hub）芯片之间，则通过 QPI（Quick Path Interconnect）总线相连。

QPI 总线是一种基于包传输的高速点对点连接协议，采用差分信号与专门的时钟信号进行传输。QPI 总线有 20 条数据线，发送方（TX）和接收方（RX）有各自的时钟信号，每个时钟周期传输两次。一个 QPI 数据包含 80 位，需要两个时钟周期或 4 次传输才能完成整个数据包的传送。在每次传输的 20 位数据中，有效数据占 16 位，其余 4 位用于循环冗余校验，以提高系统的可靠性。由于 QPI 是双向的，在发送的同时也可以接收另一端传输的数据，因此，每个 QPI 总线的带宽计算公式如下：

每秒传输次数×每次传输的有效数据×2

QPI 总线的速度单位通常为 GT/s，若 QPI 的时钟频率为 2.4 GHz，则速度为 4.8 GT/s，表示每秒钟传输 4.8 G 次数据，并称该 QPI 工作频率为 4.8 GT/s。因此，QPI 工作频率为 4.8 GT/s 的总带宽为 4.8 GT/s×2 B×2 = 19.2 GB/s。QPI 工作频率为 6.4 GT/s 的总带宽为 6.4 GT/s×2 B×2 = 25.6 GB/s。

2. 存储器总线

早期的存储器总线由北桥芯片控制，处理器通过北桥芯片和主存、图形卡（显卡）以及南桥芯片进行互连。但后来的处理器芯片（如 Core i7）集成了主存控制器，因而存储器总线直接连接到处理器。

芯片组设计时需确定其能够处理的主存类型，故存储器总线有不同的运行速度。如图 5.33 所示计算机中，存储器总线宽度为 64 位，每秒传输 1066 M 次，总线带宽为 1066 M×64 bit/8 = 8.533 GB/s，因而 3 个通道的总带宽为 25.6 GB/s，与此配套的内存条型号为 DDR3-1066。

3. I/O 总线

I/O 总线用于为系统中各种 I/O 设备提供输入/输出通路，其物理表现通常是主板上的 I/O 扩展槽。早期的第一代 I/O 总线有 XT 总线、ISA 总线、EISA 总线、VESA 总线，这些 I/O 总线早已被淘汰；第二代 I/O 总线包括 PCI、AGP、PCI-X；第三代 I/O 总线是 PCI-Express（可简写为 PCI-e）。

前两代 I/O 总线采用并行传输的同步总线，而 **PCI-e 总线**采用串行传输方式。两个 PCI-e 设备之间以一个**链路**（Link）相连，每个链路可包含多条**通路**（Lane），可能的通路数为 1、2、4、8、16 或 32，PCI-e×n 表示具有 n 个通路的 PCI-e 链路。

PCI-e 每条通路由发送和接收数据线构成，发送和接收两个方向各有两条差分信号线，可同时发送和接收数据。在发送和接收过程中会对每个数据字节进行编码，以保证所有位都含有信号电平的跳变。这是因为在链路上没有专门的时钟信号，接收器使用锁相环（PLL）

从进入的位流 0-1 和 1-0 跳变中恢复时钟。例如，PCI-e 1.0 和 PCI-e 2.0 采用 8 b/10 b 编码方案，即将每 8 位数据编码成 10 位；而 PCI-e 3.0、PCI-e 4.0 和 PCI-e 5.0 采用 128 b/130 b 编码方案，即将每 128 位数据编码成 130 位，大大提升了数据传输效率。

PCI-e 1.0 规范支持通路中每个方向的发送或接收速率为 2.5 Gb/s。因此，PCI-e 1.0 总线的总带宽计算公式（单位为 GB/s）如下。

$$2.5 \text{ Gb/s} \times 2 \times \text{通路数}/10$$

根据上述公式可知，在 PCI-e 1.0 规范下，PCI-e×1 的总带宽为 0.5 GB/s；PCI-e×2 的总带宽为 1 GB/s；PCI-e×16 的总带宽为 8 GB/s。

将北桥芯片功能集成到 CPU 芯片后，主板上的芯片组不再是传统的三芯片结构（CPU+北桥+南桥）。根据需求有多种主板芯片组结构，有的是双芯片结构（CPU+PCH），有的是三芯片结构（CPU+IOH+ICH）。其中，双芯片结构中的 PCH（Platform Controller Hub）芯片除包含原南桥芯片 ICH 的 I/O 控制器集线器功能外，原北桥芯片中的图形显示控制单元和管理引擎（Management Engine，ME）单元也集成到 PCH 中，另外还包括非易失 RAM（Non-Volatile Random Access Memory，NVRAM）控制单元等，因此 PCH 比以前南桥芯片的功能复杂得多。

图 6.20 给出了一个基于 Intel Core i7-975 三芯片结构的单处理器计算机系统互连示意图。图中 Core i7-975 处理器芯片直接与三通道 DDR3 SDRAM 主存储器连接，并提供一组带宽为 25.6 GB/s 的 QPI 总线，与基于 X58 芯片组的 IOH 芯片相连。图中所配内存条速度为 533 MHz×2=1066 MT/s，因此每个通道的存储器总线带宽为 64 b/8×533 MHz×2=8.5 GB/s。

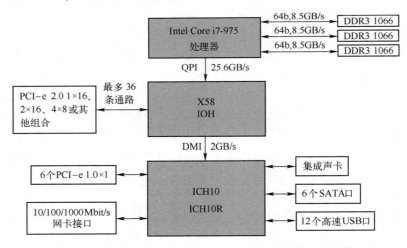

图 6.20　基于 Intel Core i7-975 处理器的计算机互连结构

图 6.20 中，IOH 的重要功能是提供对 PCI-e 2.0 的支持，最多可支持 36 条 PCI-e 2.0 通路，可以配置为一个或两个 PCI-e 2.0×16 的链路，或者 4 个 PCI-e 2.0×8 的链路，或者其他的组合，如 8 个 PCI-e 2.0×4 的链路等。这些 PCI-e 链路可以支持多个图形显示卡。

IOH 与 ICH 芯片（ICH10 或 ICH10R）通过 DMI（Direct Media Interface）总线连接。DMI 采用点对点方式，时钟频率为 100 MHz，因为上行与下行各有 1 GB/s 的数据传输率，因此总带宽为 2 GB/s。ICH 芯片中集成了相对慢速的外设 I/O 接口，包括 6 个 PCI-e 1.0 ×1 接口、10/100/1000 Mbit/s 网卡接口、集成声卡（HD Audio）、6 个 SATA 硬盘控制接口和 12 个支持 USB 2.0 标准的 USB 接口。若采用 ICH10R 芯片，则还支持 RAID 功能，也即 ICH10R 芯片中还包含 RAID 控制器，所支持的 RAID 等级有 SATA RAID 0、RAID 1、RAID 5、RAID 10 等。

6.4.3　I/O 接口的功能和结构

外设的 **I/O 接口**又称**设备控制器**或 **I/O 控制器**或 **I/O 控制接口**，也称 **I/O 模块**，是介于外设和 I/O 总线之间的部分，不同的外设往往对应不同的设备控制器。设备控制器通常独立于 I/O 设备，可以集成在主板上（即 ICH 芯片内）或以插卡的形式插在 I/O 总线扩展槽上。例如，图 6.19 中的磁盘控制器、以太网卡（网络控制器）、USB 控制器、声卡、视频卡等都是 I/O 接口。

I/O 接口根据从 CPU 接收到的命令控制相应外设。它在主机一侧与 I/O 总线相连，在外设一侧提供相应的**连接器插座**，在插座上连上电缆即可通过设备控制器将外设连接到主机。

图 6.21 给出了常用连接插座。目前很多外设都可连接到 USB 接口上，键盘和鼠标既可连接到 PS/2 插座（图中键盘接口和鼠标器接口处的插座）上，也可连到 USB 接口上。

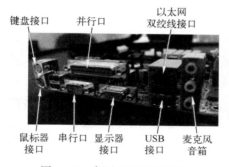

图 6.21　常用 I/O 设备插座

I/O 接口的主要职能包括以下几个方面。

1）数据缓冲。主存和 CPU 寄存器的存取速度都非常快，而外设一般涉及机械操作，其速度较低，在设备控制器中引入**数据缓冲寄存器**后，输出数据时，CPU 只需把数据送到数据缓冲寄存器即可；在输入数据时，CPU 只需从数据缓冲寄存器取数即可。在设备控制器控制外设与数据缓冲寄存器进行数据交换时，CPU 可执行其他任务。

2）错误和就绪检测。提供错误和就绪检测逻辑，并将结果保存在**状态寄存器**，供 CPU 查用。状态信息包括各类就绪和错误信息，如外设是否完成打印或显示、是否准备好输入数据供 CPU 读取、打印机是否缺纸、磁盘数据校验是否正确等。

3）控制和定时。接收主机侧送来的控制信息和定时信号，根据相应的定时和控制逻辑，向外设发送控制信号，控制外设工作。主机送来的控制信息存放在**控制（命令）寄存器**中。

4）数据格式的转换。提供数据格式转换部件（如进行串-并转换的移位寄存器），将从外部接口接收的数据转换为内部接口所需格式，或进行反向的数据格式转换。例如，以二进制位的形式读/写磁盘驱动器后，磁盘控制器将对从磁盘读出的数据进行**串-并转换**，或对主机写入的数据进行**并-串转换**。

不同 I/O 接口（设备控制器）在复杂性和控制外设数量上相差很大，故不一一列举。图 6.22 给出了 I/O 接口的通用结构。

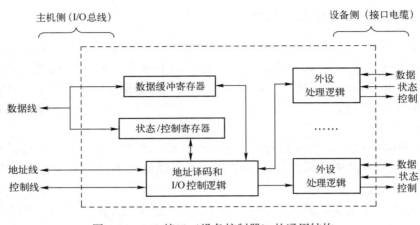

图 6.22 I/O 接口（设备控制器）的通用结构

如图 6.22 所示，I/O 接口中包含数据缓冲寄存器、状态/控制寄存器等多个不同寄存器，用于存放外设与主机交换的数据信息、控制信息和状态信息。因为状态信息和控制信息传送方向相反，而且 CPU 通常在时间上交错访问它们，故有些设备控制器将它们合并为一个寄存器。

设备控制器是连接外设和主机的"桥梁"，它在外设侧和主机侧各有一个接口。一方面，设备控制器在主机侧通过 I/O 总线和主机相连，CPU 可通过指令将控制信息写入控制寄存器、从状态寄存器读出状态信息或与数据缓冲寄存器进行数据交换，通常把这类指令称为 **I/O 指令**；另一方面，设备控制器在外设侧通过各种接口电缆（如 USB 线、网线、并行电缆等）和外设相连。因此，连接电缆、设备控制器、各类总线及其桥接器共同在外设、主存和 CPU 之间建立一条信息传输"通路"。

有了设备控制器，底层 I/O 软件就可以通过设备控制器来控制外设，因此编写底层 I/O 软件的程序员只需了解设备控制器的工作原理，包括设备控制器中有哪些软件可访问的寄存器、控制/状态寄存器中每一位的含义、设备控制器与外设之间的通信协议等，而无须了解外设的机械特性。

6.4.4 I/O 端口及其编址

通常把设备控制器中的数据缓冲寄存器、状态/控制寄存器等统称为 **I/O 端口**（I/O Port）。数据缓冲寄存器简称**数据端口**，状态/控制寄存器简称**状态/控制端口**。为了让 CPU 指定访问的外设和 I/O 端口，必须给 I/O 端口编址，所有 I/O 端口编号组成的空间称为 **I/O 地址空间**。I/O 端口的编址方式有两种：统一编址方式和独立编址方式。

1. 独立编址方式

独立编址方式对所有 I/O 端口单独编号，使它们成为一个与主存地址空间独立的 I/O 地址空间。采用该编址方式时，无法从地址码区分 CPU 访问的是 I/O 端口还是主存单元，因此指令系统中需要有专门的 I/O 指令表明访问的是 I/O 地址空间，I/O 指令中地址码部分给出 I/O 端口号。CPU 执行 I/O 指令时，会产生 I/O 读/写的总线事务，CPU 通过该总线事务访问 I/O 端口。

通常，I/O 端口数比主存单元少得多，选择 I/O 端口时，只需少量地址线，因此，在设备控制器中的地址译码逻辑较简单。独立编址的另一好处是，专用 I/O 指令使程序的结构较清晰，易判断出哪部分代码用于 I/O 操作，因而可读性和可维护性更好。不过，I/O 指令往往只提供简单的传输操作，故程序设计的灵活性差一些。

例如，Intel x86 架构支持独立编址方式，其 I/O 地址空间共有 65536 个 8 位的 I/O 端口，两个连续的 8 位端口可看成一个 16 位端口；同时提供了 4 条专门的 I/O 指令：in、ins、out 和 outs，其中的 in 和 ins 指令用于将设备控制器中某寄存器的内容取到 CPU 的通用寄存器中；out 和 outs 用于将通用寄存器的内容输出到设备控制器中某寄存器。例如，以下两条指令将 AL 寄存器中的字符数据送到打印机数据缓冲寄存器（端口号为 378H）中。

```
movl $0x378,%edx    #将数据缓冲寄存器编号 378H 送 DX
outb %al,%dx        #将 AL 中的字符数据送数据缓冲寄存器
```

2. 统一编址方式

统一编址方式下，I/O 地址空间与主存地址空间统一编址，主存地址空间分出一部分地址给 I/O 端口编号。因为 I/O 端口和主存单元在同一个地址空间的不同区域中，故可根据地址范围区分访问的是 I/O 端口还是主存单元，因此无须添加专门的 I/O 指令，只要用一般的访存指令即可访问 I/O 端口。因为这种方式是将 I/O 端口映射到主存空间的某段地址，所以也称为**存储器映射**方式。

因为统一编址方式下 I/O 访问和主存访问共用同一组指令，所以其保护机制可由虚拟存储管理机制实现。统一编址方式大大增加了编程的灵活性，任何访问内存的指令均可用于访问设备控制器中的 I/O 端口。例如，可用访存指令在 CPU 通用寄存器和 I/O 端口之间传送数据；可用 and、or 或 test 等指令操作设备控制器中的控制/状态寄存器。

大多数 RISC 架构都采用统一编址方式。如在 RISC-V 和 MIPS 两种架构中，I/O 端口采用存储器统一编址方式，通过 Load/Store 指令读/写 I/O 端口中的信息，总线可根据访存指令的物理地址范围区分读/写的是主存单元还是 I/O 端口。

例如，对于 MIPS 32 架构，图 6.23 给出了其虚拟地址空间映射，其中内核空间中位于 0xA000 0000~0xBFFF FFFF 的 kseg1 区域是非映射非缓存区域。它被固定映射到物理地址空间最开始的 512 MB（0x0000 0000~0x1FFF FFFF）区间，只需将虚拟地址最高三位清零即可转换为物理地址，无须经过 MMU 转换，因此它是**非映射**（Unmapped）区域。同时也是**非缓存**（Uncached）区域，该区域中的信息不能送 cache 进行缓存。

通常将 I/O 端口地址空间分配在 kseg1 区域，其原因是，该区域的非缓存特性（即在 cache 中没有副本）能保证对 I/O 空间访问的**数据一致性**。此外，kseg1 是唯一能在系统启动时（此时 MMU 和 cache 还未能正常工作）可以访问的地址空间，因此，MIPS 32 规定，上电重启后所运行程序的第一条指令的地址为 0xBFC0 0000，所映射的物理地址是 0x1FC0 0000。

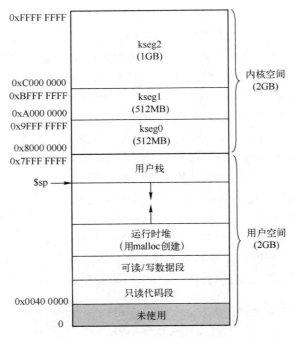

图 6.23　MIPS 32 虚拟地址空间

可将 MIPS 32 虚拟地址空间的 kseg1 区域中的一块地址分配给 I/O 地址空间，其中的地址对应到不同外设控制器中的 I/O 端口号，例如，可将 0xB0C0 0000～0xB0C0 0FFF 范围的地址分配给网卡（网络控制器）中的 I/O 端口。执行加载指令 lw 时，只要通过简单的虚实地址变换（最高三位清 0），将分配给 I/O 端口号的虚拟地址变换为对应的物理地址，CPU 将该物理地址送到系统总线上，最终通过 I/O 总线的地址线传送到 I/O 接口中，从而选中要访问的 I/O 端口，就可完成从指定 I/O 端口加载信息的过程。例如，执行以下两条指令可将 I/O 端口 B0C0 0010H 中的信息（数据或状态）取到寄存器$t8 中。

```
lui $t9, 0xb0c0    #将立即数 B0C0 0000H 送入寄存器$t9
lw $t8, 0x10($t9)  #从 I/O 端口 B0C0 0010H 中读取信息到$t8 中
```

采用统一编址方式时，访存指令既可能访问主存，也可能访问 I/O 端口。与主存单元不同，即使 CPU 未主动写入 I/O 端口，其值也可能会随设备的工作状态发生变化，这会给软件编程和 CPU 设计带来若干新问题。

6.4.5　中断系统

现代计算机系统的中断处理功能相当丰富，每个计算机系统的中断系统功能可能不完全相同，但其基本功能主要包括以下几个方面：①及时记录各种中断请求，通常用一个**中断请求寄存器**来记录。②自动响应中断请求。CPU 在"开中断"状态下，执行一条指令后会自动检测中断请求引脚，发现有中断请求后会自动响应中断。③同时有多个中断请求时，能自动选择并响应优先级最高的中断请求。④保护被打断程序的断点和现场。**断点**指被打断程序中将要执行的下一条指令的地址，由 CPU 保存，**现场**指被打断程序在断点处各通用寄存器

的内容，由中断服务程序保存。⑤通过中断屏蔽实现多重中断的嵌套执行。

中断系统允许 CPU 在执行某中断服务程序时，被新的中断请求打断。但并非所有中断处理都可被新中断打断，对于一些重要的紧急事件，要设置成不可被打断，这就是**中断屏蔽**的概念。中断系统中要有中断屏蔽机制，针对每个中断，软件可以设置其允许被哪些中断打断，不允许被哪些中断打断。该功能主要通过在中断系统中设置**中断屏蔽字**实现。屏蔽字中每一位对应某个外设中断源，称为该中断源的**中断屏蔽位**，通常 1 表示允许中断，0 表示不允许中断（即屏蔽中断）。软件可以通过执行指令修改屏蔽字，从而动态改变中断处理的先后次序。

中断系统的基本结构如图 6.24 所示。

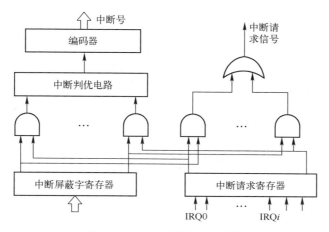

图 6.24 中断系统的基本结构

从图 6.24 可看出，来自各个外设的**中断请求**记录在中断请求寄存器的对应位，每个**中断源**有各自对应的中断屏蔽字，软件可根据需求设置**中断屏蔽字寄存器**。若有未屏蔽的中断请求到来，中断系统将会生成**中断请求信号**，同时将所有未被屏蔽的中断请求送到**中断判优电路**中。判优电路根据**中断响应优先级**选择一个优先级最高的中断源，通过编码器对该中断源进行编码，得到中断源的标识信息，称为**中断号**。CPU 在"开中断"状态下，每当执行完当前指令，都会检测中断请求信号（如 Intel x86 架构中的 INTR 信号）查看有无中断请求。若有，CPU 将会响应中断，在下个指令周期开始，CPU 将跳转到中断入口执行。中断响应过程与异常响应过程类似，具体可参见 4.5.4 节。

中断系统的功能一般通过**可编程中断控制器**（Programmable Interrupt Controller，**PIC**）实现。每个能够发出中断请求的外部设备控制器都有一条 **IRQ 线**，所有外设的 IRQ 线连到 PIC 对应的输入 IRQ0、IRQ1、…、IRQi、…若某 IRQi 输入信号有效，则 PIC 将其中断请求寄存器中对应那一位置 1，从而记录该中断请求。PIC 对所有外设发来的 IRQ 请求按优先级排队，如果至少有一个未屏蔽的 IRQ 请求，则 PIC 通过 INTR 信号向 CPU 发中断请求。

中断系统中存在两种**中断优先级**。一种是中断响应优先级，另一种是中断处理优先级。**中断响应优先级**由**中断查询程序**或如图 6.24 中的**中断判优电路**决定优先权，它决定多个中断同时请求时先响应哪个；而**中断处理优先级**则由各自的中断屏蔽字（如图 6.24 中的中断屏蔽字寄存器内容）来动态设定，决定本中断与其他所有中断之间的处理优先关系。如

6.3.3 节所述，在**多重中断系统**中通常用中断屏蔽字动态分配中断处理优先权。

例 6.5 在 IA-32+Linux 系统中，假设某用户程序 P 中有以下一段 C 代码：

```
1    int len, n, buf[ BUFSIZ];
2    FILE * fp;
3    …
4    fp = fopen( "bin_file. txt" ,"r" );
5    n = fread( buf, sizeof(int) , BUFSIZ, fp);
6    …
```

假设文件 bin_file. txt 已经存在磁盘上且存有足够多的数据，以前未被读取过。回答下列问题或完成下列任务。

1）执行第 4 行语句时，从用户程序的执行到调出内核中的 I/O 软件执行的过程是怎样的？要求画出函数之间的调用关系，并用自然语言描述执行过程。

2）执行第 5 行语句时，从用户程序的执行到调出内核中的 I/O 软件执行的过程是怎样的？要求画出函数之间的调用关系。

3）执行第 5 行语句时，通过陷阱指令陷入内核后，底层的内核 I/O 软件的大致处理过程是怎样的？

解： 1）执行第 4 行语句时，从用户程序的执行到调出内核中的 I/O 软件执行的过程如图 6.25 所示。

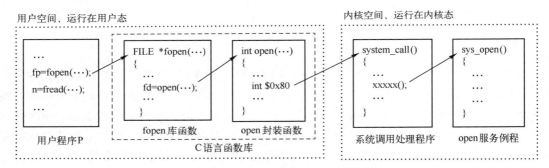

图 6.25　用户程序调用 fopen 函数到内核 I/O 软件执行的过程

如图 6.25 所示，当执行到用户程序 P 中第 4 行语句时，将转入 C 标准库函数 fopen 执行，根据图 6.10 所示的 fopen 函数源代码可知，fopen 将调用系统调用函数 open，而 open 系统调用对应的指令序列中有一条陷阱指令 int $0x80（或 sysenter），当执行到该陷阱指令时，将从用户态陷入内核态执行，在内核态首先执行的是 system_call 程序，该程序中再根据系统调用号转到对应的 open 系统调用服务例程 sys_open 执行，文件打开的具体工作由 sys_open 完成。因为将要打开的文件 bin_file. txt 已经存在，所以，fopen 函数将能成功执行。

2）执行第 5 行语句时，从用户程序 P 的执行到调出内核中的 I/O 软件执行的过程如图 6.26 所示。

3）因为用户进程使用 fread 函数读取的是一个普通的磁盘文件，所以应采用 DMA 控制 I/O 方式进行磁盘读操作。通过系统调用陷入内核后，底层的内核 I/O 软件的大致处理过程如下。

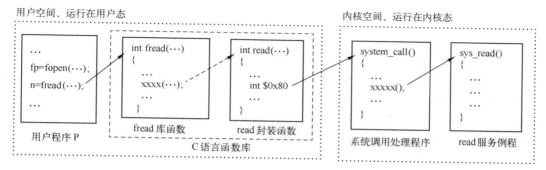

图 6.26　用户程序调用 fread 函数到内核 I/O 软件执行的过程

首先，由内核空间中与设备无关的 I/O 软件完成以下相关操作：根据文件 bin_file 的文件描述符 fd（执行 fopen 函数后得到一个指向结构 FILE 的指针 fp，在 fp 所指结构中包含了打开文件的文件描述符 fd），找到对应的文件描述信息，根据相应的文件描述信息可确定相应的磁盘设备驱动程序；根据文件当前指针确定所读数据在抽象的块设备中的逻辑块号；检查用户所需数据是否在高速缓存 RAM 中，以判断是否需要读磁盘。因为文件 bin_file 未曾被读取过，所以肯定不会在高速缓存 RAM 中，同时也不会在用户缓冲区，因而需要调用相应的磁盘驱动程序执行读磁盘操作。

然后，在磁盘驱动程序中，将会完成以下操作：检查磁盘驱动器的电动机是否运转正常、将逻辑块号转换为磁盘物理地址、对将要接收磁盘数据的主存空间进行初始化、对 DMA 控制器中的各个 I/O 端口进行初始化；然后，发送"启动 DMA 传送"命令以启动具体的 I/O 操作；最后调用处理器调度程序以挂起当前用户进程 P，并使 CPU 转而执行其他用户进程。

最终，当 DMA 控制器完成 I/O 操作后，向 CPU 发送一个"DMA 结束"中断请求信号，CPU 调出相应的中断服务程序执行。CPU 在中断服务程序中，解除用户进程 P 的阻塞状态而使其进入就绪队列，然后中断返回，再回到被打断的进程继续执行。下次处理器调度时用户进程 P 有可能会被调度到处理器上继续执行。

本 章 小 结

用户程序通常通过调用编程语言提供的 I/O 库函数或操作系统提供的 API 函数来实现 I/O 操作，这些函数最终都会调用与 I/O 操作相关的系统调用封装函数，这些函数属于系统级 I/O 函数，通过其中的陷阱指令使用户进程从用户态转到内核态执行。

在内核态中执行的内核空间 I/O 软件主要包含三个部分，分别是与设备无关的操作系统软件、设备驱动程序和中断服务程序。具体 I/O 操作是通过设备驱动程序或中断服务程序控制 I/O 硬件来实现的。设备驱动程序的实现主要取决于具体的 I/O 控制方式。

程序直接控制 I/O 方式下，驱动程序实际上就是一个查询程序，而且不再调中断服务程序。

中断控制 I/O 方式下，驱动程序在启动完外设后，将调用处理器调度程序以调出其他进程执行，而使当前进程阻塞；当外设完成任务后，则外设的设备控制器向 CPU 发出中断请求，CPU 调出中断服务程序执行；在中断服务程序中，进行新数据的读/写或进行 I/O 操作的结束处理。

DMA 控制 I/O 方式下，驱动程序进行 DMA 传送初始化并发出"启动 DMA 传送"命令后，将调用处理器调度程序以调出其他进程执行，而使当前进程阻塞；当 DMA 传送完成后，则 DMA 控制器向 CPU 发出"DMA 结束"中断请求，CPU 调出相应中断服务程序执行；在中断服务程序中，进行 DMA 结束处理。

在设备驱动程序和中断服务程序中，通过执行 I/O 指令对设备控制器中的 I/O 端口进行访问。CPU 通过读取状态端口的状态，来了解外设和设备控制器的状态，根据状态向控制端口发送相应的控制信息，以控制外设的读/写和定位等操作，而外设的数据则通过数据端口来访问。I/O 端口的编址方式有两种：独立编址方式和统一编址（存储器映射）方式。

习　　题

1. 给出以下概念的解释说明。

I/O 硬件	I/O 软件	用户空间 I/O 软件	内核空间 I/O 软件
系统调用处理程序	系统调用服务例程	设备驱动程序	中断服务程序
系统级 I/O 函数	虚拟文件系统	文件描述符	文件元数据
流缓冲区	索引节点	目录文件	目录项
系统打开文件表	磁盘高速缓存	高速缓存 RAM	I/O 控制方式
程序直接控制 I/O	就绪状态	中断控制 I/O	中断屏蔽字
多重中断	中断嵌套	DMA 方式	DMA 控制器
设备控制器	I/O 端口	控制端口	数据端口
状态端口	I/O 地址空间	独立编址方式	统一编址方式
存储器映射 I/O	I/O 指令	可编程中断控制器	中断请求寄存器
中断响应优先级	中断处理优先级		

2. 简单回答下列问题。

（1）I/O 子系统的层次结构是怎样的？

（2）系统调用封装函数对应的机器级代码结构是怎样的？

（3）为什么系统调用的开销很大？

（4）C 标准 I/O 库函数是在用户态执行还是在内核态执行？

（5）与 I/O 操作相关的系统调用封装函数是在用户态执行还是内核态执行？

（6）什么是程序直接控制 I/O 方式？说明其工作原理。

（7）为什么在保护现场和恢复现场的过程中，CPU 必须关中断？

（8）什么是中断控制 I/O 方式？说明其工作原理。

（9）DMA 方式能够提高成批数据交换效率的主要原因何在？

（10）DMA 控制器在什么情况下发出中断请求信号？

（11）I/O 端口的编址方式有哪两种？各有何特点？

（12）为什么中断控制器把中断类型号放 I/O 总线的数据线上而不是放在地址线上？

3. 在 Linux 系统中，假设硬盘文件"\home\test. txt"的数据由 ASCII 码字符串"\home\test"组成，下列程序的输出结果是什么？程序执行后，该文件中的内容是什么？

```
1    #include <stdio. h>
2    #include <fcntl. h>
3    #include <unistd. h>
4
5    int main( ) {
6        int fd1,fd2;
7        char data[11];
8
9        fd1 = open( "\home\test. txt", O_RDONLY, 0);
10       close( fd1);
11
12       fd2 = open( "\home\test. txt", O_RDONLY, 0);
13       read( fd2,data,10);
14       data[10] = '\0';
15       printf( "fd2 = %d,data = %s\n",fd2,data);
16       write( fd2, "\ngoodbye! \n",10);
17       exit(0);
18    }
```

4. 以下是在 IA-32+Linux 系统中执行的用户程序 P 的汇编代码：

```
1    # hello. s #
2    # display a string "Hello, world. "
3
4    . section . rodata
5    msg:
6    . ascii "Hello, world. \n"
7
8    . section . text
9    . globl _start
10   _start:
11
12   movl $4, %eax          #系统调用号（sys_write）
13   movl $1, %ebx          #file descriptor（参数一）：文件描述符（stdout）
14   movl $msg, %ecx        #string address（参数二）：要显示的字符串
15   movl $14, %edx         #string length（参数三）：字符串长度
16   int $0x80             #调用内核功能
17
18   movl $1, %eax          #系统调用号（sys_exit）
19   movl $0, %ebx          #参数一：退出代码
20   int $0x80             #调用内核功能
```

针对上述汇编代码, 回答下列问题。

(1) 程序的功能是什么?

(2) 执行到哪些指令时会发生从用户态转到内核态执行的情况?

(3) 该用户程序调用了哪些系统调用?

5. 第 4 题中用户程序的功能可以用以下 C 语言代码来实现:

```
1    int main( )
2    {
3        write(1, "Hello, world. \n", 14);
4        exit(0);
5    }
```

针对上述 C 代码, 回答下列问题或完成下列任务。

(1) 执行 write 函数时, 传递给 write 的实参在 main 栈帧中的存放情况怎样? 要求画图说明。

(2) 从执行 write 函数开始到调出 write 系统调用服务例程 sys_write 执行的过程中, 其函数调用关系是怎样的? 要求画图说明。

(3) 就程序设计的便捷性和灵活性以及程序执行性能等方面, 与第 4 题中的实现方式进行比较。

6. 第 4 题和第 5 题中用户程序的功能可以用以下 C 语言代码来实现:

```
1    #include <stdio. h>
2    int main( )
3    {
4        printf( "Hello, world. \n" );
5    }
```

假定源程序文件名为 hello. c, 可重定位目标文件名为 hello. o, 可执行目标文件名为 hello, 程序用 GCC 编译驱动程序处理, 在 IA-32+Linux 系统中执行。回答下列问题或完成下列任务。

(1) 为什么在 hello. c 的开头需加 "#include <stdio. h>"? 为什么 hello. c 中没有定义 printf 函数, 也没它的原型声明, 但 main 函数引用它时没有发生错误?

(2) 需要经过哪些步骤才能在机器上执行 hello 程序? 要求详细说明各个环节的处理过程。

(3) 为什么 printf 函数中没有指定字符串的输出目的地, 但执行 hello 程序后会在屏幕上显示字符串?

(4) 字符串 "Hello, world. \n" 在机器中对应的 0/1 序列 (机器码) 是什么? 这个 0/1 序列存放在 hello. o 文件的哪个节中? 这个 0/1 序列在可执行目标文件 hello 的哪个段中?

(5) 若采用静态链接, 则需要用到 printf. o 模块来解析 hello. o 中的外部引用符号 printf, printf. o 模块在哪个静态库中? 静态链接后, printf. o 中的代码部分 (. text 节) 被映射到虚拟地址空间的哪个段中? 若采用动态链接, 则函数 printf 的代码在虚拟地址空间中的何处?

（6）假定 printf 函数最终调用的 write 系统调用封装函数 write 对应的汇编代码如下：

804f8fa:	53	push	%ebx
804f8fb:	8b 54 24 10	mov	0x10(%esp),%edx
804f8ff:	8b 4c 24 0c	mov	0xc(%esp),%ecx
804f903:	8b 5c 24 08	mov	0x8(%esp),%ebx
804f907:	b8 04 00 00 00	mov	$0x4,%eax
804f90c:	cd 80	int	$0x80
804f90e:	5b	pop	%ebx
804f90f:	3d 01 f0 ff ff	cmp	$0xfffff001,%eax
804f914:	0f 83 f6 1f 00 00	jae	8051910 <__syscall_error>
804f91a:	c3	ret	

请给出以上每条汇编指令的注释，并说明该 Linux 系统中系统调用返回的最大错误号是多少？

（7）就程序设计的便捷性和灵活性以及程序执行性能等方面，与第 4 题和第 5 题中的实现方式分别进行比较，并分析说明哪个执行时间更短？

7. 若前端总线（FSB）的工作频率为 1333 MHz（实际时钟频率为 333 MHz），总线宽度为 64 位，则总线带宽为多少？若存储器总线为三通道总线，总线宽度为 64 位，内存条的型号为 DDR3-1333，则整个存储器总线的总带宽为多少？若内存条型号改为 DDR3-1066，则存储器总线的总带宽又是多少？

8. 总线的速度通常指每秒钟传输多少次，例如，QPI 总线的速度单位为 GT/s，表示每秒钟传输多少个 10 亿（$1\,G = 10^9$）次。若 QPI 总线的时钟频率为 2.4 GHz，则其速度为多少？总带宽是多少 GB/s？QPI 总线的速度也称为 QPI 频率，QPI 频率为 6.4 GT/s 时的总带宽是多少？

9. PCI-e 总线采用串行传输方式，PCI-e×n 表示具有 n 个通路的 PCI-e 链路。PCI-e 1.0 规范支持通路中每个方向的发送或接收速率为 2.5 Gb/s，则 PCI-e 1.0×8 和 PCI-e 1.0×32 的总带宽分别为多少？

10. 假定采用独立编址方式对 I/O 端口进行编号，那么，必须为处理器设计哪些指令来专门用于进行 I/O 端口的访问？处理器如何区分访问的是 I/O 空间还是主存空间？

11. 假设有一个磁盘，每面有 200 个磁道，盘面总存储容量为 1.6 MB（$1\,M = 10^6$），磁盘旋转一周时间为 25 ms，每道有 4 个区，每两个区之间有一个间隙，磁头通过每个间隙需 1.25 ms。请回答下列问题：

（1）从该磁盘上读取数据时的最大数据传输率是多少？

（2）假如有人为该磁盘设计了一个与主机之间的接口，如图 6.27 所示，磁盘每读出一

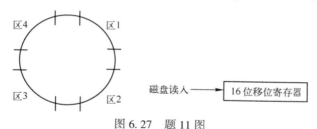

图 6.27　题 11 图

位，串行送入一个移位寄存器，每当移满 16 位后向处理器发出一个请求交换数据的信号。在处理器响应该请求信号并读取移位寄存器内容的同时，磁盘继续读出一位一位数据并串行送入移位寄存器，如此继续工作。已知处理器在接到请求交换的信号以后，最长响应时间是 3 μs，那么这样设计的接口能否正确工作？若不能则应如何改进？

12. 假设某计算机带有 20 个终端同时工作，在运行用户程序的同时，能接收来自任意一个终端输入的字符信息，并将字符回送显示（或打印）。每一个终端的键盘输入部分有一个数据缓冲寄存器 RDBRi(i=1~20)，当在键盘上按下某一个键时，相应的字符代码即进入 RDBRi，并使它的"完成"状态标志 Done$i$(i=1~20)置 1，要等 CPU 把该字符代码取走后，Done$i$ 标志才被自动清 0。每个终端显示（或打印）输出部分有一个数据缓冲寄存器 TDBRi（i=1~20），并有一个 Ready$i$(i=1~20)状态标志，该状态标志为 1 时，表示相应的 TDBRi 是空着的，准备接收新的输出字符代码，当 TDBRi 接收了一个字符代码后，Ready$i$ 标志被自动清 0，并将字符代码送到终端显示（或打印），为了接收终端的输入信息，CPU 为每个终端设计了一个指针 PTRi（i=1~20），用于指向为该终端保留的主存输入缓冲区。CPU 采用下列两种方案输入键盘代码，同时回送显示（或打印）。

① 每隔一固定时间 T 转入一个状态检查程序 DEVCHC，顺序地检查全部终端是否有任何键盘信息要输入，如果有，则顺序完成之。

② 允许任何有键盘信息输入的终端向处理器发出中断请求。全部终端采用共同的向量地址，利用它使处理器在响应中断后，转入一个中断服务程序 DEVINT，由后者询问各终端状态标志，并为最先遇到的请求中断的终端服务，结束后返回用户程序。

要求画出 DEVCHC 和 DEVINT 两个程序的流程图。

13. 某台打印机每分钟最快打印 6 个页面，页面规格为 50 行×80 字符。已知某计算机主频为 500 MHz，若采用中断方式进行字符打印，则每个字符申请一次中断且中断响应和中断处理时间合起来为 1000 个时钟周期。请问该计算机系统能否采用中断控制 I/O 方式来进行字符打印输出？为什么？

14. 某计算机的 CPU 主频为 500 MHz，所连接的某个外设的最大数据传输率为 20 KB/s，该外设接口中有一个 16 位的数据缓存器，相应的中断服务程序的执行时间为 500 个时钟周期，则是否可以用中断方式进行该外设的输入/输出？假定该外设的最大数据传输率改为 2 MB/s，则是否可以用中断方式进行该外设的输入/输出？

15. 假设计算机所有指令都在两个总线周期内完成，一个总线周期用来取指令，另一个总线周期用来存取数据。总线周期为 250 ns，因而每条指令的执行时间为 500 ns。若该计算机中配置的磁盘上每个磁道有 16 个 512 B 的扇区，磁盘旋转一圈的时间是 8.192 ms，总线宽度 16 位，采用 DMA 方式传送磁盘数据，则在进行 DMA 传送时该计算机指令执行速度降低了百分之几？

参 考 文 献

[1] 袁春风，余子濠. 计算机系统基础 [M]. 2 版. 北京：机械工业出版社，2018.

[2] RANDAL E B, DAVID R O. 深入理解计算机系统（原书第 3 版）[M]. 龚奕利，贺莲，译. 北京：机械工业出版社，2016.

[3] 袁春风，唐杰，杨若瑜，等. 计算机组成与系统结构 [M]. 3 版. 北京：清华大学出版社，2022.

[4] DANIEL P B, MARCO C. 深入理解 LINUX 内核（原书第 3 版）[M]. 陈莉君，张琼声，张宏伟，译. 北京：中国电力出版社，2007.

[5] 新设计团队. Linux 内核设计的艺术 [M]. 北京：机械工业出版社，2013.

[6] ROBERT L. Linux 内核设计与实现（原书第 3 版）[M]. 陈莉君，康华，译. 北京：机械工业出版社，2011.

[7] MARC J R. 高级 UNIX 编程（原书第 2 版）[M]. 王嘉祯，杨素敏，张斌，等译. 北京：机械工业出版社，2006.

[8] JOHNSON M H. Windows 系统编程（原书第 4 版）[M]. 戴峰，陈征，等译. 北京：机械工业出版社，2010.

[9] BRIAN W K, DENNIS M R. The C Programming Language [M]. 2nd ed. 北京：机械工业出版社，2006.

[10] 尹宝林. C 程序设计导引 [M]. 北京：机械工业出版社，2013.

[11] ANDREW S T. 现代操作系统（原书第 4 版）[M]. 陈向群，马洪兵，等译. 北京：机械工业出版社，2017.

后　记

经全国高等教育自学考试指导委员会同意，由电子、电工与信息类专业委员会负责高等教育自学考试《计算机系统原理》教材的审稿工作。

本教材由南京大学袁春风教授负责编写。全国考委电子、电工与信息类专业委员会组织了本教材的审稿工作。参与本教材审稿的有天津大学喻梅教授、深圳职业技术学院乌云高娃教授，谨向她们表示诚挚的谢意。

全国考委电子、电工与信息类专业委员会最后审定通过了本教材。

全国高等教育自学考试指导委员会

电子、电工与信息类专业委员会

2023 年 5 月